黄土丘陵沟壑区种子库研究

焦菊英 等　著

科 学 出 版 社

北 京

内容简介

种子是种子植物自然更新的主要方式，是植物生活史中一个不可缺少的关键阶段。本书以在黄土丘陵沟壑区延河流域近10年的研究工作为基础，在分析区域物种库、种子形态、种子生产、种子萌发及在土壤中的持久性、植冠种子库、土壤种子库、降雨径流引起的种子流失与迁移、幼苗库、撂荒坡面种子的输入与输出动态及种子补播更新等特征的基础上，探讨了黄土丘陵沟壑区植被自然更新的种源限制性。

本书适合于从事干旱半干旱区植被恢复、植物多样性保护及种子生态的研究人员阅读参考。

图书在版编目(CIP)数据

黄土丘陵沟壑区种子库研究/焦菊英等著．—北京：科学出版社，2015.9
ISBN 978-7-03-045836-0

Ⅰ.①黄…　Ⅱ.①焦…　Ⅲ.①黄土高原-种子库-研究　Ⅳ.①S812.8

中国版本图书馆CIP数据核字(2015)第230322号

责任编辑：杨帅英／责任校对：赵桂芬
责任印制：肖　兴／封面设计：图阅社

科学出版社 出版
北京东黄城根北街16号
邮政编码：100717
http://www.sciencep.com
中国科学院印刷厂 印刷
科学出版社发行　各地新华书店经销
*
2015年10月第　一　版　　开本：787×1092　1/16
2015年10月第一次印刷　　印张：18　插页：4
字数：427 000

定价：98.00元

(如有印装质量问题，我社负责调换)

前　言

黄土丘陵沟壑区独特的自然环境与不合理的土地利用,使其成为我国乃至世界上水土流失与生态系统退化最为严重的地区之一,也成为我国生态环境建设的重点与难点区域。植被是生态系统物质循环和能量交换的枢纽,是防止生态退化的物质基础。因此,植被恢复是该区治理水土流失与保证生态安全的根本途径。然而,黄土丘陵沟壑区的植被恢复与建设已有60多年的历史,但整体上效果不佳,表现为植被自然恢复缓慢,人工植被物种单一、保存率低下等。同时,人工植被掠夺性地利用有限的土壤水资源,形成了明显的土壤干层,造成诸如植物生长速率明显减慢、生长周期缩短、群落衰败以至大片死亡、自然更新困难、衰败后的林草地再造林难度加大、局部小气候生境趋于旱化及改变的生境不利于本地物种生长与拓殖等问题,影响着生态系统的可持续发展。而与人工植被群落相比,自然植被群落更具适应性和稳定性,并以其具有较高的生态功能且代价低而越来越受到人们的重视,因而被认为植被的自然恢复是该区控制水土流失和改善生态环境的有效途径。然而,植被恢复与演替首先取决于植被的自然更新能力。植被自然更新是一个复杂的生态学过程,有效的繁殖体(种子和营养繁殖体)及合适的生境是植被自然更新的基础。

种子在生态系统中具有非常重要的地位,种子阶段是生态系统植被更新的关键阶段之一,可将退化劣地转变为植被环境。植物的种子阶段包括种子生产、扩散、流失、再分布与萌发及出苗过程。区域物种库可从大的尺度上为植被更新提供种源,保证干扰生境条件下生态系统功能的可持续性。种子形态特征是植物长期适应环境的结果,影响着种子扩散、休眠与萌发及幼苗建植等过程。种子生产是植物繁殖生活史众多生态过程的基础,是种子扩散、流失与再分布等的初始来源,决定了种子萌发、出苗与形成持久土壤种子库及幼苗定植与存活的概率。种子扩散、流失与再分布对植物种群扩展有着重要的作用,决定了种群扩展的范围和植物种群的分布格局。其中,种子雨是种子扩散的主要方式,决定着种子的空间分布、种子存活以及幼苗定植和更新;植冠种子的延缓传播可使其避免受种子败育、捕食及不可预测环境条件等带来的威胁,缓冲种子产量的年际波动,保证土壤种子库中种子的供应;而且在土壤侵蚀环境中,坡面径流不仅导致坡面土粒运移与养分流失,也会将散落到地表的种子和土壤中原来保存的种子冲移走,引起种子的二次传播,改变种子的初始散落状态与存储状况而造成种子的再分布。最后,成熟的种子扩散到土壤表面,或萌发,或死亡,或埋入土壤形成土壤种子库。土壤种子库中保存着过去、现有植被的种子及较远距离扩散来的种子,是植被演替与恢复的基础。大多数植物是通过土壤种子库来更新的,而且土壤种子库既可使种子避免各种威胁,又可为受干扰群落的恢复补充新个体,在植被的更新和恢复中具有重要作用。拥有可靠的种源和有效的土壤种子库为植被恢复提供了可能,但种子的萌发出苗与存活直接影响着种群的构成模式,进而影响着群落的物种多样性和生态功能发挥。由于种子萌发与幼苗建植是植物生活史中最脆弱的阶段，面临着很多机会和威胁，特别是在干扰环境下能否成功萌发、出苗、定植并长成植株，对植被更新与恢复至关重要，对改善生态环境具有重要意义。土壤侵蚀作为该区生态系统退化最主要的驱动力，也会严重干扰着植物种子的产量、活性、流失、再分布、萌发、存活，以及植被的建植、组成结构与空间分布格局，进而影响着植被恢复的进程与方向。然而，在土壤侵蚀严重且植被恢复困难的黄土丘陵沟壑区，关于植物种子阶段的相关研究比较薄弱且不系统。为此，本书将以黄土丘陵沟壑区延河流域为研究对象，对区域物种库、种子形态、种子生产、种子萌发特性与在土壤中的持久性、植冠种子库、土壤种子库、坡面径流引起的种子流失、幼苗库、坡面种子输入输出、种子补播与更新进行系统研究的基础上，探讨植被更新的种源限制性及不同演替阶段主要物种的自然更新能力，以期为加快黄土丘陵沟壑区的植被恢复提供理论与实践参考依据，并为完善种子生态学理论提供基础资料。

本书是作者自2003年以来，对国家自然科学基金面上项目“黄丘区退耕地植被恢复与土壤环境的互动效应”(40271074)、“黄土高原退耕地植被恢复对土壤侵蚀环境的响应与模拟”(40571094)、“黄丘区土壤种子库分布格局及植被恢复的土壤侵蚀解释”(40771126)，及国家自然科学基金重点项目“黄土丘陵区土壤侵蚀对植被恢复过程的干扰与植物的抗侵蚀特性研究”(41030532)相关研究工作的总结。本书主要是在王宁、王东丽、张小彦、韩鲁艳、雷东、陈宇、苏嫄等学位论文的基础上，由焦菊英编撰完成。其中，第2、第7、第12章基于王宁的博士学位论文，第3、第4章基于张小彦的硕士学位论文与王东丽的博士学位论文，第5、第6、第11章基于王东丽的博士学位论文，第8章基于韩鲁艳与雷东的硕士学位论文，第9章基于苏嫄的硕士学位论文与王宁的博士学位论文，第10章基于陈宇的硕士学位论文与于卫洁的学术论文。

感谢田均良、邹厚远、郑粉莉、刘国彬、穆兴民等研究员对本书相关研究工作的建议与支持。感谢安塞水土保持综合试验站对野外研究工作与生活的支持。感谢研究生马祥华、白文娟、张振国、贾燕锋、王宁、李林育、韩鲁艳、杜华栋、张小彦、张世杰、雷东、简金世、马丽梅、王东丽、陈宇、王志杰、苏嫄、寇萌、王巧利、尹秋龙、于卫洁、魏艳红、胡澍、李玉进等在不同方面给予的支持与帮助。

由于水平有限，谬误会有不少，敬请读者不吝赐教，批评指正。

焦菊英

2015年1月于杨凌

目　录

第1章　研究区概况*

黄土丘陵沟壑区由于受地理位置的过渡性、气候变化的剧烈性、地形和地貌的复杂性、土壤的易蚀性以及人类活动对植被的破坏等多种因素的影响，已成为黄土高原水土流失最严重的地区，同时也是我国生态环境最为脆弱的地区之一。延河流域位于黄土高原中部，流域内黄土丘陵沟壑区面积占全流域的90%，地表破碎，再加上人为活动干扰强烈，使得植被退化、水土流失严重，是黄土高原土壤侵蚀最为严重和典型的流域，也是黄土高原土壤侵蚀治理的主要流域（王飞等，2007；赵文武等，2008）。同时，延河流域从南向北依次跨森林、森林草原和草原3个生物气候带，植被变化随环境梯度变化明显（李正国等，2005；温仲明等，2008）。由于延河流域在地形地貌、土壤侵蚀及植被等方面均具有典型代表性，因此选择延河流域作为研究区。

1.1　地理位置

延河流域的地理位置为36°21′～37°19′N，108°38′～110°29′E，地处陕西省北部的黄土高原中部，包括安塞、延长、宝塔3县（区）的主体以及志丹、靖边两县的部分地区，是黄河中游河口镇至龙门区间的一级支流，全长286.9 km，流域总面积为7725 km^2（图1-1，

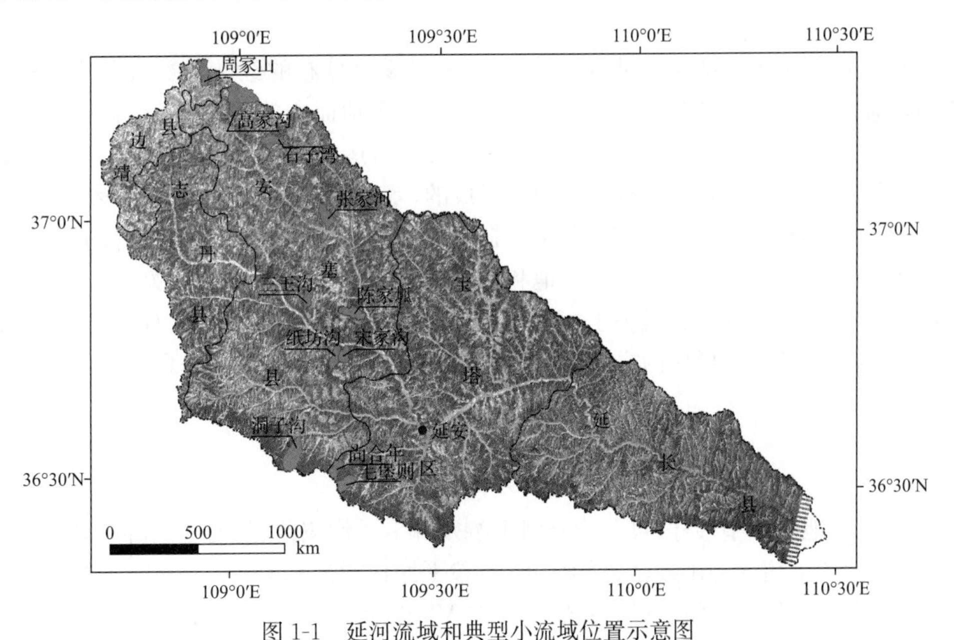

图1-1　延河流域和典型小流域位置示意图

---

* 本章作者：焦菊英，王志杰

彩图见书末附录）。延河发源于陕西省靖边县天赐湾乡的周山，由西北向东南流经志丹、安塞、延安，在延长县南河沟乡凉水岸附近注入黄河，主要支流有杏子河、坪桥川、西川河、蟠龙川等（李天宏和郑丽娜，2012）。

1.2 气　　候

延河流域属暖温带半干旱大陆性季风气候区，春季干旱多风，寒流交替出现，气温多变；夏季受河西走廊、四川盆地低压和西伸的太平洋副热带高压影响，气温温热，多阵雨且具有强度大、来势猛、范围小的特点；秋季温凉多雨，气温下降迅速；冬季寒冷干燥，降水稀少，持续时间长（吴胜德，2003；邱临静，2012）。延河流域多年平均降水量约为 520 mm，由上游至下游递减，年际变化大，其中 7～9 月降水量占全年降水量的 70%以上，且多为暴雨；平均气温为 8.8～10.2 ℃，平均日温差 13 ℃，由西北向东南递增，且年内变化大，2～7 月逐月上升，8 月以后逐月下降；多年平均水面蒸发量为 897.7～1067.8 mm，干旱指数为 1.57～1.92；年均日照时数为 2450 小时，无霜期为 157～187 天（吴胜德，2003；李传哲等，2011）。全年平均风速为 1.3～3 m/s，全年以西南风居多，夏季多为东南风，冬季盛行西北风；四季均有 7 级以上大风出现，夏季大风通常与雷雨相伴，时间较短，范围不大，但风力强劲；春、冬两季主要是寒潮大风，伴有降温出现，且持续时间较长（邱临静，2012）。

1.3 土　　壤

延河流域的主要土壤类型是黄绵土，伴有少量零星分布的红土、淤土、黑垆土等。其中黄绵土质地中壤，是流域内主要的耕作土壤，占总土地面积的 85%以上，颗粒组成以粉粒为主，土质疏松，抗冲抗蚀能力差，极易被分散和搬运，广泛分布于黄土丘陵的梁峁坡地；红土质地黏重，是在新生代红土质地上形成的，紧实难耕，通透性差，土壤养分含量低，肥力不高，主要分布于沟底或坡底；淤土是在坡积、洪积和河流淤积物上发育的幼年土壤，主要分布在中下游的河谷、沟道、川台地和坝淤地，是流域内水肥条件最好的土壤；在延河东部边缘的残塬上还分布着黑垆土，土层深厚，覆盖层一般厚 50 cm 左右，是森林向草原过渡的灌丛草原植被下形成的古老耕作土壤，肥力较高（吴胜德，2003；邱临静，2012）。

1.4 地 形 地 貌

延河流域地貌类型多样，可分为延河下游残塬平梁沟壑区、延河中上游梁峁丘陵沟壑区、延河上游黄土覆盖的山地区、延河中游河谷平原区（孙虎，1996）。根据河谷发育形态划分，河源至化子坪为上游段，河谷狭窄多呈“V”形，河床最窄处近 10 m，最宽处不超过 80 m，平均比降 6.7‰，河道弯曲度较大；化子坪至甘谷驿为中游段，长 114.8 km，集水面积 4490 km^2，河谷明显展宽，平均宽度达到 600 m，是延河的主要河段；甘谷驿至河口为下游段，长 110.4 km（李传哲等，2011；冉大川等，2014）。延河流域地势西北高东南低，沟道密布，支流、支沟交错，河网密度约为 4.7 km/km²，河道平均比降为 3.29‰；地形破碎，梁峁起伏，沟壑密度为 2.1～4.6 km/km²；大部分地区坡度都在 15°以上，平均坡度为 17°；海拔为 495～1795 m，平均海拔为 1218 m（王飞等，2007；冉大川等，2014）。

1.5 植　　被

由于长期的过度垦殖和不合理的开发，延河流域天然地带性植被零星残存，天然草地退化。延河流域的植被在 1999 年实施“退耕还林（草）、封山绿化、个体承包、以粮代赈”生态修复政策和 2000 年国家实施“西部大开发”战略后发生了巨大的变化。2000～2010 年耕地面积大幅减少，林地和高覆盖草地大面积增加，具体表现为 2010 年高覆盖草地在整个流域中所占面积比 2000 年增加 23.3 倍，林地面积比 2000 年增加 255.0%，中、低覆盖草地分别比 2000 年减少 18.0%、79.0%，耕地比 2000 年减少 61.0%（娄和震等，2014）。目前延河流域的植被正处于自然恢复演替与人工建设中，天然次生林的主要树种有辽东栎（本书中涉及物种的拉丁名详见附录 1，下同）、油松、侧柏、三角槭等，灌木主要有丁香、狼牙刺、杠柳、虎榛子等，草本植物主要有铁杆蒿、茭蒿、大针茅、长芒草、白羊草、百里香等；人工植被主要为刺槐、小叶杨、沙棘、柠条、旱柳等；经济林的主要树种为苹果、山桃、山杏等，多为零星种植。

1.6 水 土 流 失

延河流域属多沙粗沙区，全流域水土流失严重，水土流失面积占流域总面积的 88.9%（冉圣宏等，2010）。依据延河流域甘谷驿水文站的观测资料，1955～2010 年多年平均径流量为 2.039 亿 m³（径流深 34.619 mm），多年平均输沙量为 4165.8 万 t/a[输沙模数为 7071.4 t/(km² · a)]。延河流域径流的地区分布差异较大，从上游到下游径流量逐渐减少，上游径流深大于 45 mm，中游区为 30～45 mm，下游（延长以下）低于 30 mm，且径流多集中在汛期，汛期径流量占全年的 60%以上；延河流域河流含沙量大，泥沙多为悬移质，河流含沙量和输沙模数从上游到中游逐渐减少（李传哲等，2011）。

延河流域从 20 世纪 70 年代以后有成效地开展了一系列的水土保持工作。1972～1996 年为大规模水土保持措施实施的第一阶段，流域内修建了大量梯田、淤地坝，林草面积虽然也迅速增加，但占流域总面积的比例较小；1997～2010 年为大规模水土保持措施实施的第二阶段，随着山川秀美工程和退耕还林（草）工程的推进，林草植被面积持续较快增长。1996 年和 2006 年林草植被面积分别达到 1360.07 km² 和 2370.05 km²，占流域面积的 23.1%和 40.2%；但梯田和淤地坝累计增加面积极小（仅为 0.18%）。延河流域的径流深、输沙模数也随之在 1971 年和 1996 年发生突变，1960～1971 年、1972～1996 年、1997～2010 年的径流深和输沙模数分别为 40.88 mm 和 10653.6 t/(km² · a)、36.26 mm 和 7085.6 t/(km² · a)、24.76 mm 和 2795.2 t/(km² · a)（赵跃中等，2014）。

总之，延河流域在气候、土壤、地形地貌、植被及水土流失等方面均具有典型性和代表性，可反映黄土丘陵沟壑区的自然特征。

第 2 章　物种库特征*

物种库(species pool)由 Taylor 等(1990)正式提出,是指在特定类型生境中具有共性的所有物种。之后,其概念被不断发展和完善。Pärtel 等(1996)从 3 个尺度给出了物种库的定义:区域物种库(regional species pool)、局域物种库(local species pool)和实际物种库(actual species pool)。其中,区域物种库是指在一个特定的区域内出现的能够在目标群落(target community)中共存的一系列物种,这个区域应具有相对统一的地质、地貌和气候条件,并且这些物种能够达到预期的群落并能够形成适当的群落结构;局域物种库是指目标群落周围景观中的一系列能够在该目标群落中共存的并能以较快的速度(几年之内)定居到目标群落的物种;实际物种库是指目标群落中存在的物种,也称为群落物种库(community species pool)。同时,所有的能够在群落中共存的繁殖体库(持久土壤种子库和短暂土壤种子库)也被归于群落物种库(Zobel et al., 1998)。由于区域物种库与局域物种库在实际操作中难以明确划界,因此在讨论物种库假说时,主要使用区域物种库和实际物种库两个层次(方精云等,2009)。前者是指某一生境所拥有的潜在物种数量,主要由生物地理过程(biogeographic processes)决定;后者则为调查群落中实际出现的物种数量,主要由竞争等生态过程和区域物种库共同决定。物种库假说的基本观点是:群落的物种多样性不仅与所在地的环境条件和生态过程(如竞争和捕食)有关,也受其潜在的物种库即区域物种库影响(Taylor et al., 1990;Eriksson, 1993;Zobel, 1997)。一般情况,如果群落内物种消失速率较慢,而较大尺度物种丰富且迁移速率快,就会增加目标群落的物种多样性(Zobel, 1992;Eriksson, 1993)。很多研究也证明了区域物种库的大小会影响局域的物种多样性(Pärtel et al., 1996;Loreau et al., 2003;Wolters et al., 2008)。例如,对爱沙尼亚国家 45000 km^2 的 14 个群落类型的研究发现,区域物种库与群落物种库及群落物种库与单位面积的物种多样性均具有显著的正相关性,也就是说在一定的区域内物种丰富度越高,就越有可能在特定的环境条件下形成物种丰富度越高的群落(Pärtel et al., 1996)。丰富的区域物种库将通过繁殖体扩散维持多样性的物种共存并实现其生态功能,并使生物多样性成为异质景观生态功能维持的生物学保障(Loreau et al., 2003)。在生境丢失、外来物种引进及由于景观破碎化而改变群落间扩散模式等因素影响下,区域物种库对局域物种多样性的维持具有很大的缓冲作用(Loreau et al., 2003;Perelman et al., 2007)。在退化生态系统的恢复过程中,物种丰富的物种库可以增大繁殖体的有效性,加快退化生境的恢复(Galatowitsch, 2006;Wolters et al., 2008)。在中等生产力的生境条件下,较大尺度的物种库通过繁殖体扩散为目标群落提供新物种定居的作用更加显著(Foster, 2001),而物种多样性的增加会提高群落的生产力(Loreau et al., 2001;Tilman et al., 2001)。群落物种组成多样性是区域物种库的长期迁移与筛

---

* 本章作者:王宁,焦菊英

选、群落内物种间相互作用的结果，关系到群落的生产力、稳定性及其功能的实现。可见，了解一个区域的物种库，对该区的生态恢复和保护具有重要的指导意义。

黄土丘陵沟壑区地形复杂，而且处于退耕演替过程中，生境破碎和不同类型的种群/群落交错，既有退耕时间较短的处于演替早期的群落，又有残存于陡坡的灌丛群落，还有穿插其中的人工乔、灌林地。这些生境和群落类型不能孤立看待，它们能够通过繁殖体的扩散而相互联结，实现物种的迁移、群落的构建与演替。因此，了解该区各类型群落的物种组成和分布特征及区域物种库的组成特点，可为黄土丘陵沟壑区植被恢复建设提供科学依据。

2.1 研究方法

综合2006～2012年多次在延河流域的植被调查资料，选择能够较好反映研究区不同生境条件下的典型群落类型，最终获取430个样地来确定区域物种库。各样地在延河流域内的分布情况如图2-1所示。

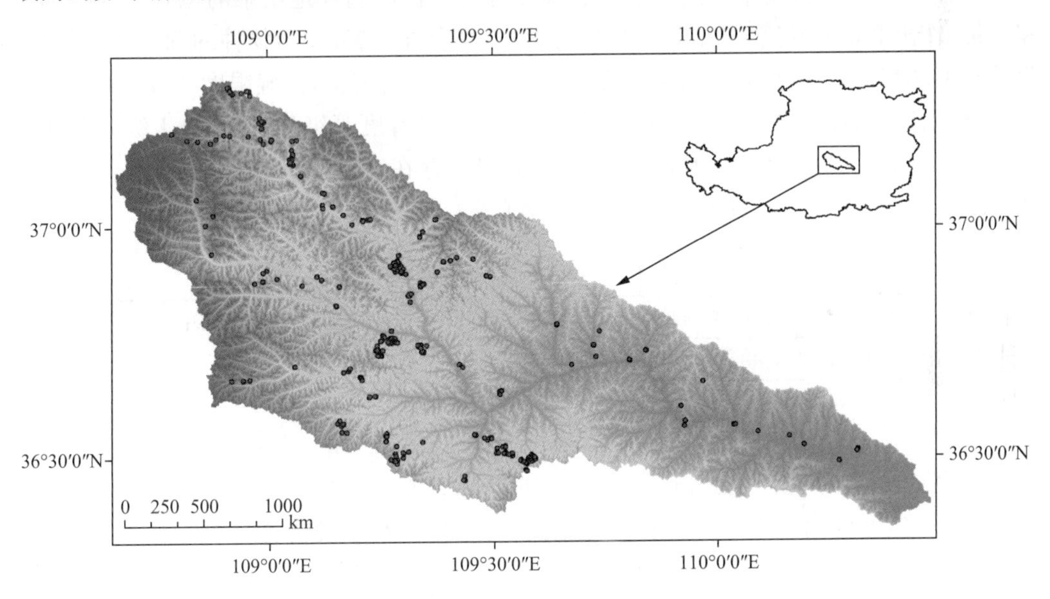

图2-1　延河流域及样地分布示意图

在植被调查过程中，依据不同的植被类型确定样方大小，林地为10 m×10 m，灌木林为5 m×5 m，草地为2 m×2 m。其中，林地乔木层只调查一个样方，灌木层和草本层调查3个重复，灌木林调查3个重复，而草地调查6～10个重复，记录每个样方内出现的物种名称、盖度、多度等信息。

2.1.1 区域物种库的确定

综合考虑目前几种主要物种库确定方法及研究资料，采用Braun-Blanquet的植物社会学法来确定区域物种库。首先确定各群落的区分种、特征种和伴生种来作为群落的核心物种，再综合区域内各群落的核心种，即为区域物种库（Dupré，2000）。各群落的区分种、特征种、伴生种的确定方法具体如下（宋永昌，2001；金振洲，2009）。

1）根据样地植被调查记录给各物种多盖度打分，其中多盖度分为 6 个等级：

5——个体数量不考虑，盖度在 75％以上；

4——个体数量不考虑，盖度在 50％～75％；

3——个体数量不考虑，盖度在 25％～50％；

2——盖度在 5％～25％，或数量很多而盖度在 5％以下；

1——数量中等或稍多，但盖度在 5％以下；

＋——数量少，盖度很小。

2）通过列表法确定群落类型及核心种：将所有样地信息列在同一个表中形成初表；计算各个物种的存在度，即统计某个物种在所有样地中出现于样地记录的比例（百分数），形成存在度表；剔除存在度特别大的（如超过 50％的物种）和存在度特别小的物种（出现 3 个以下的样地中），剩下的物种组成部分表，再把具有相同区分种的样地集中在一起，归类若干区分种组，作出区分表；根据区分表，统计各物种在所属样地组中的恒有度等级和数量特征，作出概括表；把各概括表进行对比，编出综合群落表，得出物种的确限度，找出各群落类型的特征种、伴生种。确限度在 3 级以上的物种为特征种，确限度 2 级的物种为伴生种，确限度 1 级的物种为外来种（偶遇种）。其中，恒有度等级化分标准：Ⅰ级．存在度为 1％～20％；Ⅱ级．存在度为 21％～40％；Ⅲ级．存在度为 41％～60％；Ⅳ级．存在度为 61％～80％；Ⅴ级．存在度为 81％～100％（表 2-1）。

表 2-1　确限度等级划分标准

确限度等级	当前研究的群落中		在其他群落中	
	恒有度等级	多盖度等级	恒有度等级	多盖度等级
5	Ⅴ～Ⅳ	3～5	Ⅰ～Ⅱ	＋～2(1)
	Ⅴ～Ⅳ	＋～2	Ⅰ	＋～2(1)
	Ⅲ～Ⅰ	＋～5	几乎没有	
4	Ⅴ～Ⅳ	3～5	Ⅱ～Ⅲ(Ⅳ)	＋～2(1)
	Ⅴ～Ⅳ	＋～2	Ⅱ～Ⅲ	＋～1(2)
	Ⅳ～Ⅲ	＋～2	Ⅰ～Ⅱ	＋～1(2)
	Ⅲ～Ⅰ	＋～2	Ⅰ	＋ ～1
3	Ⅰ～Ⅴ	3～5	Ⅰ～Ⅴ	＋ ～2
	Ⅰ～Ⅴ	1～5	明显较少	生活力减弱
2	存在度、多盖度、生活力不高		在对比的群落中相同	
1	Ⅰ	＋～1	较高或没有	

2.1.2　物种多样性的计算

1）物种丰富度指数采用 Margalef 指数（D）（Margalef，1958）来计算：

$$D = \frac{S-1}{\ln N} \tag{2-1}$$

2）多样性指数采用 Shannon-Wiener 指数（H'）（Shannon and Weaver，1949）来计算：

$$H' = -\sum_{i=1}^{S} p_i \ln p_i \tag{2-2}$$

3）均匀度采用 Pielou 指数（J）（Pielou，1969）来计算：

$$J = \frac{H'}{\ln S} \tag{2-3}$$

4）β 多样性指数采用 Whittaker 指数（β_w）（Whittaker，1960）来计算：

$$\beta_w = \frac{S}{m_w - 1} \tag{2-4}$$

式中，S 为观测到的物种总数（丰富度）；N 为所有物种个体总数；p_i 为属于物种 i 的个体在全部个体中的比例；m_w 为各样方和样本的平均物种数。

2.2　结果与分析

2.2.1　植物群落类型

依据植物社会学划分方法和原则对研究样地的植被类型进行划分，共得到45种植物群落。

1. *人工乔灌林群落*

1）刺槐-铁杆蒿群落（C1）：样地在阴、阳坡均有分布，坡度分布在20°～35°。特征种有9种，分别为刺槐、铁杆蒿、长芒草、丛生隐子草、达乌里胡枝子、灌木铁线莲、茭蒿、赖草、披针叶薹草；伴生种有56种。

2）刺槐-白羊草群落（C2）：样地主要分布在半阳坡、阳坡，坡度分布在20°～35°。特征种有7种，分别为刺槐、白羊草、中华隐子草、铁杆蒿、茭蒿、达乌里胡枝子、长芒草；伴生种有18种。

3）刺槐-达乌里胡枝子＋长芒草群落（C3）：样地主要分布在半阳坡、阳坡，坡度分布在17°～41°。特征种有5种，分别为刺槐、长芒草、达乌里胡枝子、茭蒿、阿尔泰狗娃花；伴生种有26种。

4）刺槐-猪毛蒿＋赖草群落（C4）：样地在阴阳坡均有分布，坡度分布在11°～40°。特征种有10种，分别为刺槐、赖草、猪毛菜、地锦草、狗尾草、香青兰、猪毛蒿、沙打旺、达乌里胡枝子、中华隐子草；伴生种有40种。

5）柠条群落（C5）：样地在阴阳坡均有分布，坡度分布在5°～40°。特征种有7种，分别为柠条、铁杆蒿、长芒草、达乌里胡枝子、茭蒿、杠柳、野菊；伴生种有42种。

6）沙棘群落(C6)：样地主要分布在阴坡、半阴坡和半阳坡，坡度分布在 12°～37°。特征种有 6 种，分别为沙棘、长芒草、达乌里胡枝子、铁杆蒿、茭蒿、硬质早熟禾；伴生种有 51 种。

2. 自然乔灌林群落

7）侧柏群落(C7)：样地主要分布在阳坡，坡度分布在 5°～40°。特征种有 7 种，分别为侧柏、狼牙刺、丁香、黄刺玫、水栒子、银川柴胡、披针叶薹草；伴生种有 37 种。

8）辽东栎群落(C8)：样地主要分布在半阴坡、阴坡，坡度分布在 5°～40°。特征种有 13 种，分别为辽东栎、茶条槭、水栒子、土庄绣线菊、丁香、杜梨、灰栒子、虎榛子、黄刺玫、鸡爪槭、牛奶子、太白龙胆、黄山药；伴生种有 24 种。

9）小叶杨群落(C9)：样地主要分布在沟道或沟坡下部等水分条件较好的生境，坡度分布在 5°～40°。特征种有 13 种，分别为小叶杨、柳树、紫穗槐、旋覆花、紫花地丁、鬼针草、南牡蒿、野豌豆、紫苜蓿、达乌里胡枝子、铁杆蒿、野菊、硬质早熟禾；伴生种有 38 种。

10）狼牙刺-铁杆蒿＋灌木铁线莲＋白羊草群落(C10)：样地主要分布在阳坡、半阳坡，坡度分布在 10°～65°。特征种有 9 种，分别为狼牙刺、白羊草、长芒草、灌木铁线莲、丛生隐子草、达乌里胡枝子、茭蒿、铁杆蒿、中华隐子草；伴生种有 47 种。

11）狼牙刺＋酸枣群落(C11)：样地主要分布在阳坡、半阳坡，坡度分布在 15°～40°。特征种有 10 种，分别为狼牙刺、酸枣、长芒草、丛生隐子草、达乌里胡枝子、茭蒿、铁杆蒿、互叶醉鱼草、白羊草、灌木铁线莲；伴生种有 16 种。

12）狼牙刺＋柳叶鼠李＋黄刺玫＋水栒子群落(C12)：主要分布在阳坡、半阳坡，坡度分布在 10°～70°。特征种有 13 种，分别为狼牙刺、黄刺玫、丁香、柳叶鼠李、长芒草、茭蒿、铁杆蒿、达乌里胡枝子、灌木铁线莲、水栒子、披针叶薹草、中华隐子草、远志；伴生种有 40 种。

13）丁香群落(C13)：主要分布在阴坡、半阴坡和半阳坡，坡度分布在 20°～40°。特征种有 15 种，分别为丁香、叉子圆柏、山荆子、披针叶薹草、野菊、银川柴胡、杠柳、虎榛子、黄刺玫、鸡爪槭、六道木、三角槭、土庄绣线菊、茭蒿、铁杆蒿；伴生种有 69 种。

14）黄刺玫群落(C14)：样地主要分布在阴坡、半阴坡，坡度分布在 20°～50°。特征种有 16 种，分别为黄刺玫、葱皮忍冬、披针叶薹草、水栒子、丁香、灰栒子、虎榛子、陕西荚蒾、六道木、三角槭、泡沙参、三裂蛇葡萄、土庄绣线菊、铁杆蒿、茭蒿、裂叶堇菜；伴生种有 63 种。

15）杠柳群落(C15)：样地阴阳坡均有分布，坡度分布在 10°～45°。特征种有 9 种，分别为杠柳、长芒草、茭蒿、铁杆蒿、白羊草、糙叶黄芪、达乌里胡枝子、硬质早熟禾、远志；伴生种有 58 种。

16）虎榛子群落(C16)：样地主要分布在阴坡、半阴坡，坡度分布在 32°～38°。特征种有 12 种，分别为虎榛子、杠柳、披针叶黄华、铁杆蒿、土庄绣线菊、野豌豆、异叶败酱、白头翁、达乌里胡枝子、丁香、茭蒿、茜草；伴生种有 43 种。

17）酸枣群落(C17)：样地主要分布在阳坡、半阴坡和半阳坡，坡度分布在 5°～31°。特征种有 9 种，分别为酸枣、白羊草、长芒草、达乌里胡枝子、茵陈蒿、中华隐子草、草木樨状黄芪、丛生隐子草、铁杆蒿；伴生种有22种。

18）河朔荛花群落（C18）：主要分布在阳坡、半阳坡，坡度分布在21°～32°。特征种有7种，分别为河朔荛花、铁杆蒿、丛生隐子草、长芒草、达乌里胡枝子、茭蒿、远志；伴生种有32种。

19）荆条群落（C19）：主要分布在阳坡、半阴坡和半阳坡，坡度分布在13°～30°。特征种有10种，分别为荆条、叉子圆柏、白羊草、长芒草、达乌里胡枝子、茭蒿、狼牙刺、河朔荛花、小红菊、硬质早熟禾；伴生种有26种。

20）小叶锦鸡儿群落（C20）：主要分布在阴坡、半阴坡，坡度分布在23°～38°。特征种有9种，分别为小叶锦鸡儿、叉子圆柏、虎榛子、黄刺玫、银川柴胡、长芒草、达乌里胡枝子、披针叶薹草、铁杆蒿；伴生种有32种。

3. 自然草本群落

21）铁杆蒿群落（C21）：主要分布在阴坡、半阴坡和半阳坡，坡度分布在5°～60°。特征种有6种，分别为铁杆蒿、异叶败酱、小红菊、硬质早熟禾、达乌里胡枝子、长芒草；伴生种有58种。

22）铁杆蒿＋野菊＋披针叶薹草群落（C22）：主要分布在阴坡、半阴坡，坡度分布在20°～40°。特征种有9种，分别为铁杆蒿、野菊、披针叶薹草、异叶败酱、小红菊、野燕麦、北京隐子草、丁香、披针叶黄华；伴生种有50种。

23）铁杆蒿＋硬质早熟禾＋草木樨状黄芪群落（C23）：主要分布在阴坡、半阴坡和半阳坡，坡度分布在5°～48°。特征种有5种，分别为铁杆蒿、硬质早熟禾、草木樨状黄芪、异叶败酱、抱茎苦荬菜，伴生种有57种。

24）铁杆蒿＋灌木铁线莲群落（C24）：主要分布在半阴坡、半阳坡和阳坡，坡度分布在20°～40°。特征种有5种，分别为铁杆蒿、灌木铁线莲、小叶锦鸡儿、糙叶黄芪、丛生隐子草；伴生种有57种。

25）铁杆蒿＋茭蒿群落（C25）：阴阳坡均有分布，坡度分布在5°～60°。特征种有14种，分别为铁杆蒿、茭蒿、叉子圆柏、糙叶黄芪、草木樨状黄芪、小叶锦鸡儿、长芒草、达乌里胡枝子、大针茅、披针叶薹草、野菊、硬质早熟禾、远志、中华隐子草；伴生种有70种。

26）铁杆蒿＋茭蒿＋白羊草群落（C26）：主要分布在阳坡、半阳坡，坡度分布在5°～40°。特征种有8种，分别为铁杆蒿、茭蒿、白羊草、糙隐子草、长芒草、达乌里胡枝子、多花胡枝子、远志；伴生种有36种。

27）铁杆蒿＋白羊草群落（C27）：主要分布在阳坡、半阳坡，坡度分布在25°～45°。特征种有7种，分别为铁杆蒿、白羊草、长芒草、达乌里胡枝子、茭蒿、远志、中华隐子草；伴生种有43种。

28）铁杆蒿＋长芒草群落（C28）：主要分布在阴坡、半阴坡和半阳坡，坡度分布在4°～37°。特征种有7种，分别为铁杆蒿、长芒草、银川柴胡、达乌里胡枝子、远志、中华隐子草、猪毛蒿；伴生种有65种。

29）铁杆蒿＋达乌里胡枝子群落（C29）：阴阳坡均有分布，坡度分布在5°～42°。特征种有12种，分别为铁杆蒿、达乌里胡枝子、糙叶黄芪、长芒草、丛生隐子草、鹅观草、甘青针茅、茭蒿、菊叶委陵菜、硬质早熟禾、远志、中华隐子草；伴生种有 65 种。

30）铁杆蒿＋达乌里胡枝子＋长芒草群落（C30）：阴阳坡均有分布，坡度分布在 8°～30°。特征种有 11 种，分别为铁杆蒿、长芒草、达乌里胡枝子、北京隐子草、糙隐子草、大针茅、菊叶委陵菜、远志、中华隐子草、猪毛菜、猪毛蒿；伴生种有 42 种。

31）茭蒿＋达乌里胡枝子群落（C31）：主要分布在阳坡、半阳坡，坡度分布在 5°～45°。特征种有 5 种，分别为茭蒿、达乌里胡枝子、长芒草、铁杆蒿、远志；伴生种有 44 种。

32）白羊草群落（C32）：主要分布在阳坡、半阳坡，坡度分布在 15°～40°。特征种有 6 种，分别为白羊草、长芒草、达乌里胡枝子、茭蒿、铁杆蒿、中华隐子草；伴生种有 39 种。

33）白羊草＋达乌里胡枝子＋长芒草群落（C33）：主要分布在阳坡、半阳坡，坡度分布在 8°～35°。特征种有 6 种，分别为白羊草、达乌里胡枝子、长芒草、菊叶委陵菜、铁杆蒿、远志；伴生种有 38 种。

34）白羊草＋丛生隐子草群落（C34）：主要分布在阳坡、半阳坡，坡度分布在 23°～40°。特征种有 7 种，分别为白羊草、丛生隐子草、长芒草、达乌里胡枝子、茭蒿、铁杆蒿、中华隐子草；伴生种有 25 种。

35）白羊草＋大针茅群落（C35）：主要分布在阳坡、半阳坡，坡度分布在 9°～40°。特征种有 7 种，分别为白羊草、大针茅、长芒草、达乌里胡枝子、茭蒿、铁杆蒿、中华隐子草；伴生种有 29 种。

36）达乌里胡枝子群落（C36）：主要分布在阳坡、半阴坡和半阳坡，坡度分布在 5°～34°。特征种有 5 种，分别为达乌里胡枝子、阿尔泰狗娃花、长芒草、菊叶委陵菜、猪毛蒿；伴生种有 52 种。

37）达乌里胡枝子＋长芒草群落（C37）：样地在阴阳坡均有分布，坡度分布在 5°～25°。特征种有 11 种，分别为达乌里胡枝子、长芒草、阿尔泰狗娃花、糙叶黄芪、糙隐子草、二裂委陵菜、菊叶委陵菜、铁杆蒿、远志、猪毛菜、猪毛蒿；伴生种有 39 种。

38）达乌里胡枝子＋长芒草＋糙隐子草群落（C38）：样地主要分布在阳坡和峁顶，坡度均小于 20°。特征种有 8 种，分别为达乌里胡枝子、长芒草、糙隐子草、糙叶黄芪、二裂委陵菜、菊叶委陵菜、硬质早熟禾、猪毛蒿；伴生种有 23 种。

39）达乌里胡枝子＋猪毛蒿群落（C39）：阴阳坡均有分布，坡度分布在 5°～20°。特征种有 5 种，分别为达乌里胡枝子、猪毛蒿、糙隐子草、二裂委陵菜、猪毛菜；伴生种有 38 种。

40）长芒草群落（C40）：阴阳坡均有分布，坡度分布在 3°～30°。特征种有 12 种，分别为长芒草、细叶臭草、冷蒿、糙隐子草、草木樨状黄芪、达乌里胡枝子、二裂委陵菜、狗尾草、黄鹌菜、菊叶委陵菜、硬质早熟禾、猪毛蒿；伴生种有 57 种。

41）百里香群落（C41）：样地主要分布在阴坡、半阴坡和半阳坡，坡度分布在 5°～35°。特征种有 12 种，分别为百里香、糙叶黄芪、糙隐子草、草木樨状黄芪、长芒草、达乌里胡枝子、大针茅、二裂委陵菜、菊叶委陵菜、赖草、铁杆蒿、硬质早熟禾；伴生种有 43 种。

42）野菊群落（C42）：样地主要分布在阴坡，坡度分布在 20°～50°。特征种有 13 种，分别为野菊、中华卷柏、多花胡枝子、三裂蛇葡萄、野豌豆、百里香、抱茎苦荬菜、银川柴胡、鹅观草、火绒草、披针叶薹草、小红菊、硬质早熟禾；伴生种有 66 种。

43）大针茅群落（C43）：样地主要分布在半阴坡、阴坡和峁顶，坡度分布在 5°～40°。

特征种有9种，分别为大针茅、长芒草、百里香、北京隐子草、草木樨状黄芪、截叶铁扫帚、冷蒿、石竹、硬质早熟禾；伴生种有53种。

44）猪毛蒿群落（C44）：样地在阴阳坡均有分布，坡度均在25°以下。特征种有10种，分别为猪毛蒿、野古草、狗尾草、阿尔泰狗娃花、长芒草、达乌里胡枝子、黄鹌菜、苦荬菜、小蓟、猪毛菜；伴生种有52种。

45）赖草＋猪毛蒿群落（C45）：样地在阴阳坡均有分布，坡度均在3°～32°。特征种有6种，分别为赖草、猪毛蒿、阿尔泰狗娃花、长芒草、达乌里胡枝子、小蓟；伴生种有29种。

2.2.2　植物群落的分布与多样性特征

从45个植物群落分布的坡向来说，主要分布在半阳坡、阳坡的群落有13个：刺槐-白羊草群落、刺槐-达乌里胡枝子＋长芒草群落、狼牙刺-铁杆蒿＋灌木铁线莲＋白羊草群落、狼牙刺＋酸枣群落、狼牙刺＋柳叶鼠李＋黄刺玫＋水栒子群落、河朔荛花群落、铁杆蒿＋茭蒿＋白羊草群落、铁杆蒿＋白羊草群落、茭蒿＋达乌里胡枝子群落、白羊草群落、白羊草＋达乌里胡枝子＋长芒草群落、白羊草＋丛生隐子草群落、白羊草＋大针茅群落；主要分布在半阴坡、阴坡的群落有5个，分别是辽东栎群落、黄刺玫群落、虎榛子群落、小叶锦鸡儿群落、铁杆蒿＋野菊＋披针叶薹草群落；较为偏爱阳坡的群落有5个：酸枣群落、荆条群落、铁杆蒿＋灌木铁线莲群落、达乌里胡枝子群落、达乌里胡枝子＋长芒草＋糙隐子草群落；较为偏爱阴坡的群落有7个：沙棘群落、丁香群落、铁杆蒿群落、铁杆蒿＋硬质早熟禾＋草木樨状黄芪群落、铁杆蒿＋长芒草群落、大针茅群落和百里香群落；在不同坡向均有分布的群落类型有12个，分别是刺槐-铁杆蒿群落、刺槐-猪毛蒿＋赖草群落、柠条群落、杠柳群落、铁杆蒿＋茭蒿群落、铁杆蒿＋达乌里胡枝子群落、铁杆蒿＋达乌里胡枝子＋长芒草群落、达乌里胡枝子＋长芒草群落、达乌里胡枝子＋猪毛蒿群落、长芒草群落、猪毛蒿群落、赖草＋猪毛蒿群落。侧柏群落主要分布在阳坡，野菊群落主要分布在阴坡，还有一个主要在沟道和沟坡下部分布的小叶杨群落。结合研究区植被恢复演替阶段来看，演替早期的猪毛蒿、赖草群落，中期的长芒草、达乌里胡枝子群落、杠柳群落，以及人工种植的刺槐、柠条在阴阳坡均有分布；随着演替的进行，演替较高阶段的物种在阴阳坡的分化上更为明显，如阳坡的白羊草、茭蒿、狼牙刺、侧柏等，阴坡的铁杆蒿、披针叶薹草、野菊、黄刺玫、虎榛子、辽东栎等（表2-2）。

就坡度而言，各种群落均具有广泛的分布范围。由于不同坡度受人为干扰的强度不同、植被恢复的时间不同，因而恢复演替较早阶段的群落分布坡度较小，多在25°以内，而处于演替较高阶段的群落以及残存的乔灌木群落多分布在较陡坡面，多超过25°，甚至在40°以上（表2-2）。

不同群落的核心物种数变化在25～84种之间，平均为52种；Shannon-Wiener多样性指数分布在2.19～3.90，平均为3.16；Margalef丰富度指数变化在1.80～4.80，平均为3.34；Pielou均匀度指数变化在0.16～0.53，平均为0.35；Whittaker指数变化在1.8～4.4，平均为2.90（表2-2）。恢复演替时间较长的人工林群落，自然乔、灌林群落，以及铁杆蒿、白羊草等退耕演替较高阶段的群落具有较高的物种多样性。Shannon-Wiener

表 2-2　不同生境内各群落物种多样性特征

群落	坡度/(°)	坡向	核心种数/个	Shannon-Wiener	Margalef	Pielou	Whittaker
C1	20～35	1、2、3、4	65	3.43	3.72	0.45	3.5
C2	20～35	3、4	25	2.72	2.31	0.41	2.1
C3	17～41	3、4	31	3.02	3.02	0.32	1.8
C4	11～40	1、2、3、4	50	2.19	2.83	0.16	3.0
C5	5～40	1、2、3、4	49	3.41	3.33	0.43	2.9
C6	12～37	1、2、3	57	3.45	4.08	0.32	2.5
C7	5～40	4	44	2.89	2.89	0.26	2.8
C8	5～40	1、2	37	3.27	3.57	0.30	2.1
C9	5～40	5、6	51	3.55	3.71	0.41	2.8
C10	10～65	3、4	56	3.07	2.83	0.47	4.1
C11	15～40	3、4	26	2.76	2.41	0.35	2.0
C12	10～70	3、4	53	3.51	3.55	0.50	3.2
C13	20～40	1、2、3	84	3.73	4.80	0.30	3.3
C14	20～50	1、2	79	3.41	3.60	0.40	4.4
C15	10～45	1、2、3、4	67	3.56	4.32	0.27	2.8
C16	32～38	1、2	55	3.42	4.01	0.30	2.6
C17	5～31	2、3、4	31	2.45	1.80	0.41	3.6
C18	21～32	3、4	39	3.74	4.30	0.42	1.8
C19	13～30	2、3、4	36	2.93	3.32	0.30	1.8
C20	23～38	1、2	41	3.53	3.21	0.53	2.5
C21	5～60	1、2、3	64	3.36	3.17	0.44	4.1
C22	20～40	1、2	59	3.74	4.28	0.39	2.6
C23	5～48	1、2、3	62	3.90	3.90	0.51	2.9
C24	20～40	2、3、4	62	3.54	4.24	0.34	2.6
C25	5～60	1、2、3、4	84	3.48	3.76	0.37	4.1
C26	5～40	3、4	44	3.22	3.16	0.40	2.6
C27	25～45	3、4	50	3.06	2.96	0.39	3.1
C28	4～37	1、2、3	72	2.75	2.91	0.32	4.2
C29	5～42	1、2、3、4	77	3.49	4.29	0.29	3.1
C30	8～30	1、2、3、4	53	3.23	3.22	0.34	2.8
C31	5～45	3、4	49	3.11	2.97	0.39	3.2
C32	15～40	3、4	45	3.07	3.02	0.40	2.9
C33	8～35	3、4	44	2.53	2.32	0.30	3.9
C34	23～40	3、4	32	3.24	2.94	0.41	2.0
C35	9～40	3、4	36	3.42	3.10	0.51	2.3

续表

群落	坡度/(°)	坡向	核心种数/个	Shannon-Wiener	Margalef	Pielou	Whittaker
C36	5～34	2、3、4	57	3.21	2.94	0.41	3.6
C37	5～25	1、2、3、4	50	2.62	2.86	0.23	2.7
C38	<20	4、7	31	2.30	2.17	0.26	2.3
C39	5～20	1、2、3、4	43	2.54	3.09	0.19	2.2
C40	3～30	1、2、3、4	69	3.13	3.31	0.29	3.8
C41	5～35	1、2、3	55	3.65	3.81	0.38	2.5
C42	20～50	1	79	3.11	4.51	0.20	2.8
C43	5～40	1、2、7	62	3.41	4.16	0.27	2.6
C44	<25	1、2、3、4	62	2.52	3.19	0.19	3.3
C45	3～32	1、2、3、4	35	2.65	2.27	0.38	2.8

注：表内群落编号顺序与文中顺序一致；坡向1～7分别代表阴坡、半阴坡、半阳坡、阳坡、沟道、沟坡下部、峁顶。

指数、Margalef指数和Whittaker指数随着核心物种数的增加表现出增加的趋势(图2-2)，而且与核心物种数的Pearson相关性均达到显著水平(r=0.444，P=0.002；r=0.673，P<0.001；r=0.634，P<0.001)。丰富的区域物种库对于单个群落的物种多样性具有重要的作用，同时某类型群落核心物种数影响着该类型单个群落的物种多样性。

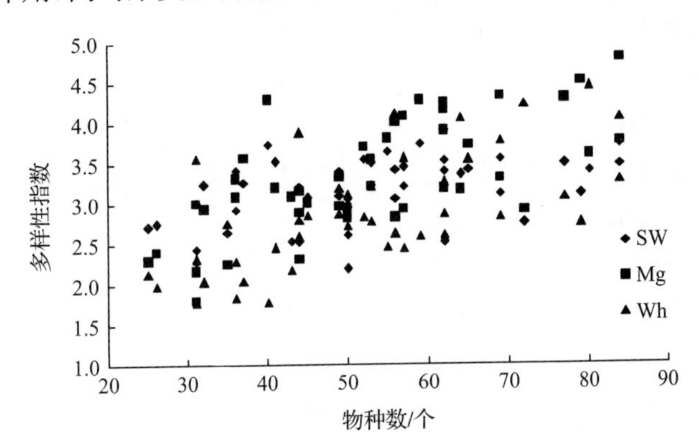

图2-2 群落物种多样性指数与核心种数的关系

SW. Shannon-Wiener指数；Mg. Margalef指数；Wh. Whittaker指数

2.2.3 区域物种库的组成结构特征

综合各群落中的核心种确定区域物种库的物种组成，最终统计得出区域物种库中共有种子植物202种，具体见附录1。

1. 科属组成

区域物种库分属于58科，155属(表2-3)。其中物种组成较多的科为菊科、禾本科、蔷薇科、豆科，这4科所含属数和物种数分别占该区总属数的43.9%和总种数的52.0%。

这4科都属于世界广布的含有千种以上的大科，其中菊科、禾本科、蔷薇科以温带分布为主，豆科以温带、热带广布为主，这4科在研究区具有丰富的属种，是退耕恢复演替过程中主要的植物组成部分。其余各科中具有较多属和物种的还有唇形科、毛茛科、百合科、萝藦科、忍冬科等。

表 2-3　区域物种库的科、属、种组成

目	科	属数	占总属数比例/%	物种数	占总物种数比例/%
单子叶分支					
天门冬目	鸢尾科	1	0.6	1	0.5
薯蓣目	薯蓣科	1	0.6	1	0.5
百合目	百合科	3	1.9	4	2.0
禾本目	禾本科	19	12.3	26	12.9
	莎草科	1	0.6	1	0.5
真双子叶分支					
白花丹目	白花丹科	1	0.6	1	0.5
中子目	藜科	2	1.3	2	1.0
毛茛目	毛茛科	5	3.2	6	3.0
	小檗科	1	0.6	1	0.5
石竹目	石竹科	1	0.6	1	0.5
檀香目	檀香科	1	0.6	1	0.5
虎耳草目	虎耳草科	1	0.6	1	0.5
	景天科	2	1.3	2	1
牻牛儿苗目	牻牛儿苗科	2	1.3	2	1
卫矛目	卫矛科	1	0.6	1	0.5
豆目	豆科	12	7.7	21	10.4
	远志科	1	0.6	1	0.5
壳斗目	壳斗科	1	0.6	1	0.5
	桦木科	1	0.6	1	0.5
金虎尾目	大戟科	2	1.3	2	1
	亚麻科	1	0.6	1	0.5
	杨柳科	2	1.3	3	1.5
	堇菜科	1	0.6	3	1.5
蔷薇目	胡颓子科	2	1.3	2	1
	葡萄科	2	1.3	2	1
	鼠李科	2	1.3	2	1
	蔷薇科	14	9.0	18	8.9
	榆科	1	0.6	2	1
十字花目	十字花科	1	0.6	1	0.5

续表

目	科	属数	占总属数比例/%	物种数	占总物种数比例/%
锦葵目	锦葵科	1	0.6	1	0.5
	瑞香科	2	1.3	2	1
无患子目	漆树科	1	0.6	3	1.5
	无患子科	2	1.3	2	1
	苦木科	1	0.6	1	0.5
杜鹃花目	报春花科	2	1.3	3	1.5
	紫草科	3	1.9	3	1.5
龙胆目	龙胆科	2	1.3	2	1
	马钱科	1	0.6	1	0.5
	茜草科	2	1.3	2	1
	萝藦科	2	1.3	4	2.0
唇形目	紫葳科	1	0.6	1	0.5
	唇形科	5	3.2	5	2.5
	木犀科	1	0.6	1	0.5
	列当科	1	0.6	1	0.5
	车前科	1	0.6	1	0.5
	玄参科	2	1.3	2	1
	马鞭草科	1	0.6	1	0.5
茄目	茄科	1	0.6	1	0.5
	旋花科	2	1.3	2	1
伞形目	伞形科	2	1.3	2	1
菊目	菊科	24	15.5	40	19.8
	桔梗科	1	0.6	1	0.5
	忍冬科	3	1.9	3	1.5
	败酱科	1	0.6	1	0.5

注：除被子植物外还有裸子植物柏科2属2种，麻黄科1属1种；蕨类植物木贼科1种，卷柏科1种。

2. 物种的分布区类型

根据《中国种子植物区系地理分布》(吴征镒等，2010)，区域物种库的植物属、种在地理成分上有14个分布类型，10个分布变型(表2-4)。北温带分布最多，有37属56种，占属、种分布总数的23.9%、26.2%，主要包括蒿属、侧柏属、菊属、绣线菊属、针茅属、槭属、蔷薇属等。其他较多分布的有世界分布(20属26种)，占属、种分布总数的12.9%、12.9%，主要有黄芪属、铁线莲属、榆属、芦苇属、早熟禾属、薹草属、远志属等；北温带和南温带间断分布(17属20种)占属、种分布总数的11.0%、9.9%，主要有胡颓子属、委陵菜属、亚麻属等；旧世界温带分布(13属19种)占属、种分布总数的8.4%、9.4%，主要有隐子草属、丁香属、沙棘属等；泛热带分布(11属13种)占属、种分布总数的7.1%、6.4%，主要有孔颖草属、狗尾草属、醉鱼草属等。这5种分布类型分别占属、种分布总数的63.3%、64.9%。与该区气候特征相符，该区温带特征明显，以北温带分布为主，泛热带分布占有一定比例，有热带向温带过渡的趋势，具典型的暖温带性质。

表 2-4　区域物种库物种的分布区类型

分布类型	属/个	占属的比例/%	种/个	占种的比例/%
1 世界分布	20	12.90	26	12.88
2 泛热带分布	11	7.10	13	6.44
3 热带亚洲和热带美洲洲际间断分布	1	0.65	1	0.50
4 旧世界热带分布	1	0.65	1	0.50
4-1 热带亚洲、非洲和大洋洲间断或星散分布	1	0.65	1	0.50
5 热带亚洲至热带大洋洲分布	2	1.29	2	0.99
6 热带亚洲至热带非洲分布	1	0.65	1	0.50
7 热带亚洲(印度-马来西亚)分布	3	1.94	4	1.98
8 北温带分布	37	23.87	53	26.24
8-4 北温带和南温带间断分布	17	10.97	20	9.90
8-5 欧亚和南美洲温带间断分布	8	5.16	9	4.46
9 东亚和北美间断分布	6	3.87	8	3.96
9-1 东亚和墨西哥间断分布	2	1.29	2	0.99
10 旧世界温带分布	13	8.39	19	9.41
10-1 地中海、西亚和东亚间断分布	7	4.52	10	4.95
10-3 欧亚和南部非洲分布	2	1.29	3	1.49
11 温带亚洲分布	6	3.87	10	4.95
12-3 地中海区至温带、热带亚洲，大洋洲和南美洲间断分布	2	1.29	2	0.99
13 中亚分布	1	0.65	1	0.50
13-2 中亚至喜马拉雅分布和我国西南分布	1	0.65	1	0.50
14 东亚分布	6	3.87	7	3.47
14-1 中国-喜马拉雅分布	2	1.29	2	0.99
14-2 中国-日本分布	1	0.65	1	0.50
15 中国特有分布	4	2.58	5	2.48
合计	155	100.00	202	100.00

3. 生态学组成

对于植物生活型，地面芽植物有75种，占总物种的37%；高位芽植物46种，占总物种数的23%;一年生植物27种,占总物种数的13%;隐芽植物35种,占总物种数的17%;地上芽植物19种,占总物种数的9%(图2-3)。

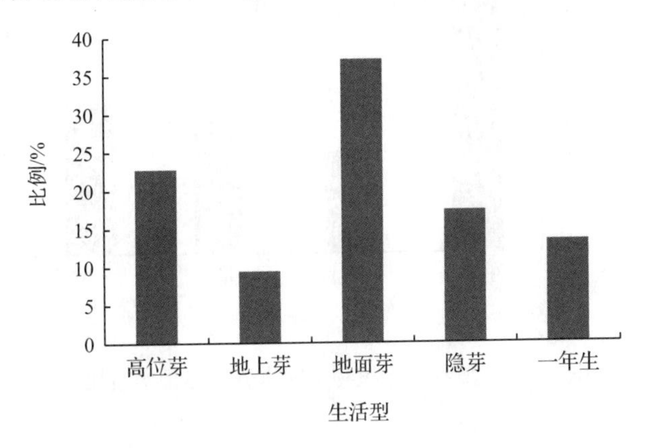

图2-3　区域物种库植物不同生活型谱所占比例

物种生长型中,多年生草本所占比例最高为40.6%,有82个物种;灌木物种34种,占总物种数的16.8%;一、二年生草本物种33种,占到总物种数的16.3%;多年生禾草23种,占总物种数的11.4%;乔木物种15种,占总物种数的7.4%;半灌木物种数有10种,占总物种数的5.0%;还有5种藤本植物,占总物种数的2.5%(图2-4)。

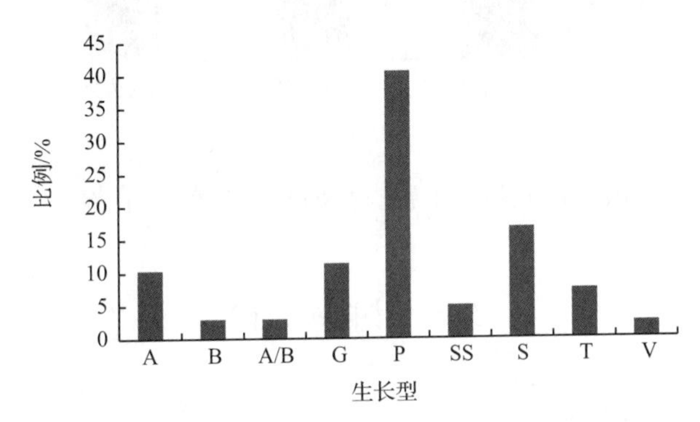

图2-4　区域物种库植物不同生长型所占比例

A. 一年生草本;B. 二年生草本;A/B. 一二年生草本;G. 多年生禾草;P. 多年生草本;S. 灌木;SS. 半灌木;T. 乔木;V. 藤本植物

物种的水分生态类型以中生为主,有84种,占物种总数的41.6%;旱生植物有45种,占物种总数的22.3%;中旱生植物43种,占物种总数的21.3%;旱中生植物30种,占物种总数的14.9%(图2-5)。

就植物繁殖体的传播方式而言,超过一半的物种为风力传播物种,占总物种数的53.0%;其次为自助传播物种,占总物种数的34.2%,包括通过重力作用和自身弹力作用完成传播的方式;而动物传播物种占总物种数的25.2%(图2-6)。其中,有些物种的繁殖体具有多种传播方式,如白羊草种子既可以通过风力作用传播,还可以通过动物传播。

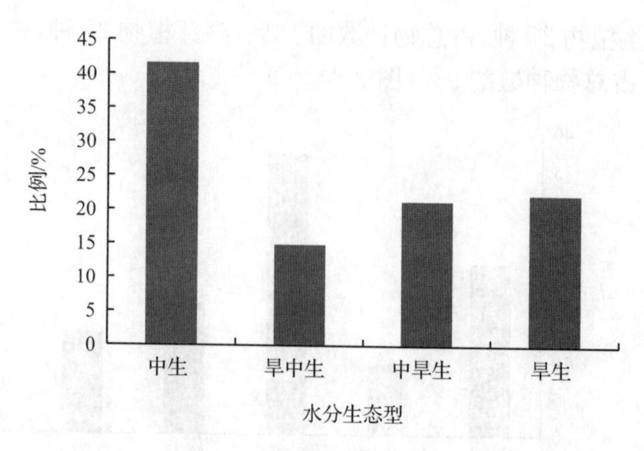

图 2-5　区域物种库植物不同水分生态型所占比例

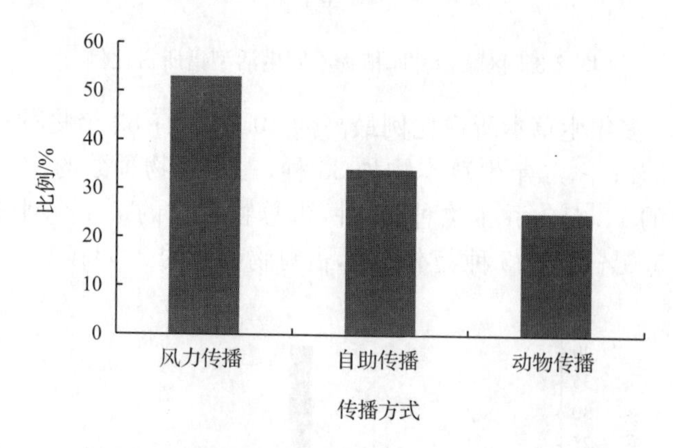

图 2-6　区域物种库植物不同传播方式所占比例

2.3　讨　　论

2.3.1　区域物种库的物种组成

区域物种库的丰富程度影响着局域植物群落的物种多样性，丰富的种库资源能够通过繁殖体的扩散、迁移为干扰后生境的恢复提供种源，加速受干扰生境的恢复。研究区位于延河流域，位于陕北黄土高原的中部，连接黄土丘陵沟壑区的森林、森林草原和草原植被带，植物区系具有过渡性特征，植物物种组成丰富。据李登武(2009)统计，陕北黄土高原地区(面积约 9.3 万 km^2)共有野生植物 1350 种，隶属于 123 科 542 属，占到黄土高原地区(面积 64 万 km^2)总物种数的 41.9%。其中菊科、禾本科、蔷薇科、豆科为大科，优势科有 21 科，除上述 4 大科外，还有毛茛科、藜科、唇形科、莎草科、蓼科、百合科、十字花科、石竹科、虎耳草科、杨柳科、玄参科、伞形科、忍冬科、龙胆科、罂粟科、大戟科和紫草科。该研究区面积 0.77 万 km^2，区域物种库含有 202 种物种，分属于 58 科 155 属，占到上述陕北地区物种数的 14.9%，属数的 28.6%，科数的 47.2%。其中黄土高原地区大科菊科、禾本科、豆科、蔷薇科在物种库内的物种组成中占有很大比例。此外，多年生草本与多年生禾草占到总物种数的半数以上，灌木、半灌木(包含藤本)占总物种数的 20%左右，一、二年生物种占总物种数的 15%，而乔木物种最少，在 10%以内；在水分生态型中，旱中生、中旱生物种占较大比例。由于地带性气候条件决定了植被类型，该研究区主要植被类型是疏林草原与灌木草原(朱志诚，1982，1984；王守春，1994)。由于该区自东南向西北气温和降水量逐渐降低，因此东南部以疏林草原占优势，西北部以灌木草原占优势。组成疏林草原的乔木树种全是来自森林区的旱中生种类，而灌木草原的灌木成分则以旱中生种类为主，半灌木物种和草本物种也多为中旱生和旱中生物种(朱志诚，1982，1984)。

在所有调查样地中出现频率超过 75%的物种有 4 种：达乌里胡枝子、长芒草、铁杆蒿、阿尔泰狗娃花；分布频率在 50%～74.9%的有 3 种：远志、茭蒿、中华苦荬菜；分布频率在 25%～49.9%的有 12 种：猪毛蒿、菊叶委陵菜、糙叶黄芪、白羊草、中华隐子草、硬质早熟禾、糙隐子草、草木樨状黄芪、二裂委陵菜、丛生隐子草、小蓟、赖草；分布频率在 10%～24.9%的有 30 种：抱茎苦荬菜、香青兰、灌木铁线莲、杠柳、大针茅、野豌豆、狗尾草、猪毛菜、北京隐子草、二色棘豆、甘草、鹅观草、狼牙刺、蒙古蒿、紫花地丁、银川柴胡、狭叶米口袋、裂叶堇菜、茵陈蒿、地锦草、牻牛儿苗、披针叶薹草、芦苇、亚麻、截叶铁扫帚、苦荬菜、火绒草、刺槐、野葱、百里香；分布频率在 5%～9.9%的物种有野菊、丁香、异叶败酱、风毛菊、帚状鸦葱、獐牙菜、蒲公英、角蒿、黄刺玫、河朔荛花、冷蒿、酸枣、榆树、臭蒿、土庄绣线菊、沙棘、石竹、虎榛子、柳叶鼠李、茜草、地梢瓜、灰叶黄芪、翻白草 23 种。上述物种中包括了该区植被恢复演替过程中各阶段群落及沟坡残存灌丛群落的主要物种，构成了植被恢复演替过程以及沟坡残存的主要群落类型，如猪毛蒿群落、猪毛蒿＋赖草群落、长芒草群落、长芒草＋达乌里胡枝子群落、白羊草群落、铁杆蒿群落、白羊草＋茭蒿群落、杠柳群落、狼牙刺群落、丁香群落、虎榛子群落、黄刺玫群落、酸枣群落等，与以往关于该区域植被演替序列的研究结果基本一致(邹厚远，1986；杜峰等，2005；焦菊英等，2008)。同时，还涉及 2 种主要的人工林(刺槐林和柠条林)，以及 2 种森林带典型群落(辽东栎群落和侧柏群落)(朱志诚，1983，1992)。

2.3.2　主要植被类型的空间分布

该研究区由于地貌地形及人为干扰的影响，植被组成复杂多样，既包括地带性物种又包括隐域物种(朱志诚，1983)。演替早期的群落对坡度和坡向没有特定的要求，能够进入到各类生境中，如猪毛蒿、赖草、长芒草、达乌里胡枝子、阿尔泰狗娃花等；而随着演替的进行，植被类型逐渐出现生境的分化，如阳坡的白羊草、茭蒿、狼牙刺、侧柏等群落类型，阴坡的铁杆蒿、披针叶薹草、野菊、黄刺玫、虎榛子、辽东栎等群落类型(邹厚远，1986；焦菊英等，2008)。

影响植被空间分布的因素很多，在较小尺度下，决定物种多样性格局的主要因素是生物或生态过程(如竞争、共生和迁移等)；但在大尺度下，物种多样性格局则主要取决于气候(Whittaker and Katherine，2001)。同时，还受到其他因素如地形、土壤等立地条件的影响(方精云等，2009)。该研究区影响植被分布的因素有以下几个方面：①地形地貌在大的方面影响着水热分配以及人类活动的历史过程，进而从较大的尺度决定了地带性物种及不同生态型物种的空间分布；②退耕演替时间决定了群落恢复阶段以及对应的土壤养分、微生物条件，同时影响着物种迁移到恢复目标地点的概率，进而影响地上植被群落组成；③残留斑块种源与恢复目标地的距离以及物种扩散能力、繁殖能力、更新能力、寿命等影响着这些物种扩散到恢复地及形成种群或群落的速度。就目前研究显示，在不同的生境中一年生杂草群落如猪毛蒿群落，多年生草本群落如达乌里胡枝子群落、长芒草群落、白羊草群落等，及半灌木草丛群落如铁杆蒿群落、茭蒿群落等分布广泛，而地带性灌木物种多分布在局部陡峭的沟坡、沟道或沟沿线，分布面积小。但这些灌木物种能够在该研究区形成群落，而且历史资料也表明在植被遭受人为破坏之前，这些物种能够形成分布范围广且生长良好的群落（朱志诚，1983；王守春，1994）。综上所述，区域物种库保存了植被恢复各阶段的物种以及乡土的乔、灌物种，能够为研究区植被恢复提供丰富的种源。

2.4 小　结

1）通过植物社会学方法确定区域物种库的物种数为202种，分属于58科155属，物种组成较多的科为菊科、禾本科、豆科、蔷薇科。物种库中多年生草本有82种，占到总种数的40.6%；灌木物种34种，占总物种数的16.8%；一、二年生草本物种33种，占到总物种数的16.3%；多年生禾草23种，占总物种数的11.4%；乔木物种15种，占总物种数的7.4%；半灌木物种有10种，占总物种数的5.0%。

2）在所有调查样地中分布频度较高的物种是该区植被演替过程中群落的特征种和伴生种，如达乌里胡枝子、长芒草、铁杆蒿、阿尔泰狗娃花、猪毛蒿、白羊草、茭蒿等；其次为残存灌木群落的特征种和伴生种，如狼牙刺、杠柳、灌木铁线莲、丁香、黄刺玫、虎榛子等；由于涉及森林带样地较少，典型的森林物种出现频度较低，如侧柏、辽东栎、茶条槭、三角槭等。

3）物种的空间分布随植被演替发生变化，呈现出演替早期群落物种对坡度和坡向没有特殊的要求，如猪毛蒿、赖草、长芒草、达乌里胡枝子等；随植被演替的进行，植被类型逐渐出现生境的分化，如阳坡的白羊草、茭蒿、狼牙刺、侧柏等群落，阴坡的铁杆蒿、披针叶薹草、黄刺玫、虎榛子、辽东栎等群落类型。

4）植被恢复演替过程中各群落类型的特征种和伴生种分布广泛，在一定的时间内能够进入不同生境并形成相应的群落；而演替较高阶段和残留物种对生境及土壤具有一定的特殊要求，而且大部分残留物种的种群面积小，分布零散，恢复较为缓慢。而这些演替较高阶段和残留的物种也属于区域物种库，在具有合适的传播媒介和立地条件时能够成功建植并形成群落。区域物种库保存了植被恢复各阶段的物种以及乡土的乔、灌物种，能够为黄土丘陵沟壑区植被恢复提供丰富的种源。

第3章　种子形态特征*

种子形态特征主要包括种子的质量、大小、形状、表面及其附属物、颜色及光泽等，可为种子形态学、种子生态学、植物生态学的研究提供依据。自20世纪50年代起，不少学者将种子微形态特征用于植物分类学与系统学研究，证明了种子微形态特征在科、属、种等不同水平上具有分类学意义(Chuang and Heckard，1972；Crow，1979；Barthlott，1981；孙会忠等，2007)。同时，许多生物学家也已经注意到种子微形态特征与种子的传播、寿命和萌发等有着极为密切的关系，影响着种子的散布距离、散布方式和特点，决定着种子对水分的吸收和生活力。更重要的是许多野生植物的种子特征也往往受到自然胁迫的影响(Gupta et al.，1994；Sahai，1994；马骥等，2003)，反映着生存环境的变化。可见，种子大小与其形状在种子扩散、流失、休眠与萌发以及幼苗更新与定居等方面起着重要的作用，从而影响着植被的恢复演替。

植物种子的形态特征与种子的生产、脱落方式、传播能力、萌发特性之间有着密切的关系，进而对植冠种子库、土壤种子库的动态变化及植被恢复演替产生影响。结种量与种子质量、种子形状等种子形态学特征具有明显的相关性，表现为种子越小，结种量越大；种子越接近圆球形，结种量越大(闫巧玲等，2005)。而大的结种量能保证植物有更多的种子进入土壤种子库，为植物的生存提供了大量的种源，从而有利于植被的更新，对种群补充后代、稳定发展具有重要作用(Westoby et al.，1996)。种子的形态特征直接影响着种子的传播、散布、存活及被捕食的概率，间接地影响了该物种对植被更新的贡献(武高林等，2006)。例如，小种子的物种能产生大量的种子，传播更远的距离(Moles et al.，2004)；小种子倾向于依靠更多的传播媒介，而大种子则主要依靠哺乳动物来传播(Westoby et al.，1996)；种子通过具翅、柔毛或羽状物实现风媒传播，使种子被风散布得更远，而钩、刺、芒、刚毛和基部尖端等结构可以增加动物的散布(Peart，1984；Grime，2001；青秀玲和白永飞，2007)。同时，不同形态的种子对环境外力、动物取食等的响应也具有显著的差异(Friedman and Stein，1980；Thompson，1987；García-Fayos and Cerdà，1997；Moles and Drake，1999；Moles et al.，2003；于顺利等，2007a)。种子的传播不仅改变着种子库的数量动态，还会造成种子在空间上的重新分布(李儒海和强胜，2007)，进而会对植被空间分布具有深刻的影响。种子形态尤其是种子的大小、质量及附属物影响着种子的脱落及传播，因而调节着种子的脱落方式与时间，影响着种子的存储方式，也就是影响着植冠种子库与土壤种子库的特征(张小彦等，2009)。而且，种子的自身特性是影响土壤种子库在植被恢复与重建中发挥作用的一个重要因素，种子质量、大小、形状及种子传播距离、种子库寿命等都会影响到其作用的发挥(Thompson，1986)。因此，土壤种子库在种子形态特征与植被恢复过程中起了重要的枢纽作用，种子的形态特征影响种子进入土壤种子库，而

---

* 本章作者：焦菊英，张小彦，王东丽

土壤种子库是植被恢复的保证。种子的形态特征也影响着种子萌发与种苗存活，对于维持种群特定的结构与种群组分有着重要作用，影响着植被的更新、动态、多样性和分布（Hendrix et al.，1991；Westoby et al.，1996；刘志民等，2003a；Coomes and Grubb，2003；彭闪江等，2004；Gòmez，2004；武高林等，2006；Moles and Westoby，2006；于顺利等，2007b；武高林和杜国祯，2008）。

总之，种子的形态特征作为种子生活史的重要信息，对研究种子的生产、分布、传播、萌发，以及种子进入土壤种子库的难易程度、数量与持久性等问题有重要的意义。因此，对黄土丘陵沟壑区植物种子的形态特征进行观测与分析，可深入了解植物种子形态特征及其对土壤种子库的更新过程、速率、大小等的影响，以及植物适应环境与干扰的种子形态策略，可为研究区的植被更新、恢复与调控提供生态学依据。

3.1 研究方法

在延河流域的纸坊沟、宋家沟、阳砭沟、大路沟小流域，均匀选择1～3个50 m宽的断面样带，按照植物果实成熟时期，在2008年10月至2012年11月共采集了流域内所能见到的101种植物的果实或种子，带回室内风干后将种子储存于种子瓶内，用于植物种子（果实）的形态特征描述与量测，包括种子（果实）的单粒质量、长、宽、高、表面纹饰、附属物、颜色等。

3.1.1 种子(果实)形态的描述

选择发育良好的成熟种子（果实），在立体显微镜下观察其形状、棱面、颜色和表面纹饰、附属物等，进行描述与分析，并对种子（果实）进行拍照，形态学描述参考相关曾用术语（郭琼霞，1997；关广清等，2000；刘长江等，2004）。

3.1.2 种子(果实)质量的测定

根据种子（果实）尺寸的大小，分成5粒（>100 mg）、10粒（10～100 mg）或100粒一组（<10 mg），用万分之一天平称其质量。禾本科植物带外稃和芒（如果有芒）测量，菊科植物果实测量时带冠毛。每种植物5组重复，计算每种植物种子的平均质量（mass，*M*）。

3.1.3 种子(果实)形状的测算

对于较大的种子以游标卡尺为量测工具，量测种子的长（length，*L*）、宽（width，*W*）、高（height，*H*）。禾本科植物不带外稃测量，菊科植物不带冠毛测量，杠柳等种子不带绢毛测量。每种植物测量5个重复，计算其平均值作为该植物的种子尺寸。对于较小的种子（如蒿类种子）则用显微镜测量。并计算种子的表面积（surface area，*S*）、体积（volume，*V*）、种子密度（density，*D*）和比面积（specific surface area，SS）。同时，采用flatness index（FI）（Poesen，1987）和eccentricity index（EI）（Cerdà and García-Fayos，2002）来计算种子的形状指数。当FI取值为1时，种子（果实）为球体状；FI值越接近1，种子（果实）形状越接近球体；FI值越大，种子越扁平。当EI为1时，种子（果实）为圆形，或者是椭圆形；

EI 值越大，种子(果实)越接近纺锤形。各种子形状指标的具体计算公式如下：

1) 种子的表面积(S)：

$$S = L \times W \tag{3-1}$$

2) 种子的体积(V)：

$$V = L \times W \times H \tag{3-2}$$

3) 种子的密度(D)：

$$D = \frac{M}{V} \tag{3-3}$$

4) 种子的比面积(SS)：

$$\mathrm{SS} = \frac{S}{M} \tag{3-4}$$

5) 种子的形状指数(FI)：

$$\mathrm{FI} = \frac{L + W}{2H} \tag{3-5}$$

6) 种子的形状指数(EI)：

$$\mathrm{EI} = \frac{L}{W} \tag{3-6}$$

3.1.4　种子(果实)分泌黏液的鉴别

用蒸馏水将 101 个物种的种子(果实)在培养皿中浸泡，每个物种选择 5 粒种子，浸泡 24 小时后，用镊子小心取出，放在滤纸上，在显微镜下观测是否具有黏液。

3.2　结果与分析

3.2.1　供试植物的组成结构特征

采集到的 101 种种子植物分别属于 36 科 83 属，其中以菊科、豆科和禾本科物种数居多，分别占物种总数的 18.8%、14.9%和 11.9%。101 种植物属、种组成与生态学特征分别见表 3-1 与表 3-2，生活型与水分生态型的分布分别见图 3-1 与图 3-2。101 种植物以多年生植物为主，占所有物种的 51.5%，一年生植物与灌木次之，分别占 15.8%和 13.9%，半灌木与一二年生植物分别占 5.0%和 5.9%，乔木占 4.0%，二年生植物占 4.0%。水分生态型以中生植物最多，占总物种数的 36.6%，旱生和中旱生分别占 26.7%和 24.8%，旱中生占 11.9%。

表 3-1　101 种植物的属、种组成统计

科	属		物种	
	属数	占总属数的比例/%	物种数	占总物种数的比例/%
菊科	13	12.9	19	18.8
豆科	10	9.9	15	14.9
禾本科	9	8.9	12	11.9
蔷薇科	6	5.9	7	6.9
毛茛科	4	4.0	5	5.0
唇形科	3	3.0	3	3.0
藜科	3	3.0	3	3.0
百合科	2	2.0	3	3.0

注：其中萝藦科、木犀科、伞形科、玄参科、紫草科和堇菜科分别有 2 个物种，其余柏科、败酱科、蝶形花科、胡颓子科、桦木科、苦木科、牻牛儿苗科、漆树科、茜草科、忍冬科、鼠李科、小檗科、亚麻科、远志科、紫葳科、柴草科、桔梗科、兰科、龙胆科、马钱科、十字花科和苋科分别只有 1 个物种。

表 3-2　101 种植物的生态特征

序号	物种	科	属	生长型	水分生态型	花果期/月
1	阿尔泰狗娃花	菊科	狗娃花属	多年生	旱生	5～9
2	白花草木樨	豆科	草木樨属	一二年生	旱生	7～8
3	白头翁	毛茛科	白头翁属	多年生	中旱生	3～6
4	白羊草	禾本科	孔颖草属	多年生	中旱生	8～11
5	斑种草	紫草科	斑种草属	一年生	旱生	4～7
6	抱茎苦荬菜	菊科	小苦荬属	多年生	中生	4～7
7	北京隐子草	禾本科	隐子草属	多年生	旱生	7～11
8	扁核木	蔷薇科	扁核木属	灌木	旱生	4～8
9	糙叶黄芪	豆科	黄芪属	多年生	旱生	4～9
10	糙隐子草	禾本科	隐子草属	多年生	旱中生	7～9
11	草木樨状黄芪	豆科	黄芪属	多年生	旱中生	7～9
12	银川柴胡	伞形科	柴胡属	多年生	旱生	7～9
13	绳虫实	藜科	虫实属	一年生	旱中生	6～9
14	细叶臭草	禾本科	臭草属	多年生	旱中生	5～8
15	臭椿	苦木科	臭椿属	乔木	中生	5～10
16	刺槐	豆科	刺槐属	乔木	中生	4～9
17	葱皮忍冬	忍冬科	忍冬属	灌木	中生	6～10
18	达乌里胡枝子	豆科	胡枝子属	半灌木	旱生	7～9
19	大蓟	菊科	蓟属	多年生	中生	5～8
20	大针茅	禾本科	针茅属	多年生	旱生	5～8
21	紫花地丁	堇菜科	堇菜属	多年生	中旱生	3～8

续表

序号	物种	科	属	生长型	水分生态型	花果期/月
22	地黄	玄参科	地黄属	多年生	中旱生	4～7
23	地锦草	大戟科	大戟属	一年生	旱生	6～10
24	地梢瓜	萝藦科	鹅绒藤属	多年生	旱生	6～10
25	杜梨	蔷薇科	梨属	乔木	中生	4～9
26	鹅观草	禾本科	鹅观草属	多年生	中旱生	6～7
27	二裂委陵菜	蔷薇科	委陵菜属	多年生	旱生	5～9
28	二色棘豆	豆科	棘豆属	多年生	旱生	4～9
29	飞廉	菊科	飞廉属	二年生	中旱生	6～10
30	风轮菜	唇形科	风轮菜属	多年生	中生	7～10
31	风毛菊	菊科	风毛菊属	二年生	中旱生	8～9
32	甘草	豆科	甘草属	多年生	旱生	6～10
33	杠柳	萝藦科	杠柳属	灌木	中生	5～9
34	狗尾草	禾本科	狗尾草属	一年生	中生	5～10
35	灌木铁线莲	毛茛科	铁线莲属	半灌木	中旱生	7～10
36	鬼针草	菊科	鬼针草属	一年生	中生	8～11
37	鹤虱	紫草科	鹤虱属	一二年生	中旱生	6～10
38	虎榛子	桦木科	虎榛子属	灌木	中生	5～10
39	互叶醉鱼草	马钱科	醉鱼草属	灌木	中生	5～10
40	画眉草	禾本科	画眉草属	一年生	中生	8～11
41	黄鹌菜	菊科	黄鹌菜属	一年生	旱生	8～11
42	延安小檗	小檗科	小檗属	灌木	中生	8～10
43	黄刺玫	蔷薇科	蔷薇属	灌木	旱中生	5～8
44	灰绿藜	藜科	藜属	一年生	中生	7～10
45	灰叶黄芪	豆科	黄芪属	多年生	旱生	7～9
46	火炬树	漆树科	盐肤木属	乔木	中生	5～9
47	截叶铁扫帚	豆科	胡枝子属	半灌木	旱生	7～10
48	茭蒿	菊科	蒿属	半灌木	中旱生	8～11
49	角蒿	紫葳科	角蒿属	一年生	旱生	5～11
50	角盘兰	兰科	角盘兰属	多年生	中生	6～8
51	菊叶委陵菜	蔷薇科	委陵菜属	多年生	中旱生	5～10
52	苦苣菜	菊科	苦苣菜属	一二年生	中旱生	5～10
53	苦马豆	豆科	苦马豆属	多年生	旱生	6～8
54	魁蓟	菊科	蓟属	多年生	中生	5～9
55	狼尾草	禾本科	狼尾草属	一二年生	中旱生	5～10
56	狼牙刺	豆科	槐属	灌木	旱中生	6～10

续表

序号	物种	科	属	生长型	水分生态型	花果期/月
57	戟叶堇菜	堇菜科	堇菜属	多年生	中旱生	4～8
58	连翘	木犀科	连翘属	灌木	中生	4～9
59	绿苋	苋科	苋属	一年生	中旱生	6～10
60	牻牛儿苗	牻牛儿苗科	牻牛儿苗属	多年生	旱生	7～8
61	蒙古蒿	菊科	蒿属	多年生	中生	8～10
62	南牡蒿	菊科	蒿属	多年生	中生	7～10
63	紫苜蓿	豆科	苜蓿属	多年生	中生	5～6
64	蒲公英	菊科	蒲公英属	多年生	中生	6～7
65	茜草	茜草科	茜草属	多年生	中生	8～10
66	芹叶铁线莲	毛茛科	铁线莲属	多年生	中旱生	7～9
67	泡沙参	桔梗科	沙参属	多年生	旱中生	8～10
68	沙打旺	豆科	黄芪属	多年生	中旱生	7～10
69	沙棘	胡颓子科	沙棘属	灌木	中旱生	4～9
70	砂珍棘豆	豆科	棘豆属	多年生	旱生	5～10
71	山丹	蝶形花科	野百合属	多年生	中生	5～10
72	中华苦荬菜	菊科	小苦荬属	多年生	旱生	9～11
73	水栒子	蔷薇科	栒子属	灌木	旱中生	5～10
74	酸枣	鼠李科	枣属	灌木	中生	6～9
75	碎米荠	十字花科	碎米荠属	一年生	中旱生	4～6
76	唐松草	毛茛科	唐松草属	多年生	中生	8～10
77	天门冬	百合科	天门冬属	多年生	中旱生	5～10
78	铁杆蒿	菊科	蒿属	半灌木	旱生	8～10
79	细叶韭	百合科	葱属	二年生	旱中生	7～9
80	香青兰	唇形科	青蓝属	一年生	中生	7～9
81	小蓟	菊科	蓟属	多年生	中生	5～7
82	土庄绣线菊	蔷薇科	绣线菊属	灌木	旱中生	6～9
83	旋覆花	菊科	旋覆花属	多年生	中生	6～11
84	亚麻	亚麻科	亚麻属	一年生	中旱生	6～10
85	野葱	百合科	葱属	多年生	旱中生	7～9
86	野胡萝卜	伞形科	胡萝卜属	二年生	中生	6～8
87	野菊	菊科	菊属	多年生	中生	5～9
88	野棉花	毛茛科	银莲花属	多年生	中生	7～10
89	野豌豆	豆科	野豌豆属	多年生	中生	6～8
90	异叶败酱	败酱科	败酱属	多年生	中旱生	7～9
91	益母草	唇形科	益母草属	一二年生	中生	6～10

续表

序号	物种	科	属	生长型	水分生态型	花果期/月
92	阴行草	玄参科	阴行草属	一年生	中生	6～8
93	硬质早熟禾	禾本科	早熟禾属	多年生	中旱生	6～8
94	远志	远志科	远志属	多年生	中旱生	5～9
95	獐牙菜	龙胆科	獐牙菜属	一年生	中旱生	6～11
96	长芒草	禾本科	针茅属	多年生	旱生	6～8
97	中华隐子草	禾本科	隐子草属	多年生	旱生	7～10
98	猪毛菜	藜科	猪毛菜属	一年生	旱生	7～10
99	猪毛蒿	菊科	蒿属	一二年生	旱生	7～10
100	丁香	木犀科	丁香属	灌木	中生	4～10
101	紫筒草	紫草科	紫筒草属	多年生	旱中生	5～9

注：根据《中国植物志》和《黄土高原植物志》确定植物的科属组成与花果期，依据《中国植被》和《陕西植被》确定植物的生活型与水分生态型。

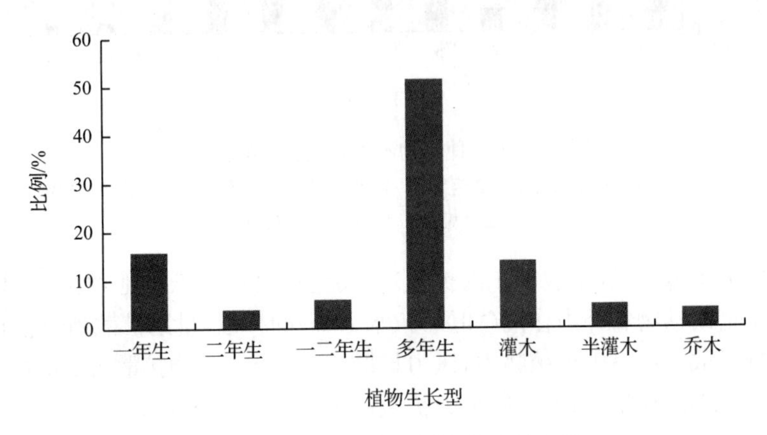

图 3-1　101 种植物不同生长型的比例

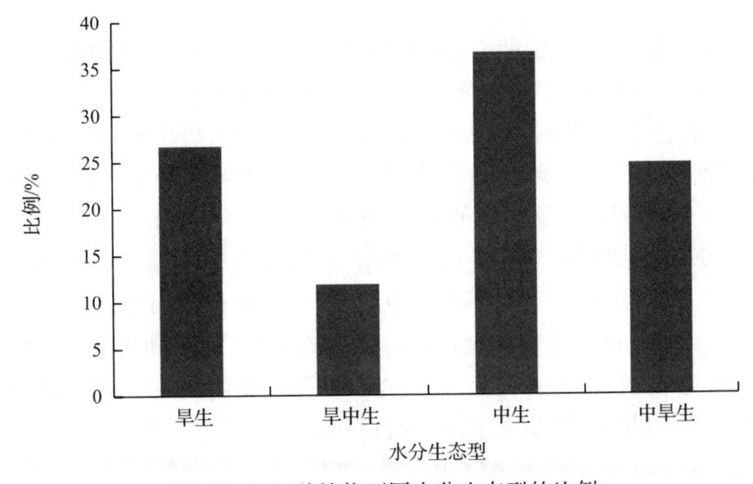

图 3-2　101 种植物不同水分生态型的比例

3.2.2 植物果实的类型与传播方式

101种植物的果实类型主要有瘦果、蒴果、荚果、颖果。其中瘦果最多，占27.7%；蒴果第二，占18.8%；荚果次之，为14.9%；颖果占11.9%；此外，还有坚果、浆果、核果、蓇葖果、胞果等，共占27.7%(图3-3)。很多植物的果实具有利用风力进行传播的助播器，如菊科植物的果实大部分具有冠毛(表3-3)。

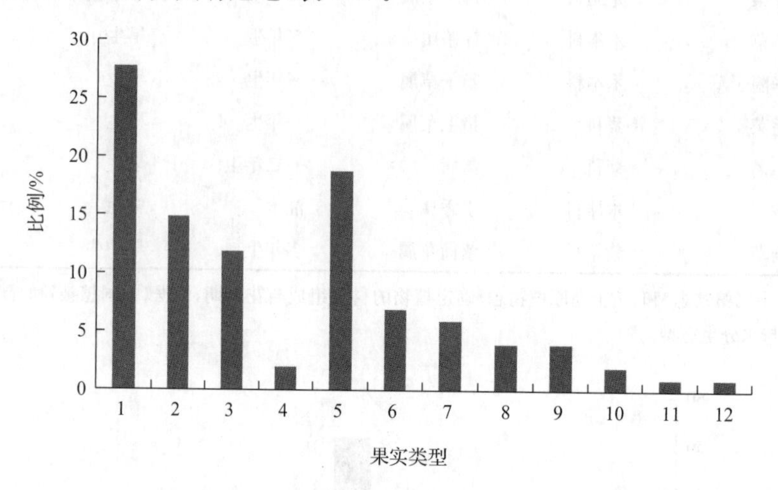

图3-3 101种植物不同果实类型的比例

1. 瘦果；2. 荚果；3. 颖果；4. 蓇葖果；5. 蒴果；6. 坚果；7. 浆果；8. 胞果；9. 核果；10. 双悬果；11. 翅果；12. 长角果

植物果实的扩散方式(不包括二次扩散)主要包括自助扩散和他助扩散两大类，其中他助扩散包括借助动物和外力作用(如风力、水力等)的扩散，自助扩散则包括自身弹力及重力作用下的扩散。在101种植物中，风力扩散占58.4%，动物扩散占23.8%，自助扩散占35.6%(其中自身弹力占19.8%，重力扩散占15.8%)(图3-4)。

3.2.3 种子(果实)的大小

101种植物中，有47种测量种子，54种测量果实。对101种植物种子(果实)质量的分析(表3-4)可知：平均质量为11.375 mg，但物种间种子质量差别很大，最小的单粒质量为0.020 mg(如猪毛蒿的瘦果)，最大的为357.428 mg(如酸枣果实)，最大的是最小的17871倍。根据种子(果实)单粒质量大小可将101种植物的种子(果实)分为5个组别(表3-5)。以种子作为测量对象的物种中，互叶醉鱼草的质量最小为0.056 mg，最大的为扁核木达151.360 mg；以果实为测量对象的植物中，猪毛蒿的质量最小为0.020 mg，酸枣的质量最大达357.428 mg。101种植物种子(果实)质量分布如图3-5所示，种子(果实)质量分布在1～10 mg的比例较大，占总数的46.5%。对不同生活型植物种子(果实)平均质量比较可得，草本植物中，多年生植物>一年生植物>一二年生植物>二年生植物；乔木、灌木的种子(果实)质量大于草本植物(图3-6)。

表 3-3　101 物种果实(种子)的外部性状与传播方式

序号	植物名	形状	颜色	表面纹饰	有无光泽	果实类型	附属物	传播方式	FI	EI
1	阿尔泰狗娃花	瘦果长倒阔卵形	浅黄褐色	密生白色长伏毛	无	瘦果	宿存冠毛	风力,动物	3.075	1.603
2	白花草木樨	种子肾状椭圆形	灰黑褐色	表面具网纹	无	荚果	无	自助(重力)	1.916	1.347
3	白头翁	瘦果纺锤形	棕褐色	表面密生白色柔毛	无	瘦果	宿存花柱	风力	2.895	3.940
4	白羊草	种子长纺锤形	深褐色	表面光滑	无	颖果	无	风力,动物	2.904	2.669
5	斑种草	种子扁圆形	褐色	网状皱褶,腹面中部有横凹陷	无	坚果	具刺	动物	2.517	1.362
6	抱茎苦荬菜	瘦果纺锤形,具喙	黑色	表面粗糙,具纵棱	无	瘦果	有喙	风力	3.605	3.977
7	北京隐子草	颖果长柱状纺锤形	黄褐色	表面粗糙	无	颖果	无	风力	6.351	6.881
8	扁核木	种子扁倒卵球形	红褐色	表面具脑纹状	无	核果	无	动物	1.690	1.154
9	糙叶黄芪	种子肾形	褐色	表面光滑	无	荚果	无	自助(弹力)	2.347	1.339
10	糙隐子草	颖果长纺锤形	淡黄色	表面光滑	无	颖果	具芒	风力	6.068	8.332
11	草木樨状黄芪	种子肾形	黑色	表面光滑	有	荚果	无	自助(弹力)	1.600	1.618
12	银川柴胡	双悬果长椭圆形	深褐色	表面粗糙,具纵棱	无	双悬果	无	风力	2.333	2.916
13	绳虫实	瘦果矩圆状椭圆形	黄褐色	表面粗糙,有突起	无	胞果	无	风力	3.631	1.844
14	细叶臭草	颖果纺锤形	红褐色	表面粗糙,有棱	有	颖果	无	风力	2.021	2.609
15	臭椿	种子扁圆形	灰色	表面有细纹	无	翅果	具翅	风力	2.992	1.437
16	刺槐	种子肾形	褐色	表面具有脑纹状,种阜发达	无	荚果	无	自助(弹力),动物	2.084	1.488
17	葱皮忍冬	种子椭圆形	红褐色	表面粗糙,具有许多密生的小凹孔	有	浆果	无	动物	3.094	1.361
18	达乌里胡枝子	荚果倒卵形,扁平	黄褐色	表面密生柔毛	无	荚果	无	自助(重力)	2.166	1.829
19	大蓟	瘦果长椭圆形,稍扁	暗灰色	表面无毛,呈细颗粒,两扁面各具数条纵棱	无	瘦果	具刚毛	风力	3.119	2.870
20	大针茅	颖果长柱形	黄褐色至棕黄色	表面粗糙,有柔毛	无	颖果	具芒	风力,动物	8.813	14.841
21	紫花地丁	种子卵球形	棕褐色	表面光滑,具瘤状突起	有	蒴果	无	自助(弹力)	1.761	1.298

续表

序号	植物名	形状	颜色	表面纹饰	有无光泽	果实类型	附属物	传播方式	FI	EI
22	地黄	种子椭圆形	棕褐色	表面粗糙,有明显的凹陷	无	瘦果	无	风力	1.368	1.476
23	地锦草	瘦果耳状半圆形	灰褐色	表面被白色蜡粉	无	蒴果	无	风力	1.418	1.543
24	地梢瓜	种子卵形,扁平	暗褐色	表面粗糙,有突起	无	蓇葖果	绢毛	风力,自助(弹力)	6.528	1.635
25	杜梨	种子矩圆形	黄褐色	表面有细条纹	无	浆果	无	动物	2.506	1.670
26	鹅观草	颖果纺锤形	黄褐色	表面具短毛	无	颖果	具芒	风力,动物	6.547	5.576
27	二裂委陵菜	瘦果耳状半圆形	黄色	表面光滑	有	蒴果	无	自助(重力)	1.651	1.187
28	二色棘豆	种子肾形	黄褐色	表面光滑	有	荚果	无	自助(弹力)	1.298	1.220
29	飞廉	瘦果倒卵形	灰褐色	表面有横纵条纹	无	瘦果	带刚毛	风力	3.495	3.684
30	风轮菜	小坚果长圆状三棱形	黑褐色	表面具有棱	无	坚果	无	风力	2.084	1.966
31	风毛菊	瘦果楔形,两侧压扁	黄褐色至黑褐色	表面细条纹状	无	瘦果	冠毛	风力	2.559	2.246
32	甘草	种子肾形或近圆形	棕褐色	表面光滑	有	荚果	无	自助(弹力)	1.621	1.180
33	杠柳	种子长圆形	红褐色	表面粗糙,具有棱	无	蓇葖果	绢毛	风力,自助(重力)	5.852	4.479
34	狗尾草	颖果椭圆形,腹面略扁平	灰白色	表面平凸,具小黑点	无	颖果	无	自助(重力)	1.877	1.759
35	灌木铁线莲	瘦果卵圆形,扁平	深褐色	表面颗粒状粗糙,密生白色短茸毛	无	瘦果	宿存花柱	风力	4.212	2.017
36	鬼针草	瘦果长条形,四棱或扁四棱状	深褐色至黑色	表面颗粒状粗糙,具纵棱	无	瘦果	具刺	动物	12.932	19.569
37	鹤虱	坚果卵形	褐色	有小疣状突起	无	坚果	具锚状刺	动物	2.551	2.181
38	虎榛子	坚果宽卵圆形	黑褐色	表面具有条纹、棱以及短柔毛	有	坚果	无	动物	2.072	1.487
39	互叶醉鱼草	种子长扁卵形	黄色	表面光滑	有	蒴果	具翅	风力	6.788	3.392
40	画眉草	颖果矩圆形	红棕色	表面具有细粒纵纹	无	颖果	无	风力	1.465	1.390
41	黄鹌菜	瘦果长纺锤形	黑褐色	表面具有棱	无	瘦果	具毛	风力	4.859	6.445
42	延安小檗	种子长卵形	黄褐色	表面粗糙	无	浆果	无	动物	2.199	2.222

续表

序号	植物名	形状	颜色	表面纹饰	有无光泽	果实类型	附属物	传播方式	FI	EI
43	黄刺玫	聚合瘦果圆形	鲜红色	表面光滑	有	聚合瘦果	无	动物	1.160	1.238
44	灰绿藜	种子扁圆形	黑色	表面细颗粒状，具凹点	有	胞果	无	风力	1.972	1.088
45	灰叶黄芪	种子肾形	黑色	表面被黑白色混生的伏贴毛	无	荚果	无	自助(弹力)	2.771	1.472
46	火炬树	种子椭圆形	棕色	表面光滑	无	核果	无	自助(重力)	1.613	1.256
47	截叶铁扫帚	荚果倒卵形	黄褐色	表面密生短柔毛	无	荚果	无	自助(重力)	2.619	1.737
48	茭蒿	瘦果倒卵形	褐色	表面光滑，有纵棱	有	瘦果	具黏液	风力	1.865	2.198
49	角蒿	种子倒卵形，扁平	黄褐色至棕褐色	表面具细条纹	有	蒴果	具翅	风力	6.974	1.561
50	角盘兰	种子椭圆形	褐色	表面粗糙	无	蒴果	无	风力	1.941	2.379
51	菊叶委陵菜	瘦果耳状半圆形	红褐色	表面密布黄褐色指纹状纹，纹背突起	无	瘦果	无	风力，自助(弹力)	1.490	1.450
52	苦苣菜	瘦果长纺锤形	褐色	表面具有棱，棱上有瘤状小突起	无	瘦果	具喙、冠毛	风力	3.493	3.106
53	苦马豆	种子扁圆球形	黄褐色	表面光滑	有	荚果	无	自助(重力)	2.036	1.065
54	魁蓟	瘦果阔卵形	灰黑色	表面具有明显条纹	无	瘦果	冠毛	风力	1.833	2.125
55	狼尾草	颖果圆状三棱形	黄棕色	颖果表面具棱	无	颖果	具芒	风力，动物	4.182	2.025
56	狼牙刺	种子卵球形	黄褐色	表面光滑，具有黑褐色斑块	无	荚果	无	自助(弹力)，动物	1.195	1.303
57	戟叶堇菜	种子卵球形	黄色	表面光滑，具瘤状突起	有	蒴果	无	自助(弹力)	1.493	1.812
58	连翘	种子长卵形	棕红色	表面粗糙，具有颗粒状	有	蒴果	无	自助(重力)	4.465	2.937
59	绿苋	种子圆形	黑色	表面光滑，具薄而锐的边缘	有	胞果	无	风力	1.909	1.183
60	牻牛儿苗	分果长倒圆锥形	褐色	表面粗糙，密被灰白色或棕黄色伏毛	无	蒴果	长喙	自助(弹力)，动物	3.356	5.371
61	蒙古蒿	瘦果长圆状倒卵形	深褐色	表面具细纹及纵棱，腰间中下部具一暗色晕带	无	瘦果	具黏液	风力	2.446	3.119
62	南牡蒿	瘦果倒卵形	棕褐色至黑褐色	表面粗糙，具粗细相间的纵棱	无	瘦果	无	风力	4.106	2.514
63	紫苜蓿	种子矩圆状肾形	黄色	表面光滑	无	荚果	无	自助(弹力)	2.034	1.323

续表

序号	植物名	形状	颜色	表面纹饰	有无光泽	果实类型	附属物	传播方式	FI	EI
64	蒲公英	瘦果倒卵状楔形	黄褐色	表面粗糙,有小突起,具有明显的棱	无	瘦果	具有毛	风力	2.950	2.950
65	茜草	种子圆球形	黑色	表面粗糙	无	浆果	无	自助(重力),动物	1.472	1.035
66	芹叶铁线莲	瘦果倒卵形	褐色	表面粗糙,密生白色短茸毛	无	瘦果	宿存花柱	风力	3.129	1.491
67	泡沙参	种子椭圆状	黄褐色	表面光滑	有	蒴果	无	风力	3.114	2.080
68	沙打旺	种子肾形	褐色	表面光滑	有	荚果	无	自助(弹力)	2.105	1.237
69	沙棘	种子斜卵形	红色	表面光滑	有	浆果	无	动物	1.379	1.305
70	砂珍棘豆	种子肾形	暗褐色	表面光滑,有褐色的斑块状纹	无	荚果	无	自助(弹力)	2.104	1.145
71	山丹	种子阔卵形	褐色	表面有细小皱纹	无	蒴果	无	风力	8.462	1.183
72	中华苦荬菜	瘦果长纺锤形	红褐色	表面具有棱	有	瘦果	具毛	风力	4.809	3.112
73	水栒子	果实椭圆形	深红色	表面光滑	有	核果	无	动物	1.087	1.071
74	酸枣	核果近圆球形	红色	表面光滑	有	核果	无	动物	1.065	1.045
75	碎米荠	种子卵形	黄绿色	表面粗糙	有	长角果	具翅	风力	4.095	1.648
76	唐松草	瘦果倒卵形	黑褐色	表面具棱	无	瘦果	无	风力	3.048	3.468
77	天门冬	种子圆球形	黑色	表面颗粒状粗糙	无	浆果	无	自助(重力)	1.365	1.098
78	铁杆蒿	瘦果倒卵形	棕黄色至黄褐色	表面粗糙,具细纵纹	无	瘦果	具黏液	风力	2.240	2.287
79	细叶韭	种子近圆形或倒卵形	黑色	表面有崎岖的褶皱和细网纹	有	蒴果	无	风力	1.293	1.179
80	香青兰	小坚果矩圆状椭圆形,扁三面体	黑褐色	表面颗粒状粗糙	无	坚果	具黏液	自助(重力)	2.083	1.706
81	小蓟	瘦果长倒卵形	淡黄白色至黄褐色	表面无毛,具不规则细条斑,两扁面各具数条纵棱	无	瘦果	具刚毛	风力	2.410	2.507
82	土庄绣线菊	种子长卵形,扁平	红褐色	表面光滑	有	蒴果	无	风力,自助(弹力)	4.860	3.805
83	旋覆花	种子长纺锤形	棕褐色	表面有纵沟,被疏短毛	无	瘦果	绢毛	风力	3.682	4.164

续表

序号	植物名	形状	颜色	表面纹饰	有无光泽	果实类型	附属物	传播方式	FI	EI
84	亚麻	种子长卵形，扁平	深褐色	表面光滑	有	蒴果	无	自助(重力)	3.129	1.882
85	野葱	种子近圆形	黑色	表面凹凸不平	无	蒴果	无	自助(重力)	2.412	1.427
86	野胡萝卜	果实圆卵形	黄褐色	表面粗糙有明显的棱	无	双悬果	无	风力	3.573	1.298
87	野菊	瘦果长纺锤形	黑色	表面具有棱，棱上有瘤状小突起	无	瘦果	具毛	风力	2.532	2.595
88	野棉花	瘦果长圆形	深褐色	表面粗糙，密生白毛	无	瘦果	带毛刺	风力	1.948	2.265
89	野豌豆	种子圆球形	灰黑色	表面有细条纹	无	荚果	无	自助(弹力)	1.156	1.214
90	异叶败酱	瘦果椭圆形，三面体	棕褐色	表面具网状脉	无	瘦果	具翅	风力	1.532	1.941
91	益母草	小坚果长圆状三棱形	黑褐色	三棱形，表面具有明显的棱状突起	无	坚果	无	自助(重力)	2.131	1.715
92	阴行草	种子长椭圆形	白色	表面具棱	无	蒴果	无	风力	2.320	1.884
93	硬质早熟禾	种子卵形	黑色	表面密生短柔毛	无	蒴果	无	风力	4.012	4.702
94	远志	颖果长纺锤形	黄褐色	表面粗糙	无	颖果	具芒	自助(重力)	1.758	1.409
95	獐牙菜	种子圆形	黑褐色	表面粗糙	有	蒴果	无	风力自助(弹力)	1.251	1.298
96	长芒草	颖果长纺锤形	淡黄色	表面粗糙，具有短毛	无	颖果	具芒	风力，动物	4.646	5.780
97	中华隐子草	颖果长纺锤形	淡黄色	表面粗糙	无	颖果	具芒	风力，动物	3.563	5.673
98	猪毛菜	胞果陀螺形	灰褐色至黑褐色	表面粗糙，具细纵纹	无	胞果	宿存花被	风力	1.829	1.616
99	猪毛蒿	瘦果倒卵圆形	褐色	表面有细纵棱	有	瘦果	具黏液	风力	2.295	2.037
100	丁香	种子长扁卵形	黄褐色	表面粗糙，凹凸不平	有	蒴果	无	自助(弹力)	5.998	3.812
101	紫筒草	小坚果三角状卵形	黑褐色	表面具有大小不等的瘤状突起	无	坚果	无	动物	1.173	1.213

注：种子的扩散方式根据采集时的记录以及《中国植物志》来确定。

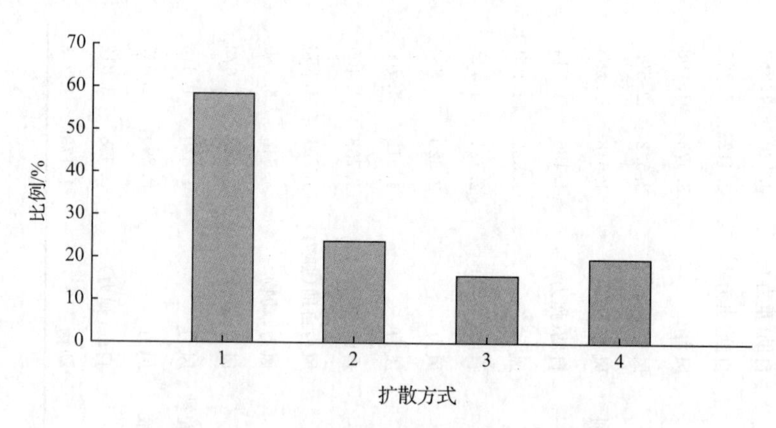

图 3-4　101 种植物不同果实扩散方式的比例

1. 风力；2. 动物；3. 自助扩散（自身弹力）；4. 自助扩散（重力）

表 3-4　101 种植物的种子（果实）质量

序号	植物名	量测对象	单粒质量/mg	是否包含附属物
1	阿尔泰狗娃花	瘦果	0.388	包括冠毛
2	白花草木樨	种子	1.808	
3	白头翁	瘦果	2.089	
4	白羊草	种子	0.432	
5	斑种草	坚果	12.680	
6	抱茎苦荬菜	瘦果	0.054	
7	北京隐子草	颖果	0.303	
8	扁核木	种子	151.360	
9	糙叶黄芪	种子	0.929	
10	糙隐子草	颖果	0.637	包括芒
11	草木樨状黄芪	种子	2.280	
12	银川柴胡	双悬果	0.664	
13	绳虫实	胞果	2.008	
14	细叶臭草	颖果	0.329	
15	臭椿	种子	10.702	
16	刺槐	种子	14.108	
17	葱皮忍冬	种子	3.848	
18	达乌里胡枝子	荚果	2.129	
19	大蓟	瘦果	6.087	包括冠毛
20	大针茅	颖果	8.080	
21	紫花地丁	种子	0.382	
22	地黄	种子	0.153	

续表

序号	植物名	量测对象	单粒质量/mg	是否包含附属物
23	地锦草	种子	0.254	
24	地梢瓜	种子	7.288	包括绢毛
25	杜梨	种子	10.498	
26	鹅观草	颖果	3.284	包括芒
27	二裂委陵菜	种子	0.745	
28	二色棘豆	种子	1.302	
29	飞廉	瘦果	1.882	包括冠毛
30	风轮菜	种子	0.293	
31	风毛菊	瘦果	1.612	包括冠毛
32	甘草	种子	7.474	
33	杠柳	种子	5.506	
34	狗尾草	颖果	0.659	
35	灌木铁线莲	瘦果	3.284	包括宿存花柱
36	鬼针草	瘦果	5.222	
37	鹤虱	坚果	1.774	
38	虎榛子	坚果	11.506	
39	互叶醉鱼草	种子	0.056	
40	画眉草	颖果	0.088	
41	黄鹌菜	瘦果	1.109	
42	延安小檗	种子	7.858	
43	黄刺玫	聚合瘦果	335.132	
44	灰绿藜	种子	0.444	
45	灰叶黄芪	种子	1.664	
46	火炬树	种子	8.178	
47	截叶铁扫帚	荚果	1.624	
48	茭蒿	瘦果	0.061	
49	角蒿	种子	0.576	
50	角盘兰	种子	0.129	
51	菊叶委陵菜	瘦果	0.233	
52	苦苣菜	瘦果	0.568	
53	苦马豆	种子	6.358	
54	魁蓟	瘦果	13.783	包括冠毛
55	狼尾草	颖果	0.495	包括芒

续表

序号	植物名	量测对象	单粒质量/mg	是否包含附属物
56	狼牙刺	种子	23.769	
57	戟叶堇菜	种子	0.905	
58	连翘	种子	3.970	
59	绿苋	种子	0.346	
60	牻牛儿苗	种子	9.031	包括喙
61	蒙古蒿	瘦果	0.193	
62	南牡蒿	瘦果	0.103	
63	紫苜蓿	种子	2.156	
64	蒲公英	瘦果	0.790	
65	茜草	种子	9.674	
66	芹叶铁线莲	瘦果	2.674	包括宿存花柱
67	泡沙参	种子	0.105	
68	沙打旺	种子	1.452	
69	沙棘	种子	6.245	
70	砂珍棘豆	种子	1.340	
71	山丹	种子	2.530	
72	中华苦荬菜	瘦果	0.400	
73	水栒子	果实	9.821	
74	酸枣	果实	357.428	
75	碎米荠	种子	0.532	
76	唐松草	瘦果	1.382	
77	天门冬	种子	12.032	
78	铁杆蒿	瘦果	0.085	
79	细叶韭	种子	1.520	
80	香青兰	坚果	1.200	
81	小蓟	瘦果	2.512	包括冠毛
82	土庄绣线菊	种子	0.068	
83	旋覆花	瘦果	1.732	
84	亚麻	种子	0.849	
85	野葱	种子	2.981	
86	野胡萝卜	双悬果	1.179	
87	野菊	瘦果	0.186	
88	野棉花	瘦果	0.280	包括毛刺

续表

序号	植物名	量测对象	单粒质量/mg	是否包含附属物
89	野豌豆	种子	12.216	
90	异叶败酱	瘦果	0.810	
91	益母草	坚果	1.080	
92	阴行草	种子	0.064	
93	硬质早熟禾	种子	0.150	
94	远志	颖果	2.722	
95	獐牙菜	种子	0.071	
96	长芒草	颖果	1.682	包括芒
97	中华隐子草	颖果	0.320	包括芒
98	猪毛菜	胞果	1.334	
99	猪毛蒿	瘦果	0.020	
100	丁香	种子	4.530	
101	紫筒草	坚果	2.000	

表3-5　101种植物种子(果实)单粒质量的分组

分组		植物种
<0.1 mg	种子	阴行草、互叶醉鱼草、獐牙菜、土庄绣线菊
	果实	猪毛蒿、铁杆蒿、抱茎苦荬菜、茭蒿、画眉草
0.1～1 mg	种子	白羊草、灰绿藜、地黄、泡沙参、紫花地丁、碎米荠、硬质早熟禾、地锦草、风轮菜、二裂委陵菜、戟叶堇菜、糙叶黄芪、角盘兰、绿苋、亚麻、角蒿
	果实	阿尔泰狗娃花、苦苣菜、蒙古蒿、南牡蒿、野菊、中华苦荬菜、狼尾草、中华隐子草、糙隐子草、蒲公英、狗尾草、北京隐子草、野棉花、细叶臭草、菊叶委陵菜、银川柴胡、异叶败酱
1～10 mg	种子	二色棘豆、苦马豆、甘草、白花草木樨、沙打旺、紫苜蓿、灰叶黄芪、细叶韭、砂珍棘豆、草木樨状黄芪、野葱、杠柳、地梢瓜、丁香、山丹、沙棘、火炬树、茜草、葱皮忍冬、延安小檗
	果实	鹤虱、风毛菊、飞廉、旋覆花、大蓟、鬼针草、小蓟、鹅观草、大针茅、长芒草、达乌里胡枝子、截叶铁扫帚、灌木铁线莲、唐松草、芹叶铁线莲、白头翁、猪毛菜、绳虫实、香青兰、益母草、连翘、野胡萝卜、紫筒草、牻牛儿苗、黄鹌菜、水栒子、远志
10～100 mg	种子	刺槐、野豌豆、狼牙刺、杜梨、天门冬、臭椿
	果实	斑种草、魁蓟、虎榛子
>100 mg	种子	扁核木
	果实	黄刺玫、酸枣

101种植物种子(果实)的平均长度为3.688 mm,鬼针草的瘦果最长,达19.882 mm,

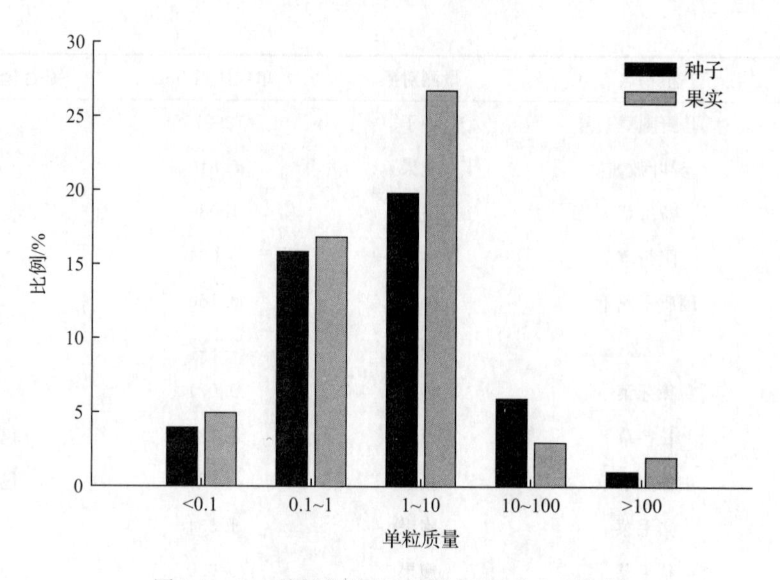

图 3-5 101 种植物的种子(果实)质量分布比例

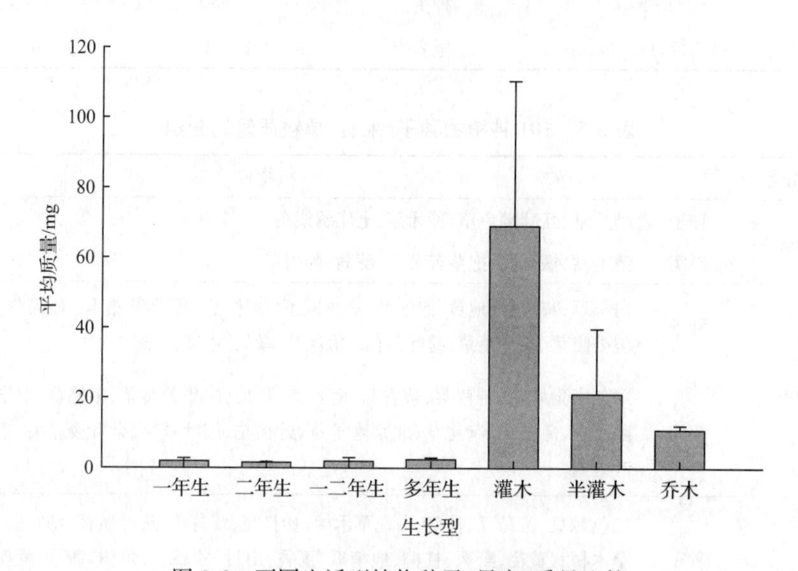

图 3-6 不同生活型植物种子(果实)质量比较

而糙隐子草的颖果长度仅为 0.367 mm；种子(果实)宽度的变化范围为 0.325～11.024 mm，平均为 1.942 mm；种子(果实)高度的变化范围为 0.132～10.584 mm，平均高度为 1.239 mm；种子(果实)表面积的变化范围较大，最小的为猪毛蒿，仅为 0.215 mm^2，最大的为酸枣，可达 126.974 mm^2；种子(果实)的体积变化最大，最小的猪毛蒿为 0.046 mm^3，最大的酸枣为 1343.897 mm^3；种子(果实)密度平均值为 0.460 mg/mm^3，碎米荠的密度最大，为 2.566 mg/mm^3，水栒子密度最小，为 0.019 mg/mm^3；比表面积最大的为角蒿，为 19.949 mm^2/mg，最小的为酸枣，仅有 0.355 mm^2/mg，平均值为 3.981 mm^2/mg(表 3-6)。

表 3-6 101 种植物的种子(果实)大小

序号	植物名	长/mm	宽/mm	高/mm	体积/mm^3	表面积/mm^2	密度/(mg/mm^3)	比表面积/(mm^2/mg)
1	阿尔泰狗娃花	2.28±0.156	1.422±0.061	0.602±0.067	1.952	3.242	0.199	8.347
2	白花草木樨	1.738±0.055	1.290±0.024	0.790±0.010	1.771	2.242	1.021	1.240
3	白头翁	4.350±0.072	1.104±0.040	0.942±0.010	4.524	4.802	0.462	2.299
4	白羊草	1.986±0.085	0.744±0.030	0.470±0.036	0.694	1.478	0.621	3.424
5	斑种草	5.237±0.048	3.913±0.101	1.782±0.043	38.090	20.780	0.333	1.639
6	抱茎苦荬菜	1.694±0.042	0.426±0.020	0.294±0.007	0.212	0.722	0.255	13.364
7	北京隐子草	5.656±0.145	0.822±0.029	0.510±0.016	2.371	4.649	0.128	15.354
8	扁核木	8.507±0.127	7.369±0.135	4.698±0.108	294.509	62.688	0.514	0.414
9	糙叶黄芪	1.54±0.025	1.150±0.011	0.573±0.032	1.015	1.771	0.915	1.907
10	糙隐子草	0.367±0.15	0.477±0.035	0.367±0.023	0.691	1.888	0.921	2.965
11	草木樨状黄芪	2.956±0.139	1.827±0.095	1.496±0.059	8.074	5.401	0.282	2.369
12	银川柴胡	2.356±0.062	0.808±0.049	0.678±0.026	1.291	1.904	0.515	2.865
13	绳虫实	3.202±0.031	1.736±0.035	0.680±0.005	3.780	5.559	0.531	2.769
14	细叶臭草	1.654±0.065	0.634±0.022	0.566±0.015	0.594	1.049	0.554	3.189
15	臭椿	5.158±0.144	3.590±0.095	1.462±0.036	27.072	18.517	0.395	1.730
16	刺槐	4.740±0.205	3.186±0.173	1.902±0.069	28.723	15.102	0.491	1.070
17	葱皮忍冬	3.896±0.125	2.862±0.207	1.092±0.067	12.176	11.150	0.316	2.898
18	达乌里胡枝子	3.238±0.185	1.770±0.053	1.156±0.038	6.625	5.731	0.321	2.692
19	大蓟	6.078±0.112	2.118±0.054	1.314±0.049	16.915	12.873	0.360	2.115
20	大针茅	15.826±0.487	1.066±0.034	0.958±0.046	16.156	16.864	0.500	2.087
21	紫花地丁	1.393±0.019	1.073±0.034	0.700±0.018	1.046	1.495	0.365	3.913
22	地黄	1.334±0.030	0.904±0.032	0.818±0.026	0.986	1.206	0.155	7.872
23	地锦草	1.136±0.033	0.736±0.017	0.660±0.023	0.552	0.836	0.460	3.292
24	地梢瓜	7.922±0.305	4.846±0.146	0.978±0.032	37.545	38.390	0.194	5.268
25	杜梨	5.380±0.403	3.222±0.081	1.716±0.078	29.746	17.334	0.353	1.651
26	鹅观草	10.066±0.264	1.804±0.081	0.906±0.063	16.442	18.148	0.200	5.526
27	二裂委陵菜	1.607±0.034	1.353±0.036	0.897±0.028	1.947	2.173	0.383	2.917
28	二色棘豆	1.737±0.063	1.424±0.031	1.218±0.039	3.006	2.470	0.433	1.898
29	飞廉	4.266±0.143	1.158±0.036	0.776±0.071	3.833	4.940	0.491	2.625
30	风轮菜	1.398±0.040	0.712±0.024	0.507±0.023	0.503	0.994	0.582	3.396
31	风毛菊	2.798±0.038	1.246±0.034	0.790±0.030	2.754	3.486	0.585	2.163
32	甘草	3.624±0.085	3.072±0.090	2.066±0.135	23.001	11.133	0.325	1.490
33	杠柳	8.152±0.068	1.820±0.050	0.852±0.009	12.641	14.837	0.436	2.695
34	狗尾草	1.872±0.039	1.064±0.038	0.782±0.018	1.558	1.992	0.423	3.023

续表

序号	植物名	长/mm	宽/mm	高/mm	体积/mm³	表面积/mm²	密度/(mg/mm³)	比表面积/(mm²/mg)
35	灌木铁线莲	5.756±0.250	2.854±0.150	1.022±0.047	16.789	16.428	0.196	5.002
36	鬼针草	19.882±0.424	1.016±0.058	0.808±0.043	16.322	20.200	0.320	3.868
37	鹤虱	2.973±0.064	1.363±0.072	0.850±0.040	3.444	4.052	0.515	2.285
38	虎榛子	6.482±0.279	4.358±0.071	2.616±0.062	73.898	28.249	0.156	2.455
39	互叶醉鱼草	1.384±0.085	0.408±0.037	0.132±0.017	0.075	0.565	0.751	10.083
40	画眉草	0.610±0.018	0.439±0.020	0.358±0.023	0.096	0.268	0.922	3.029
41	黄鹌菜	5.098±0.190	0.792±0.044	0.607±0.034	2.444	4.033	0.454	3.637
42	延安小檗	4.538±0.043	2.042±0.042	1.496±0.024	13.863	9.267	0.567	1.179
43	黄刺玫	12.206±0.646	9.854±0.161	9.508±0.147	1143.040	120.219	0.293	0.359
44	灰绿藜	1.184±0.034	1.088±0.028	0.576±0.011	0.742	1.288	0.598	2.901
45	灰叶黄芪	2.244±0.023	1.524±0.050	0.680±0.034	2.326	3.420	0.715	2.056
46	火炬树	3.056±0.017	2.434±0.097	1.702±0.036	12.660	7.438	0.646	0.910
47	截叶铁扫帚	2.998±0.063	1.726±0.067	0.902±0.029	4.667	5.175	0.348	3.186
48	茭蒿	0.923±0.024	0.420±0.018	0.360±0.020	0.140	0.388	0.439	6.334
49	角蒿	4.234±0.125	2.712±0.122	0.498±0.038	5.718	11.483	0.101	19.949
50	角盘兰	1.104±0.048	0.464±0.019	0.404±0.009	0.207	0.512	0.623	3.971
51	菊叶委陵菜	1.192±0.019	0.822±0.096	0.676±0.035	0.662	0.980	0.352	4.202
52	苦苣菜	2.864±0.068	0.922±0.046	0.542±0.032	1.431	2.641	0.397	4.647
53	苦马豆	2.773±0.050	2.603±0.071	1.320±0.036	9.528	7.218	0.667	1.135
54	魁蓟	5.364±0.118	2.524±0.156	2.152±0.096	29.135	13.539	0.473	0.982
55	狼尾草	2.665±0.037	1.317±0.048	0.477±0.018	1.669	3.507	0.296	7.090
56	狼牙刺	3.992±0.087	3.064±0.038	2.952±0.047	36.107	12.231	0.658	0.515
57	戟叶堇菜	2.04±0.024	1.127±0.005	1.060±0.009	2.435	2.297	0.372	2.538
58	连翘	6.848±0.171	2.3320.088	1.028±0.025	16.417	15.970	0.242	4.022
59	绿苋	1.138±0.043	0.962±0.031	0.550±0.034	0.602	1.095	0.575	3.164
60	牻牛儿苗	8.250±0.172	1.536±0.029	1.458±0.021	18.476	12.672	0.489	1.403
61	蒙古蒿	1.778±0.076	0.570±0.009	0.480±0.022	0.486	1.013	0.396	5.257
62	南牡蒿	1.134±0.019	0.451±0.012	0.193±0.014	0.099	0.511	1.046	4.956
63	紫苜蓿	2.136±0.049	1.614±0.044	0.922±0.015	3.179	3.448	0.678	1.599
64	蒲公英	3.930±0.092	1.332±0.045	0.892±0.043	4.669	5.235	0.169	6.626
65	茜草	3.100±0.084	2.996±0.089	2.070±0.061	19.225	9.288	0.503	0.960
66	芹叶铁线莲	3.806±0.110	2.552±0.058	1.016±0.080	9.868	9.713	0.271	3.632
67	泡沙参	1.123±0.039	0.540±0.018	0.267±0.015	0.162	0.606	0.648	5.775
68	沙打旺	1.900±0.075	1.536±0.061	0.816±0.045	2.381	2.918	0.610	2.010

续表

序号	植物名	长/mm	宽/mm	高/mm	体积/mm^3	表面积/mm^2	密度/(mg/mm^3)	比表面积/(mm^2/mg)
69	沙棘	2.792±0.098	2.140±0.034	1.788±0.026	10.683	5.975	0.585	0.957
70	砂珍棘豆	1.734±0.055	1.514±0.027	0.772±0.029	2.027	2.625	0.661	1.959
71	山丹	5.300±0.343	4.482±0.349	0.578±0.040	13.730	23.755	0.184	9.389
72	中华苦荬菜	3.007±0.044	0.967±0.081	0.413±0.029	1.199	2.904	0.334	7.259
73	水栒子	8.498±0.515	7.934±0.256	7.558±0.234	509.584	67.423	0.019	6.865
74	酸枣	11.518±0.191	11.024±0.257	10.584±0.224	1343.897	126.974	0.266	0.355
75	碎米荠	1.203±0.032	0.730±0.016	0.237±0.024	0.207	0.878	2.566	1.651
76	唐松草	5.716±0.264	1.648±0.032	1.208±0.049	11.379	9.420	0.121	6.814
77	天门冬	2.962±0.039	2.698±0.051	2.074±0.081	16.574	7.991	0.726	0.664
78	铁杆蒿	1.091±0.048	0.477±0.014	0.350±0.030	0.182	0.520	0.464	6.151
79	细叶韭	1.934±0.051	1.640±0.070	1.382±0.076	4.383	3.172	0.347	2.087
80	香青兰	2.590±0.047	1.518±0.043	0.986±0.027	3.877	3.932	0.310	3.275
81	小蓟	3.700±0.086	1.476±0.026	1.074±0.036	5.865	5.461	0.428	2.174
82	土庄绣线菊	1.324±0.069	0.348±0.023	0.172±0.029	0.079	0.461	0.854	6.809
83	旋覆花	4.406±0.107	1.058±0.038	0.742±0.042	3.459	4.662	0.501	2.692
84	亚麻	2.722±0.106	1.446±0.083	0.666±0.064	2.621	3.936	0.324	4.635
85	野葱	3.142±0.046	2.202±0.042	1.108±0.029	7.666	6.919	0.389	2.321
86	野胡萝卜	3.318±0.135	2.556±0.040	0.822±0.036	6.971	8.481	0.169	7.194
87	野菊	1.36±0.021	0.524±0.007	0.372±0.010	0.265	0.713	0.702	3.831
88	野棉花	1.930±0.075	0.852±0.023	0.714±0.024	1.174	1.644	0.238	5.877
89	野豌豆	3.212±0.208	2.646±0.082	2.534±0.057	21.536	8.499	0.567	0.696
90	异叶败酱	2.244±0.029	1.156±0.024	1.110±0.037	2.879	2.594	0.281	3.203
91	益母草	2.428±0.040	1.416±0.033	0.902±0.050	3.101	3.438	0.348	3.184
92	阴行草	0.891±0.030	0.473±0.021	0.294±0.017	0.124	0.421	0.520	6.544
93	硬质早熟禾	2.276±0.118	0.484±0.022	0.344±0.016	0.379	1.102	0.396	7.344
94	远志	2.928±0.048	2.078±0.048	1.424±0.059	8.664	6.084	0.314	2.235
95	獐牙菜	0.64±0.046	0.493±0.014	0.453±0.019	0.143	0.316	0.498	4.431
96	长芒草	5.260±0.151	0.910±0.047	0.664±0.022	3.178	4.787	0.529	2.846
97	中华隐子草	5.005±0.119	0.883±0.052	0.827±0.058	3.646	4.414	0.088	13.792
98	猪毛菜	2.644±0.043	1.636±0.051	1.170±0.066	5.061	4.326	0.264	3.244
99	猪毛蒿	0.662±0.035	0.325±0.019	0.215±0.013	0.046	0.215	0.441	10.547
100	丁香	9.332±0.527	2.448±0.107	0.982±0.057	22.434	22.845	0.202	5.043
101	紫筒草	2.116±0.033	1.744±0.021	1.646±0.017	6.074	3.690	0.329	1.845

3.2.4 种子(果实)的外部性状

对101种植物种子(果实)的形状、表面纹饰、附属物、颜色等观测发现:

种子(果实)的基本形状由卵形(猪毛蒿、茭蒿、南牡蒿、唐松草等)、椭圆形(狗尾草、香青兰、地黄等)、圆形(野豌豆、黄刺玫、天门冬等)、纺锤形(抱茎苦荬菜、旋覆花、细叶臭草等)、肾形(刺槐、沙打旺、紫苜蓿等)等构成。其中以卵形最多,占32.7%;纺锤形其次,占16.8%;圆形次之,占12.9%;椭圆形为11.9%;肾形为9.9%;也有楔形、长棱柱形、矩圆形、耳状半圆形、陀螺形、长倒圆锥形等,共占15.8%(图3-7,表3-3)。

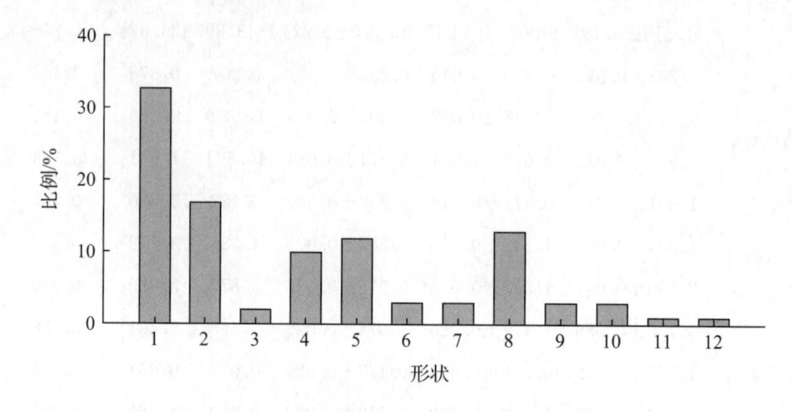

图3-7 101种植物不同种子(果实)形状的比例

1. 卵形;2. 纺锤形;3. 楔形;4. 肾形;5. 椭圆形;6. 长棱柱形;7. 矩圆形;8. 圆形;9. 近圆形;10. 耳状半圆形;11. 陀螺形;12. 长倒圆锥形

种子(果实)的形状指数变化范围较大,酸枣和水栒子的FI指数最小,最接近1,鬼针草的FI指数最大,达12.932,所有种子(果实)的FI平均值为2.988;EI指数范围在1.035~19.569,茜草的EI指数最小,酸枣、水栒子、苦马豆的EI指数与1最接近,鬼针草的EI指数为19.569,EI的平均值为2.580;通过EI与FI指数可知,酸枣与水栒子的果实为圆球形,鬼针草的瘦果为明显的长条形。

种子(果实)的表面纹饰主要有表面具棱、表面被毛、表面光滑、表面粗糙、表面具条纹、表面具颗粒状、表面凹凸不平等(表3-3)。其中,各纹饰所占的比例分别为表面具棱22.8%、表面被毛14.8%、表面光滑24.8%、表面粗糙26.7%、表面具条纹11.9%、表面具网纹3.0%、表面具脑纹状2.0%、表面具斑块状2.0%、表面具指纹状1.0%、表面具褶皱3.0%、表面具颗粒5.0%、表面凹凸不平5.0%、表面具瘤状突起6.9%、表面具白色蜡粉1.0%(图3-8)。各纹饰不是独立的而是渐变的、相互联系的。可见,黄土丘陵沟壑区种子的形态结构具有丰富的多样性。

101种植物中,有40种植物种子(果实)具有明显的附属物,包括冠毛(如多数菊科植物)、宿存花柱(如灌木铁线莲、芹叶铁线莲等)、芒(长芒草、鹅观草)、绢毛(杠柳、地梢瓜等)、钩刺(鬼针草)、翅(异叶败酱、角蒿等);香青兰、猪毛蒿、茭蒿、铁杆蒿、蒙古蒿、亚麻、紫花地丁、戟叶堇菜、碎米荠种子(果实)遇水可分泌黏液。

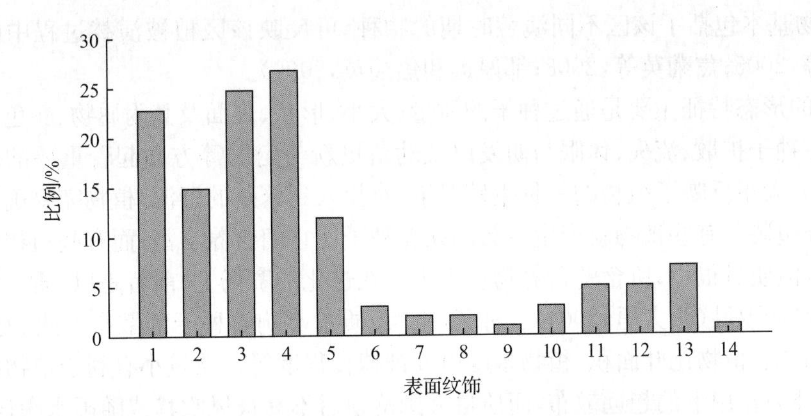

图3-8　101种植物不同种子(果实)表面纹饰的比例

1. 具棱;2. 被毛;3. 光滑;4. 粗糙;5. 具条纹;6. 具网纹;7. 具脑纹状;8. 具斑块状;9. 具指纹状;10. 具褶皱状;11. 具颗粒;12. 凹凸不平;13. 具瘤状突起;14. 具白色蜡粉

种子(果实)的颜色以褐色、黄褐色、黑色为主,占55.4%,只有少部分种子颜色鲜艳,主要为红色;30种植物种子表面富有光泽,另外71种植物无光泽(图3-9,表3-3)。

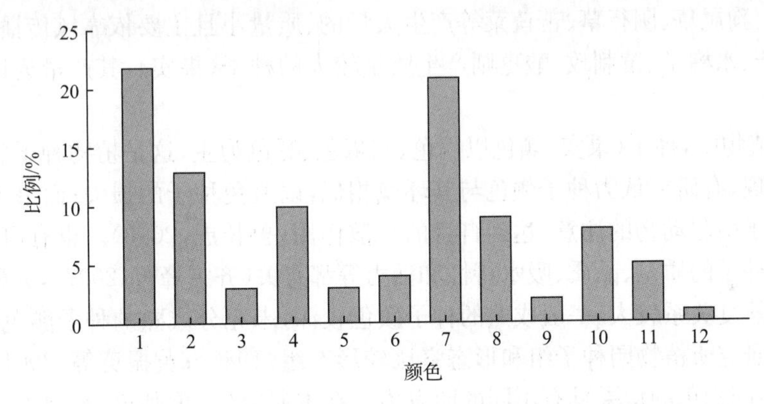

图3-9　101种植物不同种子(果实)颜色的比例

1. 褐色;2. 黑色;3. 灰色;4. 黄色;5. 棕色;6. 红色;7. 黄褐色;8. 黑褐色;9. 灰褐色;10. 棕褐色;11. 红褐色;12. 白色

3.3　讨　　论

101种植物中,菊科、豆科、禾本科、蔷薇科物种数所占的比例为总种数的52.5%;植物的生活型以多年生植物为主,且中生、旱生、中旱生植物居多。101种植物包括了不同演替阶段的优势物种以及伴生种,如演替初期的优势物种猪毛蒿、狗尾草以及伴生种苦荬菜、阿尔泰狗娃花;丛生禾草阶段的优势种长芒草、白羊草,伴生种小蓟、猪毛菜、香青兰、灰绿藜、画眉草等;多年生草本半灌木的优势种铁杆蒿、茭蒿、达乌里胡枝子,伴生种大针茅、中华隐子草、蒙古蒿等;灌木阶段的优势灌木种包括狼牙刺、虎榛子、黄刺玫、沙棘,以及此时出现的其他伴生灌木种如土庄绣线菊、水栒子、酸枣、杠柳、互叶醉鱼草等。可见,

101种植物基本包括了该区不同演替时期的物种,可反映该区植被演替过程中的物种信息(杜峰等,2005;焦菊英等,2008;邹厚远和焦菊英,2009)。

种子的形态特征主要是通过种子的质量、大小、形状、表面及其附属物、颜色及光泽等来表征,在种子扩散、流失、休眠与萌发以及幼苗更新与定居等方面起着重要的作用。种子(果实)的大小反映了植物的一种生殖对策,对投入到繁殖的资源,植物需要确定怎样对其进行“分包装”,有些植物就产生少数的几粒种子使它们营养丰富;而有些植物则产生大量的种子,但质量很小,所含的营养物质也少。在进化的赛场上,前者是以“质”来取胜,后者是以“量”而取胜(张大勇,2004)。种子(果实)质量影响着种子的散布方式、萌发建植、植物生长冠幅、植物比叶面积、植物多度以及被捕食程度等。质量小有利于植物种子实现在风力等外力作用下的趋远散布,而质量大则落地后不易被风吹移或随雨水搬运,能通过自身条件降低位移,抵抗地表径流的冲刷。此外,种子质量也表现了植物的繁殖策略,多年生植物种子的平均质量要高于一年生植物,可能是因为一年生植物对种子库分担延续生命的要求更强烈,而这种分担危险的方式之一就是产生大量的小种子,来扩大风媒植物或不具有特别形态结构种子的时空分布(Brown and Venable, 1986);另一个可能的解释是大种子需要更多的发育时间(Baker, 1972)。例如,本研究中的一年生植物和一二年生植物猪毛蒿、狗尾草、阴行草、苦苣菜等产生大量的、质量小且主要依靠风传播的种子;而魁蓟、虎榛子、水栒子、黄刺玫、酸枣则产生质量较大的种子(果实),其产量远远小于猪毛蒿等植物。

101种植物中,种子(果实)颜色以褐色、灰褐色、黑色为主,这是植物种子(果实)对环境适应的表现,有研究认为种子颜色与其环境相似,以避免种子的损失;而果实颜色非常鲜艳则有助于引起动物的注意,达到自身的扩散作用(鲁长虎,2003)。也有研究表明,种子的颜色与种子的质量、品质、吸水特性和活力等都有关(齐雪峰等,2007),如种皮的颜色与种子的成熟度关系较大,一般成熟的种子颜色较深,未充分成熟的种子颜色较浅(中国科学院植物研究所植物园种子组和形态室比较形态组,1980);黄振英等(2001)的研究表明,白沙蒿不同颜色的瘦果具有不同的萌发力。在本研究中,黄刺玫、水栒子、酸枣、沙棘等以果实为传播体的植物具有鲜艳的红色、黄色,能够引起动物注意,从而被采食达到传播,而且经过动物的消化有利于加快种子的萌发(鲁长虎,2003)。

种子(果实)的形状以卵形、椭圆形、纺锤形、肾形、圆球形等近圆形为主。尹祚栋和牟真(1990)认为种子外部形状呈圆形或椭圆形,可以随风滚动,传到远方,寻找适宜的生境;种子形状的不同,也影响着种子在土壤中的保存量。在本研究中,种子(果实)外部形状接近圆形或椭圆形的物种有28种,占27.7%,如狗尾草、茜草、野豌豆、狼牙刺、灰绿藜等,能够随风滚动;而卵形状的丁香、连翘、远志等,纺锤形的鬼针草、鹅观草、大针茅等以及肾形的灰叶黄芪、刺槐、甘草等的种子(果实)降落到地面后,随风在地面上发生滚动的可能性较圆形或近圆形大大减小。

附属结构如冠毛、绢毛等可以增加种子(果实)与空气接触的表面积,降低自身降落的速度,更有利于被风传播散布得更远,到达合适的萌发环境(李儒海和强胜,2007);冠毛具有锚住土壤的作用,从而增加了萌发的概率;种子具有翅等结构,可增加与地面的摩擦;而芒的存在,一方面降低了种子下降的速度,芒上的短柔毛在空气干燥时竖起,增加了种子在空气中的浮力；另一方面，芒的吸湿运动，在水平方向上，可以使种子在土壤表面“行走”，如白茎牻牛儿苗(*Erodium moschatum*)通过吸湿运动在地表可移动7 cm(Stamp, 1989)；在垂直方向上，对土壤的锚住作用更有利于实现自我的埋藏，从而与土壤充分接触，增加对水分的吸收(青秀玲和白永飞，2007)。种子表面形态结构与种子的传播、种子对水分的吸收、种子的活力、寿命和萌发密切相关(Fenner, 1985)。在本研究中，阿尔泰狗娃花、风毛菊、旋覆花、飞廉、大蓟、小蓟、苦苣菜、蒲公英、魁蓟、杠柳、地梢瓜具有明显的冠毛或绢毛，异叶败酱和角蒿具翅，这些结构更有利于种子被风散布得更远；鹅观草、大针茅、长芒草、牻牛儿苗具有明显的芒或喙，这些结构有利于实现自我的埋藏与萌发。

种皮结构决定着种子的生活力和对水分的吸收(Gutterman, 1993)。种皮蜡被增加，水分渗入减少，妨碍种子萌发(Gupta et al., 1994)；而沙漠地区的蒿属植物种子小，种皮富含胶质，表面纹饰凹凸不平，有利于在沙区的传播与萌发(马骥等，2002)；种皮能够产生黏液层的种子能够增强与土壤的固结，对种子的传播与萌发具有重要的生态意义(黄振英等，2001)。在本研究中，大多数豆科植物属于硬实种子，妨碍种子的萌发；而香青兰、猪毛蒿、铁杆蒿、茭蒿、蒙古蒿、亚麻种子(果实)遇水可分泌黏液，能够增强对土壤的固结。

种子表面的纹饰以及凹凸不平有利于种子吸收和保存水分、减少水分蒸发，表面纹饰是种子对所处环境的一种适应。马骥等(1997)对骆驼蓬属(*Peganum*)的研究认为，种子表面纹饰有利于在干旱环境下吸收和保留水分，并推测其保水能力应为皱褶状＞蜂窝状网状，种子萌发试验表明种子的萌发速度和发芽率均为皱褶状的多裂骆驼蓬＞蜂窝状网状的骆驼蓬。陈学林等(2007)对19种马先蒿属(*Pedicularis*)植物种皮纹饰的研究指出，马先蒿属植物种子表面的膜质网状结构具有保温作用，是对高海拔高寒环境的一种适应；阿拉善马先蒿(*P. alaschanica*)、硕大马先蒿(*P. ingens*)种子表面的海绵质网状结构，绒舌马先蒿(*P. lachnoglossa*)、甘肃马先蒿(*P. kansuensi*)、白花甘肃马先蒿(*P. albiflor*)等种子表面的网纹及网底的精细网状结构有利于种子在萌发过程中吸收水分，加快萌发速率。Weigend等(2005)也认为凹凸不平等多孔结构增加了种子对水分的吸收。在本研究中，具有不同程度纹饰的物种占81.25%，如细叶韭的褶皱、狗尾草的凹凸不平、紫筒草的瘤状突起等均可以增加种子(果实)对水分的吸收。

对种子质量、大小、形状及土壤种子库的研究表明，小粒、近似圆球形种子更易形成永久种子库(Thompson et al., 1993；Moles et al., 2000；刘志民等，2004a)。在本研究的101种植物种子(果实)中，质量小于1 mg且同时比较接近圆形的植物有22种：猪毛蒿、茭蒿、铁杆蒿、阴行草、画眉草、獐牙菜、南牡蒿、泡沙参、角盘兰、地黄、蒙古蒿、菊叶委陵菜、二裂委陵菜、野棉花、细叶臭草、绿苋、灰绿藜、狗尾草、糙叶黄芪、地锦草、紫花地丁、戟叶堇菜，可较顺利进入土壤中而具有持久种子库。依据黄土丘陵沟壑区土壤种子库的研究结果(王宁，2008；袁宝妮等，2009)，猪毛蒿、茭蒿、铁杆蒿、画眉草、菊叶委陵菜、灰绿藜、獐牙菜、狗尾草在土壤种子库中普遍存在，且出现的频度大；虽然阴行草、南牡蒿、泡沙参、角盘兰、地黄、蒙古蒿、野棉花、细叶臭草、绿苋出现的频度较小，但是在该区土壤种子库中属常见物种。

可见，种子形态特征与种子的传播、寿命和萌发等有着密切的关系，影响着种子的散布方式、散布距离及其对水分的吸收和生活力，在幼苗更新与定居等方面起着重要的作用,从而影响着植被的恢复演替。

3.4 小　结

1) 101 种植物果实类型主要有瘦果(27.7%)、蒴果(18.8%)、荚果(14.9%)、颖果(11.9%)等;种子扩散方式中,风力扩散占 58.4%,动物扩散占 23.8%,自身弹力占 19.8%,重力扩散占 15.8%。

2) 101 种植物种子(果实)质量范围分布广,相差 5 个数量级;种子(果实)的长、宽、高的大小变化范围也很宽,最大分别是最小的 5.4 倍、34 倍和 80 倍。

3) 101 种植物种子(果实)的基本形状主要有卵形(32.7%)、椭圆形(11.9%)、圆形(12.9%)、纺锤形(16.8%)、肾形(9.9%),还有楔形、长棱柱形、矩圆形、耳状半圆形、陀螺形、长倒圆锥形等。

4) 101 种植物种子(果实)的表面纹饰主要有表面具棱(22.8%)、表面被毛(14.8%)、表面光滑(24.8%)、表面粗糙(26.7%)、表面具条纹(11.9%)、表面具颗粒(5.0%)、表面凹凸不平(5.0%)和表面具瘤状突起(6.9%)等;种子(果实)的颜色以褐色、黄褐色和黑色为主(占 55.4%),只有少部分颜色鲜艳,主要为红色。

5) 101 种植物中,有 40 种植物种子(果实)具有明显的附属物,如阿尔泰狗娃花、风毛菊、旋覆花、飞廉、大蓟、小蓟、苦苣菜、蒲公英、魁蓟、杠柳、地梢瓜具有明显的冠毛和绢毛,异叶败酱、角蒿等具翅,而鹅观草、大针茅、长芒草、牻牛儿苗具有明显的芒或喙;遇水后,香青兰、猪毛蒿、茭蒿、铁杆蒿、蒙古蒿、亚麻、紫花地丁、戟叶堇菜、碎米荠种子(果实)周围具有极明显的黏液层。

第4章　种子生产特征*

种子生产是植物繁殖生活史众多生态过程的基础，是种子扩散、流失、分布及形成持久土壤种子库等的初始来源，进而决定了种子萌发、出苗与幼苗定植、存活的概率，是植被更新与恢复的基础，特别是对于遭受强烈干扰及退化生态系统的植被更新与恢复尤为重要(马绍宾等，2001)。种子生产是指植物所结种子量的多少，影响土壤种子库的大小，对种群补充后代、稳定发展具有重要作用(Westoby et al.，1996)。植物结种量与植物生活型、植株营养状况、繁殖策略、种子形态学特征、植被类群及动态密切相关(Šerá and Šerý，2004；Yasaka et al.，2008；仲延凯等，1999；闫巧玲等，2005)；同时，水分、养分、土壤、地形、气候与动物、微生物及人类干扰等外界生态因子也影响和制约着种子的生产(Mettler et al.，2001；张春华和杨允菲，2001；吴春梅等，2008)。可见，植物种子的产量一方面反映了该物种的生物学特性，另一方面反映了其对环境的适应方式以及环境对植物种子繁殖过程的影响(Willson，1983)。

土壤侵蚀与种子生产的关系也引起相关学者的重视。研究发现在西班牙中东部土壤侵蚀严重的坡面 *Aegilops geniculata* 的种子产量明显低于土壤侵蚀较轻的坡面(Espigares et al.，2011)；而且退化土地上植物的种子小且轻(Renison et al.，2004)，也有研究发现有些物种种子质量随着环境梯度的恶化有变大的趋势(齐威，2010)。然而，在土壤侵蚀非常严重且植被恢复比较缓慢的黄土丘陵沟壑区，有关植物种子生产特征及其对土壤侵蚀环境的响应还未开展研究。因此，本研究通过黄土丘陵沟壑区65种植物单株结种量和不同侵蚀环境下主要物种种子生产特征的研究，并结合主要物种单位面积种子产量及其对不同土壤侵蚀程度的响应，研究不同植物的种子生产特征及其对土壤侵蚀环境的响应，探究不同物种的种子生产策略，以期为植物其他种子生活史的相关研究提供基础数据，进而为植被更新、恢复与管理的相关研究提供理论依据。

4.1　研究方法

4.1.1　植物单株结种量调查

2011年6～11月，在纸坊沟和宋家沟两个小流域分别均匀选择3座典型梁峁，按照由每座梁峁的南坡底部到顶部再到北坡底部的路线，对所见所有结实物种进行结种量的测定。由于调查时间与样地的限制，共测定了65种植物单株结种量。由于植物种子结种量受植株大小影响，所以依据植株大小及其比例选择测定植株，每种植物测定对象不少于10株(丛)，而且大部分物种的测定植株能够保证来自不同立地环境，代表研究区的平均

---

* 本章作者：焦菊英，王东丽，张小彦，陈宇

水平。

对于单位花序单个种子和单位果实单个种子的物种，采用直接计数法测定单株结种量 N。对于单位花序多个种子和单位果实多个种子的物种，先对单株花序/果实进行计数，记为 n；对于单位花序/果实中种子数多且均匀的物种，从测定植株上下、内外等不同方位选取 6 个花序/果实作为 1 组重复，对于单位花序/果实中种子数少且不均匀的物种（如蒿属），则选取 10 个花序/果实作为 1 组重复，这两种情况分别设 6 组重复，计算单位花序/果实内的平均种子数 m；最后计算单株结种量 $N = n \times m$。测定株数至少为 6 株。

4.1.2 植物种子生产特征调查

2011 年 11 月至 2013 年 6 月，在纸坊沟和宋家沟两个小流域选取 3 座典型的梁峁，由每个梁峁的南坡底部到顶部再到北坡底部选择阳沟坡、阳梁峁坡、峁顶、阴梁峁坡和阴沟坡 5 个具有不同侵蚀环境代表性的样地，共 15 个样地。结合样地内植物的分布特征及物种重要值，选取样地内的主要物种（长芒草、达乌里胡枝子、铁杆蒿、茭蒿、白羊草、中华隐子草、阿尔泰狗娃花、菊叶委陵菜和异叶败酱），每个物种选取 6～10 株大小不同的植株作为调查对象，测定主要物种的种子百粒重、单株植株生殖枝数、单位植株或生殖枝的花序数/果实数及单位花序/单位果实的种子数等产量因子，并记录植株的生长情况（高度、盖度和冠幅等），调查持续两年。各产量因子的具体测定方法如下所述。

1）种子百粒重的测定：每个物种设置 3～6 组重复，每组重复随机选择 100 粒大小不同、完好饱满的种子，采用万分之一天平进行测定。

2）单株植株生殖枝的测定：对不同侵蚀环境下具有明显生殖分枝的主要物种分别调查，包括长芒草、达乌里胡枝子、铁杆蒿、茭蒿、白羊草和中华隐子草，每个物种选择 6～10 株植株进行生殖枝数的测定，记为 a_i。

3）单位植株或生殖枝的花序数/果实数的测定：对不同侵蚀环境下的主要物种分别调查，对于阿尔泰狗娃花、菊叶委陵菜和异叶败酱，每个物种选取 3～6 株植株进行花序数的调查；对于长芒草、达乌里胡枝子、铁杆蒿、茭蒿、白羊草和中华隐子草，每株植株选取 3～10 枝生殖枝，进行花序数或果实数的测定；取平均值记为 b_i。

4）单位花序/单位果实的种子数测定：对不同侵蚀环境下以花序或果实为结实单位的主要物种分别进行调查，其中长芒草、达乌里胡枝子、白羊草、中华隐子草和异叶败酱的单位果实的种子数为 1 个，而其他物种的的单位花序/单位果实的种子数为多个。对于铁杆蒿和茭蒿，对每枝测定生殖枝设置 3 组重复，每组重复从生殖枝的不同部位随机选取 10 个花序测定其种子数，进而计算单个花序中种子数；对于阿尔泰狗娃花和菊叶委陵菜，从植株的不同部位选取 3～6 个花序/果实，测定单个花序/果实中种子数；将同一物种的所有重复取平均值记为 c_i。

5）单株结种量的计算：对于铁杆蒿和茭蒿，结种量 $P = a_i \times b_i \times c_i$；对于长芒草、达乌里胡枝子、白羊草、中华隐子草，结种量 $P = a_i \times b_i$；对于阿尔泰狗娃花和菊叶委陵菜，种子产量 $P = b_i \times c_i$；对于异叶败酱，结种量 $P = b_i$。

4.1.3 单位面积种子产量调查

于 2011 年在安塞纸坊沟流域选取 3 个撂荒坡面，坡面上广泛分布着猪毛蒿、长芒草、白羊草等群落，在每个坡面内按上、中、下不同坡位随机选择9个2 m×2 m的固定样方，共27个样方。按照种子成熟期，结合各物种的结实特征，统计种子数量。其中，对于种子较小的物种，统计样方内植株或标准枝的数量，采取20株植株或标准枝，称取单个植株或标准枝种子总重，而后数取100粒样品种子称重，与总重相比较来计算整株或标准枝上的种子数量，进而计算样方内单位面积种子产量；对于种子较大的物种，直接统计单个植株或标准枝上种子的数量，进而计算样方内单位面积种子产量。

另外，于2008年10月在安塞杏子河的3个小流域（纸坊沟、大路沟、阳砭沟）内，对主要物种铁杆蒿、猪毛蒿、阿尔泰狗娃花、茭蒿、长芒草、白羊草，选取不同侵蚀程度的样地（猪毛蒿7个，铁杆蒿、茭蒿10个，长芒草5个，阿尔泰狗娃花、白羊草3个），在5 m×5 m样方内的所有植株以标准枝为基准采集植株的部分种子，并记录采集地的详细位置和地形因子（坡度、坡向、坡位、海拔等），并依据《土壤侵蚀分类分级标准》（SL190—2007）及样地的植被长势状况与整地工程等将样地划分为轻度、中度、强烈、极强烈及剧烈不同的土壤侵蚀程度。采集后的植株在室内风干，混合均匀，装入纸袋内以备种子量的估算，方法同上段所述。

4.2　结果与分析

4.2.1　植物单株结种量变化特征

所调查的65种植物分别属于25科55属，以菊科、豆科、禾本科和蔷薇科物种数居多（占58.5%），植物的生活型以多年生草本植物为主（占58.5%），灌木与一年生植物次之。65种植物的单株结种量分布范围广泛，种子单株结种量最小的为小蓟[（12±2）粒/株]，结种量最大的为互叶醉鱼草[（22774±12071）粒/株]，最大的是最小的1897倍。有较多植物的单株结种量分布在100～499粒/株和1000～4999粒/株，分别有22种和19种植物；其次，有10种植物单株结种量小于100粒/株，有9种植物单株结种量介于500粒/株与999粒/株之间；只有5种植物单株结种量大于5000粒/株（表4-1）。

对于不同生活型植物，多年生草本植物的结种量与灌木植物的结种量存在极显著差异，其他生活型植物间结种量的差异性不显著。大部分灌木和半灌木植物的结种量较大[平均分别为（5142±2242）粒/株和（2279±1364）粒/株]，明显高于草本植物。另外，一年生植物、灌木、半灌木的种子产量变异较大，尤其是在灌木物种之间，酸枣的单株结种量仅为（45±16）粒/株，而互叶醉鱼草和延安小檗的单株结种量分别高达（22774±12071）粒/株和（16652±6881）粒/株。大部分一年生植物与二年生植物的结种量[平均分别为（2052±947）粒/株和（1291±642）粒/株]均比一二年生和多年生植物的结种量[平均分别为（396±242）粒/株和（734±165）粒/株]高（图4-1a）。然而，不同水分生态型植物的结种量没有显著性差异（图4-1b）。相对而言，大部分旱中生植物的结种量较大，多数中旱生植物的结种量次之，大部分旱生和中生植物的结种量较小，但是中生植物的结种量变异极大（1～22774粒/株）。

表 4-1 不同植物的单株结种量

物种	单株结种量/(粒/株)	物种	单株结种量/(粒/株)	物种	单株结种量/(粒/株)
阿尔泰狗娃花	498±79	鹤虱	154±50	酸枣	45±16
白头翁	124±1	延安小檗	16652±6881	唐松草	460±124
白羊草	2319±363	黄刺玫	2082±152	铁杆蒿	6000±659
糙叶黄芪	411±102	灰叶黄芪	544±112	香青兰	243±50.4
糙隐子草	268±37	截叶铁扫帚	237±56	小蓟	12±2
白花草木樨	2277±660	茭蒿	2644±443	星毛委陵菜	1100±241
银川柴胡	236±38	角蒿	1040±327	土庄绣线菊	3628±614
达乌里胡枝子	235±38	菊叶委陵菜	634±101	水栒子	341±109
大蓟	261±58	苦马豆	2237±250	亚麻	898±177
大针茅	87±11	魁蓟	68±11	野葱	102±32
地丁	114±18	狼尾草	1288±225	野胡萝卜	648±106
地黄	458±53	狼尾花	469±44	野棉花	3178±734
丁香	2325±585	狼牙刺	4109±1066	野豌豆	21±4
鹅观草	68±11	芦苇	4172±198	异叶败酱	128±1
二裂委陵菜	130±12	牻牛儿苗	44±9	阴行草	4704±812
二色棘豆	460±184	泡沙参	2976±663	獐牙菜	7607±1083
风毛菊	1932±512	蒲公英	94±6	长芒草	417±73
甘草	114±13.1	茜草	12±3	中华隐子草	561±79.3
杠柳	1358±468	芹叶铁线莲	1395±182	猪毛蒿	7399±4119
狗尾草	574±157	沙棘	2532±494	紫菀	818±76
灌木铁线莲	716±173	山丹	165±16	互叶醉鱼草	22774±12071
鬼针草	62±5	中华苦荬菜	446±53		

4.2.2 植物单株结种量对坡沟不同侵蚀环境的响应特征

从种子百粒重、单株植株生殖枝数、单位植株或生殖枝的花序数/果实数及单位花序/单位果实的种子数等产量因子，来分析不同侵蚀环境对植物种子生产及单株结种量的影响。

1. 种子百粒重

在不同侵蚀环境下，主要物种的种子百粒重表现出不同的差异性：阿尔泰狗娃花的种子百粒重在阳沟坡最大，与阳梁峁坡之间存在极显著的差异，还显著大于在阴梁峁坡；长芒草在阴沟坡种子百粒重显著大于其他侵蚀环境的种子百粒重，而且差异性达到极显著水平；达乌里胡枝子的种子百粒重在沟坡环境显著大于在其他环境，而且表现为在阴沟坡环境略大于在阳沟坡环境；菊叶委陵菜的种子百粒重在阳沟坡环境最小，与在阳梁峁坡的差异性达到极显著水平，且种子百粒重在沟坡环境小于在其他环境下；铁杆蒿的种子百粒

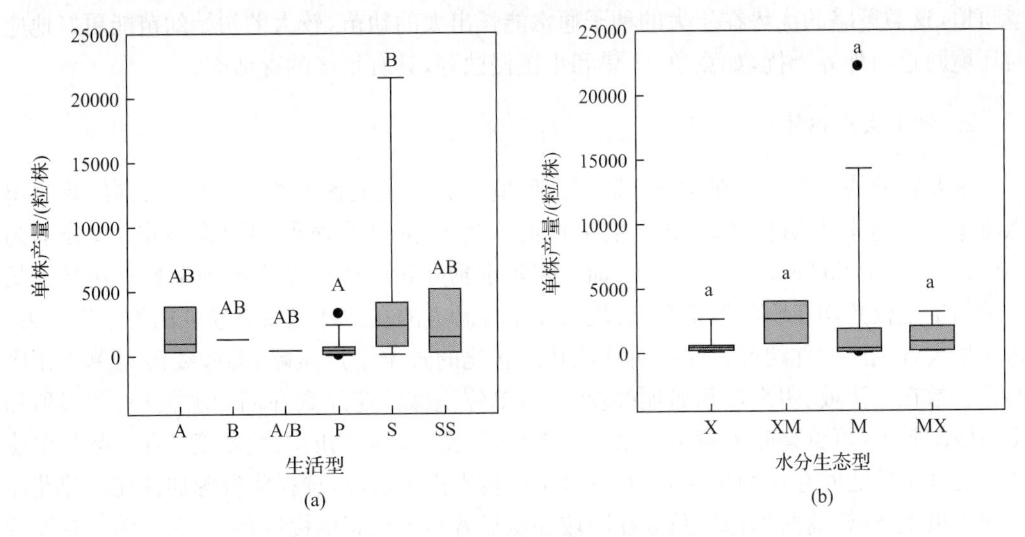

图 4-1　不同生活生态型植物的平均单株结种量

A. 一年生草本，B. 二年生草本，A/B. 一二年生草本，P. 多年生草本，S. 灌木，SS. 半灌木，X. 旱生，XM. 旱中生，M. 中生，MX. 中旱生；大写字母表示不同生活生态型植物的单株种子产量在 $p<0.01$ 水平下的差异性达到显著性水平，小写字母表示不同生活生态型植物的单株种子产量在 $p<0.05$ 水平下的差异性达到显著性水平

重在阳坡环境小于在其他环境，在阳沟坡环境与阴梁峁坡环境下差异显著；茭蒿的种子百粒重在阴沟坡最大，与在其他环境存在极显著差异，且在阳坡环境小于在其他环境；对于白羊草和中华隐子草，种子百粒重在峁顶显著大于在阳坡环境（表 4-2）。可见，长芒草、铁杆蒿、茭蒿、白羊草和中华隐子草的种子百粒重均在环境恶劣的阳坡小于条件相对较好的峁顶和阴坡，受立地环境条件限制，表现为通过减小种子大小来适应环境条件恶化的策略；而阿尔泰狗娃花和达乌里胡枝子的种子百粒重在土壤水分、养分等条件最恶劣的阳沟坡均较大，而且阳坡的光胁迫也较大，这些物种选择生产相对较大的种子来适应严酷的环

表 4-2　沟坡不同侵蚀环境主要物种的种子百粒重

物种	种子百粒重/mg				
	阳沟坡	阳梁峁坡	峁顶	阴梁峁坡	阴沟坡
阿尔泰狗娃花	$0.044\pm0.002_{Bb}$	$0.035\pm0.001_{Aa}$	$0.040\pm0.003_{ab}$	$0.038\pm0.001_{a}$	0.039±0.001ab
长芒草	$0.087\pm0.003_{A}$	$0.091\pm0.004_{A}$	$0.096\pm0.001_{A}$	$0.078\pm0.010_{A}$	$0.544\pm0.015_{B}$
达乌里胡枝子	$0.183\pm0.009_{B}$	$0.162\pm0.004_{A}$	$0.160\pm0.004_{A}$	$0.160\pm0.002_{A}$	$0.188\pm0.005_{B}$
菊叶委陵菜	$0.030\pm0.001_{Bb}$	$0.037\pm0.002_{Aa}$	$0.033\pm0.001_{ab}$	$0.033\pm0.001_{ab}$	$0.032\pm0.002_{b}$
铁杆蒿	$0.008\pm0.000_{a}$	$0.008\pm0.001_{ab}$	$0.009\pm0.000_{ab}$	$0.009\pm0.000_{b}$	$0.009\pm0.000_{ab}$
茭蒿	$0.006\pm0.000_{Cc}$	$0.006\pm0.000_{Cc}$	$0.008\pm0.000_{Bb}$	$0.007\pm0.000_{BCbc}$	$0.010\pm0.000_{Aa}$
白羊草	$0.041\pm0.001_{B}$	$0.041\pm0.001_{B}$	$0.050\pm0.000_{A}$		
中华隐子草	$0.018\pm0.001_{a}$	$0.017\pm0.001_{Aa}$	$0.023\pm0.001_{Bb}$		

注：种子百粒重为平均值±标准误；大写字母表示差异显著性达到 0.01 水平，小写字母表示差异显著性达到 0.05 水平。

境胁迫，这类策略的优势在于大的种子通常能长出大的幼苗，较大的初始幼苗能更好地应对环境胁迫与外界干扰，如竞争、干旱和土壤侵蚀等，具有较高的存活率。

2. 种子生产构件

主要物种的生产构件在沟坡不同侵蚀环境下的表现也各不相同：阿尔泰狗娃花的单株花序数和达乌里胡枝子的单位生殖枝的果实数在侵蚀强烈的阳沟坡最大，分别为(33.2±6.2)个和(269.6±42.8)个，而且阿尔泰狗娃花的单位花序的种子数和达乌里胡枝子的生殖枝数均在阳沟坡最多，表现出在条件恶劣的立地环境具有较强的种子生产力，选择加大各生产构件的投入来应对环境胁迫恶化的种子生产策略；菊叶委陵菜单位花序的种子数在阳沟坡、阴沟坡和峁顶都较大，但单位植株的花序数在阴沟坡较小，在峁顶和阳沟坡却较大，可见菊叶委陵菜在水分条件较好、光照较弱的阴沟坡环境下花序数与单位花序的种子数之间存在均衡，不会对所有生产构件投入资源，选择将资源加注在单位花序的种子量上；铁杆蒿的单株生殖数在阴坡环境显著小于在其他侵蚀环境，而且单位花序的种子数也表现为阴坡低于其他侵蚀环境，单位生殖枝数在阴沟坡环境下也最少，可见铁杆蒿选择加大各生产构件的投入来应对环境胁迫恶化的种子生产策略；茭蒿的单株生殖枝数和单位花序的种子数也表现为阴坡低于其他侵蚀环境，特别是单株生殖数在峁顶上显著大于在其他环境下，而单位生殖枝的花序数在阳沟坡和阴沟坡环境下较大，可见茭蒿在阴坡环境则通过加大单位生殖枝的花序数与减少生殖枝数和单位花序的种子数来均衡种子生产，在阳沟坡表现出加大各生产构件投入来应对阳坡恶劣环境的胁迫。长芒草、白羊草和中华隐子草 3 种多年生禾草的单株生殖数在阳梁峁坡最大，在峁顶次之，长芒草单位生殖枝的果实数仍在阳梁峁坡最大，而白羊草和中华隐子草单位生殖枝的果实数在峁顶较阳梁峁坡大，故禾本科植物在侵蚀较强的阳沟坡选择减少种子生产来适应环境，可能与其具有较强的营养繁殖能力有关，把资源加注到营养繁殖更新方式上(图 4-2)。

3. 单株结种量

对于主要物种在坡沟不同侵蚀环境下单株结种量，采用多独立样本非参数检验进行差异性检验，发现只有铁杆蒿(P=0.615>0.05)和异叶败酱(P=0.169>0.05)的单株结种量在坡沟不同侵蚀环境间没有显著差异，其他物种的单株结种量在不同侵蚀环境间均存在显著性差异(P<0.05)(表 4-3)。对于具体的物种而言，中华隐子草和白羊草单株结种量在阳沟坡环境下最小，长芒草的单株结种量在阳沟坡环境下也较小，由于这些禾草具有较强的营养繁殖能力，营养繁殖方式可能在条件恶劣的阳沟坡环境下成功更新的概率更大，故它们选择减少种子生产的策略来适应恶劣的环境，将更多的资源给予有利更新的繁殖方式；同时，白羊草和中华隐子草的单株结种量在峁顶环境下最大，由于峁顶坡度平缓，土壤侵蚀较弱，立地条件较好，它们将大量的资源供给种子繁殖，增加后代更新与扩散的概率。阿尔泰狗娃花、铁杆蒿、茭蒿和达乌里胡枝子的单株结种量在阳沟坡环境下都最大，这些物种选择大量的种子生产来增加成功繁殖与更新的概率；同时，茭蒿的单株结种量在峁顶环境下也较大。此外，菊叶委陵菜的单株结种量表现为在峁顶和阳沟坡下都较大，而且在峁顶环境下最大(图 4-3)。可见，坡沟不同侵蚀环境下植物种子生产的差异，

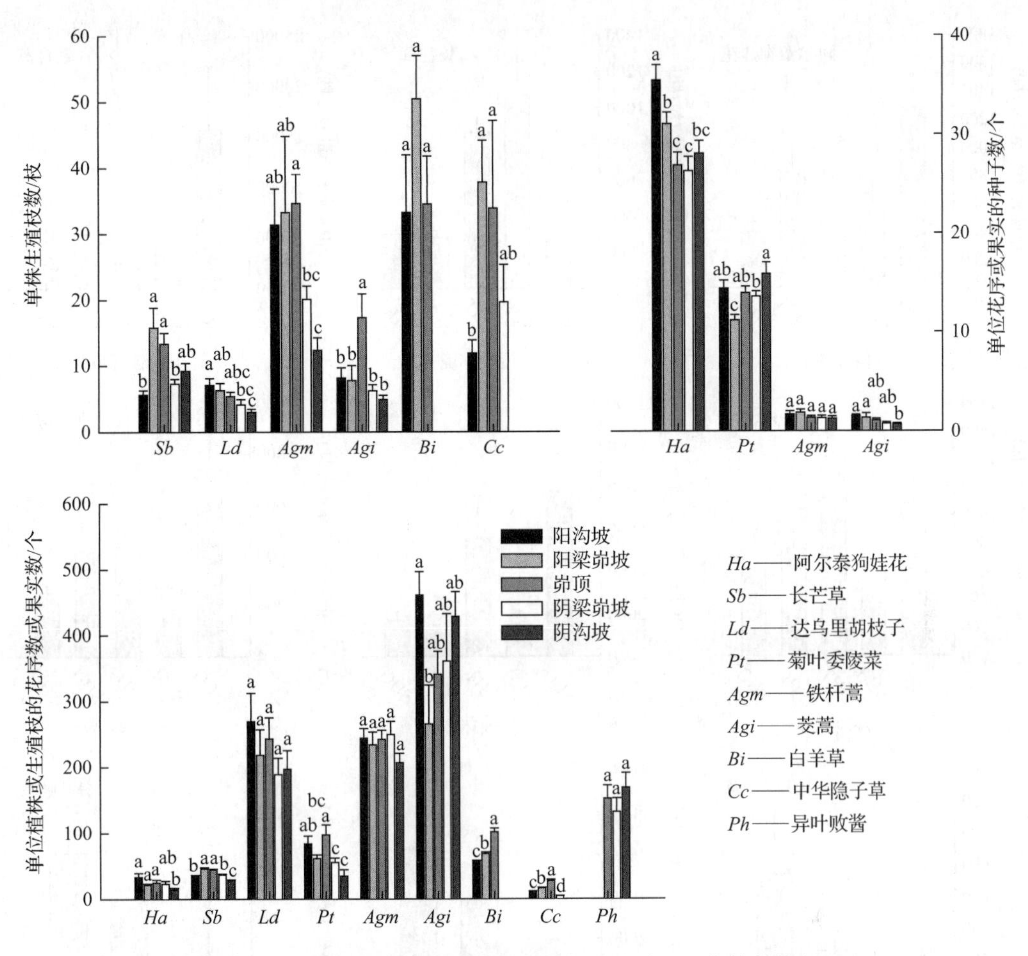

图 4-2　沟坡不同侵蚀环境下主要物种的种子生产构件特征

体现了植物适应不同侵蚀环境的生产策略。

表 4-3　主要物种在沟坡不同侵蚀环境间单株结种量的 *K-W* 检验

物种	卡方统计量	相伴概率
阿尔泰狗娃花	12.986	0.011
长芒草	37.203	0.000
白羊草	12.057	0.002
铁杆蒿	6.434	0.169
茭蒿	21.069	0.000
达乌里胡枝子	9.871	0.043
菊叶委陵菜	18.727	0.001
中华隐子草	16.252	0.001
异叶败酱	0.973	0.615

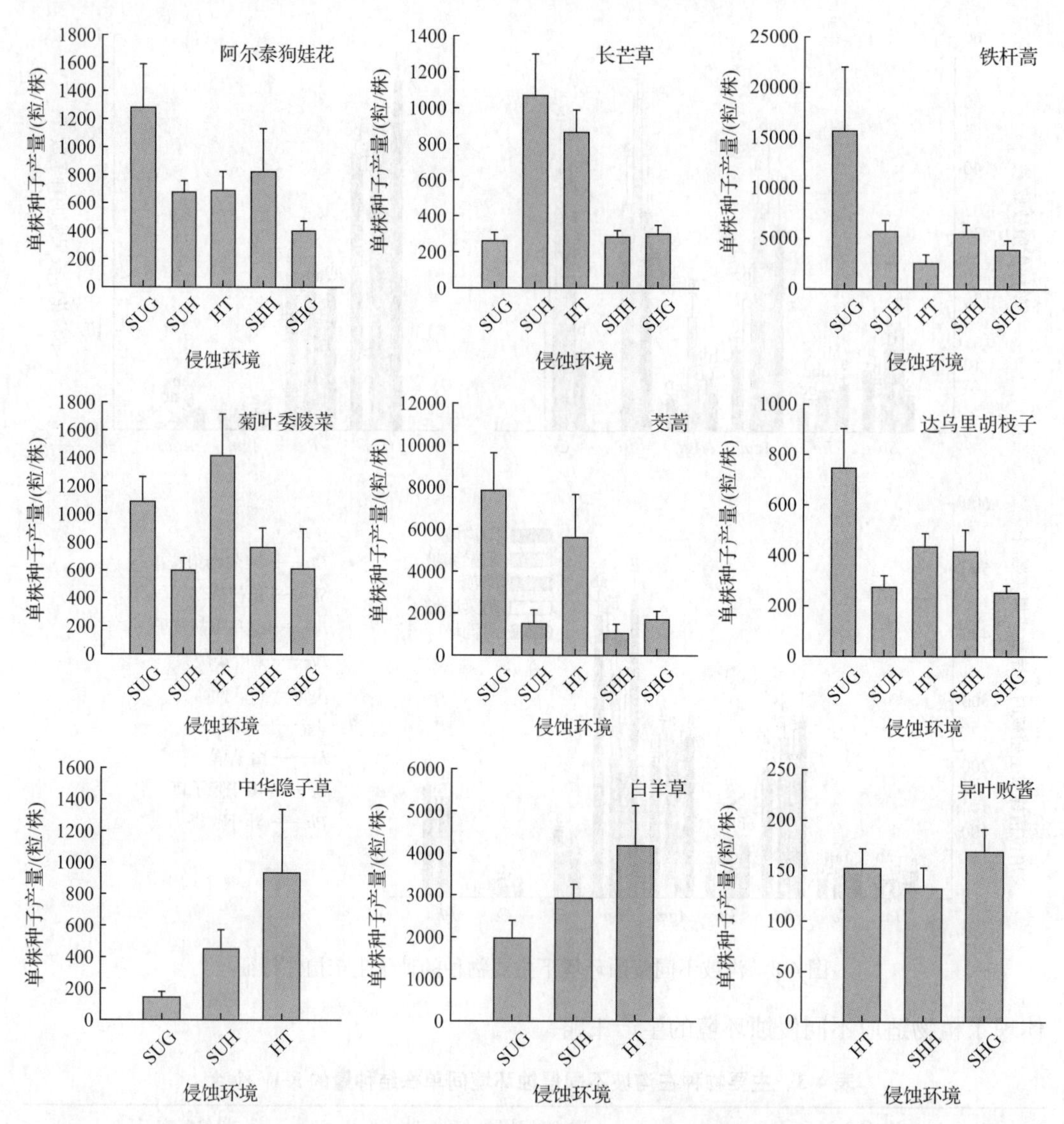

图 4-3　沟坡不同侵蚀环境下主要物种的单株结种量

SUG. 阳沟坡；SUH. 阳梁峁坡；HT. 峁顶；SHH. 阴沟坡；SHG. 阴梁峁坡

综上所述，坡沟不同侵蚀环境下主要植物种子生产的差异性，不仅与土壤侵蚀造成的立地环境条件有关，同时也受不同植物繁殖策略的影响。供试主要物种响应恶劣侵蚀环境的种子生产策略可归纳为以下 3 类：减少各生产构件投入、生产少量小种子的策略，如白羊草、长芒草和中华隐子草；加大各生产构件投入、生产大量大种子的策略，如阿尔泰狗娃花和达乌里胡枝子；加大各生产构件投入、生产大量小种子的策略，如铁杆蒿和茭蒿。

4.2.3　植物单位面积种子产量与重要值的关系

通过对 3 个撂荒坡面主要物种单位面积种子产量的调查（表 4-4），整个坡面 7 种主要物种总种子产量平均为 12823 粒/m^2，在不同坡位表现为下坡处最大为 16945 粒/m^2，上坡和中坡大致相同且稍大于10000粒/m²。就具体物种而言，表现为猪毛蒿＞狗尾草＞白羊草＞阿尔泰狗娃花＞长芒草＞达乌里胡枝子＞铁杆蒿，其中猪毛蒿产量在下坡处最高，达到(9950±3540)粒/m²，铁杆蒿种子产量在中坡位处最低，仅为(95±42)粒/m²。

表4-4 主要物种的单位面积种子产量

坡位	不同物种的种子产量/(粒/m²)							合计
	长芒草	达乌里胡枝子	猪毛蒿	白羊草	狗尾草	铁杆蒿	阿尔泰狗娃花	
上坡	1121±131	297±92	858±529$_a$	3415±203$_a$	2581±1054	232±64	2379±1321	10883
中坡	1868±641	257±57	3653±0$_{ab}$	2552±331$_{ab}$	1555±1021	95±42	653±334	10633
下坡	670±223	517±213	9950±3540$_b$	627±0$_b$	3733±483	206±103	1641±480	17344
平均	1220±349	357±80	4820±2688	2198±824	2623±629	178±42	1558±500	12954

注：单位面积产量为平均值±标准误；小写字母表示同一物种不同坡位间单位面积种子产量的差异显著性达到0.05水平。

由于坡面各处其土壤水分、养分、光照及土壤侵蚀等条件的不同，植被的分布多少及空间格局不相同，植物种子产量在坡面的分布变化也随之有所差异。猪毛蒿、白羊草单位面积种子产量随坡位的变化达到显著性水平($P<0.05$)，其他物种种子产量均未达到显著水平。从坡面上部到下部，单位面积猪毛蒿种子产量的增加趋势明显，除受猪毛蒿在下坡处分布较多的影响外，还与猪毛蒿属于演替初期的建群种，主要通过种子繁殖来维持其生存繁衍，其生存策略为通过生产大量较小的种子来分摊风险有关；从上坡到下坡，狗尾草和阿尔泰狗娃花的单位面积产量呈现出先减少后增大的趋势；白羊草的单位面积种子产量表现为逐渐减少的趋势；长芒草在中坡处最大；而达乌里胡枝子和铁杆蒿的单位面积种子产量较小且在坡面上变化趋势不明显。这一方面反映了物种在坡面分布的多少，表现出植株分布越多，其种子量越大的趋势；另一方面，还与植物的繁殖特性有关，如铁杆蒿、长芒草、阿尔泰狗娃花具有种子繁殖与营养繁殖的特性，其通过营养繁殖后代的多少同样影响着该物种的结种量。

对7种主要物种的种子产量与其重要值之间的关系分析表明：物种重要值与种子产量之间呈线性正相关关系(表4-5)。说明物种的重要值越高，在植物群落中的地位越高作用越大，在一定程度上反映了物种在群落中竞争生存资源的能力强，所能生产种子也越多。就具体物种来说，达乌里胡枝子、猪毛蒿、狗尾草主要依靠种子繁殖进行后代的更新和扩张，其种子产量和重要值之间的关系较密切；而对于具有种子繁殖和营养繁殖特性的物种而言，除长芒草外，白羊草、铁杆蒿、阿尔泰狗娃花其种子产量和重要值之间的线性关系较低，这说明营养繁殖特性在这些物种的自我更新中占有一定的比例，以弥补种子繁殖在极端恶劣生存条件下难以成功萌发建植的不足，从而提高了该物种维持自我更新的能力。从线性关系式的斜率可以看出，猪毛蒿、阿尔泰狗娃花斜率较大，狗尾草、白羊草次之，而长芒草、达乌里胡枝子和铁杆蒿的斜率较小，这从一定程度上反映了物种的结种量大小及种子繁殖特点，即斜率越大的物种，呈现出结种量大种子小的特点越明显。

表 4-5　物种单位面积种子产量与其重要值的关系

物种	种子产量与重要值的关系	R^2
长芒草	$y = 44.93x + 477.15$	$R^2 = 0.9216$
达乌里胡枝子	$y = 27.01x - 14.69$	$R^2 = 0.9085$
猪毛蒿	$y = 545.54x - 1497.97$	$R^2 = 0.9349$
白羊草	$y = 135.50x + 751.21$	$R^2 = 0.7566$
狗尾草	$y = 152.58x + 922.14$	$R^2 = 0.8494$
铁杆蒿	$y = 21.09x + 63.75$	$R^2 = 0.7325$
阿尔泰狗娃花	$y = 572.56x - 1527.48$	$R^2 = 0.7676$

注：y 为种子产量；x 为重要值[x = (相对密度 + 相对频度 + 相对盖度)/3]；样本数 $n = 9$。

4.2.4　土壤侵蚀对植物种子产量的影响

对不同侵蚀程度样地的 6 种植物种子产量通过单因素方差分析与 LSD 多重比较可知：种子产量与土壤侵蚀程度有密切的关系，即土壤侵蚀越严重的样地，其种子产量越低。对于猪毛蒿，样地 3 的侵蚀程度轻，其种子产量最大，与其他样地之间种子产量存在显著的差异($P<0.05$)，样地 7 的侵蚀程度强烈，种子产量最低，也与其他样地之间存在显著的差异($P<0.05$)；对于铁杆蒿，样地 17 的侵蚀程度为中度，种子产量最高，与其他样地之间存在显著的差异性($P<0.05$)，样地 12 的侵蚀程度极强烈，种子产量最低，与除样地 16 外的其他样地之间存在显著的差异性($P<0.05$)；对于茭蒿，样地 26 的侵蚀程度为轻度，产量最高，与其他样地之间存在显著的差异性($P<0.05$)，样地 22 的侵蚀为极强烈，产量最低，与除样地 23 与 18 外的其他样地之间均存在显著的差异性($P<0.05$)；阿尔泰狗娃花，3 个样地中，样地 28 与 30 的土壤侵蚀程度为轻度，样地 29 的侵蚀强烈，样地 28 与 30 的种子产量均高于样地 29，且样地 28 与 29 之间存在显著差异($P<0.05$)；白羊草样地 31 的侵蚀程度为中度，较其他两个样地的侵蚀较严重，其种子产量最低，且与样地 33 存在显著差异($P<0.05$)；对于长芒草，样地 38 的侵蚀程度为轻度，其种子产量最高，与其他样地间存在显著的差异($P<0.05$)，样地 34 的侵蚀程度为强烈，其种子产量最低，也与其他样地间存在显著的差异($P<0.05$)(表 4-6)。

表 4-6　不同样地的植物单位面积种子产量

植物	样地	坡度	坡形	坡位	坡向	植被盖度/%	平均高度/cm	土壤侵蚀程度	种子产量/(10^4 粒/m^2)
猪毛蒿	1	15°	直	沟坡下	北偏西 25°	35	58	轻度	$8.41 \pm 0.30_c$
	2	24°	凸	坡上	南偏西 9°	35	55	中度	$9.49 \pm 0.78_c$
	3	13°	直	坡上	西偏南 23°	30	65	轻度	$52.45 \pm 2.01_a$
	4	30°	直	坡下(鱼鳞坑)	西偏南 25°	30	73	中度	$8.12 \pm 0.45_c$
	5	23°	直	坡中	东偏北 20°	33	53	中度	$15.09 \pm 0.57_b$
	6	13°	直	坡上	北偏东 30°	30	45	强烈	$16.09 \pm 0.22_b$
	7	6°	直	坡顶	东偏北 15°	20	22	强烈	$5.13 \pm 0.35_d$

续表

植物	样地	坡度	坡形	坡位	坡向	植被盖度/%	平均高度/cm	土壤侵蚀程度	种子产量/(10^4 粒/m^2)
铁杆蒿	8	32°	直	沟坡上	南偏西 25°	30	60	强烈	$0.31\pm0.03_{de}$
	9	25°	直	坡下(鱼鳞坑)	南偏西 30°	25	50	强烈	$0.45\pm0.02_{c}$
	10	22°	凹	坡上	北偏东 10°	33	48	中度	$0.22\pm0.02_{f}$
	11	15°	直	坡中(鱼鳞坑/水平阶)	西偏北 27°	27	70	强烈	$0.36\pm0.04_{d}$
	12	23°	直	坡中下	北偏东 10°	28	55	极强烈	$0.09\pm0.01_{g}$
	13	23°	凹	坡中	东偏北 40°	27	41	强烈	$0.22\pm0.03_{f}$
	14	5°	直	沟沿线上坡上(鱼鳞坑)	北偏西 10°	28	51	中度	$0.96\pm0.03_{b}$
	15	45°	直	坡下	东偏北 10°	20	50	强烈	$0.23\pm0.02_{ef}$
	16	42°	直	坡中	北偏东 30°	30	40	强烈	$0.16\pm0.01_{fg}$
	17	22°	直	坡上	西偏南 40°	35	50	中度	$1.16\pm0.05_{a}$
茭蒿	18	23°	凹	坡下	西偏南 29°	30	55	中度	$0.02\pm0.002_{f}$
	19	16°	直	坡中	北偏西 25°	25	45	强烈	$0.37\pm0.05_{d}$
	20	32°	凸	坡下	南偏西 20°	15	53	强烈	$0.31\pm0.03_{d}$
	21	45°	直	沟坡上	南偏东 20°	20	45	强烈	$0.12\pm0.02_{e}$
	22	30°	直	沟坡上	北偏西 20°	30	37	极强烈	$0.01\pm0.0005_{f}$
	23	45°	直	坡下	东偏北 10°	20	50	强烈	$0.01\pm0.0008_{f}$
	24	45°	直	坡中	东偏北 20°	29	45	强烈	$0.63\pm0.05_{c}$
	25	30°	直	坡中下	北偏东 25°	32	34	强烈	$0.18\pm0.01_{e}$
	26	23°	直	坡下	北偏东 30°	65	80	轻度	$4.67\pm0.07_{a}$
	27	27°	直	坡下	西偏南 10°	40	49	中度	$1.17\pm0.03_{b}$
阿尔泰狗娃花	28	5°	峁顶	坡上	南偏西 15°	30	19	轻度	$1.19\pm0.10_{a}$
	29	23°	凸	坡中上	南偏西 35°	22	25	强烈	$0.69\pm0.03_{b}$
	30	25°	直	坡下	南偏东 30°	33	30	轻度	$0.86\pm0.08_{b}$
白羊草	31	28°	直	坡中	南偏西 20°	70	23	中度	$0.04\pm0.002_{b}$
	32	25°	直	坡下	南偏西 10°	75	55	轻度	$0.05\pm0.006_{b}$
	33	20°	峁顶	坡上	西偏北 10°	70	60	轻度	$0.11\pm0.003_{a}$
长芒草	34	25°	直	坡中	东偏北 25°	30	46	强烈	$0.01\pm0.0001_{c}$
	35	4°	峁顶	峁顶	南偏东 21°	45	65	轻度	$0.02\pm0.0007_{b}$
	36	24°	直	坡中	正东	60	74	轻度	$0.02\pm0.001_{b}$
	37	22°	直	坡中	南偏东 10°	25	70	中度	$0.03\pm0.001_{b}$
	38	25°	直	坡上	南偏西 10°	40	68	轻度	$0.05\pm0.002_{a}$

注：坡位中括号里的鱼鳞坑和水平阶代表在样地里有鱼鳞坑和水平阶；土壤侵蚀程度依据《土壤侵蚀分类分级标准》(SL190—2007)及样地的植被长势状况与整地工程等分为轻度、中度、强烈、极强烈以及剧烈；不同小写字母表示同一物种在不同样地间的单位面积种子产量的差异显著性达到 0.05 水平。

4.3 讨　论

4.3.1 不同物种的种子生产特征

种子生产为植物种子生态过程的各个阶段提供种源，进而影响种群的更新与扩大，决定群落的稳定与发展(钟章成，1995)。不同物种结种量因自身的繁殖对策的不同而差异很大。在本研究的65种植物中，只有10种植物的单株结种量小于100粒/株，有一半的(33种)植物单株结种量大于500粒/株，更有24种植物的单株结种量超过1000粒/株。大量的种源可增加种子扩散、进入土壤种子库及萌发与幼苗存活的概率，分摊各种威胁并增加成功繁殖的概率。基于MacArthur和Wilson(1963)的r-K选择的自然选择理论，这类种子生产策略属于r-策略，它们多为机会主义者，具有较强的拓殖能力，多为新生境或干扰生境的开拓者。种子产量大的物种通常具有较小的种子，一方面小种子有利于实现远距离的扩散，增加占领适宜生境的概率，另一方面小种子容易进入土壤形成持久种子库，可以逃避被捕食的风险，为种群的更新与扩大提供种源，这种产量大种子小的物种在全球众多干旱地区较为常见，是应对干旱胁迫的有效策略。同时，本研究区土壤侵蚀干扰严重，小种子具有易流失的特性，种子流失虽然导致侵蚀坡面种子数量的减少，但有利于种子的重新分布，增加寻觅有利生境的机会，可逃逸土壤侵蚀的胁迫。然而，也存在一些物种通过产生相对较少的大种子，大种子所含的营养物质丰富，因而更利于适应严酷的环境，在幼苗建立阶段面临干旱、营养缺乏、机械损害等威胁时更具有优势(Jurado and Westoby, 1992；Turnbull et al., 1999；Wang et al., 2014)，即采取以质制胜的策略，来完成种群的更新与扩展，如大针茅、鹅观草和酸枣等。种子产量与种子大小之间的均衡关系决定着植物群落的结构(Leishman and Murray, 2001)。种子大小与物种密度的关系一般有两种格局，一种如在美国亚利桑那州沙漠生态系统和英国北部的禾草群落表现为小种子的物种很多，大种子的物种很少(Guo et al., 2000)；另一种如在地中海沿岸沙丘生态系统表现为中等大小种子的物种很多，而小种子物种和大种子物种较少(于顺利等，2005)。本研究发现，小产量大种子的物种与大产量小种子的物种密度均较小，而产量适中的物种密度较大，与地中海沿岸沙丘生态系统的格局相似，表明该区生产力中等的物种在黄土丘陵沟壑区具有优势。同时，产量相对适中的物种在本研究调查物种中所占的比例也较大，表明生产力适中的物种在该区具有普遍性；出现频率较大的物种种子产量均处于相对中高等水平，表明该区的主要植物是通过生产一定量的种子来占据更广泛的立地进行拓展。

不同生活型的植物表现出不同的种子生产特性与策略。与多年生植物相比，大部分一年生、二年生与一二年生植物的结种量较大，而且一年生与二年生植物的平均结种量明显大于多年生植物。大部分一年生与二年生植物为r-策略的物种，趋于以量取胜的生产策略，通常通过产生大量的小种子，一方面可以通过数量大分摊威胁，另一方面小种子拓殖能力强，增加占领适宜生境的概率和范围，确保种群的更新与扩展。多年生植物则表现出较弱的种子生产能力，多数物种通过种子繁殖与营养繁殖两种繁殖方式相互协调与分配来完成植物的繁殖与更新，采取两头下注的繁殖策略；大多数多年生禾草具有较强的营养繁殖能力，如糙隐子草、长芒草和中华隐子草等，更倾向利用营养繁殖方式来适应土壤侵蚀环境的各种胁迫，这一结论与典型草原一致，也就是典型草原上的多年生植物常用宿根或地下茎繁殖后代(仲延凯等，2001)。半灌木植物之所以能够成为该区的优势物种，与其采取种子繁殖与营养繁殖两种繁殖方式相互协调的策略有一定的关系，根据气候变化或生境差异来调配其主要繁殖方式，应对干扰与适应胁迫，如茭蒿、铁杆蒿和达乌里胡枝子等(杜华栋，2013)。而灌木植物的种子生产力变异极大，在种子生产策略上体现了其适应该区环境的产量极大或产量较少的策略。多数灌木、半灌木植物的单株结种量较大，尤其是互叶醉鱼草的单株种子产量在供试物种中最大，与科尔沁沙地生态系统具有相似的规律(闫巧玲等，2005)，在种子生产策略上体现了其适应该区环境的两种典型的 *K*-策略与 *r*-策略。

4.3.2　植物种子生产对土壤侵蚀环境的响应

在干旱半干旱地区，土壤侵蚀是坡面上的一种自然地理过程，通常伴随着土壤养分的流失、土壤持水力的降低及冲淤微地形的形成等，影响着植被的生长发育及更新(Jiao et al.，2009；Poesen，1987)。在黄土丘陵沟壑区土壤侵蚀严重、水肥贫瘠、光照强烈的阳坡环境下，植被的物种丰富度、盖度与生物量都不及土壤侵蚀较弱的峁顶与阴坡环境(杜华栋，2013；寇萌等，2013)。土壤侵蚀对植被的影响始于种子的形成与发育，通过降低土壤水分与养分，对种子的正常发育产生胁迫(焦菊英等，2012)。物种为了延续后代，在自然选择和进化的双重压力下，适应地产生了大小不同的种子(武高林等，2006)。在种内，种子大小变异体现了对不同环境条件的响应，有研究发现退化土地上植物的种子小且轻(Renison et al.，2004)。本研究中的长芒草、铁杆蒿、茭蒿、白羊草和中华隐子草的种子百粒重均在环境恶劣的阳坡小于条件相对较好的峁顶和阴坡，表现为通过减小种子大小来适应恶劣的侵蚀环境，因为受干扰与胁迫较小的环境中的物种通常具有较大的种子(Hammond and Brown，1995)，而大种子所含的营养丰富，营养物质能够支持幼苗更长的时间来达到自养的状态(Thompson，1987)。也有研究表明，种子大小与生境的严酷程度呈正相关关系，同一物种的种子大小与生境的水分梯度具有负相关关系，种子在干旱生境比在水分条件好的生境较大、较重，也有物种的种子随生境光胁迫增强而增大(齐威，2010)。可见，种子大小对生境条件恶化的响应具有种间差异。本研究中的阿尔泰狗娃花和达乌里胡枝子的种子百粒重在土壤水分、养分等条件最恶劣的阳沟坡均较大，而且阳坡的光胁迫也较大，这些物种选择生产相对较大的种子来适应严酷的环境胁迫，这类策略的优势在于大的种子通常能长出大的幼苗(Jakobsson and Eriksson，2000；Peco et al.，2003；武高林等，2006)，较大的初始幼苗能更好地应对环境胁迫与外界干扰(如竞争、干旱和土壤侵蚀等)，具有较高的存活率(Westoby et al.，1996；Coomes and Grubb，2003；Wang et al.，2014)。特别是在干旱条件下，幼苗生存的时间与种子大小具有正相关关系(Leishman and Westoby，1994)。

不同物种的生产构件在不同侵蚀环境下表现出的差异体现了植物生活史策略中种子生产构成因子间存在权衡，以此来响应环境胁迫的变化。本研究中，大部分物种的各生产构件随不同侵蚀环境条件变化而变化。例如，阿尔泰狗娃花和达乌里胡枝子的各生产构件在侵蚀强烈的阳沟坡均大，铁杆蒿的各生产构件在阴坡环境小于在其他侵蚀环境，都表现出在条件恶化的环境具有较强的种子生产力，选择加大各生产构件的投入来应对环境胁迫恶化的种子生产策略；而长芒草、白羊草和中华隐子草3种多年生禾草的单株生殖数在阳梁峁坡最大，在峁顶次之，长芒草单位生殖枝的果实数仍在阳梁峁坡最大，而白羊草和中华隐子草单位生殖枝的果实数在峁顶较阳梁峁坡大，故禾本科植物在立地条件恶劣的阳沟坡选择减少种子生产来适应环境，与其具有较强的营养繁殖能力有关，把资源加注到营养繁殖更新方式上(杜华栋，2013)。

土壤侵蚀作为生态环境的干扰力与驱动力，对植物种子生产产生负面作用的同时，也驱动着物种的进化，使有些物种向着更有利于抵抗侵蚀环境的种子生产特征进化与发展。闫巧玲等(2005)认为沙生植物可能依靠大的结种量来适应干旱沙埋的侵袭，来维持种群延续，产量大可能是植物适应环境变化与应对干扰的一种策略。本研究的阿尔泰狗娃花、达乌里胡枝子和菊叶委陵菜的单株种子产量在阳沟坡也相对较大，这些物种的种子生产能力也表现为随着立地条件的恶化而增大，体现了种子生产对恶劣侵蚀环境的适应策略。另外，本研究中的有些物种的单株种子产量受坡向影响较大，整体表现为在阳坡和峁顶环境下高于阴坡环境，表明坡向引起的光照、温度等条件对种子生产具有一定的影响，不同物种种子生产响应不同环境变化因子的敏感性有所差异，有待深入研究。

4.4 小　　结

1) 供试65种植物的单株结种量在12～22774粒/株变化，有较多的植物单株结种量分布在100～499粒/株和1000～4999粒/株，分别有22种和19种植物。不同生活型植物的结种量有所不同，多年生草本植物与灌木植物的结种量存在极显著差异，其他生活型植物间结种量差异不显著，大部分灌木和半灌木植物的结种量较大，明显高于草本植物，而一年生植物、灌木、半灌木的结种量变异较大，尤其是灌木植物与二年生植物。而不同水分生态型植物的种子产量没有显著性差异，表现为大部分旱中生植物的种子产量相对较大，多数中旱生植物的种子产量次之。

2) 植物通过改变种子大小、均衡生产构件将有限资源投入于有效产量因子来响应不同侵蚀环境，主要物种响应环境恶化的种子生产策略可归纳为以下3类：减少各生产构件投入、生产少量小种子的策略，如白羊草、长芒草和中华隐子草；加大各生产构件投入、生产大量大种子的策略，如阿尔泰狗娃花和达乌里胡枝子；加大各生产构件投入、生产大量小种子的策略，如铁杆蒿和茭蒿。

3) 撂荒坡面不同坡位由于立地环境条件的差异，引起物种的分布不同，进而影响着植物的种子产量。7种主要植物物种的种子产量与其重要值之间存在正相关线性关系，但由于物种的繁殖特性及生存策略的不同，具有营养繁殖特性的物种其重要值与种子产量之间的相关性比仅具有种子繁殖特性的物种要低些。同时，土壤侵蚀程度对种子产量有很大的影响，土壤侵蚀越严重，种子产量就越低。

第 5 章　种子萌发特性与持久性*

种子萌发是指成熟干燥的种子，在解除休眠并获得适合的外界条件时，胚就转入活动状态，开始生长（陶嘉龄和郑光华，1991）。种子萌发是植物生活史的关键与敏感阶段，特殊生境的植物能较好地适应当地生境条件，其种子萌发行为在种群持续、种群动态和群落结构中起着关键作用（Bischoff et al.，2006）。种子萌发不仅受种子自身的遗传和生理特性如种子大小、种子硬实、种子覆盖物和分泌物等的影响（Hendrix，1984；黄振英等，2001；李雪华等，2004；刘振恒等，2006；郭学民等，2010），还受外界生态条件诸如水分、温度、氧气、光照、土壤酸碱、土壤盐分、化学物质、生物和埋深条件等的综合影响（鱼小军等，2006；Khan and Ungar，1997；黄文达等，2009）。储藏条件影响着植物种子的萌发，在储藏过程中物种的萌发需求会发生明显变化（张勇等，2005）。种子储藏时间会改变种子萌发进程快慢，一些物种能够通过新鲜种子迅速建成，另一些物种则只有通过储藏的陈种子才能够迅速建成（崔现亮等，2008）。种子休眠与种子萌发是植物对立又统一的种子生活史特征，种子成熟完成散布后，由于外界环境不适宜而使生长发育处于暂时停顿状态的强迫休眠，或者由于种皮及覆盖物的障碍或种子内部生理抑制的生理休眠，统称为种子休眠（宋松泉等，2008）。种子休眠是植物在长期系统发育过程中形成的抵抗不良环境条件的适应性，是调节种子萌发最佳时间和空间分布的有效办法，能有效降低种子萌发后幼苗由于持续干旱而导致大量死亡的危险，有利于种群的繁衍和发展，增加物种生存和分布的可能性，是植物生活史特性的重要策略（Baskin and Baskin，2004；Thompson et al.，1998；卜海燕，2007；王桔红，2008）。

种子的休眠与萌发共同影响着幼苗存活能力、个体适合度和植物生活史的表达（Venable，1985）。种子萌发是种子成长为幼苗及建植的关键，不仅影响着土壤种子库的大小及分布格局，而且直接决定着幼苗建植的成功与否，是物种多样性形成和维持的重要基础（Leck et al.，1989）。大多数植物是通过土壤种子库来更新的（于顺利和蒋高明，2003）。种子在土壤中的持久性，即植物种子在土壤中的存活能力，是保证持久土壤种子库发挥其生态功能的基础，长期持久性是一种对环境的进化适应，可以保证种子在多个生长季节萌发从而分担环境干扰的风险，对种群的稳定与发展及退化生态系统的植被更新与恢复具有重要的生态意义（Hölzel and Otte，2004；于顺利等，2007a；闫巧玲等，2007）。各种休眠机制与破除诱因导致的种子推迟萌发被认为是形成持久种子库的关键因素之一（Baskin and Baskin，2004），因而种子的萌发与休眠特性可用来预测种子寿命（Saatkamp et al.，2011）。种子通过萌发从土壤中输出进而影响其在土壤中的持久性，而休眠种子在土壤中的存储时间更长，可见种子的休眠与萌发特性是通过影响种子在土壤中的持久性而制约其形成持久土壤种子库。

---

* 本章作者：王东丽，焦菊英

为此，本章通过对 64 种植物种子的室内萌发与 15 种主要物种的野外埋藏试验，分析黄土丘陵沟壑区不同植物种子的萌发特性以及埋藏对种子萌发特性的影响，探讨不同植物种子在土壤中的持久性及其维持机制，以期为阐明该区主要物种种子的萌发特性及其对土壤种子库、幼苗萌发与建植及植被恢复演替的影响提供基础资料。

5.1 研究方法

5.1.1 种子休眠与萌发特性的测定

于 2011 年 6 月至 2012 年 11 月，在研究区对所见所有物种的成熟种子进行采集。每个物种的种子采自至少 10 株(丛)。由于调查时间与样地的限制，共采集了 64 种植物的种子。另外，对坡沟不同侵蚀环境下主要物种的种子休眠与萌发特性也进行了测定和分析，样地和物种选择与坡沟不同侵蚀环境下主要物种种子生产特征调查一致，具体见 4.1.2 节。

萌发特性的测定采用室内萌发实验。每个物种设置 3 个重复，由于乔、灌植物种子较大且较少，每个重复 50 粒，小种子物种每个重复 100 粒。采用直径 9 cm 的培养皿和双层滤纸作培养床，萌发前用 100℃热水消毒杀菌，置于人工气候培养箱。依据研究区的多年平均气象观测资料，培养条件设置为白天(光照时段)13 小时，温度 25℃；夜晚(黑暗时段)11 小时，温度为 16℃；光照为 8800 lx，湿度为 60%。依据《国际种子检验规程》(国际种子检验协会，1985)，种子萌发以胚突破种皮且长为种子长度的一半时为标准，从种子置床起，每 24 小时记录一次种子发芽数，记数直到连续 5 天不出现有发芽种子时为止(刘志民等，2004b)。萌发特性用以下指标来表征：

1) 萌发率(percentage of germination, PG/%)，即萌发种子总数与供试种子数的比值。

2) 萌发时滞(time before germination, TBG/天)，即从种子着床到种子开始萌发持续的时间。

3) 萌发历时(time of germinating, TG/天)，即从第 1 粒种子开始萌发至种子萌发结束所持续的时间。

4) T50(time required for 50% of final germinated seeds to be reached/天)和 T90 (time required for 90% of final germinated seeds to be reached/天)，即从种子萌发开始，种子萌发数分别达到萌发总数的 50%和 90%所持续的时间。

对于没有萌发的种子采用 TTC 法进行活力测定，具有活力的种子认为是休眠的种子(刘志民等，2003)。萌发实验结束后，将未萌发的种子移入新的培养皿中，根据不同种子进行斜切、横切、穿刺或不处理后，浸入 0.5%的四唑染色溶液，置于温度为 32.5℃的恒温黑暗环境 24h 进行染色反应，依据四唑染成的颜色来区分种子有生活力(红色的)和死亡(无色的)。种子休眠率(percentage of dormancy, PD/%)为休眠种子总数与供试种子数的比值。

5.1.2 种子埋藏试验

由于持久土壤种子库中的种子数量与种子的大小和形状有关(Thompson and Grime, 1979),而且植被演替依赖于土壤种子库的种子持久性,为此选取15种黄土丘陵沟壑区种子形态各异、处于不同演替阶段的主要物种,包括猪毛蒿、长芒草、达乌里胡枝子、茭蒿、铁杆蒿、白羊草、狼牙刺、阿尔泰狗娃花、狗尾草、沙棘、丁香、杠柳、酸枣、水栒子、黄刺玫。将采集的这15种物种的种子置于实验室后熟、风干、净种后,按照不同物种种子的大小分别装于大小和孔径合适的纱袋(Bekker et al., 1998),具体见表5-1。每个物种随机选取正常种子100粒装入纱袋,每年设置5个纱袋重复,分别进行1年、2年、3年、4年和5年的埋藏试验。于2010年2月底在中国科学院安塞县水土保持研究试验站墩山试验田(阳坡撂荒梯田),选取5个1 m×10 m的样带,每个样带内设置5个1 m×1.5 m的样方,每个样方埋藏1个重复,做好标记,每个样方间距为0.5 m。每个样方内按3×5的排列挖掘埋穴,每个埋穴大小为0.2 m×0.2 m,间距为0.1 m;依据土壤种子库密度最大的分布深度,将埋藏深度定为3 cm左右。将种子纱袋放入埋穴中,均匀推开种子,以免成堆加大腐坏概率。埋藏后每隔一年收取样品,每个物种随机收取5个重复的种子纱袋。对于每年取回的种子,统计其种子命运,包括完好种子数、埋藏萌发数、埋藏腐坏数、不明损失数(被捕食、被捕食者转移、可能萌发和腐坏后没有痕迹的种子)。对完好种子采用萌发实验进行萌发特性测定,对未萌发种子采用TTC法测定休眠特性,萌发与休眠的种子数之和为具有活力的种子数,用来判断种子的持久性,具体测定方法见5.1.1节。

表5-1 不同埋藏物种及其对应纱袋标准

纱袋类型	纱袋孔径	纱袋尺寸	物种
A	0.1 mm	5 cm×5 cm	猪毛蒿、茭蒿、铁杆蒿
B	1 mm	10 cm×10 cm	阿尔泰狗娃花、白羊草、达乌里胡枝子、狗尾草、狼牙刺、丁香、杠柳
C	1 mm	20 cm×20 cm	长芒草
D	5 mm	20 cm×20 cm	沙棘、酸枣、水栒子、黄刺玫

Thompson(2000)依据种子在土壤中的寿命,将土壤种子库划分为以下3类:短暂土壤种子库(<1年)、短期持久土壤种子库(1~5年)和长期持久土壤种子库(≥5年)。Garwood(1989)依据种子的萌发行为及种子散布的时间格局,将土壤种子库分为5种类型:短暂土壤种子库,这些物种的种子只在土壤中存活较短的一段时间,就很快萌发,而对于有些物种,存在持久的幼苗库;持久性土壤种子库,种子在土壤中存活2年以上;假持久性土壤种子库,这种类型只在热带条件下存在,由于成熟的种子持续散布,即使个体种子不会持久,但物种维持有持久的土壤种子库;季节性的短暂土壤种子库,这些种子在土壤中的存留时间不超过1年,进行短期休眠,在合适的季节萌发;滞后短暂性土壤种子库,类似于短期的持久种子库,种子的萌发具有延迟现象,种子在土壤中存活1~2年。据此,本研究将种子在土壤中存活1年以下的土壤种子库划分为短暂性土壤种子库,种子在土壤中存活1年以上且不超过2年的土壤种子库划分为滞后短暂性土壤种子库,将种子寿命至少在2年以上且小于5年的土壤种子库划分为短期持久性种子库,将种子寿命大于5

年的土壤种子库划分为长期持久性种子库。相应地，将种子在土壤中的持久性划分为 4 类：短暂性（<1 年）、滞后短暂性（1 年≤寿命<2 年）、短期持久性（2 年≤寿命<5 年）和长期持久性（≥5 年）。

5.1.3　数据分析

种子萌发类型的划分基于萌发率、萌发时滞、萌发时长、T50 和 T90 5 个萌发特征值，采用分层聚类的方法（hierarchical cluster analysis）。

不同生活生态型间植物种子休眠与萌发特征的差异性分析采用多独立样本非参数检验（Kruskal-Wallis test）。不同侵蚀环境下主要物种种子休眠与萌发特征的差异性采用单因素方差分析（one-way ANOVA）和最小显著差异法（LSD）比较。在种子埋藏实验中，由于不同年际间种子休眠与萌发特征差异较大，有些物种 2 年间的种子休眠率与萌发特征值存在方差不齐性，故对其采用多独立样本非参数检验（Kruskal-Wallis test）进行差异性分析。

5.2　结果与分析

5.2.1　种子休眠与萌发特性

供试的 64 种植物分别属于 28 科 54 属（表 5-2），以菊科、豆科、禾本科和蔷薇科物种数居多（占 54.7%）；植物的生活型以多年生草本植物为主（占 45.3%），灌木（14.1%）、半灌木（12.5%）与一二年生植物（14.1%）次之；水分生态型以中生植物最多（占 42.2%），中旱生次之（31.3%）。与焦菊英等（2008）对研究区自然植被的调查结果一致；而且 64 种植物包括了不同演替阶段的优势物种及主要伴生种，可反映该区植被演替过程中的物种信息，能够代表黄土丘陵沟壑区的植被特征（杜峰等，2005）。

表 5-2　64 种植物的物种组成与生活生态型组成结构

科	物种数	百分比/%	生活型	物种数	百分比/%	水分生态型	物种数	百分比/%
菊科	12	18.8	多年生	29	45.3	旱生	13	20.3
豆科	7	10.9	灌木	9	14.1	旱中生	4	6.3
禾本科	9	14.1	一年生	7	10.9	中生	27	42.2
蔷薇科	7	10.9	半灌木	8	12.5	中旱生	20	31.3
毛茛科	4	6.3	二年生	1	1.6			
玄参科	2	3.1	一二年生	9	14.1			
唇形科	2	3.1	乔木	1	1.6			

注：其他科分别只有 1 个物种。

1. 植物的种子萌发率与休眠率

64 种植物种子萌发率与休眠率差异很大，分别在 0～98.3% 和 0～100% 变化

(表5-3)。酸枣、黄刺玫、水栒子、扁核木、火炬树和虎榛子6种乔灌植物种子由于坚硬的种皮(果皮),具有很强的休眠性,成熟当年在实验条件下没有任何种子萌发;其次,糙叶黄芪、截叶铁扫帚、达乌里胡枝子、狼牙刺和苦马豆等豆科种子由于致密的种皮,种子萌发率较低(3.3%～11.3%);有14种植物(21.9%)种子萌发率为20%～60%;较多植物(57.8%)的种子萌发率大于60%,大部分植物表现为较强的萌发力。相反,大部分植物(60.9%)种子休眠率较低,均低于10%,其中紫花地丁、地黄、菊叶委陵菜、星毛委陵菜、杠柳、糙隐子草、紫菀、魁蓟、蒲公英和灌木铁线莲10种植物完全不休眠,成熟后只要条件适宜就会迅速启动萌发,而且紫花地丁、地黄和蒲公英的种子从6月前后就开始成熟、散布,能保证在雨季抓住有利条件完成萌发;有13种植物种子休眠率为11.3%～53.0%;其余12种植物种子休眠率均大于80%,其中白花草木樨、达乌里胡枝子、苦马豆、糙叶黄芪、截叶铁扫帚和狼牙刺6种豆科植物的种子,由于硬实而高度休眠(80%～95.3%),而酸枣、黄刺玫、水栒子、扁核木、火炬树和虎榛子6种乔灌植物的种子也由于硬实,休眠率均为100%。

表5-3　64种植物种子萌发特征与休眠率

物种	休眠率/%	萌发率/%	萌发时滞/天	萌发历时/天	T50/天	T90/天
阿尔泰狗娃花	20.7±3.3	62.7±1.8	4.7±1.2	25.3±1.2	14.7±2.9	22.3±1.3
白花草木樨	80±2.3	15.3±3.5	1±0	11.7±2.6	2±0	11±2.1
白头翁	0.7±0.7	37.7±2.9	12.7±1.2	17±1.5	6.7±0.9	12.3±0.9
白羊草	0.4±0.4	94.8±0.7	0±0	6.6±0.8	2.4±0.4	3.4±0.7
斑种草	17.7±4.7	75.3±7.2	2±0	15.7±3.8	2.7±0.3	7.3±1.2
扁核木	100	0				
糙叶黄芪	91.7±2.4	3.3±1.4	1.7±0.3	3.3±1.4	1.7±0.3	3.3±1.4
糙隐子草	0±0	98.3±0.3	0±0	3±0	2±0	2.3±0.3
平车前	0.7±0.3	74.7±4.9	3±0	8.3±0.7	2.7±0.3	6.3±0.3
臭蒿	14±2	83.3±1.7	1.3±0.3	7.7±0.9	3.3±0.3	5.3±0.9
达乌里胡枝子	84.7±0.3	11.3±1.8	1±0	5±1.7	1.7±0.3	5±1.7
大针茅	2.7±0.7	74.3±5.5	4±0.6	29.3±6.7	7.7±0.7	16.3±3.2
紫花地丁	0±0	91.3±1.4	4.3±0.3	14.±1.8	4.7±0.3	7.3±0.3
地黄	0±0	40±3.0	3±0	6.3±1.3	1.3±0.3	3±0.6
鹅观草	0.3±0.3	97.3±0.9	4±0	11.7±1.4	4.7±0.3	7±1.2
二裂委陵菜	0.7±0.7	39.3±1.2	8.3±0.3	21.7±2.3	7.3±0.3	16.7±2.3
风轮菜	1.7±1.2	97.3±0.7	3±0	5.3±0.9	1±0	2±0
风毛菊	9±5.3	59.7±10.6	2±0.6	30.7±1.8	14.3±0.3	25.7±4.3
杠柳	0±0	97.4±0.7	0.2±0.2	12±0.6	8.2±0.2	9.7±0.2
狗尾草	21.6±1.1	53.6±2.0	1.4±0.2	14±0.5	3±0.5	8.8±1.1
灌木铁线莲	0±0	80.8±1.8	12±0.5	18±0.8	5±0.5	11.2±0.3
鬼针草	11.3±7.4	50.3±3.8	6.3±0.3	14.±0.9	7.3±1.2	11.7±0.9

续表

物种	休眠率/%	萌发率/%	萌发时滞/天	萌发历时/天	T50/天	T90/天
鹤虱	35.3±6.1	40.3±5.8	2±0	9±2	1.7±0.3	4.7±0.3
虎榛子	100	0				
互叶醉鱼草	0.3±0.3	82.3±4.8	4±0	7±0.6	2.7±0.3	5±0.6
延安小檗	1.3±1.3	90.3±5.5	4±0	13±3	3.7±0.3	8.7±1.3
黄刺玫	100	0				
中华苦荬菜	6.3±2.6	81.7±1.8	4±0	19±1.5	7±0	12.3±0.9
灰叶黄芪	39.7±0.3	35.7±0.7	1.7±0.7	33±4.56	8±2	27.3±3.2
火炬树	100	0				
截叶铁扫帚	95.3±2.2	4±2.5	5.7±2.9	6±2.9	1.7±0.7	6±2.9
茭蒿	0.4±0.2	95.6±1.5	2±0	14.8±0.4	6.4±0.5	11.2±0.6
角蒿	0.3±0.3	84.7±0.3	3±0	4.7±0.9	2±0	2±0
菊叶委陵菜	0±0	61.7±4.4	2.3±0.3	23.7±2.7	5±1	16.3±2.2
苦马豆	89.7±0.3	9.7±0.3	5.7±1.3	21±1.2	9±0.6	21±1.2
魁蓟	0±0	53.3±3.8	2±1	8.7±2.7	2±0.6	7.3±1.3
狼尾草	39.3±1.8	50±2.1	1.3±0.3	7.7±0.3	3.7±0.3	7±0.6
狼牙刺	95.3±1.8	4±2	10.±6.0	2.7±1.7	2±1	2.7±1.7
芦苇	4.3±2.0	88±3.0	0.7±0.3	12.3±0.7	3.7±0.7	10.±1.2
泡沙参	3.7±1.4	93.3±3.2	0±0	19.3±2.3	4.7±0.3	10±0.6
蒲公英	0±0	80.3±2.6	0.7±0.3	12.3±1.8	5±0.65	7.3±0.7
芹叶铁线莲	1±0.6	81.3±9.7	3.7±0.3	21.7±2.4	5.3±0.3	13±0.6
沙棘	0.4±0.2	83.6±1.5	2±0.3	9.4±1.1	3.8±0.2	5.6±0.5
山丹	15.8±1.2	18.3±7.9	9.7±0.9	9.7±0.3	4±0.6	8±0.6
水栒子	100	0				
酸枣	100	0				
碎米荠	3.7±1.8	78.7±0.9	2±0	16±0.6	2.3±0.3	10.7±2.0
苦苣菜	0.3±0.3	46.5±8.8	2±0	10.3±2.0	3.3±0.7	6.3±0.7
铁杆蒿	0.8±0.4	85.4±2.0	1±0	10.6±1.2	2.6±0.2	5.2±0.4
土庄绣线菊	0.3±0.3	98.3±0.3	1.7±0.3	10.3±0.3	4.7±0.7	7.3±0.3
星毛委陵菜	0±0	86.3±4.7	4.7±0.3	25.3±0.3	17.3±1.2	24.7±0.3
亚麻	25.7±6.6	35.7±3.5	10.7±0.7	19.3±0.6	4.7±0.7	13±2
野葱	12.7±1.7	79±4.4	6.3±1.8	60.7±3.7	21.3±0.7	48.7±2.7
野胡萝卜	0.7±0.3	74.3±2.3	10±0	11±1	4±0.6	7.3±0.3
野棉花	0.3±0.3	66.7±3.8	2±0	9.7±1.7	4.3±0.3	6.7±0.3
异叶败酱	6.7±1.8	63±6.3	4±0	17±2.0	7.3±0.2	13.5±1.2
益母草	1.7±0.9	77±2.1	2±0	8±0.6	1.7±0.3	4±0.6

续表

物种	休眠率 /%	萌发率/%	萌发时滞/天	萌发历时/天	T50/天	T90/天
阴行草	8.7±1.4	87±0	3±0	29.3±0.3	6±0	28±0
獐牙菜	6.7±1.2	55.2±1.8	1±0.6	22.3±0.3	4.7±0.3	15.3±1.8
长芒草	53±1	42±0.6	8±0.6	22±0.6	13±2.5	19±0.6
中华隐子草	0.7±0.4	92.7±2.6	0.3±0.2	3.8±0.6	2.3±0.2	2.7±0.3
猪毛蒿	0.2±0.2	89.8±2.1	1.4±0.2	6.4±0.8	2.8±0.2	4.4±0.2
丁香	22.6±5.6	65±5.2	9.6±0.3	10.2±0.5	4.6±0.2	8.4±0.7
紫菀	0±0	82.7±6.6	0±0	5±1	1.7±0.3	2.7±0.3

不同生活型与水分生态型植物间的种子休眠率与萌发率均不具有显著性差异(图5-1、图5-2、表5-4)。对于不同生活型植物,大部分多年生草本植物的种子休眠率低(中位数值为0.7%),灌木和半灌木种子休眠率的中位数值较大(分别为22.6%和42.7%),且变异较大(0～100%),大部分灌木和半灌木物种表现为较强的休眠特性;而种子萌发率整体表现为一二年生草本与多年生草本植物较高(中位数值分别为75.7%和74.7%),半灌木种子的萌发率最小(中位数值为46.0%),且灌木与半灌木植物间的种子萌发率变异也较大(0～100%):一类为具有较高萌发率的小种子,另一类为具硬实的大种子,萌发率极低。对于不同水分生态型植物,表现为旱生与旱中生植物休眠率与萌发率变异较大(0～100%),旱生、旱中生和中生植物的种子萌发率整体水平较高,大部分种子萌发率可达70%以上。可见,高度休眠是一些旱生和旱中生植物的特有特征,是适应干旱环境的有利生活史策略之一。

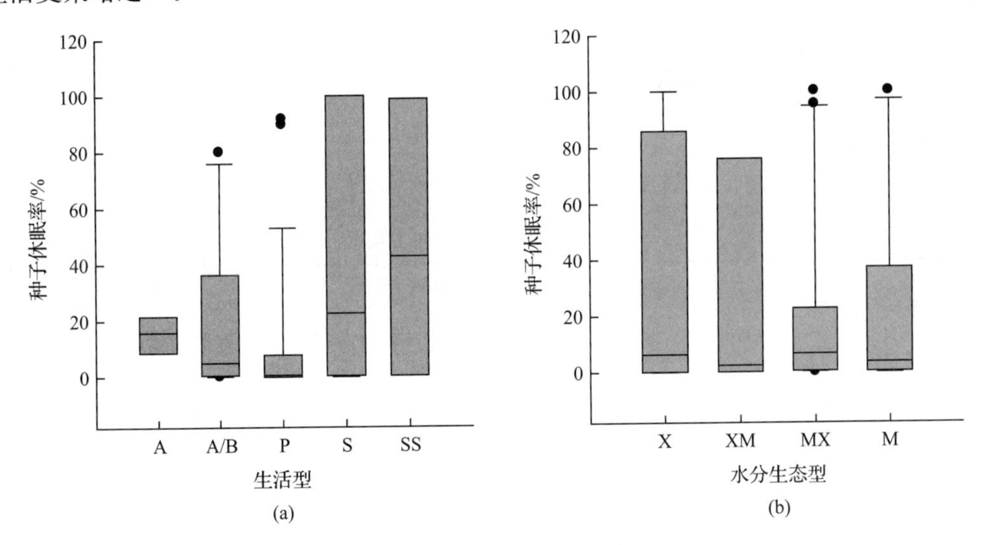

图5-1　不同生活生态型植物的种子休眠率

A. 一年生草本; A/B. 一二年生草本; P. 多年生草本; S. 灌木; SS. 半灌木;
X. 旱生; XM. 旱中生; M. 中生; MX. 中旱生

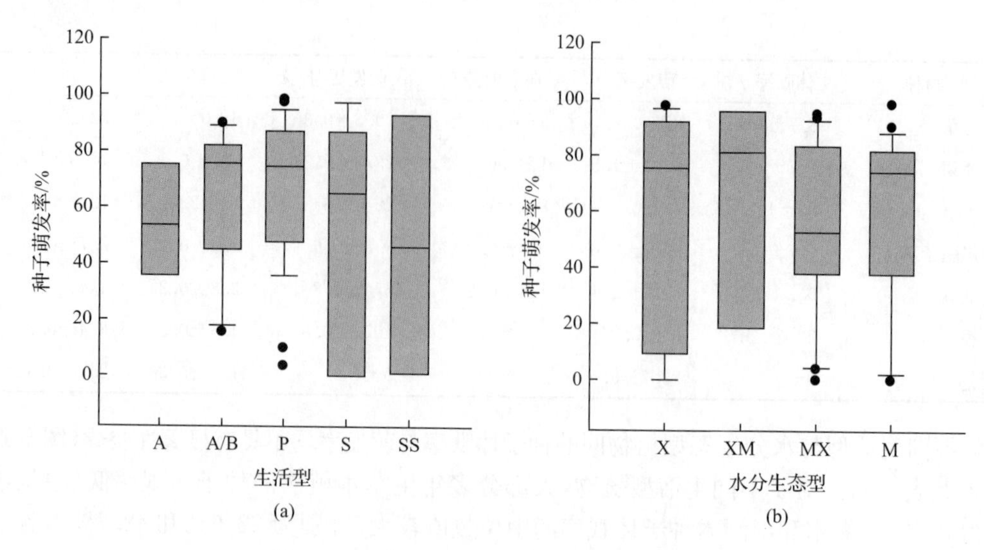

图 5-2 不同生活生态型间植物的种子萌发率

A. 一年生草本；A/B. 一二年生草本；P. 多年生草本；S. 灌木；SS. 半灌木；X. 旱生；XM. 旱中生；M. 中生；MX. 中旱生

表 5-4 不同生活生态型植物种子休眠率与萌发率的 *K-W* 检验

	生活型		水分生态型	
	卡方统计量	相伴概率	卡方统计量	相伴概率
休眠率	1.500	0.221	0.123	0.989
萌发率	2.000	0.157	1.137	0.768

2. 植物种子的萌发类型及其萌发格局

依据分层聚类分析结果，有些物种单独成为一类，结合其萌发特征，将其划入相似类型，最终将 64 种植物种子的萌发特征划分为 9 类（表 5-5）。

表 5-5 不同植物种子萌发类型

萌发类型	物种数	百分比/%	平均萌发率/%	平均休眠率/%	物种
快速高萌型	19	29.7	89.8±1.4	1.6±0.8	角蒿、沙棘、铁杆蒿、互叶醉鱼草、白羊草、紫花地丁、风轮菜、泡沙参、土庄绣线菊、猪毛蒿、鹅观草、蒲公英、杠柳、茭蒿、臭蒿、糙隐子草、中华隐子草、紫菀、延安小檗
缓慢高萌型	6	9.4	84.2±1.3	3.4±1.5	灌木铁线莲、中华苦荬菜、芹叶铁线莲、星毛委陵菜、阴行草、芦苇
快速中间型	7	10.9	73.1±2.0	6.8±3.5	平车前、丁香、野胡萝卜、野棉花、斑种草、碎米荠、益母草

续表

萌发类型	物种数	百分比/%	平均萌发率/%	平均休眠率/%	物种
缓慢中间型	7	10.9	65.1±3.2	8.3±2.6	阿尔泰狗娃花、风毛菊、菊叶委陵菜、獐牙菜、大针茅、野葱、异叶败酱
快速次低萌型	7	10.9	47.7±2.1	15.4±6.4	地黄、狗尾草、鬼针草、鹤虱、魁蓟、狼尾草、苦苣菜
缓慢次低萌型	5	7.8	38.1±1.2	23.9±10.4	灰叶黄芪、白头翁、二裂委陵菜、长芒草、亚麻
快速低萌型	5	7.8	7.6±2.4	89.4±3.1	糙叶黄芪、截叶铁扫帚、达乌里胡枝子、狼牙刺、白花草木樨
缓慢低萌型	2	3.1	14±4.3	52.8±36.9	苦马豆、山丹
难萌型	6	9.4	0±0	100±0	酸枣、黄刺玫、水栒子、虎榛子、扁核木、火炬树

1）快速高萌型：包括 19 种植物，占供试物种的 29.7%，这些植物具有萌发率高(80.3%～98.3%)和休眠率低(0～14%)的特点，而且大部分物种具有萌发早(平均萌发时滞为 1.9 天)、萌发快(萌发历时为 9.3 天，T90 为 5.7 天)的萌发格局。

2）缓慢高萌型：包括 6 种植物，这类植物种子仍具有较高的萌发率(80.8%～88%)和较低的休眠率(0～8.7%)，但其萌发格局不同于上述萌发类型，种子启动萌发相对较晚，平均萌发时滞为 4.7 天，而且萌发历时很长(12.3～29.3 天)，萌发速率也较慢，平均达到萌发总数的 50%和 90%的时间分别为 7.4 天和 16.6 天。

3）快速中间型：包括 7 种植物，其中杂草居多，这类植物的萌发率仍较高(65%～78.7%)，大部分物种在 2～3 天内启动萌发，只有丁香和野胡萝卜分别在 9.6 天和 10 天后才开始萌发，但所有物种萌发开始后，就会快速完成萌发(T50 和 T90 分别为 3.2 天和 7.2 天)。

4）缓慢中间型：包括 7 种植物，这类物种的种子萌发率较高(55.3%～79%)，种子启动萌发也较早(3.5 天)，但其萌发速度非常缓慢，完成萌发总数的 90%平均需要 22.6 天，而且萌发历时太长，其中野葱的萌发历时可达 60.7 天。

5）快速次低萌型：包括 7 种植物，这类植物的种子萌发率明显较低(16%～53.6%)，但具有快速萌发格局，平均 2.6 天后就开始萌发，不到 7 天的时间就可以达到萌发总数的 90%。

6）缓慢次低萌型：包括 5 种植物，这类植物的种子萌发率均较低(35.7%～42%)，除灰叶黄芪外，其他物种的萌发时滞均较长(8～12.7 天)，而且萌发速率较慢，平均需要 17.7 天才能完成萌发总数的 90%。

7）快速低萌型：包括 5 种植物，这类植物均为具有硬实的豆科植物，休眠率非常高，但这类种子只要解除休眠，就会迅速吸胀萌发。

8）缓慢低萌型：包括 2 种植物，这类植物占供试物种的比例非常小，而且在研究区出现频度极小，表明这种萌发类型不利于植物在该区定居。

9）难萌型：包括 6 种乔灌植物，种子较大且具有坚硬的外壳或硬实，不经处理完全处于休眠状态，很难萌发。

5.2.2 种子休眠与萌发特性对不同侵蚀环境的响应

1. 不同侵蚀环境下主要物种的种子休眠率与萌发率

在坡沟不同侵蚀环境下，主要物种的种子休眠率表现出不同的差异性：阿尔泰狗娃花、长芒草、菊叶委陵菜和铁杆蒿整体表现为在阳坡种子休眠率较峁顶和阴坡环境高，其中阿尔泰狗娃花和长芒草的种子休眠率在不同侵蚀环境下差异不显著；达乌里胡枝子种子休眠率则在阴沟坡最大，但整体也表现为在阳坡环境高于在其他环境下，但不具有显著的差异性；白羊草种子休眠率在阳沟坡最大，不同侵蚀环境下差异较大；茭蒿种子休眠率在阴梁峁坡最大，但在不同侵蚀环境间差异不显著；峁顶的中华隐子草种子完全不具有休眠特性（图 5-3 和表 5-6）。

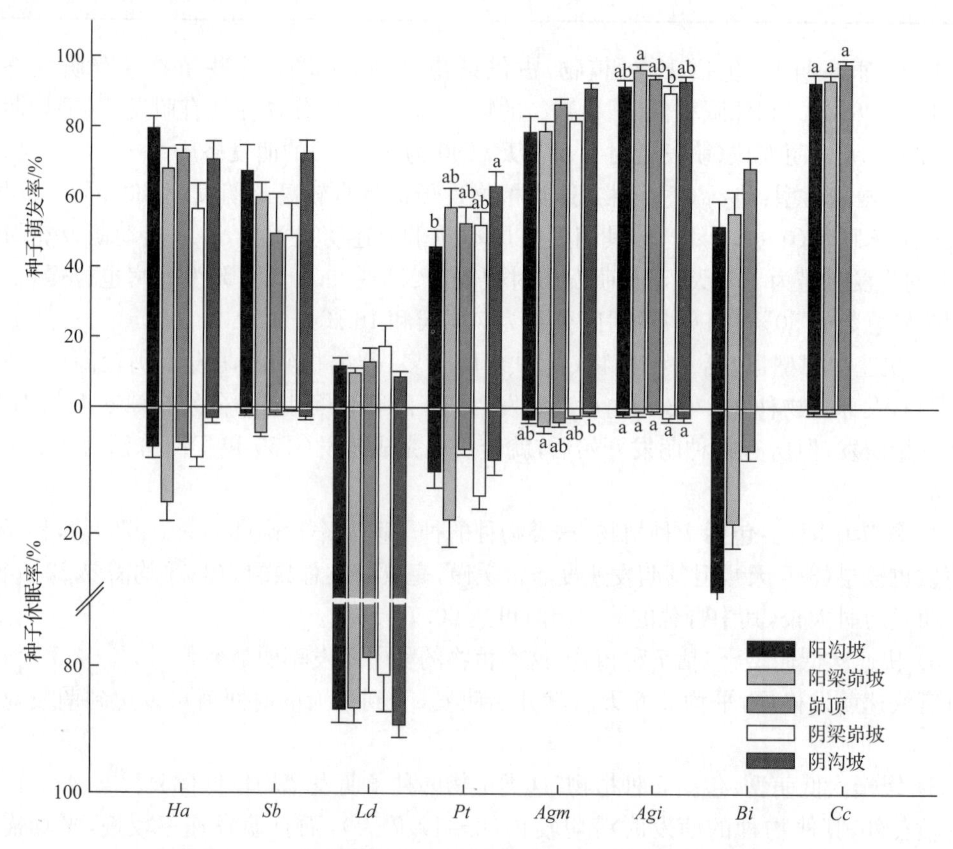

图 5-3 不同侵蚀环境下主要物种种子休眠率与萌发率

Ha. 阿尔泰狗娃花，*Sb*. 长芒草，*Ld*. 达乌里胡枝子，*Pt*. 菊叶委陵菜，*Agm*. 铁杆蒿，*Agi*. 茭蒿，*Bi*. 白羊草，*Cc*. 中华隐子草；小写字母表示差异显著性达到 $P<0.05$ 水平，未标注物种采用非参数检验法，检验结果见表 5-6

表 5-6　不同侵蚀环境下植物种子休眠率与萌发特性的 *K-W* 检验

物种	休眠率		萌发率		萌发时滞		萌发历时	
	卡方统计量	相伴概率	卡方统计量	相伴概率	卡方统计量	相伴概率	卡方统计量	相伴概率
达乌里胡枝子	0.692	0.952	0.355	0.986	4.783	0.310	6.399	0.171
菊叶委陵菜	7.254	0.123						
铁杆蒿			14.156	0.007	10.677	0.030		
茭蒿					9.863	0.043		
白羊草	4.767	0.092	3.531	0.171	3.233	0.199		
阿尔泰狗娃花	19.533	0.001	7.142	0.129				
中华隐子草	1.273	0.529						
长芒草	18.025	0.001	5.675	0.225			5.900	0.207

供试的主要物种在坡沟不同侵蚀环境下种子萌发率差异也较大：长芒草、菊叶委陵菜和铁杆蒿的种子萌发率均在阴沟坡最高，其中菊叶委陵菜种子萌发率在阴沟坡显著高于在阳沟坡，铁杆蒿种子萌发率在不同侵蚀环境下具有显著性差异；阿尔泰狗娃花的种子萌发率则在阳沟坡最高；白羊草和中华隐子草种子萌发率均在峁顶最大，但在不同侵蚀环境间也没有显著差异；茭蒿种子萌发率则在阳梁峁坡最大，而且显著大于阴梁峁坡；达乌里胡枝子种子萌发率则在阴梁峁坡最大，但在不同侵蚀环境间也没有显著差异(图 5-3 和表 5-6)。

2. 不同侵蚀环境下主要物种的种子萌发格局

在坡沟不同侵蚀环境下，主要物种种子萌发格局发生变化：阿尔泰狗娃花、长芒草和菊叶委陵菜种子均在阴沟坡萌发最早，在不同侵蚀环境下其萌发时滞具有不同程度的差异性，其中长芒草和菊叶委陵菜种子萌发时滞在阴沟坡与其他侵蚀环境具有极显著差异性，而且其种子在阴沟坡萌发持续时间均最短；而阿尔泰狗娃花种子在峁顶种子萌发持续时间最短，显著短于阳坡环境；达乌里胡枝子种子在阴梁峁坡萌发最晚，而且萌发历时最长；铁杆蒿和茭蒿种子在不同侵蚀环境下萌发时滞差异性不显著，均表现为在阴沟坡下萌发最早，茭蒿种子在峁顶萌发时间持续最长，显著长于阳坡和阴梁峁坡环境，而不同侵蚀环境下铁杆蒿种子萌发历时没有显著差异；白羊草和中华隐子草种子在峁顶萌发较在阳梁峁坡和阳沟坡均晚，且萌发历时最短。总体而言，长芒草、菊叶委陵菜、铁杆蒿和茭蒿整体在阳坡较阴坡萌发时滞长，阿尔泰狗娃花、长芒草、菊叶委陵菜和茭蒿整体在沟坡较其他环境萌发时滞短；除达乌里胡枝子和茭蒿外，其他物种还表现为在阳坡萌发历时长(图 5-4和表 5-6)。

不同主要物种种子萌发速率在坡沟不同侵蚀环境下也表现出不同的差异：白羊草、中华隐子草在不同侵蚀环境下种子萌发速率没有显著差异，相比之下，在峁顶环境下种子萌发最快，在阳沟坡环境下萌发最慢；茭蒿和铁杆蒿在不同侵蚀环境下种子达到萌发总数50%的天数差异较小，而种子达到萌发总数的 90%的天数相差较大，特别是茭蒿；达乌里胡枝子、菊叶委陵菜和长芒草种子均表现为在阴沟坡环境下种子萌发最快，特别是菊叶委

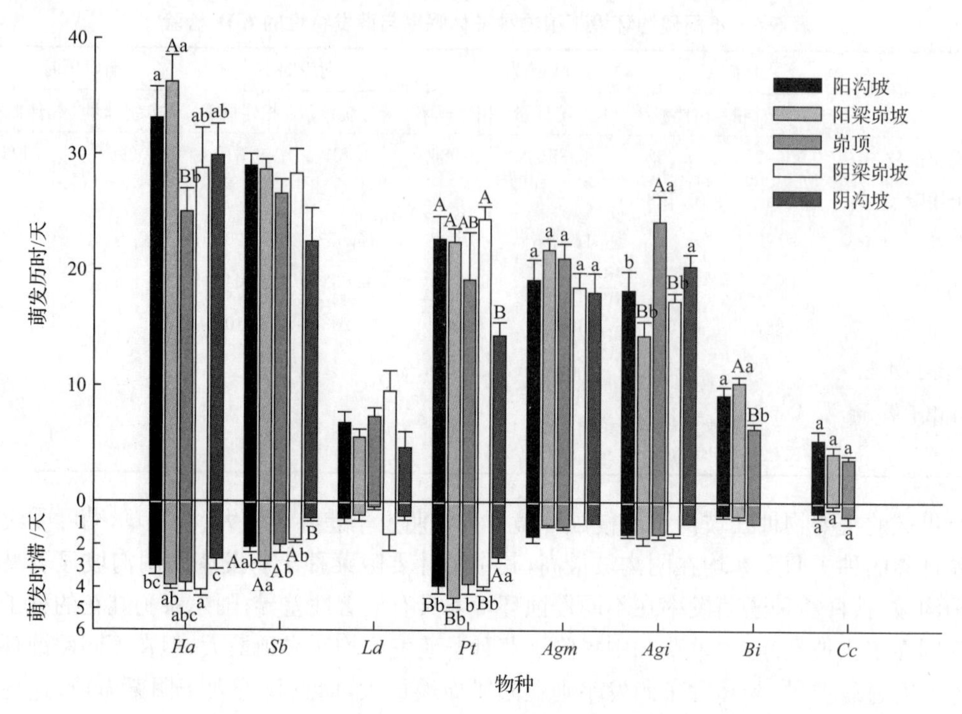

图 5-4　不同侵蚀环境下主要物种种子萌发时滞与历时

Ha. 阿尔泰狗娃花，*Sb*. 长芒草，*Ld*. 达乌里胡枝子，*Pt*. 菊叶委陵菜，*Agm*. 铁杆蒿，*Agi*. 茭蒿，*Bi*. 白羊草，*Cc*. 中华隐子草；

大、小写字母分别表示差异显著性达到 $P<0.01$ 和 $P<0.05$ 水平，未标注物种采用非参数检验法，检验结果见表 5-6

陵菜和长芒草种子在萌发过程中显著快于在其他环境；阿尔泰狗娃花整体表现为在峁顶种子萌发速率比在其他环境快(图 5-5)。

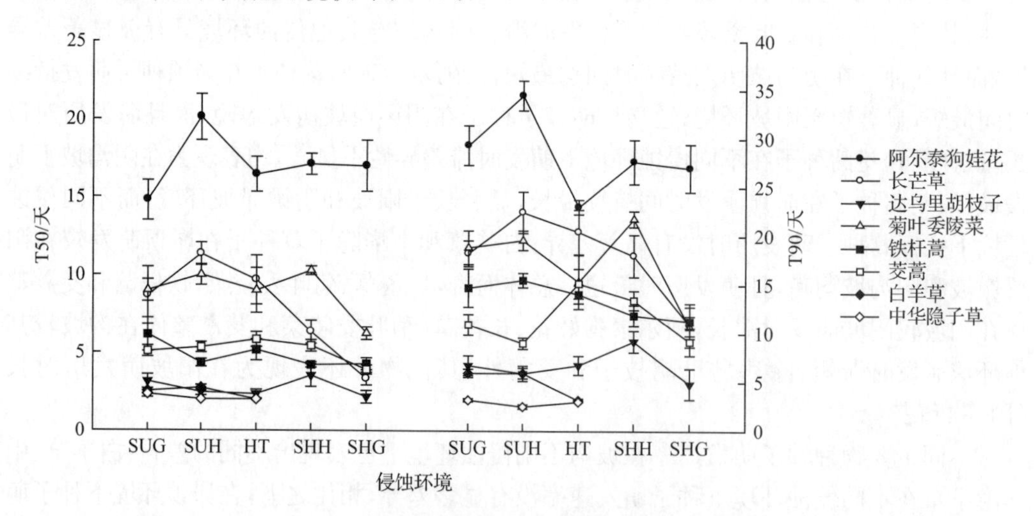

图 5-5　不同侵蚀环境下主要物种种子萌发速率

SUG. 阳沟坡；SUH. 阳梁峁坡；HT. 峁顶；SHH. 阴梁峁坡；SHG. 阴沟坡

5.2.3　种子在土壤中的持久性

1. 种子在土壤中的命运

15 种主要物种种子在埋藏 5 年中，种子命运表现出不同的差异(图 5-6)：

杠柳和沙棘种子经过 1 年的埋藏，没有完好种子存活，种子在土壤中的寿命不超过 1 年。萌发是杠柳种子在土壤中的主要损失方式，萌发的种子数占到埋藏基数的 89.8%；萌发与腐坏是沙棘种子在土壤中的主要损失方式，萌发与腐坏的种子数分别占到埋藏基数的 59.8%和 38.0%。

丁香和酸枣种子在土壤中的保存能力较弱，埋藏 1 年后二者的保存率仅分别为 5.2%和 13.4%，埋藏 2 年后没有完好种子存活，两种植物种子在土壤中的寿命均不超过 2 年。大部分丁香种子在土壤中萌发，在埋藏 2 年后在土壤中萌发的种子占到埋藏基数的 72.0%；酸枣种子在土壤中萌发的比例不足 50%，很多种子发生萌动，由于难以突破坚硬的种壳，腐坏在种壳里，而且随着在土壤里埋藏时间的增加，腐坏的比例逐年增加。

白羊草和长芒草种子经过在土壤中埋藏后，保存完好的种子显著减少，埋藏 1 年后种子保存率已下降到 12.8%和 7.8%，而且随着在土壤埋藏时间的增加，完好种子逐渐减少，埋藏 5 年后分别仅为 1%和 3%。种子损失主要以萌发形式为主，埋藏 5 年后在土壤中的萌发率分别达 94.0%和 93.0%。

狗尾草在土壤中埋藏后也表现为保存较少，在土壤中埋藏 4 年内完好种子率始终波动在 13.5%～26.8%，完好种子变化浮动较小；埋藏 5 年后没有完好种子保存，但是由于只收集到一个样本，再结合其在土壤中的完好率变幅较小，其种子在土壤中的寿命肯定超过 4 年，难以确定是否不足 5 年。

猪毛蒿、茭蒿和铁杆蒿种子在土壤中均可保存至 5 年，其寿命均可超过 5 年。种子在土壤中以腐坏和萌发损失为主，种子小且分泌黏液，极易被微生物侵入腐坏，种子在土壤中的命运变异较大，保存率随埋藏时间的延续波动较大。

阿尔泰狗娃花种子在土壤中前 2 年保存较多(64.6%和 62.8%)，从埋藏第 3 年开始种子在土壤中的萌发增加，但埋藏 5 年后完好种子仍为 7.5%，种子在土壤中的寿命可以超过 5 年。

达乌里胡枝子和狼牙刺种子具有硬实性，在土壤中的损失较小，主要以萌发为主，埋藏 5 年后完好种子仍可达到 71.0%和 71.3%，具有很强的保存力。

黄刺玫和水栒子种子由于坚硬的外壳导致的硬实，埋藏前 2 年在土壤中的损失很小，完好的种子保存率分别为 92%～99.4%和 88.7%～97.6%；但随着埋藏年限的增加，种子完好率下降较达乌里胡枝子和狼牙刺快，埋藏 5 年后种子保存率分别降至 30.2%和 9.2%。

2. 种子在土壤中的持久性

杠柳和沙棘种子在土壤中埋藏 1 年后没有完好种子保存，它们的种子在土壤中不具有持久性。其他 13 种植物种子在土壤中埋藏不同年限后表现出不同的活力(图 5-7)。大

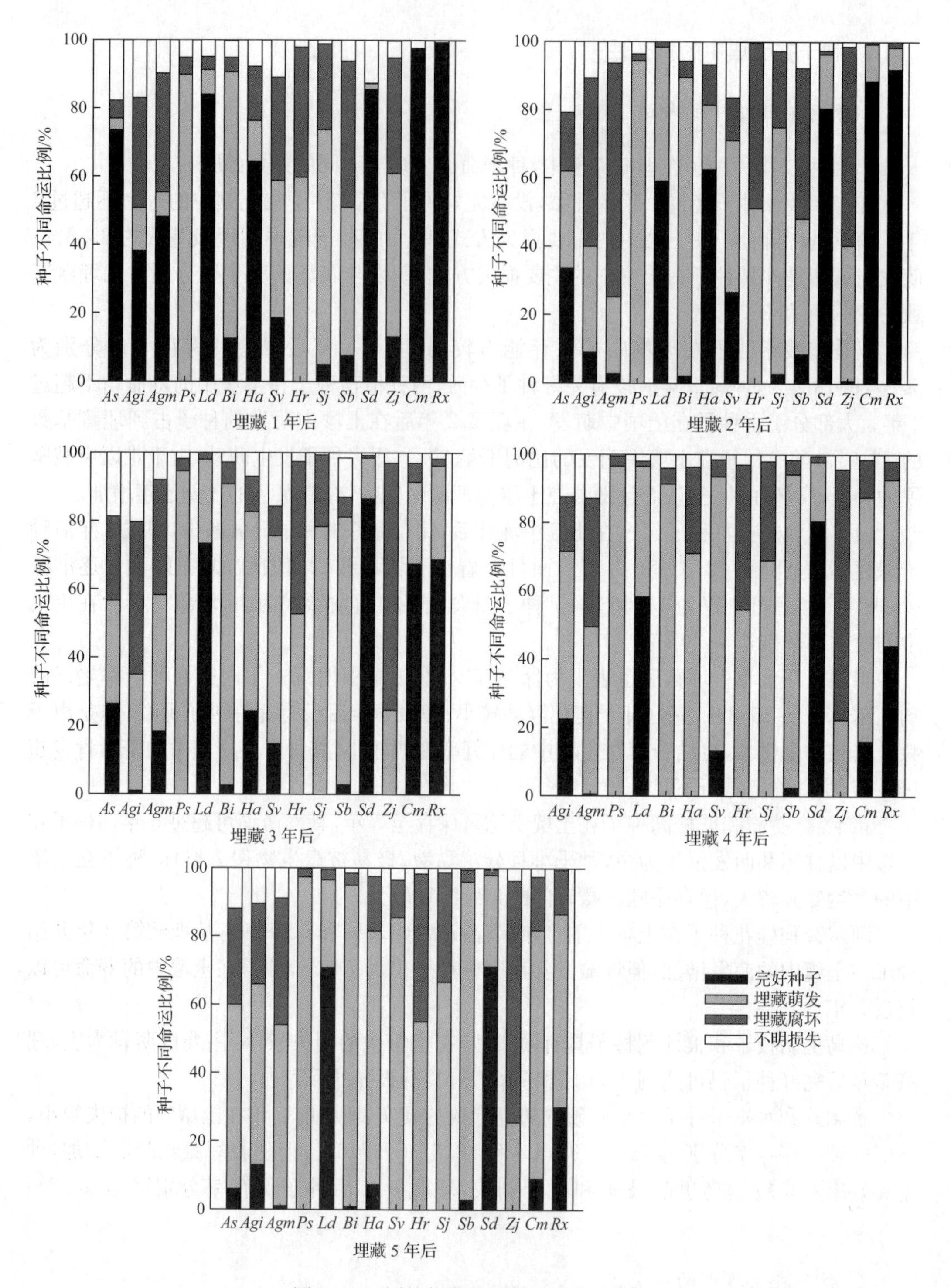

图 5-6　不同植物种子埋藏后的种子命运

As. 猪毛蒿；*Agi*. 茭蒿；*Agm*. 铁杆蒿；*Ps*. 杠柳；*Ld*. 达乌里胡枝子；*Bi*. 白羊草；*Ha*. 阿尔泰狗娃花；*Sv*. 狗尾草；*Hr*. 沙棘；*Sj*. 丁香；*Sb*. 长芒草；*Sd*. 狼牙刺；*Zj*. 酸枣；*Cm*. 水栒子；*Rx*. 黄刺玫

部分植物种子在土壤中埋藏后保存完好种子的活力率较高，除了酸枣和铁杆蒿种子埋藏2年后和水栒子埋藏4年后的种子活力百分比较低，其他均高于50%。可见，能够在土壤中保存完好的种子通常具有一定的活力，能够发挥其土壤种子库的生态功能。

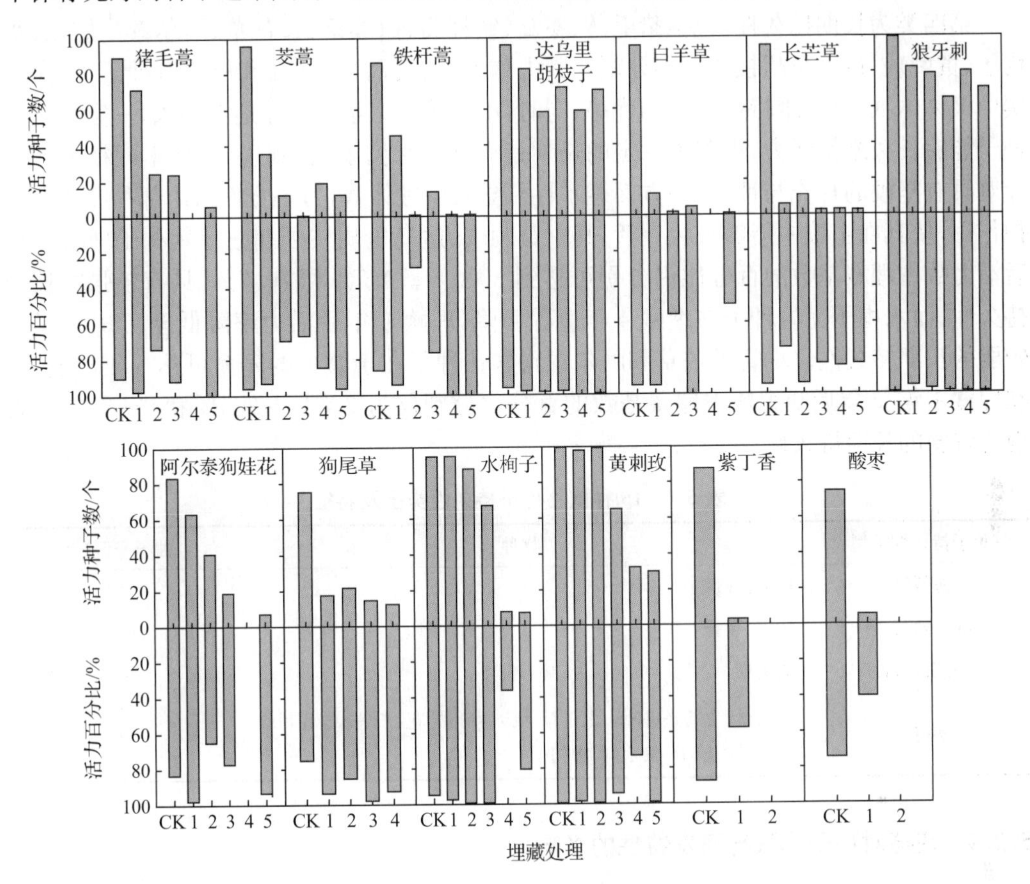

图5-7　不同植物种子埋藏后的种子活力特征

CK. 埋藏前，1. 埋藏1年后，2. 埋藏两年后，3. 埋藏3年后，4. 埋藏4年后，5. 埋藏5年后；
活力百分比是指活力种子数与完好种子数的比值，对照的活力百分比是指活力种子数与供试100粒种子的比值

基于Thompson(2000)和Garwood(1989)的土壤种子库分类系统，依据种子寿命及活力特征将供试的15种物种的种子持久性划分为以下4类(表5-7)：

第一类为短暂性，包括杠柳和沙棘，二者均具有很强的萌发能力，正常储藏条件下萌发率分别可达97.4%和83.6%，在土壤埋藏过程中萌发率也分别可达89.8%和59.8%，杠柳种子不具有任何休眠能力，是其在土壤中不具有持久性的主要原因。

第二类为滞后短暂性，包括酸枣和丁香，二者也因在土壤中具有较强的萌发能力而难以保存，完好种子中活力种子数也极少，埋藏1年后100粒中分别仅有5粒和3粒，而且有活力的种子比例也较低，种子易被微生物感染。虽然酸枣种子具有坚硬的种壳而导致生理休眠，限制其成熟后在水分充足的条件下萌发，但种壳经过土壤埋藏易透水，种子吸水膨胀破除休眠发生萌动，观察发现有不到一半的种子未冲破种壳而腐坏至死，一方面可能由于吸水后遭遇干旱，另一方面可能种子质量较差，难以维持冲破种壳所需的能量。

第三类为短期持久性，包括狗尾草，其种子经过在土壤中埋藏，活力种子数均减少较多，但随着埋藏年限的增加，减少较平缓；种子在土壤中埋藏 5 年后，没有完好种子存活，其寿命不超过 5 年。

第四类为长期持久性，包括猪毛蒿、茭蒿、铁杆蒿、白羊草、长芒草、阿尔泰狗娃花、水栒子、黄刺玫、达乌里胡枝子和狼牙刺。其中猪毛蒿、茭蒿、铁杆蒿和白羊草种子小，在土壤中极易休眠，具有维持持久性的优势；同时，小种子在土壤中的命运变异大，一定数量的种子能够长久维持活力，表现出一定的长期持久性。水栒子、黄刺玫、达乌里胡枝子和狼牙刺具有坚硬的种壳与种皮，一方面透水性低导致生理休眠，另一方面对内部种胚具有保护作用，使其在土壤中能够长久存活；其中黄刺玫、达乌里胡枝子和狼牙刺种子埋藏 5 年后活力数占埋藏基数的百分比仍分别可达到 30.0%、70.5%和 70.7%，具有较强的长期持久性；而水栒子完好种子在埋藏 4 年急骤下降，埋藏 5 年后活力率降低至 7.3%，具有较弱的长期持久性。尽管长芒草和阿尔泰狗娃花种子在土壤中的寿命可达 5 年以上，但在埋藏 4 年、5 年后活力数占埋藏基数的百分比分别仅为 2.3%～2.5%和 0～7.0%，表现为较弱的长期持久性。

表 5-7　15 种植物种子持久性类型及特征

种子持久性类型	物种	种子寿命/年
短暂性	杠柳、沙棘	<1
滞后短暂性	酸枣、丁香	1～2
短期持久性	狗尾草	2～5
长期持久性	猪毛蒿、茭蒿、铁杆蒿、白羊草、阿尔泰狗娃花、长芒草、黄刺玫、达乌里胡枝子、狼牙刺、水栒子	≥5

5.2.4　埋藏对种子休眠与萌发特性的影响

由于杠柳和沙棘种子埋藏 1 年后已没有完好种子保存，故这里只分析埋藏对其他 13 种植物种子休眠与萌发特性的影响。

1. 种子休眠特性的变化

13 种植物种子的休眠率在埋藏前后表现各异(图 5-8)，具体表现为：

白羊草种子在埋藏前休眠种子极少(0.4%)，但是埋藏后均没有休眠种子，种子休眠表现为全部释放。

猪毛蒿、茭蒿和铁杆蒿 3 种蒿属植物种子生理休眠弱(埋藏前休眠率分布在 0.2%～0.8%)，埋藏促进少量猪毛蒿种子进入深度休眠状态；但是对于茭蒿和铁杆蒿，埋藏 1 年后休眠种子数都比埋藏前有所增加，但是埋藏 2 年、3 年、4 年和 5 年后几乎没有休眠种子，可能与埋藏样地被覆状况有关，埋藏 1 年的样地表面没有植被，土壤透光性强于后 4 年埋藏的样地(有植被)，种子可能响应强光而进入深度休眠状态。

狗尾草和长芒草种子在土壤埋藏后休眠率下降，狗尾草种子休眠维持不到 3 年，长芒草种子则不到 2 年，表现为埋藏促进二者种子休眠释放。

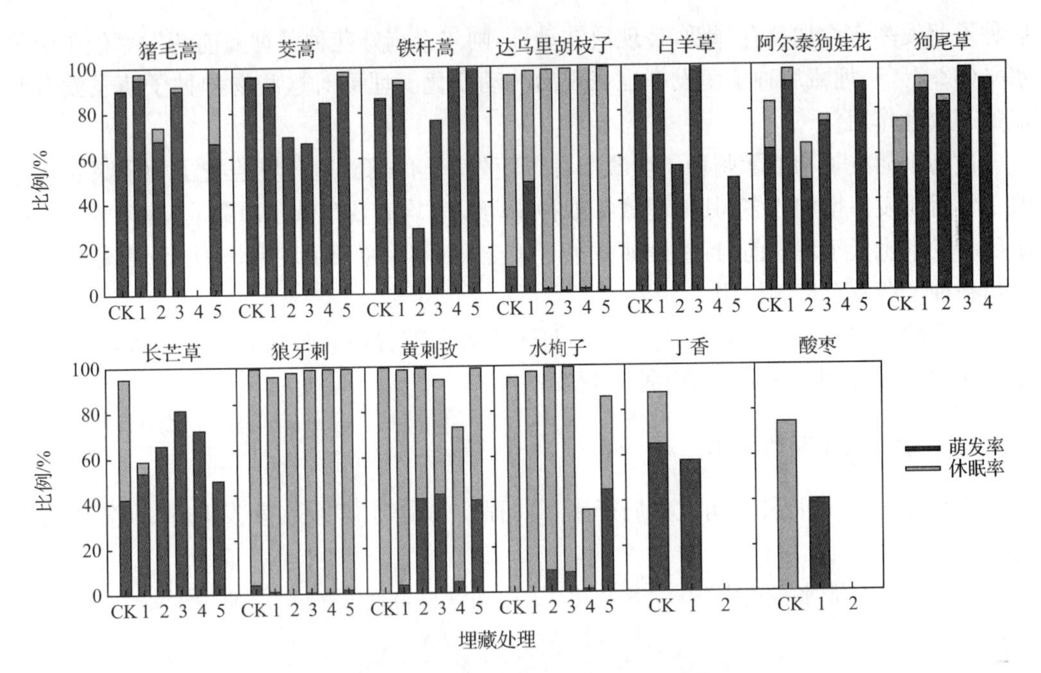

图 5-8　不同植物种子埋藏后的休眠率与萌发率

CK. 埋藏前；1. 埋藏 1 年后；2. 埋藏 2 年后；3. 埋藏 3 年后；4. 埋藏 4 年后；5. 埋藏 5 年后

阿尔泰狗娃花和丁香种子在埋藏前休眠率可达到 20.7%～22.6%，埋藏后它们的种子休眠率都有不同程度的下降，其中丁香在埋藏 2 年后均完全没有休眠种子，阿尔泰狗娃花种子休眠特性则表现为波动性。

达乌里胡枝子和狼牙刺两种豆科植物种子由于种皮的致密性具有很强的生理休眠性，埋藏前种子休眠率分别为 84.7%和 95.3%。达乌里胡枝子种子只有在埋藏 1 年后种子休眠释放较多，也可能与其埋藏样地有关，强光可能促使其解除休眠；而其他埋藏年限表现为埋藏促进种子进入休眠。埋藏则促进狼牙刺种子进入休眠。

酸枣、黄刺玫和水栒子由于种皮(果皮)的木质化，在埋藏前种子完全保持休眠状态。埋藏不同程度地促进了这 3 种物种种子释放休眠，休眠率随着埋藏年限有下降的趋势，尤其是酸枣种子在埋藏 1 年后全部释放休眠。

2. 种子萌发率的变化

13 种植物种子埋藏前后萌发率发生不同程度的改变(图 5-8)：

长芒草和狗尾草种子埋藏前种子萌发率为中等水平(分别为 42.0%和 53.6%)，埋藏后萌发率有较大的增加，分别可高达 81.2%和 98.1%，埋藏对其种子萌发有明显的促进作用。

酸枣、黄刺玫和水栒子种子埋藏前完全不萌发，埋藏后萌发率有不同程度的增加，埋藏对其种子萌发也具有促进作用，特别是黄刺玫种子在埋藏 2 年和 3 年后种子萌发率能够达到 42.0%和 43.8%。

白羊草、猪毛蒿、茭蒿和铁杆蒿种子埋藏前种子萌发率很高(85.4%～95.6%)，埋藏后种子萌发率有增加也有降低，表现出波动性；阿尔泰狗娃花种子埋藏前萌发率处于中等水平(62.7%)，埋藏后种子萌发率也表现出波动变化。埋藏对这些物种种子萌发没有明显的一致性作用。

达乌里胡枝子和狼牙刺种子埋藏前种子萌发率均很低，达乌里胡枝子种子只有在埋藏1年后萌发率增加较多，其他埋藏年限种子萌发率均表现为低于埋藏前；狼牙刺种子埋藏后萌发率也低于埋藏前，特别是埋藏第2年至第4年，种子萌发率均为0。埋藏对这两种物种种子萌发有抑制作用。

丁香种子在土壤中寿命不超过2年，种子萌发率随着埋藏时间有下降趋势，埋藏第2年，完好种子保存少，且完全没有种子萌发。

3. 种子萌发格局的变化

埋藏对13种植物种子萌发格局产生不同程度的影响，表现在萌发时滞、萌发历时和萌发速率三个方面。

对于萌发时滞来说(图5-9)，猪毛蒿、茭蒿和铁杆蒿种子埋藏前萌发时滞均较短，埋

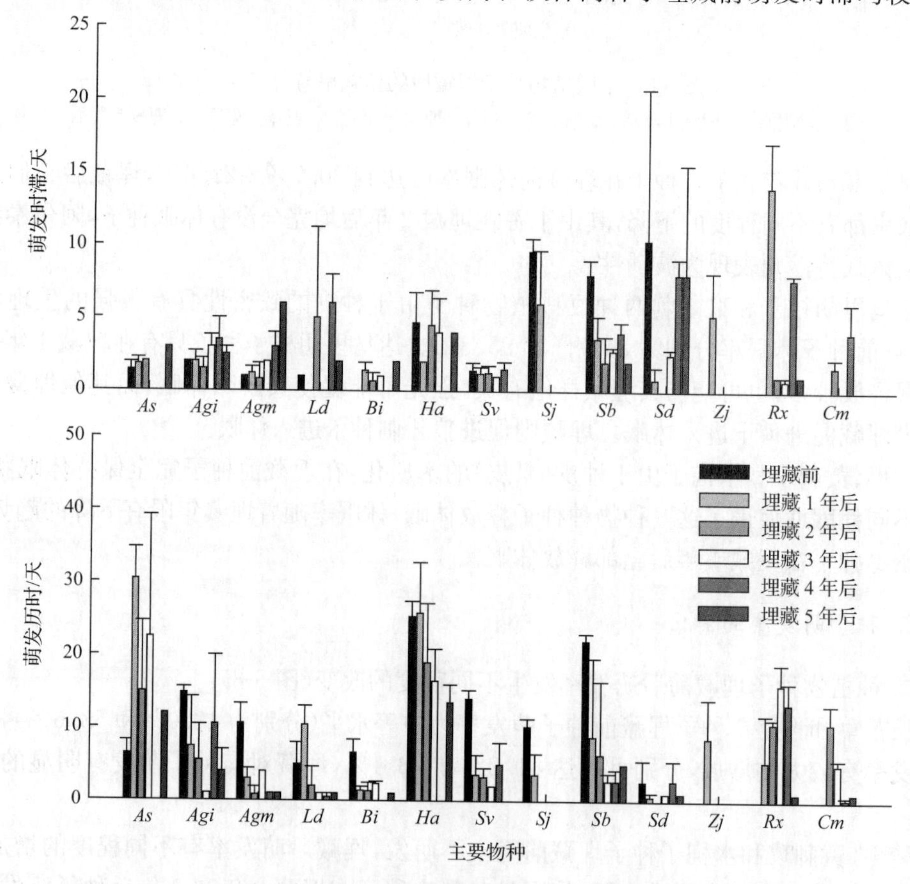

图5-9 主要物种的种子萌发时滞与萌发历时

As. 猪毛蒿；*Agi*. 茭蒿；*Agm*. 铁杆蒿；*Ld*. 达乌里胡枝子；*Bi*. 白羊草；*Ha*. 阿尔泰狗娃花；*Sv*. 狗尾草；*Sj*. 丁香；*Sb*. 长芒草；*Sd*. 狼牙刺；*Zj*. 酸枣；*Rx*. 黄刺玫；*Cm*. 水栒子

藏后整体表现为萌发时滞延长的趋势，茭蒿和铁杆蒿种子只有在埋藏 2 年后萌发时滞最短，其他埋藏情况下，种子萌发启动均有推迟，特别是茭蒿和铁杆蒿种子埋藏 4 年后萌发时滞均达到 3 天以上，而且铁杆蒿种子随着埋藏年限的增加萌发启动逐年推迟，埋藏 5 年后萌发时滞达到 6 天。白羊草种子埋藏前具有早而快的萌发特点，着床后不足 1 天就开始萌发，埋藏后种子萌发时滞均有所延长，特别是埋藏 5 年后种子萌发时滞最长，延长至 2 天。阿尔泰狗娃花种子埋藏前后萌发时滞整体变化较小，只有在埋藏 1 年后有较大的缩短，也可能受埋藏立地条件影响。长芒草种子埋藏前萌发时滞较长，埋藏后均有所缩短，埋藏促进其种子启动萌发。丁香也表现为埋藏后萌发时滞缩短，种子启动萌发提前。达乌里胡枝子、狼牙刺、黄刺玫和水栒子种子埋藏前后萌发时滞变异较大，分析原因在于大部分种子处于高度休眠状态，很难启动萌发，萌发时滞较长，有个别种子可能在土壤埋藏中刚解除休眠被收集回来，在水分充足条件下直接吸水萌发，萌发时滞为 0 天。狗尾草种子埋藏前后萌发时滞没有明显的延长或缩短趋势，埋藏对其萌发时滞也没有明显的影响。

对于萌发历时来说（图 5-9），大部分物种表现为埋藏后较埋藏前种子萌发历时缩短，白羊草、茭蒿、铁杆蒿、狗尾草、长芒草和沙棘种子埋藏后均表现为萌发历时不同程度缩短的趋势，尤其白羊草、狗尾草和长芒草表现为缩短程度较大；阿尔泰狗娃花和达乌里胡枝子埋藏后整体表现为萌发历时缩短的规律，只有在埋藏 1 年后种子萌发历时长于埋藏前，其他埋藏年限均短于埋藏前，而且随着埋藏年限的增加种子萌发历时逐年缩短；对于水栒子，随着在土壤中埋藏年限的增加，其种子萌发历时表现为缩短的趋势。有些物种种子埋藏后萌发历时表现为延长，如猪毛蒿种子埋藏前种子萌发历时较短，埋藏后均有不同程度的延长；黄刺玫种子则表现为随着埋藏年限的增加，其萌发历时先延长后缩短，在埋藏 3 年后种子萌发持续时间最长。而有些物种种子埋藏后萌发历时变化不大，如狼牙刺种子萌发历时始终保持较短，少数种子如果解除休眠就可以迅速完成萌发。

对于萌发速率来说（表 5-8），大部分物种种子埋藏后萌发速率表现为提高的趋势。阿尔泰狗娃花和长芒草种子埋藏前萌发较慢，分别在萌发开始后 22.3 天和 19.0 天才能完成萌发种子数的 90%，埋藏后萌发速率均有较大幅度的提高，特别是埋藏 5 年后，长芒草种子在萌发开始后 1 天就完成萌发种子数的 50%，埋藏明显促进二者种子萌发速率加快。猪毛蒿、铁杆蒿和狗尾草种子埋藏前已具有快速萌发的特点，T90 分别为 11.2 天、5.2 天和 8.8 天，埋藏较小幅度地促进其种子加快萌发，萌发速率有不同程度的提高。水栒子和黄刺玫种子埋藏前不萌发，水栒子埋藏后随着埋藏年限的增加，萌发速率逐年增加，埋藏可促进其快速萌发；黄刺玫种子埋藏后萌发速率不稳定，处于波动状态，受埋藏影响不明显。狼牙刺种子萌发速率在埋藏前后也表现为波动性较大，速率快时着床后就完成全部萌发，速率慢时开始萌发 3.5 天后才能达到萌发数的 50%，埋藏对其萌发速率影响也不明显。白羊草种子埋藏前萌发速率也较快，平均 2.4 天就达到 T50，埋藏 1 年和 2 年后萌发速率有所提高，均在萌发后 1 天就达到 T50，而埋藏 3 年后种子萌发速率却表现为下降，需 2.7 天才能达到 T50。然而，埋藏对猪毛蒿种子萌发速率具有负作用，猪毛蒿种子埋藏前具有快速萌发的特点，埋藏后种子萌发速率均有所下降，达到萌发总数的 90%所需的时间长达 13.4～22.4 天。

表 5-8 主要物种的种子萌发速率

物种	T50/天					
	CK	1	2	3	4	5
猪毛蒿	2.8±0.4	9.8±7.6	5.8±5.8	14.0±18.3		5.0
茭蒿	6.4±1.1	2.0±0.7	2.0±1.4	4.0±1.4	2±1	3.0±2.0
铁杆蒿	2.6±0.5	1.8±0.4	0.4±0.5	3.0±0	1±0	1.0
杠柳	8.2±0.4					
达乌里胡枝子	1.7±0.6	3.8±0.4	0.7±0.6	1.0±0	0.5±0.5	1.0
白羊草	2.4±0.9	1±0	1.0±1.0	2.7±0.6		1.0
阿尔泰狗娃花	14.7±5.0	9.2±1.8	8.8±3.9	10.5±9.9		4.5±0.5
狗尾草	3.0±1.2	1.2±0.4	2.0±0	2.7±0.6	1.5±0.5	
沙棘	3.8±0.4					
丁香	4.6±0.5	1.6±1.3	0			
长芒草	13.0±4.4	6.4±7.5	1.3±1.5	4.3±0.5	1.2±0.6	1.0
狼牙刺	2.0±1.7	0.6±0.5	0	3.5±0.7	0.2±0.2	1.0±0
酸枣	0	3.0±2.5	0			
黄刺玫	0	2.8±2.5	1.3±0.6	5.8±2.2	3.3±0.9	1.0±0
水栒子	0	0	2.0±1.0	1.5±0.6	0.3±0.3	1.0±0
物种	T90/天					
	CK	1	2	3	4	5
猪毛蒿	4.4±0.5	22.4±0.5	13.4±8.6	21.0±26.9		15.0
茭蒿	11.2±1.3	5.2±2.9	4.0±4.2	4.0±1.4	5.5±4.5	5.0±4.0
铁杆蒿	5.2±0.8	1.8±0.4	0.8±1.1	4.0±0	1±0	1.0
杠柳	9.6±0.5					
达乌里胡枝子	5.0±3.0	7.4±1.5	2.0±2.6	1.0±0	0.5±0.5	1.0
白羊草	3.4±1.5	1.2±0.4	1.7±1.5	3.3±0.6		1.0
阿尔泰狗娃花	22.3±2.3	21.0±5.6	16.5±5.7	18.5±8.9		11.0±0
狗尾草	8.8±2.4	1.8±0.4	2.8±1.0	3.0±0	2±0	
沙棘	5.6±1.1					
丁香	8.4±1.5	3.6±2.9	0			
长芒草	19.0±1.0	8.2±9.9	4.7±7.2	5.5±1.7	2.81.5	5.0
狼牙刺	2.7±2.9	0.6±0.5	0	3.5±0.7	2.8±2.8	1.0±0
酸枣	0	7.6±5.7	0			
黄刺玫	0	4.6±5.0	5.3±1.5	12.5±7.0	9.3±2.4	1.0±0
水栒子	0	0	10.3±2.5	5.0±1.4	0.3±0.3	2.0±0

注：CK. 埋藏前；1. 埋藏 1 年后；2. 埋藏 2 年后；3. 埋藏 3 年后；4. 埋藏 4 年后；5. 埋藏 5 年后。

5.3 讨　　论

5.3.1 植物种子的休眠和萌发特征

种子休眠与萌发是植物生活史的重要特征之一，一方面受种子形态、种子扩散等种子生活史特征的影响，另一方面制约着幼苗成活、植株生长及种群更新与发展（Grime，1998；刘坤，2011；Bischoff et al.，2006；王桔红等，2007）。本研究中，有 60.9%的植物种子休眠率较低（<10%），有 57.8%的物种种子萌发率大于 60%，可见种子休眠弱和种子萌发强的物种比例较大，是黄土丘陵沟壑区植物最普遍的种子休眠与萌发特征。基于 MacArthur 和 Wilson（1963）的 *r*-选择和 *K*-选择理论及 Pianka（1970）对这一理论的推广，结合本研究中植物种子休眠与萌发特征，将该区植物的种子休眠萌发策略归纳为以下 4 类：

（1）爆发型策略，为 *r*-选择休眠萌发策略，快速高萌型的物种均属于这类策略，如猪毛蒿、茭蒿、铁杆蒿、白羊草和杠柳等。这类植物种子休眠性差，通常在条件适宜的情况下，大部分种子萌发早且快，有利于其对短暂适宜生境的快速占领，具有时间和空间上的优势，能及时有效地利用有利资源，迅速定居并扩展（王桔红等，2007）。然而，这种策略是种子萌发对降水少而且分布不均匀的适应，通常一次下注，风险很大，萌发后可能面临长时间的干旱条件，导致大量幼苗死亡，不过这些物种可以通过较高的萌发率来平衡高的死亡率，提高繁殖适合度（徐秀丽等，2007；王桔红等，2007）。另外，具有这类策略的植物通常伴随较大的种子产量，即使休眠率低，但也能具有一定规模的休眠种子库；同时，由于种子产量大，以不同命运方式存在的基数也大，可以形成一定规模的土壤种子库，直至条件适宜时快速萌发，迅速占领生境。本研究中有 19 种植物的种子萌发属于爆发型，这种多而快的萌发策略体现了对干旱环境一次降水的积极响应，是适应该区环境的有利生活史策略之一。

（2）中间型策略，属于 *r*-*K* 连续体休眠萌发策略，大部分种子萌发类型属于这一类。这类植物具有较相近的萌发与休眠能力，是一种“两面下注”的策略。种子的萌发对策主要是对降水做出响应（李良和王刚，2003）。有些物种在环境适宜的条件下，一部分种子选择快速萌发，能够较好地把握时机占领有利生境，提高成功更新的概率，但同时保留一部分休眠种子，避免萌发后遭遇长时间干旱而全部死亡的危险，如种子萌发快速中间型的丁香、野胡萝卜和益母草等；有些物种无论在什么条件下都选择将部分种子在时间序列上缓慢解除休眠，进而分摊萌发失败风险，保证种子萌发出苗及幼苗更新过程不受逆境条件的影响（李荣平等，2004；徐秀丽等，2007），如萌发缓慢中间型的阿尔泰狗娃花、菊叶委陵菜和大针茅等。另外，在不同环境条件下，萌发与休眠之间可以相互权衡，一方面可使物种广泛分布（但不一定成为优势种），另一方面可避免萌发后幼苗由于缺乏连续降水导致的大量死亡的危险，有利于种群的繁衍和继续，达到最大的个体适合度。此外，缓慢萌发的格局使种子萌发对适宜的环境条件不会及时地响应，具有风险分摊的萌发机制，使植物对环境的频繁干扰形成了较强的抵抗能力，如乌丹蒿（*Artemisia wudanica*）延长萌发时间及延迟萌发高峰期的策略使植物更适应流沙环境(李雪华等,2004)。

(3) 低萌型策略,为 K-选择的萌发休眠策略,豆科植物多为这种策略,由于种皮的高度致密性,种子具有高度的生理休眠,萌发率较低。在条件适宜的情况下,小部分解除休眠的种子迅速完成萌发,进而完成种子更新与扩展的使命。同时,保持休眠的种子可以分摊萌发种子受到外界干扰而死亡带来的威胁,在条件更适宜的时候再释放休眠,进行萌发,提高成活的概率;另外一方面还可以形成持久土壤种子库,在恶劣环境下存活,减小种群灭绝的概率,如达乌里胡枝子、截叶铁扫帚和狼牙刺等。

(4) 难萌型策略,也为 K-选择的萌发休眠策略,本研究中难萌型的 6 种乔灌植物为此种策略。而且这类种子通常具有坚硬的种壳,使其具有完全的原生休眠,需要外界的长期作用破除休眠,一旦解除休眠就会表现出较强的种子活力,而且这类种子通常较大,萌发后成活的概率很大。同时,拥有此种策略的植物抵抗逆境的能力较强,能够在条件恶劣的沟坡环境分布。

5.3.2 种子自身特征及环境条件对种子休眠与萌发特性的影响

植物种子的休眠与萌发体现了对环境长期的进化适应,形成了特定的生活史特征,使植物在其生境中的适合度达到最大,主要是受遗传因子决定的(Baskin and Baskin, 2004;刘坤,2011)。然而,植物种子休眠与萌发特性的变异,除受系统发育背景的制约外,也受不同生境因子(水分、温度、氧气、光照、土壤理化特性、坡向、海拔、埋深及生物因子等)的约束(颜启传,2001;鱼小军等,2006;卜海燕,2007;王桔红,2008)。

种子形态特征影响着种子的休眠与萌发,在一定程度上体现了种子适应环境的生活史策略(李雪华等,2004;刘振恒等,2006)。种子大小与种子萌发具有负相关关系,小种子普遍具有更强的萌发力(卜海燕,2007;张蕾等,2011;宗文杰等,2006)。小种子由于伴随着数量大、扩散广的拓殖能力,同时具有多而快的萌发特性,可迅速占据一定的更新生态位;大种子则具有丰富的储藏物质,幼苗抗逆性强,以及高休眠低萌发的策略,在面临资源短缺或不利威胁时更具优势(Leishman and Westoby, 1994)。本研究也证实了这一结论,植物的种子萌发率随着种子质量的增加而降低,大部分较小的种子具有较高的萌发率;而种子休眠率随着种子质量的增加而增加,特别是 6 种大种子的乔灌植物种子的休眠率达 100%。种子形状作为种子形态的主要特征之一,与种子休眠、萌发具有一定的关系。有研究发现细长种子具有迅速萌发的趋势(Thompson et al., 1993)。本研究中,形状越趋于圆球形的种子萌发率越低,特别是酸枣、黄刺玫和水栒子的种子近圆球体,种子萌发率均为 0。另外,有研究发现种子附属物与种子休眠、萌发也具有一定的关系,具吸湿芒、冠毛或齿的种子具有迅速萌发的趋势(Thompson et al., 1993)。种子吸湿分泌黏液对于干旱区植物种子适应干旱少雨的气候、利用少量水分顺利萌发具有积极的意义(祝东立等,2007)。本研究中,猪毛蒿、茭蒿、铁杆蒿、臭蒿、紫花地丁、碎米荠和平车前等的种子具有分泌黏液的特性,其种子萌发率均很高,其中猪毛蒿在研究区可成为先锋物种,茭蒿和铁杆蒿在研究区具有较高的优势度,通常为群落的建群种,而且臭蒿和紫花地丁在该区也具有一定的生态位。种子萌发与种子扩散方式具有一定的关系。扩散能力强的种子由于能散布到较远而空旷的生境,可以避免各种有害因素或个体竞争,因而种子以较强的萌发能力进行拓殖(Willson and Traveset, 2000),如多数草本植物种子;扩散能力弱的种子由于其散布距离较近,种子以休眠或降低萌发的方式来缓减个体或同胞竞争及各种威胁,以获得最大的适合度并确保物种延续(王桔红,2008),如本研究区的多数豆科植物的种子。有些植物种子具有较厚、可食的果肉,成熟后可能被脊椎动物食用,种子也能被动物带到离母体较远的地方,且这些植物的种子经过动物的消化道后能够提高萌发率(鲁长虎,2003),如酸枣、黄刺玫和水栒子等植物种子。

在环境条件恶劣与干扰频繁的干旱区,种子长时间保持休眠状态,直至环境条件适宜时种子进行萌发与幼苗建植,实质上是种子萌发在时间序列上的风险分摊,是植物适应逆境、抵御环境不稳定性和保护物种延续的一种策略(Venable, 2007)。黄土丘陵沟壑区景观破碎,空间异质性大,具有多样的土壤侵蚀环境,其立地条件差异很大,而水分条件是干旱区植被特征的主要限制因子,也是限制种子萌发的关键因子(王桔红等,2007)。例如,白羊草种子萌发率在土壤水分条件差的阳沟坡较土壤水分条件好的峁顶和阳梁峁坡弱,相反休眠性较强,通过增强种子休眠性来响应土壤水分的降低,体现了种子适应干旱胁迫的休眠策略。

然而,植物种子休眠程度不同,休眠状态具有可变性,产生或诱导种子休眠的因子很多,它们可以单一地起作用,也可以复合地起作用,导致休眠的程度深浅不一(宋松泉等,2008)。种子萌发响应于生境的土壤、植被及干扰程度的变化(Baskin and Baskin, 2003),种子萌发在土壤干旱贫瘠的生境与优越的生境间差别较大(Grime and Curtis, 1976)。另外,同一地点同一群落的种子在不同年际间的休眠特性表现不同(Beckstead et al., 1996;Townsend, 1977);同一植株的不同部位产生的种子也表现出不同的休眠特性,或者不同时间成熟的种子可能在脱落后也会表现出不同的休眠特性(宋松泉等,2008)。种子休眠的差异性与多变性体现了植物种子休眠对不同环境条件变化的综合响应。

5.3.3　种子在土壤中的持久性及影响机制

种子大小和形状与其在土壤中的持久性的关系一直是种子生态学的研究热点,Thompson 和 Grime 早在 1979 年就发现持久土壤种子库中的种子数量与种子的大小和形状有关,而且将种子大小与形状作为种子在土壤中持久性的指示指标。小而圆的种子在土壤种子库中具有优势,更容易进入土壤种子库中,具有形成持久种子库的潜力,而且在土壤种子库中占据较大的比例(Guo et al., 2000;Leishman et al., 2000;Moles et al., 2000)。Moles 等(2000)的研究也表明在土壤种子库中,体积小、形状近似圆形的种子较体积大、形状长的种子保存时间更长。在地中海干草地和灌丛林地的持久土壤种子库中的小种子和圆形的种子比临时土壤种子库的多(Peco et al., 2003)。在黄土丘陵沟壑区,猪毛蒿、菊叶委陵菜、铁杆蒿和白羊草等物种的种子小而圆,具有较大的土壤种子库密度,而且具有持久土壤种子库 (王宁等,2009;Wang et al., 2011a)。本研究通过埋藏试验也发现,种子小且圆的猪毛蒿、茭蒿、铁杆蒿、狗尾草和白羊草,在土壤中具有持久性。这类种子小,容易被埋藏,被捕食的概率下降,进入土壤的概率较大;同时,较圆的形状有利于种子滚动,通过土壤孔隙进入土壤,部分种子在土壤垂直面发生移动,进入更深土层;而且埋深与种子发芽及幼苗出土直接相关，如果种子埋藏得很深，过度的埋深会造成氧气缺乏或土壤机械阻力的加大，种子欠缺萌发的条件，从而抑制种子萌发和幼苗出土，可保证种子在土壤中维持持久性(Huang and Gutterman，1999；Benvenuti et al.，2001)。同时，种子在土壤中易受微生物感染、腐坏(Blaney and Kotanen，2001；Schafer and Kotanen，2003)，而到达土壤深层的种子可避免微生物感染与腐坏，可增加维持持久性的优势。另外，本研究区丁香和杠柳的土壤种子库中种子只存在0～2 cm土层中(王宁，2013)，这类种子较大且形状细长、扁平，很难进入土壤及在土壤中向深层移动，不易保存，不具有持久性。而种子大而圆的狼牙刺种子则可以存在5～10 cm土层，虽然种子较大，没有外力作用很难进入土壤，但其较圆的形状有利于其在土壤表面滚动，至微地形停留(如草丛、坑洼地、沟道等)，被掩埋形成持久种子库。然而，同样种子形状较圆的黄刺玫和水栒子种子在土壤种子库中罕见，与其种子太大密切相关，需要其他外力作用(如动物掩埋、土壤淤埋等)才能实现埋藏。种子在土壤中的持久性还与种子表面特征有关。Gardarin等(2010)指出坚硬的种皮可用来预测种子在土壤中的种子寿命，坚硬的外壳或致密的种皮使种子在土壤中免于腐坏与萌发，可在土壤中保持持久性。例如，达乌里胡枝子和狼牙刺种子较大，但具有坚硬的外壳或致密的种皮，在土壤中也具有长期持久性。

种子推迟萌发被认为是形成持久种子库的关键因素之一(Baskin and Baskin，2004)，因而种子的休眠萌发特性可用来预测种子寿命(Saatkamp et al.，2011)。种子通过萌发从土壤中输出进而影响其在土壤中的持久性，而休眠种子在土壤中的存储时间更长。种子的休眠与萌发特性通过影响种子持久性制约其形成持久土壤种子库。杠柳和沙棘2种灌木种子不具有生理休眠，只要水分条件充足，就可以启动萌发，难以在土壤中维持持久性，野外调查发现其土壤种子库密度非常小，仅具有短暂种子库。同时，土壤种子库的种子可通过调节休眠与萌发来增加土壤种子库的持久性(Baskin and Baskin，2004)。不同种子埋藏于土壤中，其休眠与萌发特性表现不同，如猪毛蒿、达乌里胡枝子和狼牙刺种子经过在土壤中的埋藏，其休眠能力均有不同程度的增加，更有利于其维持持久性；相反，埋藏促进狗尾草、长芒草较高休眠率的种子及酸枣、黄刺玫、水栒子等深度原生休眠的种子释放休眠，而影响土壤种子库组成与规模。同时，埋藏制衡大部分植物的种子萌发格局，埋藏延长猪毛蒿、茭蒿、铁杆蒿和白羊草种子的萌发时滞，缩短长芒草和丁香的种子萌发时滞；有7种植物种子埋藏后萌发历时均缩短，而猪毛蒿和黄刺玫种子萌发历时埋藏后则延长；埋藏明显促进阿尔泰狗娃花和长芒草种子萌发速率加快，较小幅度地促进茭蒿、铁杆蒿和狗尾草种子加快萌发；而埋藏抑制了猪毛蒿种子萌发速率。

种子在具有持久性的前提下，种子能否形成持久性土壤种子库还与种子生产和扩散有关。种子产量作为种子生态过程的基础，直接决定种子进入土壤的基数。植物生产数量较多的种子，进入土壤的种子基数就大。而且产量大通常伴随着小种子，小种子更利于种子进入土壤，进而增加形成持久土壤种子库的概率，如猪毛蒿。大种子通常伴随数量少，黄刺玫种子在土壤中具有较强的持久性，但其土壤种子库规模很小，在10个样地中仅出现3粒，与其较小的种子产量有关；而种子同样具有长期持久性的狼牙刺种子，其土壤种子库密度为2～83粒/m^2，平均可达(25±11)粒/m^2，与其在群落分布中具有一定的优势和一定规模的种子产量有关。种子扩散决定着种子能否进入土壤，种子附属物可以通过影响种子进入土壤,进而决定其种子能否形成土壤种子库。例如,长芒草种子通过芒的吸湿运动,在垂直方向上锚住土壤实现自我埋藏(青秀玲和白永飞,2007),在土壤种子库中具有一定规模。水栒子和黄刺玫等具有持久性的大种子,在土壤种子库和植被分布中均具有较少的分布,与其受扩散限制密切相关。这类种子只有通过外力作用才能进入土壤,尽管其外皮包有颜色鲜艳的果肉,可借助动物取食与储食进入土壤,然而本研究区生态系统长期遭受破坏,恢复程度有限,生态系统多样性与稳定性较差,特别是动物群落有限,制约这类大种子的扩散及进入土壤。同时,也可能由于这两种物种属于研究区演替后期的优势种,这两种植物群落在研究区目前植被中所占比例较少,研究涉及的样地也较少。

外界条件也是种子持久性及其形成持久种子库的重要影响因素,包括生物与非生物因素。生物因素主要包括动物、昆虫取食与微生物感染,其中微生物感染及腐坏是种子在土壤中死亡的主要威胁(Blaney and Kotanen, 2001;Schafer and Kotanen, 2003)。本研究中的沙棘、茭蒿和铁杆蒿种子在土壤中极易被微生物感染腐坏,影响其持久性在土壤中的维持及土壤种子库生态功能的发挥。非生物因素如光、水分、微环境、土壤深度、土壤机械结构、干扰类型等直接或间接地影响着土壤种子库的时空分布特征,进而制约植被的发育与演替(Thompson and Grime, 1979; Chambers and MacMahon, 1994; Pakeman et al., 2012)。种子在土壤中由于较少的光可以透入(Benvenuti et al., 2001),可导致萌发需光的种子维持持久性,直到受到干扰(Grime et al., 1981;Milberg et al., 2000),如猪毛蒿、铁杆蒿等大部分小种子的物种。而一些萌发不需光的种子,可能在其他条件满足时启动萌发,但由于埋藏太深导致萌发失败或者自杀式萌发(Benvenuti et al., 2001; Traba et al., 2004),如酸枣。另外,光照对于不同物种种子持久性维持的影响不同。茭蒿和铁杆蒿,埋藏1年后休眠种子数都比埋藏前有所增加,但是埋藏2年、3年、4年和5年后几乎没有休眠种子(除茭蒿种子埋藏5年后),主要在于埋藏1年的样地表面没有植被,土壤透光性强于后4年样地,强光迫使这类种子进入深度次生休眠状态,有利于这类种子持久性的维持;相反,达乌里胡枝子和狼牙刺种子表现为埋藏1年后萌发较埋藏2年、3年、4年和5年后多,可能强光促进了这类种子释放休眠,不利于其种子持久性的维持。

总之,种子大小与萌发特性决定种子持久性,质量大、萌发强的种子易萌发难以具有种子持久性,而休眠强的种子均具有一定的持久性。种子大小、形状、附属物与扩散方式影响种子能否进入土壤,进入土壤中的种子具有维持持久性的潜力,特别是质量小、形状圆、具芒等附属物的种子因具有自助进入机制而具有进入土壤的优势,有利于维持种子持久性。

5.3.4　种子持久性及其土壤种子库与植被的关系

依据本研究中的植物种子持久性及在该区土壤种子库研究结果(袁宝妮,2009;王宁,2013),种子持久性与土壤种子库具有一定的相关性,大部分具有持久性的种子在土壤种子库中具有一定规模的密度,如猪毛蒿、铁杆蒿、茭蒿、狗尾草、白羊草、阿尔泰狗娃花、达乌里胡枝子和狼牙刺种子具有持久性,也具有相对较大的土壤种子库密度,且在不同的垂直土壤层均有存在,在相对深的土壤层的种子库能够形成持久土壤种子库,更新潜力大,是这些物种成为该区建群种与优势种的主要因素之一。同时,具有短暂性的杠柳和沙棘种子,分别由于种子细长和质量较大,难以进入土壤,更易保存在土壤表面,加之其较强的萌发力,更不利于其维持持久性;然而,这 2 种物种的种子在土壤种子库中存在,但与前者相比相差较大,不具有持久土壤种子库的优势,故其土壤种子库为短暂性种子库。同样,具有滞后短暂性的丁香和酸枣,分别由于形状扁平和质量较大,难以进入土壤;酸枣种子未发现有在土壤种子库中出现的记录,而丁香种子在土壤种子库中具有一定规模,故其土壤种子库可认定为滞后短暂性种子库,但其土壤种子库种子个数却高于狼牙刺,可能与研究样地与取样时间有关。另外,具有长期持久性的水栒子和黄刺玫在土壤种子库调查中出现密度小,由于这两种植物种子持久性维持性强、产量小,故可以形成规模较小的持久土壤种子库,加之其扩散的限制性,其土壤种子库只具有较窄范围的空间分布。

种子持久性及其土壤种子库与植被演替相关(刘旭等,2008)。演替早期的生态系统具有较大的土壤种子库密度(Onaindia and Amezaga, 2000)。本研究区,演替早期的先锋物种猪毛蒿的种子在撂荒坡面的土壤种子库中占有很大的比例(王宁等,2009;王宁,2013),其种子在土壤中的持久性使得其在立地受干扰后有充足种源进行更新,这也是小种子物种在环境胁迫下所选择的一种生活史对策(Peco et al., 2003)。演替中后期的优势物种,如白羊草、长芒草、达乌里胡枝子和铁杆蒿等具有一定规模的土壤种子库(王宁等,2009),这些物种种子在土壤中均具有一定程度的持久性,使其在演替过程中逐渐侵入立地,尽管其土壤种子库密度与分布范围远不及猪毛蒿、狗尾草等演替初期优势种,但结合其种子扩散、萌发快及营养繁殖力强的生活史特征,使其在群落中占有优势地位,更适应研究区的干旱胁迫与侵蚀干扰,使其成为演替中后期的优势物种。随着演替的向前推进,定居植物的种子质量一般具有升高的趋势(Salisbury, 1974),如演替后期的灌木物种黄刺玫种子质量大,在研究区零星分布,虽在埋藏试验中表现出很强的持久性,在零星的生境中可形成一定规模的持久种子库,在其生境斑块内具有更新潜力;但这类具有 *K* 对策的大种子物种的定居通常与植物高度的增长、较慢的生长率和散布媒介的转变相结合(齐威,2010)。同时,动物对种子的捕食,可以改变种子库结构,有利于植物物种丰富度的提高,对植被结构影响很大(Tabarelli and Peres, 2002)。但由于受退耕还林还草工程的影响,目前本研究区的退耕坡面多处于演替阶段的早中期,缺乏可以传播这类种子的动物群落。由于缺乏种子扩散的外力媒介,限制了这些演替后期、种子质量较大的物种进入其他斑块形成土壤种子库而发挥其生态功能,进而影响植被的更新潜力。因此,在黄土丘陵沟壑区可以通过人工补播这类种子,促进植被更新及演替。

5.4 小　结

1) 64 种植物中,有 60.9%的物种种子休眠率低于 10%,有 10 种物种完全不休眠,6 种乔灌植物种子的休眠率为 100%,6 种豆科植物种子的休眠率均大于 80%。种子属于快速高萌型的物种最多(19 种),具有萌发早、快、多的特点,豆科植物多为低萌型。对于不同生活型而言,多年生植物整体表现为相对萌发力较强和休眠性较弱,尤其是大部分的多年生禾草的种子萌发率均很高；灌木和半灌木植物则表现为休眠强萌发弱或休眠弱萌发强；一二年生草本植物整体萌发较高；而一年生草本植物整体萌发相对较低，但平均值仍可达 53.6%。对于不同水分生态型而言，旱生和旱中生植物整体表现为相对萌发强，中旱生植物相对萌发弱休眠强，中生植物则休眠与萌发相对均居中。

2）植物的种子休眠萌发策略可归纳为 4 类：*r*-对策爆发型、*r*-*K* 对策连续体中间型、*K*-对策高休眠低萌型及 *K*-对策难萌型。基于 *r*-对策的爆发型多为草本植物，种子产量大，多而快的萌发策略体现了对干旱环境一次降水的积极响应；大部分植物的种子萌发属于 *r*-*K* 连续体中间型策略，是一种“两面下注”的策略，具有较相近的萌发与休眠能力；豆科植物的种子萌发多为 *K*-对策高休眠低萌型，由于种皮的高度致密性，种子具有高度的生理休眠，萌发率较低；乔灌植物的种子多为 *K*-对策难萌型，种子通常具有坚硬的种壳而具有原生休眠，且种子较大，一旦解除休眠就会表现出较强的种子活力，萌发后成活的概率很大。植物适应恶劣侵蚀环境的种子萌发策略具有种间差异：增强休眠（如白羊草、阿尔泰狗娃花、长芒草、菊叶委陵菜）或推迟萌发（如铁杆蒿）或缓慢萌发（如阿尔泰狗娃花、长芒草）。

3）供试的 15 种物种中，杠柳和沙棘种子具有很强的萌发能力，在土壤中的寿命不超过 1 年，具有短暂性；酸枣和丁香种子由于在土壤中具有较强的萌发能力而难以保存，而且活力弱的种子易被微生物感染，在土壤中的寿命不超过 2 年，具有滞后短暂性；狗尾草种子在土壤中的寿命不超过 4 年，具有短期持久性；猪毛蒿、茭蒿、铁杆蒿、白羊草、水栒子、黄刺玫、达乌里胡枝子和狼牙刺，由于种子小或具有生理休眠性，在土壤中具有不同程度的保存力，具有长期持久性；长芒草和阿尔泰狗娃花种子寿命可达 5 年以上，但活力百分比较低，表现为较弱的长期持久性。

4）植物种子经过土壤储藏，通过调节种子休眠与萌发来增加幼苗更新成功率和维持种子的持久性。例如，埋藏可促进休眠率低的猪毛蒿种子进入休眠状态；也可促进较高休眠率的狗尾草、长芒草种子及深度休眠的酸枣、黄刺玫、水栒子种子释放休眠；可使爆发型的猪毛蒿种子推迟萌发，减缓萌发速率，延长萌发历时；也可促进缓萌型的长芒草种子提前萌发，加快萌发速率。

5）种子持久性与土壤种子库密切相关，进而制约植被分布特征。例如，猪毛蒿、铁杆蒿、茭蒿、狗尾草、白羊草、阿尔泰狗娃花、达乌里胡枝子和狼牙刺种子具有持久性，具有持久土壤种子库，在黄土丘陵沟壑区分布广泛；具有短暂性的杠柳、沙棘和丁香种子具有短暂性种子库，沙棘和丁香分布较为零散；种子具有长期持久性的水栒子和黄刺玫，由于传播媒介的限制而难以形成较广的持久种子库，因而零星分布。

第6章 植冠种子库特征*

种子成熟后立即传播称为快速传播，而延缓传播是指种子成熟后在母株上停留一定的时间后才传播。种子成熟后，有些植物将种子储存在植冠中推迟脱落，可形成植冠种子库(canopy seed bank)(Lamont et al.，1991)。植冠种子库就是用来描述植物将成熟种子储存在植冠中并且推迟脱落的现象，由成熟的种子宿存在植冠上形成，往往通过补充土壤种子库来发挥其繁衍的作用(Lamont et al.，1991；Van Oudtshoorn and Van Rooyen，1999；马君玲和刘志民，2005)。种子的活力是衡量植冠种子库能否表现其生态功能的重要标准。植冠种子库中的种子活力与种子大小有关(Günster，1994)，有些植物的种子可宿存1～30年或者更长的时间(马君玲和刘志民，2005)。植冠种子库储存的种子被认为提高了活力并可以抓住适宜的时机及时释放休眠完成萌发，提高幼苗成活与建植的概率(Lamont et al.，1991；马君玲和刘志民，2008)，从而保证了种群的更新及群落的稳定性和多样性(Aguado et al.，2012；Van Oudtshoorn and Van Rooyen，1999)。植冠种子库中种子的延迟脱落，缓冲了种子产量的年际波动，保证了土壤种子库中种子的供应，最大限度地为下一代幼苗的产生提供种源(Lamont et al.，1991)。可见，种子的延缓传播可使繁殖体免受种子败育、捕食及不可预测环境条件等带来的威胁，而且有些种子能够选择合适的时机释放休眠，保证了种子萌发、幼苗建植及植被更新的种源(Lamont et al.，1991；Günster，1994；Narita and Wada，1998；Tapias et al.，2001)，因而具有重要的生态意义。

植冠种子库的研究最早可追溯到1880年，Engelmann研究发现北美针叶树的球果具有宿存现象，而且需要火烧产生的热量引发球果种子脱落(Lamont et al.，1991)。此后，生态学家们对植冠种子库进行了大量研究，主要集中在易发生火灾的森林、灌丛及干旱荒漠等生态系统，涉及种子在植冠上的储存规模与动态、种子脱落规律与机制、储存种子萌发特性与活力维持、储存种子对土壤种子库与幼苗库的补充和更新潜力，及其对环境适应与干扰响应等方面(Günster，1994；Enright et al.，1996；Borchert et al.，2003；Liu et al.，2006；Rodríguez-Ortega et al.，2006；Bastida et al.，2010)。另外，以往研究对象多集中在植冠种子库储存时间1年以上的植物，而在干旱区植冠种子库储存时间小于1年的植物也同样具有重要的生态功能(马君玲和刘志民，2008)。Lamontt等(1991)假设具植冠种子库的一些植物存在于具有季节性雨季的干旱地区。在黄土丘陵沟壑区，降水集中，具有典型的雨季，同时土壤侵蚀强烈，降水在坡面难以保持，且土壤持水力很弱，具有很强的干旱特征(赵荟等，2010)，符合能够形成植冠种子库的假设。植冠种子库作为一种生态策略，在植物适应土壤侵蚀干扰环境、提高植物的更新与拓展等方面应具有重要的作用，但该区相关研究鲜见报道。只有张小彦等(2010a)对该区猪毛蒿、铁杆蒿、茭蒿、黄

---

* 本章作者：王东丽，焦菊英

刺玫、狼牙刺和杠柳 6 种植物的植冠种子库储存动态进行了初步研究。为此，本章通过调查与分析该区 12 种植物植冠种子库宿存动态、宿存种子萌发特性及其活力维持，探究黄土丘陵沟壑区植冠种子库的生态功能及策略，以完善种子库理论，为该区植被恢复提供依据。

6.1 研究方法

6.1.1 具有植冠种子库物种的识别

2011 年 6～11 月，在黄土丘陵沟壑区安塞选择纸坊沟和宋家沟 2 个小流域，在每个流域均匀选择 3 座典型梁峁，按照由每座梁峁的南坡底部到顶部再到北坡底部的路线，对所见所有结实物种进行标记，每种物种选取 3～6 株植株统计种子数量，并于翌年 3 月观察植株是否存留种子，有种子存留则确定其具有植冠种子库(刘志民等，2010)；同时，以延河流域区域物种库的 202 种物种为研究对象，结合多年野外观察与文献查询，来确定调查样地未出现物种是否具有植冠种子库。

6.1.2 调查物种的选择

基于已有的研究(张小彦等，2010a)与野外观察，在黄土丘陵沟壑区安塞的纸坊沟和宋家沟小流域选择了 12 种代表性物种进行调查，包括多年生草本菊叶委陵菜，多年生半灌木达乌里胡枝子、铁杆蒿和茭蒿，灌木沙棘、狼牙刺、杠柳、黄刺玫、水栒子、土庄绣线菊、丁香及延安小檗。12 种植物及其种子的基本特征见表 6-1。

6.1.3 植冠种子宿存量的调查

每个调查物种选取 6 个稳定群落作为调查样地，由于植物大小与种子产量相关，不同大小植物的初始宿存量不同，因而每个物种选取大小不同的植株作为研究对象。灌木黄刺玫、水栒子、土庄绣线菊、沙棘、杠柳和延安小檗各选 3 株作为重复，达乌里胡枝子、铁杆蒿、茭蒿、菊叶委陵菜、狼牙刺和丁香各选 6 株作为重复。于 2011 年 11 月 8 日，对各植物种子量进行测定，作为植冠种子库的初始宿存量。由于大部分种子成熟后进行传播，成熟后 1 个月内宿存量会发生较大的变化，又于 2011 年 12 月 4 日进行了种子宿存量调查；同时鉴于植冠种子库可能对降水、温度、湿度等环境因子的响应，分别于 2012 年春、夏季(2 月 28 日、4 月 9 日、5 月 10 日和 6 月 8 日)进行了种子宿存量调查。种子宿存量的具体测定方法如下：

直接计数法：单个果实的物种(包括水栒子、沙棘、延安小檗和达乌里胡枝子)，每次调查直接统计测定植株果实个数 N 作为植冠种子库宿存量。

间接计数法：对于荚果(狼牙刺)、聚合果(黄刺玫)、蓇葖果(杠柳、土庄绣线菊和菊叶委陵菜)、蒴果(丁香)，先统计测定植株果实个数 m，再从样地内非测定植株随机摘取 15 个果实，统计果实内种子个数并求得平均种子个数 n，则植冠种子库宿存量 $N=m\times n$。对于以生殖枝为结实单位的物种(包括铁杆蒿和茭蒿)，首先统计观测植株的生殖枝数 m，再统计单位生殖枝上头状花序数 n。每次调查从样地内选择与观测植株生长状况相似的植株作为采集植株，由于植物种子的结实具有位置效应（谢田朋等，2010），在采集种子时，要保证从不同方向由里向外、由上往下随机采集 10 个头状花序，测算单位头状花序平均宿存量 M，进而计算对应观测植株单位生殖枝种子宿存量 $n\times M$，最后计算整个植株的种子宿存量 $N=m\times n\times M$。

6.1.4 种子萌发与休眠特性的测定

对不同时期采集的宿存种子的萌发与休眠特性进行测定，种子采自群落内非观测植株，每个物种设置 3 个重复，考虑到灌木种子较大且较少，每个重复 50 粒，小种子物种每个重复 100 粒。采用室内萌发实验与 TTC 法进行测定，具体方法见 5.1.1 节。

由于不同植物物候期各异，种子成熟期差异较大，而且有些种子具有后熟性，特别是初次调查时（2011 年 11 月 8 日）铁杆蒿种子未完全成熟，故选择 2011 年 12 月 4 日和 2012 年 2 月 28 日的种子进行活力测定，研究植冠种子库种子活力变化特征。萌发的种子数与 TTC 法染色的种子数之和即为具有活力的种子总数。

6.1.5 数据分析

为了更准确地掌握种子在不同调查期间的脱落规律，以不同调查日的前一次的种子宿存量作为脱落基数，且由于不同调查期相隔的天数差异也较大，故计算不同调查期间的平均日均脱落率，来表征种子脱落特征。由于在干旱区植物植冠种子库宿存的种子脱落主要由于种子包裹物经历冷热交替、干湿循环等导致（Lamont et al.，1991；Van Oudtshoorn and Van Rooyen，1999；马君玲和刘志民，2005），所以选取降水量、太阳辐射量（总辐射量与净辐射量）、日气温值（最高气温和最低气温）、日湿度值（8 时相对湿度、14 时相对湿度）等气象因子。种子日脱落率与气象因子的关系采用 Person 相关性分析方法进行分析。

6.2 结果与分析

6.2.1 具有植冠种子库的物种

通过野外观察与文献查阅（刘志民等，2010），基于延河流域区物种库的物种信息，对研究区植物的植冠种子库进行鉴定，发现 64 种植物具有形成植冠种子库的潜力，具体物种信息见表 6-1。其中，菊科植物最多（16 种），其次为禾本科（8 种）和豆科（8 种）植物，蔷薇科有 5 种植物具有植冠种子库，四大科植物占 57.8%；生活型以多年生植物为主（34.4%），其次为灌木、半灌木和一年生植物，分别有 11、7 和 10 种植物具有植冠种子库；水分生态型以中生植物最多，占到总数的 43.8%，旱生（23.4%）和中旱生（20.3%）植物次之。另外，有 53.1%的植物种子不具有附属物，相反具有附属物的植物种子倾向在早期进行散布，只有少数种子具有附属物的植物具有植冠种子库；而且有 10 种植物种子能够分泌黏液，其植冠种子库种子可宿存至雨季，在降水充足条件下吸湿分泌黏液，更利于萌发及幼苗建植成功。有 53.1%的植物种子以风力传播为主，其余植物种子或通过自重扩散或借助动物扩散。此外，在 64 种具有植冠种子库的植物中，只有大蓟、鹅观草、赖草和小蓟的花果期较早，大部分物种的果期较晚，野外观察发现花果期在春季和夏季的植物种子难以形成植冠种子库。

表 6-1　具有植冠种子库植物的生态特征

物种	科	属	生活型	水分生态型	种子质量/mg	种子形状 FI	传播方式	附属物
白草	禾本科	狼尾草属	P	旱生	0.929*		An	无
侧柏	柏科	侧柏属	T	旱生			Zo	无
绳虫实	藜科	虫实属	A	旱中生	2.008	3.631	An	无
臭椿	苦木科	臭椿属	T	中生	10.702	2.992	An	具翅
臭蒿	菊科	蒿属	A/B	中旱生	0.020	2.295	An	具黏液
刺槐	豆科	槐属	T	中生	14.108	2.084	Au,Zo	无
达乌里胡枝子	豆科	胡枝子属	SS	旱生	2.129	2.166	Au	无
大蓟	菊科	蓟属	P	中生	6.087	3.119	An	具刚毛
大针茅	禾本科	针茅属	P	旱生	8.080	8.816	An,Zo	具芒
丁香	木犀科	丁香属	S	中生	4.530	5.998	Au	无
鹅观草	禾本科	鹅观草属	P	中旱生	3.284	6.551	An,Zo	具芒
飞廉	菊科	飞廉属	B	中旱生	1.882	3.495	An	具刚毛
风轮菜	唇形科	风轮菜属	P	中生	0.293	2.082	An	无
风毛菊	菊科	风毛菊属	P	中旱生	1.612	2.559	An	具冠毛
拂子茅	禾本科	拂子茅属	P	中生	0.199*		An	具芒
甘草	豆科	甘草属	P	旱生	7.474	1.621	Au	无
杠柳	萝藦科	杠柳属	S	中生	5.506	5.852	An,Au	具绢毛
狗尾草	禾本科	狗尾草属	A	中生	0.659	1.877	Au	无
灌木铁线莲	毛茛科	铁线莲属	SS	中旱生	3.284	4.212	An	宿存花柱
鬼针草	菊科	鬼针草属	A	中生	5.222	12.932	Zo	具刺
灰栒子	蔷薇科	栒子属	S	旱中生	9.821	1.087	Zo	无
画眉草	禾本科	画眉草属	A	中生	0.088	1.465	An	无
延安小檗	小檗科	小檗属	S	中生	7.858	2.199	Zo	无
黄刺玫	蔷薇科	蔷薇属	S	旱中生	335.132	1.160	Zo	无
截叶铁扫帚	豆科	胡枝子属	SS	旱生	1.624	2.619	Au	无
茭蒿	菊科	蒿属	SS	中旱生	0.061	1.865	An	具黏液
角蒿	紫葳科	角蒿属	A	旱生	0.576	6.974	An	具翅
菊叶委陵菜	蔷薇科	委陵菜属	P	中旱生	0.233	1.490	An,Au	无
苦楝树	苦木科	苦树属	T	旱生			Zo	无
赖草	禾本科	赖草属	P	旱生			Au,Zo	具芒
蓝刺头	菊科	蓝刺头属	P	中生	13.783	1.833	An	具冠毛

续表

物种	科	属	生活型	水分生态型	种子质量/mg	种子形状 FI	传播方式	附属物
狼尾花	报春花科	珍珠菜属	P	中生	6.265		Au	无
狼牙刺	豆科	槐属	S	旱中生	23.769	1.195	Au,Zo	无
辽东栎	壳斗科	栎属	T	中生			Zo	无
芦苇	禾本科	芦苇属	P	旱中生	0.32*		An	具冠毛
栾树	无患子科	栾树属	T	旱生			Au	无
麻花头	菊科	麻花头属	P	旱生	1.612	2.559	An	具冠毛
蒙古蒿	菊科	蒿属	P	中生	0.193	2.446	An	具黏液
芹叶铁线莲	毛茛科	铁线莲属	P	中旱生	2.674	3.129	An	宿存花柱
沙打旺	豆科	黄芪属	P	中旱生	1.452	2.105	Au	无
沙蒿	菊科	蒿属	P	中旱生			An	具黏液
沙棘	胡颓子科	沙棘属	S	中旱生	6.245	1.379	Zo	无
水栒子	蔷薇科	栒子属	S	旱中生	9.821	1.087	Zo	无
酸枣	鼠李科	枣属	S	中生	357.428	1.065	Zo	无
铁杆蒿	菊科	蒿属	SS	旱生	0.085	2.240	An	具黏液
文冠果	无患子科	文冠果属	S	中生			Au,Zo	无
香青兰	唇形科	青兰属	A	中生	1.200	2.083	Au	具黏液
小蓟	菊科	蓟属	P	中生	2.512	2.410	An	具刚毛
土庄绣线菊	蔷薇科	绣线菊属	S	旱中生	0.068	4.860	An,Au	无
旋覆花	菊科	旋覆花属	P	中生	1.732	3.682	An	具绢毛
益母草	唇形科	益母草属	A/B	中生	1.080	2.131	Au	无
野韭	百合科	葱属	P	旱中生	1.520	1.293	Au	无
阴行草	玄参科	阴行草属	A	中生	0.064	2.320	An	无
茵陈蒿	菊科	蒿属	P	中旱生	0.020*		An	具黏液
獐牙菜	龙胆科	獐牙菜属	A	中旱生	0.071	1.251	An,Au	无
猪毛菜	藜科	猪毛菜属	A	旱生	1.334	1.829	An	宿存花被
猪毛蒿	菊科	蒿属	A/B	旱生	0.020	2.295	An	具黏液
互叶醉鱼草	马钱科	醉鱼草属	S	中生	0.056	6.788	An	具翅
紫穗槐	豆科	紫穗槐属	S	中生			Au,Zo	无
籽蒿	菊科	蒿属	SS	中生	0.237*		An	具黏液
白花草木樨	豆科	草木樨属	A/B	旱生	1.808	1.916	Au	无
灰绿藜	藜科	藜属	A	中生	0.444	1.972	An	无
火炬树	漆树科	盐肤木属	T	中生	8.178	1.613	Au	无
平车前	车前科	车前属	A/B	中生	0.206		Au	具黏液

注：A. 一年生草本；B. 二年生草本；A/B. 一二年生草本；P. 多年生草本；S. 灌木；SS. 半灌木；T. 乔木；An. 风力扩散；Au. 自助扩散；Zo. 动物扩散。

*标注数据引自刘志民等著《科尔沁沙地植物繁殖对策》。

6.2.2　植冠种子库的宿存特征

供试的 12 种物种种子在植冠上宿存的规模与时间表现出较大的差异(表 6-2)。杠柳种子宿存能力弱,宿存量在当年 12 月初已下降到初始宿存量的 3.8%,宿存时间不超过 4 个月。菊叶委陵菜、沙棘、水栒子和土庄绣线菊种子在植冠上可宿存至翌年 5 月,宿存期可达 7 个月之久,但是宿存量均很低(1～140 粒/株),占初始宿存量的 0.8%～4.7%,有些植物种子宿存量极小,如水栒子种子宿存量只有 1 粒/株,在不同年份中其种子能否宿存至翌年 5 月具有不确定性。茭蒿、铁杆蒿、达乌里胡枝子、狼牙刺、延安小檗、黄刺玫和丁香种子的宿存时间均可持续到翌年 6 月,宿存期可超过 8 个月,宿存量更低(1～45 粒/株),除了丁香和黄刺玫种子的宿存量仍可达到初始宿存量的 1.4%和 7.5%,其余物种种子的宿存量均低于初始宿存量的 1%。

表 6-2　植物种子宿存量动态

物种	平均宿存量±标准误/(粒/株)					
	第 1 次调查(2011.11.08)	第 2 次调查(2011.12.04)	第 3 次调查(2012.02.26)	第 4 次调查(2012.04.09)	第 5 次调查(2012.05.10)	第 6 次调查(2012.06.08)
铁杆蒿	1233±168	993±164	129±19	61±11	9±1	1±0
茭蒿	3478±613	385±65	77±20	21±9	13±7	3±2
达乌里胡枝子	9377±2583	640±121	327±29	169±93	35±13	9±9
狼牙刺	5043±1021	2986±677	1097±370	294±48	153±52	32±17
菊叶委陵菜	1947±1019	676±193	173±105	151±98	91±91	0
土庄绣线菊	3015±635	2376±475	124±29	75±22	61±30	0
黄刺玫	147±11	124±10	107±13	83±23	43±16	11±1
水栒子	120±31	34±9	16±5	8±4	1±1	0
杠柳	2692±635	102±46	0	0	0	0
丁香	1993±501	689±191	263±51	190±55	72±28	28±17
沙棘	3541±627	1668±604	309±46	216±28	140±24	0
延安小檗	6647±1461	956±183	577±86	499±77	276±26	45±25

6.2.3　植冠种子库的种子脱落特征

12 种植物种子由于脱落机制不同表现出不同的脱落动态(图 6-1)。以初次调查时植物种子量为基数,有 8 种植物种子脱落集中在成熟后 1 个月内,高达 50%以上的种子在此期间脱落进行扩散,其中杠柳、达乌里胡枝子、茭蒿、延安小檗和水栒子的种子脱落率高达 71.9%～96.2%。铁杆蒿和土庄绣线菊种子脱落集中 12 月至翌年 2 月,在翌年 2 月底脱落率分别达 68.8%和 74.7%;黄刺玫在翌年 5 月达到脱落高峰(脱落率为 27.6%);其他 9 种植物种子均在翌年 2 月底迎来了第 2 次脱落高峰,杠柳种子在此期间全部脱落。此后,茭蒿、达乌里胡枝子、狼牙刺和水栒子种子脱落率随着脱落时间表现为下降趋势,而菊叶委陵菜、延安小檗、沙棘和丁香种子在翌年 5 月、6 月表现为比 4 月种子脱落多。

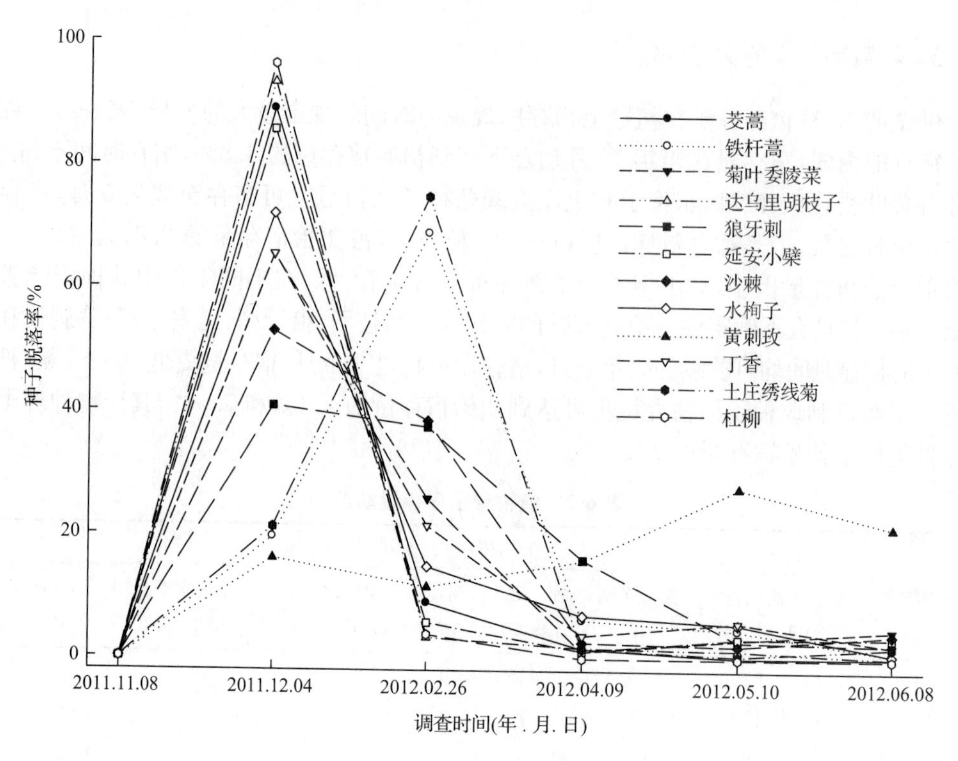

图 6-1　12 种植物种子脱落动态

通过比较 12 种植物种子的日平均脱落率，发现铁杆蒿随着时间的推移，种子脱落逐渐增强，土庄绣线菊的种子脱落表现出波动性，其他物种种子均在成熟后第一个月表现出较强的脱落，随后变弱，随着春季和夏季的到来又逐渐变强的规律(表 6-3)。

表 6-3　植物不同宿存期种子脱落动态

调查阶段	日均脱落率/%				
	2011.11.08～2011.12.04	2011.12.04～2012.02.26	2012.02.26～2012.04.09	2012.04.09～2012.05.10	2012.05.10～2012.06.08
调查阶段天数	27	84	43	31	29
铁杆蒿	0.7	1.0	1.2	2.7	3.1
茭蒿	3.3	1.0	1.7	1.2	2.7
达乌里胡枝子	3.5	0.6	1.1	2.6	2.6
狼牙刺	1.5	0.8	1.7	1.5	2.7
菊叶委陵菜	2.4	0.9	0.3	1.3	3.4
土庄绣线菊	0.8	1.1	0.9	0.6	3.4
黄刺玫	0.6	0.2	0.5	1.6	2.6
水栒子	2.7	0.6	1.2	2.8	3.4
杠柳	3.6	1.2			
丁香	2.4	0.7	0.6	2.0	2.1
沙棘	2.0	1.0	0.7	1.1	3.4
延安小檗	3.2	0.5	0.3	1.4	2.9

不同植物种子脱落方式表现不同：铁杆蒿在早期主要以瘦果形式脱落，到了翌年春季既传播瘦果又传播花序；茭蒿则以瘦果传播为主；土庄绣线菊和菊叶委陵菜在早期主要以瘦果形式脱落，后期结合花序传播，甚至以整枝生殖枝传播；狼牙刺早期主要以种子形式脱落，后期结合荚果传播；达乌里胡枝子、黄刺玫、延安小檗和水栒子则以果实形式脱落。另外，种子脱落与其所处植株的位置与方向也相关，调查发现植冠种子由外向内、由下向上趋于推迟脱落。

6.2.4　种子脱落与气象因子的关系

不同植物植冠种子库动态对气象因子变化的响应表现各异：铁杆蒿植冠种子库种子脱落与太阳辐射的相关性最大，达到显著性水平，表现为对太阳照射响应敏感；茭蒿和延安小檗的植冠种子库种子脱落均与最大气温差的相关性最大，均达到显著性水平以上，表现为对气温变化响应敏感，其次与降水量的相关性也较大，表现为对降水也有一定响应；菊叶委陵菜的植冠种子库种子脱落也表现为对最大气温差和降水有一定响应；达乌里胡枝子和丁香的植冠种子库种子脱落与降水量的相关性均达到极显著水平，其次与最大气温差的相关性也较大，表现为受降水和气温的影响；狼牙刺的植冠种子库种子脱落与太阳辐射、气温差和湿度差都有一定的关系；水栒子的植冠种子库种子脱落与降水量的相关性达到显著性水平，表现为对降水变化响应敏感；延安小檗的植冠种子库种子脱落与太阳辐射的相关性最大，其次对湿度差和温度差的变化也有一定的响应；土庄绣线菊和沙棘的植冠种子库种子脱落与气象因子的相关性均较小(表 6-4)。

表 6-4　植物种子日脱落率与气象因子的相关性

物种	降水量	总辐射量	净辐射量	气温差	湿度差	最大气温差	最大湿度差
铁杆蒿	0.108	0.896*	0.908*	0.486	0.587	0.017	0.119
茭蒿	0.407	0.017	0.001	0.044	0.002	0.899*	0.003
达乌里胡枝子	0.973**	0.025	0.068	0.169	0.064	0.707	0.116
狼牙刺	0.159	0.496	0.561	0.599	0.549	0.119	0.018
菊叶委陵菜	0.418	0.071	0.120	0.061	0.027	0.546	0.223
土庄绣线菊	0.003	0.249	0.267	0.094	0.114	0.043	0.021
黄刺玫	0.244	0.729	0.793*	0.498	0.518	0.036	0.108
水栒子	0.785*	0.319	0.421	0.430	0.317	0.390	0.134
丁香	0.935**	0.053	0.107	0.127	0.051	0.622	0.286
沙棘	0.245	0.119	0.169	0.089	0.058	0.403	0.116
延安小檗	0.689	0.005	0.029	0.051	0.007	0.853**	0.161

注：降水量、总辐射量、净辐射量、气温差、湿度差均为调查期间内的日平均值；最大气温差和最大湿度差为调查期间内的日最大值。

* $P<0.05$，** $P<0.01$，$n=5$。

6.2.5　植冠种子库种子的萌发特征及活力维持

在不同植冠宿存期，12 种主要物种的种子萌发特征表现出不同的变化(图 6-2)：水栒

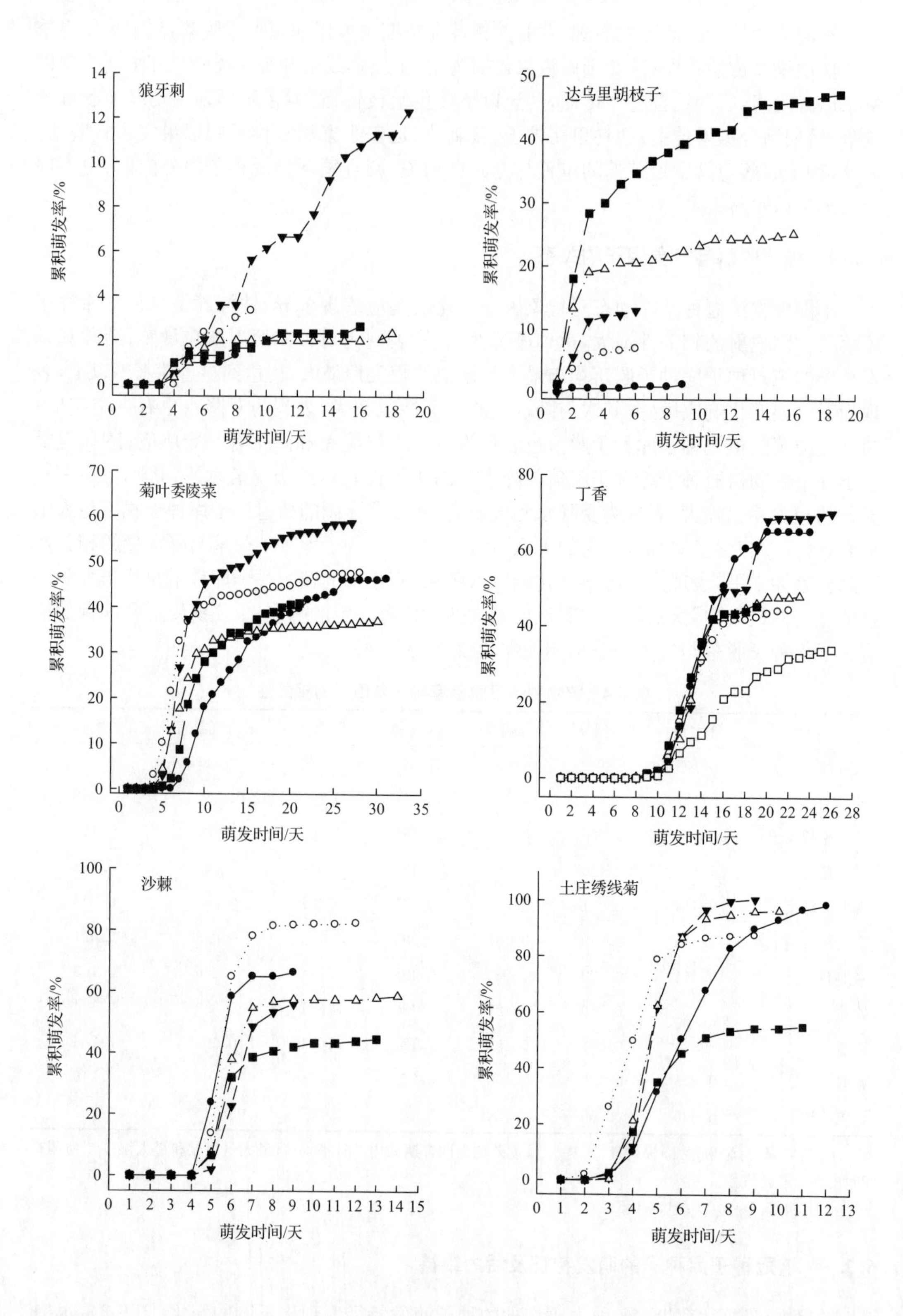
狼牙刺
累积萌发率/%
萌发时间/天
达乌里胡枝子
累积萌发率/%
萌发时间/天
菊叶委陵菜
累积萌发率/%
萌发时间/天
丁香
累积萌发率/%
萌发时间/天
沙棘
累积萌发率/%
萌发时间/天
土庄绣线菊
累积萌发率/%
萌发时间/天

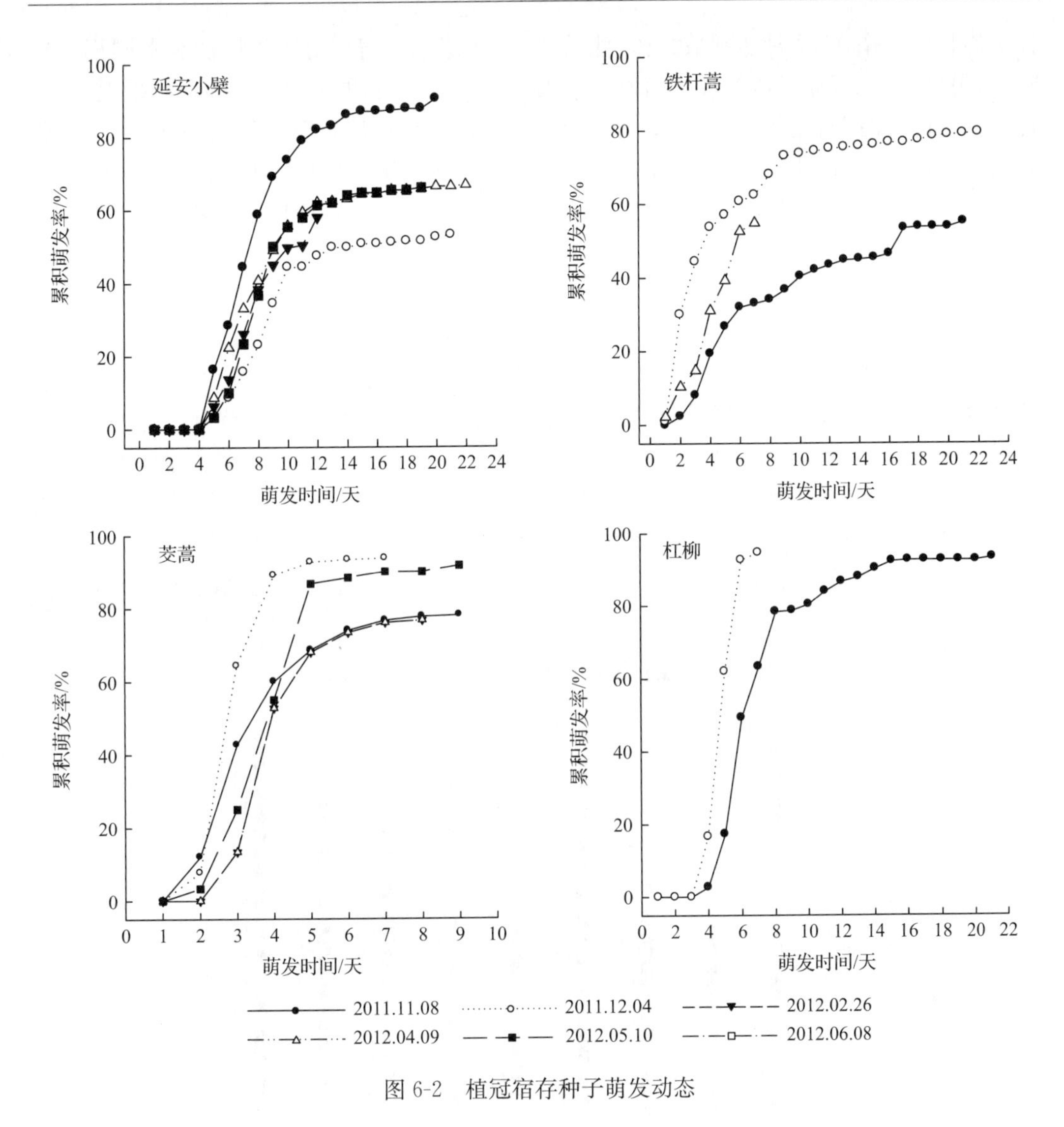

图 6-2　植冠宿存种子萌发动态

子和黄刺玫种子在不同的植冠宿存期均未发生萌发。狼牙刺和达乌里胡枝子种子，在其刚成熟时种子累积萌发率非常低(均为 1.3%)；达乌里胡枝子的种子萌发能力随着在植冠上宿存时间的增加逐渐增强，种子累积萌发率最高可达到 47.3%，而且种子萌发速率均表现为前期波动性快速萌发，后期持续性地缓慢萌发；而狼牙刺种子累积萌发率表现为在 12 月和翌年 2 月底提高，特别是在翌年 2 月底表现为持续性地缓慢萌发，累积萌发率达到 12.3%，随后在翌年 4 月和 5 月种子又波动在刚成熟时的水平；同时，种子在植冠上的宿存时间对达乌里胡枝子种子萌发时滞没有明显的影响，而狼牙刺种子在翌年 2 月和 5 月较刚成熟时有所提前。菊叶委陵菜、丁香和土庄绣线菊种子累积萌发率在翌年 2 月底均达到最大值，分别为 58.7%、70.0%和 100%，随着在植冠上宿存时间的增加，种子累积萌发率反而低于刚成熟时的水平；另外，菊叶委陵菜随着在植冠上宿存时间的增加，其种子萌发时滞均有所缩短，而土庄绣线菊种子表现为萌发时滞延长。沙棘、茭蒿和铁杆蒿种子累积萌发率在 12 月达到最大值，此后，随着在植冠上宿存时间的增加有不同程度的降低；另外，植冠宿存对沙棘种子萌发时滞没有影响，对茭蒿种子萌发时滞有所推迟，而铁杆蒿种子萌发时滞有所缩短。延安小檗种子在植冠上宿存后，其种子累积萌发率均有所降低，特别是 12 月下降到最低（53.0%）；另外，植冠宿存时间对其种子萌发时滞没有影响。杠柳种子在 12 月较刚成熟时更早地启动萌发，但宿存时间对其种子累积萌发率没有影响。

杠柳种子不能在植冠宿存至翌年春季，水栒子和黄刺玫种子由于种皮木质化难以测定活力，这里均不做比较。其他 9 种植物种子在植冠上宿存至翌年 2 月底时，能够维持活力的种子均能达到测定数的 60%以上。有 5 种植物宿存在植冠至翌年 2 月底的种子能够维持活力的比例较成熟当年均有不同程度的提高，其中，延安小檗维持有活力种子的比例提高最小，为 2.7%；而丁香种子提高最大，为 25.0%；狼牙刺和土庄绣线菊种子在植冠上宿存一个冬季后，其有活力种子的比例甚至达到 100%。然而，达乌里胡枝子、沙棘、茭蒿和铁杆蒿植冠种子库宿存的具有活力的种子比例较成熟当年均有所下降，其中达乌里胡枝子种子能够维持活力的比例下降幅度极小，而且其活力种子的比例始终能维持较高（图 6-3）。

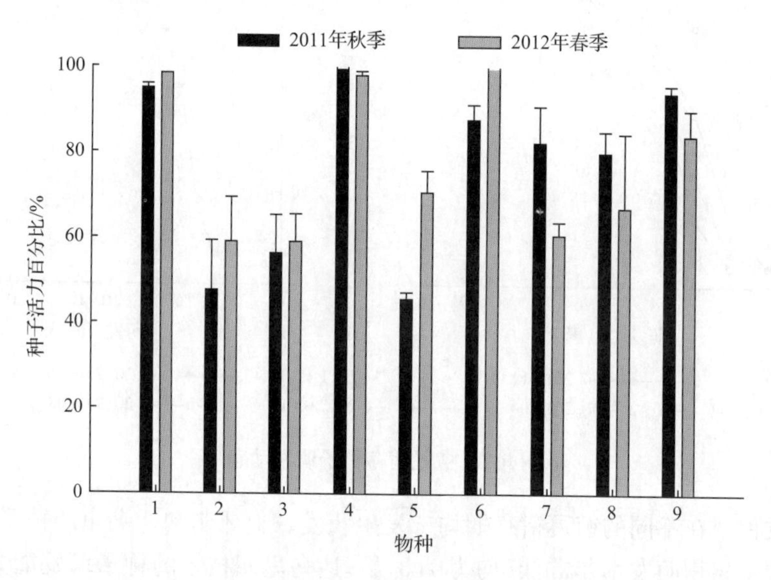

图 6-3 植冠种子库种子活力的变化

1. 狼牙刺；2. 菊叶委陵菜；3. 延安小檗；4. 达乌里胡枝子；5. 丁香；6. 土庄绣线菊；7. 沙棘；8. 铁杆蒿；9. 茭蒿

6.3 讨 论

6.3.1 植冠种子库脱落动态与机制

不同生态系统植冠种子库的脱落机制不同，如在火灾易发生的生态系统，种子在植冠上宿存时间很久，主要因火烧作用而脱落（Lamont et al.，1991）；在干旱荒漠区，种子在植冠上存留时间长，主要因吸水而脱落(Gutterman，1994)；在流动沙丘生态系统，种子在植冠上宿存的时间短，主要因风吹而脱落(刘志民等，2010)。在干旱区植物植冠种子库宿存的种子脱落主要由于种子包裹物经历冷热交替与干湿循环等导致(Lamont et al.，1991；Van Oudtshoorn and Van Rooyen，1999；马君玲和刘志民，2005)，其脱落动态反映了植物对环境变化的响应。本研究中，茭蒿、延安小檗、菊叶委陵菜、达乌里胡枝子、丁香和水栒子的植冠种子库的日平均种子脱落率与降水量和气温变化相关性较大。一方面说明干湿交替与冷热交替是驱动其植冠种子库种子脱落的机制，如 Tapias 等(2001)研究发现果实吸湿开裂或果柄在干湿交替作用下断裂可能是种子脱落的机制；另一方面也体现了这些植物植冠种子库对降水和气温变化的响应，在水分和气温条件适宜之前完成大部分种子的脱落与传播，对于种子抓住适宜条件完成萌发与更新具有重要意义。种子脱落方式的不同也体现了种子对不同环境变化的响应，如铁杆蒿、菊叶委陵菜和土庄绣线菊的植冠种子库种子在后期以花序甚至生殖枝脱落，花序有助于种子更广泛地传播，对种子有保护作用，增大其存活的概率，而且花序和生殖枝吸湿后较土壤失水慢，有利于为种子萌发维持较长的水分环境。

另外，本研究中植物是否具有植冠种子库的不确定性体现了植物植冠种子库对环境变化的响应。本研究的杠柳不具有植冠种子库，而张小彦等(2010a)研究发现杠柳种子可宿存至翌年 4 月初，能够形成植冠种子库，这不仅与植株大小(马君玲和刘志民，2008)有关，也受样地差异影响。不同侵蚀环境下水分条件、土壤养分、侵蚀主导力(水力、风力和重力等)、微气候(包括光照、湿度与温度及受风作用等)差异较大，会对植冠种子库产生不同的影响，Aguado 等(2012)对西班牙东北部 *Anthemis chrysantha* 群落的多年研究也证实了这一结论。同时，狼牙刺结种量有大小年之分，本研究中狼牙刺结种量为大年，在翌年 4 月时其植冠种子库规模仅为初始宿存量的 5.8%，而张小彦等(2010a)研究发现，狼牙刺结种量为小年时，在翌年 4 月时植冠种子库规模为初始宿存量的 31.6%，二者研究结果相差较大，可能由于植物的植冠种子库响应不同年际气候差异有关，有待进一步的研究。植冠种子库与种子产量、立地条件及年际气候变化等的相关性，进一步体现了植冠种子库受外界条件影响，是植物适应环境并应对外界干扰的生态策略之一。

6.3.2　主要物种的植冠种子库策略与生态功能

在黄土丘陵沟壑区，有至少 64 种植物具有植冠种子库，在菊科、禾本科和豆科植物中普遍存在，而且表现出与植物生活型关系较为密切。尽管本研究结果表明具有植冠种子库的生活型以多年生最多，主要由于在鉴定物种中多年生比例较大，但是仅占鉴定多年生植物的 20.9%；而具有植冠种子库的一、二年生物种占鉴定一、二年生植物的 48.5%，鉴定物种生活型为乔木、灌木、半灌木的植物中，大于 40%的植物具有植冠种子库，表明乔灌植物和一、二年生植物相对多年生植物更易形成植冠种子库。植冠种子库与种子附属物及其扩散有关，64 种具有植冠种子库的物种中，53.1%的植物种子不具有附属物，大部分不具有附属物的种子更趋向具有植冠种子库。种子能够分泌黏液的物种多具有植冠种子库，如蒿属植物将种子宿存至雨季，可在降水充足条件下吸湿分泌黏液，更利于萌发及幼苗建植的成功。植物的植冠种子库可能还与物候期有关，花果期在春季和夏季的植物种子难以形成植冠种子库，这些植物种子通常赶在雨季之前完成成熟与扩散，抓住雨季有利的水分条件来完成更新，相对而言，具有植冠种子库的植物种子更趋于较晚成熟，并推迟扩散至翌年生长季来临。

不同物种具有不同的植冠种子库策略，通过不同途径实现其生态功能。有些物种具有较大的植冠种子库规模来应对环境胁迫与干扰，如黄刺玫植冠种子库规模在翌年 4 月可达到 56.5%，具有最强的宿存能力，在翌年 6 月仍有 7.5%的种子可宿存在植冠上，避免冬季扩散至不利生境或被动物取食，保证较多种子在雨季脱落，以等待有利时机破除休眠并萌发。而对于茭蒿、铁杆蒿和达乌里胡枝子，虽然种子在植冠上宿存时间可以达到 7 个月之久，它们单株宿存量少，但作为黄土丘陵沟壑区的优势种，在该区具有较大的多度与频度(焦菊英等，2008)，因而其单位面积植冠种子库密度具有一定的规模，对土壤种子库的补充、物种更新与种群发展具有重要的生态意义。有些物种则采取调节种子萌发特性实现其植冠种子库的生态功能。大多数物种的植冠宿存种子累积萌发率都较成熟初期有一定程度的提高，种子在植冠宿存阶段完成了后熟，提高了其在适宜条件下迅速、大量萌发的可能性；而且部分物种的种子萌发时滞也缩短了，这一特性正好适应研究区降水分配不均、表层土壤水分长期处于干燥的状态，种子可抓住有利的降水事件迅速完成萌发增加这些物种成功更新的概率，这与以往学者对植冠种子库在干旱区生态功能的研究结果一致(Lamont et al., 1991；Van Oudtshoorn and Van Rooyen, 1999)。另外，狼牙刺和达乌里胡枝子等豆科植物种子硬实率很高，随着在植冠上宿存时间的增加，达乌里胡枝子种子萌发能力逐渐增强，种子累积萌发率最高可达到 47.3%，植冠种子库的宿存有利于其打破硬实，破除休眠，增加萌发；而狼牙刺种子萌发在翌年 2 月和 5 月较刚成熟时有所提前，种子在水分条件适宜时快速启动萌发，对抓住有利的降水事件完成萌发及更新具有重要意义。植物还可通过延缓传播提高种子活力实现其生态功能，如菊叶委陵菜种子活力较成熟当年提高了 25.0%，狼牙刺和土庄绣线菊种子的活力甚至达到 100%。

植冠种子库在干旱区具有适应干旱胁迫的生态功能(Günster, 1994；Narita and Wada, 1998；Van Oudtshoorn and Van Rooyen, 1999；Lamont and Enright, 2000)，如在干旱半干旱流动沙后区，萌发后的幼苗还面临着降水事件的波动，干旱半干旱地区的长时期无有效降水是造成大量的幼苗死亡的主要因素；而植冠种子库则可能通过持续性释放种子，进而有效地分摊这种风险，既保证了种子不因风沙干扰而吹失或深埋，又保证了幼苗在稳定环境和优越的水分供给下生长，从而使沙丘植物的补充和定居有更高的成功率(马君玲和刘志民，2005；2008)。黄土丘陵沟壑区属于半干旱季风区，也存在着降水后的极端干旱事件，面临着干旱胁迫，极端干旱导致大量种子萌发出苗的全军覆没，而植冠种子库可以通过调节脱落动态与萌发特性来应对其干旱胁迫。本研究中有 10 种植物的植冠种子库种子至少可以宿存至翌年 5 月，在雨季到来时完成扩散与萌发，可分摊极端干旱事件的威胁。

植冠种子库往往通过补充土壤种子库来发挥繁衍作用(马君玲和刘志民，2005)，如在科尔沁沙地沙蓬(*Agriophyllum squarrosum*)与乌丹蒿的土壤种子库高峰期与种子传播高峰期同步(Ma and Liu, 2008)；在黄土丘陵沟壑区撂荒坡面种子输入与输出的研究表明，种子雨的物种组成与土壤种子库的相似性为 0.66(具体见第 10 章)，植冠种子库宿存的种子是种子雨的主要来源之一，对该区土壤种子库具有一定补充的作用。另外，植冠种子库可将种子推迟至合适时期传播，在捕食存在的情况下，对于逃避捕食具有重要的意义（Narita and Wada，1998）；可将一些植物种子的脱落推迟到更利于风力等传播的最佳时期，不仅为其生存寻找新的生境，而且能够避开同种植物在母株周围对资源的竞争；还可将一些植物种子的脱落推迟到雨季，对于应对干旱胁迫与水力侵蚀干扰具有重要生态意义。

6.4　小　　结

1）黄土丘陵沟壑区至少有 64 种植物具有植冠种子库，以菊科、禾本科、豆科和蔷薇科植物为主，多年生植物、灌木和半灌木植物居多。大部分不具有附属物的种子更趋向具有植冠种子库；有 10 种植物种子分泌黏液，其植冠种子库种子可宿存至雨季，在降水充足条件下吸湿分泌黏液，更利于种子萌发及幼苗建植成功。具有植冠种子库的植物种子以风力传播为主，而花果期在春夏季的植物种子一般不具有植冠种子库。

2）不同植物植冠种子库的宿存特征表现各异。杠柳种子在植冠宿存时间不超过 4 个月，不具有植冠种子库；菊叶委陵菜、沙棘、水栒子和土庄绣线菊种子在植冠上宿存期可达 7 个月；其他 7 种植物种子的宿存期可超过 8 个月。茭蒿、铁杆蒿、菊叶委陵菜、达乌里胡枝子和狼牙刺为研究区的优势种，具有较大的密度与频度，这些物种可形成一定规模的单位面积植冠种子库。

3）不同植物具有不同的脱落动态。除了黄刺玫种子在翌年 5 月达到脱落高峰，其他植物大部分种子在成熟当年冬季脱落，其中，杠柳、达乌里胡枝子、茭蒿、延安小檗和水栒子的大部分种子脱落集中偏早（成熟后一个月内），铁杆蒿和土庄绣线菊的大部分种子脱落集中偏晚（成熟后一个月以后）。茭蒿、延安小檗、菊叶委陵菜、达乌里胡枝子、丁香和水栒子的植冠种子库的脱落对降水量和气温变化响应较大，干湿交替与冷热交替是驱动研究区植物植冠种子库种子脱落的主要机制。

4）不同植物植冠种子库宿存的种子表现出不同的萌发特性与活力。水栒子和黄刺玫种子在不同的植冠宿存期始终保持休眠；在植冠宿存至翌年 2 月时，达乌里胡枝子、菊叶委陵菜、狼牙刺、丁香和土庄绣线菊种子萌发率均有提高，而延安小檗、菊叶委陵菜、狼牙刺、丁香和土庄绣线菊种子活力率均有所提高。

5）不同植物表现出不同的植冠种子库策略，或具有较大规模的宿存量或调控种子萌发特性或提高种子活力率等。

第7章　土壤种子库特征*

土壤种子库(soil seed bank)是指存在于土壤上层凋落物和土壤中全部存活种子的总和(Simposon, 1989)。它是植物群落的一部分,是植被重建与恢复的重要种源,很大程度上决定了植被恢复的进度和方向,在植被自然恢复演替过程中起着重要的作用(Peco et al., 1998;Falińska, 1999)。由于植物繁殖物候期各异,种子脱落时间不同,加上种子自身特性及所处生境不同,不同物种种子在土壤中的保存时间也就不同,因而土壤种子库具有不同的类型。Thompson 和 Grime(1979)将种子库归为两大类,即短暂土壤种子库(transient soil seed bank,种子在土壤中存活不超过1年)和持久土壤种子库(persistent soil seed bank,种子在土壤中存活时间超过1年)。短暂土壤种子库又细分为类型Ⅰ和Ⅱ,具有类型Ⅰ种子库的植物种子在晚春或夏季成熟脱落,随后在秋季全部萌发;具有类型Ⅱ种子库的植物在冬季散落种子,在第二年春季大量萌发。持久土壤种子库也细分为类型Ⅲ和Ⅳ,类型Ⅲ的特点是种子散落后大部分萌发,但是还有一部分形成持久种子库;类型Ⅳ的物种是产生大量具有休眠性的种子,形成持续时间较长的、密度较大的种子库。而 Bakker(1989)根据土壤中种子存活年限,将种子库分为三大类:短暂种子库,即种子在土壤中存活不超过1年;短期持久种子库,种子在土壤中存活1～5年;长期持久种子库,种子在土壤中存活时间至少5年。由于持久土壤种子库作为原有植物群落的"记忆",对干扰后的植被恢复非常重要(Bakker et al., 1996)。所以,在恶劣环境条件下,不可预测的干扰时有发生,是否拥有持久土壤种子库关系到物种在干扰环境中的更新能力和群落的稳定(Bakker et al., 1996;Thompson et al., 1998;Thompson, 2000)。

种子的储存和补充是植物繁衍的前提(Bekker et al., 1997),而土壤种子库承接着种子的储存和补充,是植物群落的重要组成部分,在植被更新、恢复过程中起到重要的作用。所以,对土壤种子库的研究也是备受重视,研究涉及荒漠(Cabin and Marshall, 2000;Yu et al., 2007)、干草草原(Bekker et al., 2000)、草甸草原(Bekker et al., 1997;Klimkowska et al., 2010)、灌丛草原(Davies and Waite, 1998;李彦娇等,2010)、湖泊湿地(Norbert and Annette, 2004)、森林(Middleton, 2003;陈智平等,2005;程积民等,2008)等不同生态类型及火烧(Dyer, 2002;Risberg and Granstrom, 2012)、放牧(Mayor et al., 2003;Dreber and Esler, 2011)、水淹(Norbert and Annette, 2004)、封禁(赵凌平等,2008)、气候变化(Gutiérrez and Meserve, 2003)、外来物种入侵(Robertson and Hickman, 2012)等不同干扰条件下的土壤种子库物种组成与密度空间分布及时间动态,以及种子库在干扰或退化生境植被恢复中的作用。然而,在土壤侵蚀非常严重、生态环境非常脆弱的黄土高原地区,土壤种子库的研究起步较晚,积累的资料较少,主要研究表现在:通过对子午岭林区天然油松林、人工油松林、人工落叶松林、人工刺槐林等主要森林类型的

---

* 本章作者:王宁,焦菊英

土壤种子库研究，得出种子库能够为林分的天然更新提供基本条件（王辉和任继周，2004a，2004b）；子午岭林区辽东栎林土壤种子库储量和萌发条件不是幼苗更新的限制因子（陈智平等，2005）；对黄土高原云雾山草地土壤种子库与草地更新的研究表明，放牧和人为活动的长期干扰可降低土壤种子库的密度，严重影响地上植被的自然更新与种群组成（程积民等，2006）；对安塞退耕3～30年的退耕地恢复过程中土壤种子库的研究，得出退耕地土壤种子库是以先锋物种猪毛蒿为优势种，同时具有一定数量的地带性物种组成，而且随着退耕年限的增加，土壤种子库中一年生物种和田间杂草逐渐减少，而多年生物种和地带性物种逐渐增加（白文娟等，2007a，2007b；Wang et al.，2010）；土壤侵蚀对土壤种子库空间分布的影响也进行了初步研究（Wang et al.，2011b）。但该区不同立地环境下能否形成有效的土壤种子库，能否满足物种更新的需要尚不清楚。为此，本章通过对黄土丘陵沟壑区不同立地环境土壤种子库的调查与分析，研究植被恢复过程中土壤种子库的变化特征及土壤侵蚀对土壤种子库的影响，探明该区土壤种子库能否满足植被自然更新的需要，以期为黄土丘陵沟壑区退耕地植被恢复演替提供更深层次的生态学解释，为人工适度干预与调控、加速植被恢复的实践探索提供理论依据。

7.1　研究方法

7.1.1　土壤样品采集

在黄土丘陵沟壑区安塞县的纸坊沟小流域，选择了4个典型沟坡侵蚀单元：两个自然恢复单元，即深沟谷短坡面（单元Ⅰ）和浅沟谷长坡面（单元Ⅱ）；两个人工恢复单元，自然沟谷人工柠条林坡面（单元Ⅲ）和人工刺槐林坡面（单元Ⅳ）。将每个侵蚀单元从分水岭到沟沿线划分为3个侵蚀带（溅蚀、面蚀带，细沟侵蚀带，浅沟侵蚀带）；单元Ⅰ和单元Ⅲ沟坡分为两个样带（邻近沟沿线的沟坡样带和接近沟底的沟坡样带）；单元Ⅱ沟坡较短，没有再划分，单元Ⅳ无沟坡样地。在每个样带设置3个5 m×5 m样方，每个样方内用直径4.8 cm的土钻分0～2 cm、2～5 cm和5～10 cm土层进行采样，每个样方采集20个土钻样混合后待用。同时，在单元Ⅰ和单元Ⅱ的淤积微地形（包括坡面的草丛下和鱼鳞坑）、单元Ⅰ、单元Ⅱ和单元Ⅲ的沟道淤积处进行采样，采样分0～5 cm和5～10 cm两层，在相应侵蚀带同种微地形下采集20个土钻样混合备用。样地基本情况如表7-1所示。

土壤种子库取样分别在2008年和2009年的4月、8月、10月进行。由于研究区大多数主要物种的种子在秋季成熟，在深秋脱落，4月种子尚没有大规模萌发；8月已经进入雨季，有一部分种子萌发，同时也是春末夏初开花成熟物种种子散落的季节；10月采样时雨季已经结束、气温也有所降低，大量种子已经萌发。通过不同季节采样来了解研究区土壤种子库组成动态及土壤种子库的持久性。采集的土样风干后存放在纸袋中，一年3次采集的土样集中在一次萌发，萌发试验前对土壤样品过0.15 mm筛去除细土，这样既能浓缩土样，节省萌发试验所用空间，又能改善土壤条件促进萌发。

表 7-1　样地基本情况

样带号	坡向	坡度/(°)	主要物种	盖度/%	侵蚀类型
Ⅰ-1	阳坡	5	铁杆蒿,阿尔泰狗娃花	40	片蚀
		5	铁杆蒿,长芒草	35	片蚀
		8	长芒草,铁杆蒿	20	片蚀
Ⅰ-2	阳坡	27	茭蒿,猪毛蒿	20	片蚀、细沟
		23	猪毛蒿,茭蒿	25	片蚀、细沟
		25	中华隐子草,达乌里胡枝子	20	片蚀、细沟
Ⅰ-3	阳坡	25	铁杆蒿,猪毛蒿	20	片蚀、细沟、浅沟
		20	白羊草,茭蒿	25	片蚀、细沟、浅沟
		23	赖草	35	片蚀、细沟
Ⅰ-4	阳坡	35	茭蒿,铁杆蒿,狼牙刺	45	片蚀
		42	狼牙刺	50	片蚀
		35	茭蒿,狼牙刺	45	片蚀
Ⅰ-5	阳坡	45	铁杆蒿	50	片蚀、细沟、重力
		30	铁杆蒿	70	片蚀、细沟
		30	铁杆蒿,茭蒿	40	片蚀、细沟
Ⅱ-1	半阴	15	猪毛蒿	20	片蚀
		16	猪毛蒿	20	片蚀
		15	猪毛蒿	25	片蚀
Ⅱ-2	半阴	17	阿尔泰狗娃花,长芒草	12	细沟
		20	猪毛蒿,阿尔泰狗娃花,长芒草	12	细沟
		18	猪毛蒿	10	细沟
Ⅱ-3	半阴	20	猪毛蒿	15	细沟、浅沟
		28	猪毛蒿,阿尔泰狗娃花	20	细沟、浅沟
		25	猪毛蒿	30	细沟、浅沟
Ⅱ-4	半阴	28	猪毛蒿	10	片蚀、细沟、浅沟
		22	猪毛蒿	20	细沟、浅沟
		25	猪毛蒿,铁杆蒿	16	细沟、浅沟
Ⅱ-5	半阴	30	铁杆蒿	70	片蚀
		28	长芒草,中华隐子草	45	片蚀、重力
		40	铁杆蒿	50	片蚀、重力
Ⅲ-1	阴坡	5	柠条,铁杆蒿	20	片蚀
		5	柠条,铁杆蒿	40	片蚀
		5	柠条,铁杆蒿	45	片蚀

续表

样带号	坡向	坡度/(°)	主要物种	盖度/%	侵蚀类型
Ⅲ-2	阴坡	25	柠条,铁杆蒿	50	片蚀
		23	柠条,铁杆蒿	65	片蚀
		28	柠条,铁杆蒿	50	片蚀
Ⅲ-3	阴坡	22	柠条,铁杆蒿	50	细沟、浅沟
		25	柠条,铁杆蒿	75	细沟、浅沟
		20	柠条,铁杆蒿	65	细沟、浅沟
Ⅲ-4	阴坡	28	铁杆蒿,野菊	60	细沟、重力
		35	铁杆蒿,杠柳	60	细沟、重力
		30	铁杆蒿,茭蒿	60	细沟、重力
Ⅲ-5	阴坡	45	铁杆蒿	50	片蚀、细沟、重力
		45	铁杆蒿	60	片蚀、细沟、重力
		45	铁杆蒿,异叶败酱,星毛委陵菜	60	片蚀、细沟、重力
Ⅳ-1	阳坡	20	刺槐,长芒草	50	片蚀
		20	刺槐,长芒草	50	片蚀
		20	刺槐,长芒草	50	片蚀
Ⅳ-2	阳坡	40	刺槐,长芒草	60	片蚀
		30	刺槐,长芒草	55	片蚀
		25	刺槐,长芒草	60	片蚀
Ⅳ-3	阳坡	30	刺槐,长芒草	60	片蚀
		25	刺槐,长芒草	50	片蚀
		25	刺槐,长芒草	50	片蚀

注：Ⅰ、Ⅱ、Ⅲ、Ⅳ分别代表4个侵蚀单元;1、2、3分别代表坡面溅蚀面蚀带、细沟侵蚀带及浅沟侵蚀带,4、5分别代表临近沟沿线的沟坡样带和接近沟底的沟坡样带。

同时,在土壤种子库采样的样地内设置3个2 m×2 m的小样方调查地上植被,分别于2008年、2009年和2010年的8月对样地内地上植被的物种组成、高度、密度、盖度等进行调查,用来分析土壤种子库与地上植被的关系。

7.1.2　土壤种子库萌发与鉴定

萌发试验分别在2009年和2010年的春季进行,试验布设在黄土高原土壤侵蚀与旱地农业国家重点实验室人工干旱气候模拟大厅的温室内,可以调节光照、温度、湿度。在20 cm×30 cm×8 cm铺有2 cm厚珍珠岩的塑料盘中进行萌发,土层厚度保持在0.5 cm左右。定时洒水,使土壤保持适宜的湿度。试验期间温度变化在15～30 ℃,平均温度25 ℃。试验期间,每天观测并标记出苗,待鉴定后拔除;而对于不能鉴定的幼苗进行移栽,等开花后再鉴定;对于禾本科较难鉴定的物种,详细记录其出苗时子叶的形态特征、叶脉特征、叶表皮毛特征等作为综合指标以鉴定物种。试验期间每月翻土一次以促进种子的萌发，试验共持续4个多月，在连续2周无幼苗萌发后结束试验。

7.1.3　数据分析

1）土壤种子库的密度和物种丰富度：通过采样面积和每份土样萌发的幼苗数及鉴定物种数计算出单位面积的种子库密度和物种丰富度。

2）持久土壤种子库判定：通过不同季节土壤种子库物种构成、物种种子成熟物候期以及种子库在不同土层的分布，来确定土壤种子库的持久性。在无干扰情况下，种子在土壤中垂直方向运动较慢，所以越是较深土壤层次中的种子，一般寿命越长（Bekker et al.，1998）。

3）土壤种子库的时空变化：采用方差分析和多重比较来分析不同采样时间、不同坡位、不同微地形、不同恢复方式样地土壤种子库的差异性。

4）土壤种子库的物种多样性：其中丰富度直接用物种个数表示，物种多样性通过Shannon-Wiener多样性指数和Pielou均匀度指数来表征，具体的计算公式见2.1.2节。

5）土壤种子库物种相似性：采用Sorensen相似性系数来表征：

$$\mathrm{CC}=\frac{2w}{a+b} \tag{7-1}$$

式中，CC为相似性系数；w为两个样地共有种数；a和b分别为两个样地各自拥有的物种数。

7.2　结果与分析

7.2.1　土壤种子库的物种组成与多样性

1. 土壤种子库的物种变化

综合4个土壤侵蚀单元2008年与2009年2年土壤种子库的鉴定结果，共有90个物种（另外有几个幼苗死亡没有鉴定出种属），属于31科76属（附表）。其中，物种数较多的科是菊科12属16个物种，禾本科13属14个物种，豆科10属12个物种，这三科物种占到总物种数的46.7%；蔷薇科和毛茛科均为4属5个物种，紫草科4属4个物种，藜科3属3个物种，唇形科、大戟科、伞形科均为2属2个物种，堇菜科、报春花科为1属2个物种，其余的各科均只有单属单物种。

就植物生长型而言，一、二年生物种29种，占总物种数的32.2%；多年生草本35种，占总物种数的38.9%；多年生禾草11种，占总物种数的12.2%；灌木、半灌木13种，占总物种数的14.4%；乔木仅2种占总物种数的2.2%。不同生长型物种在不同生境类型和不同采样时间的土壤种子库中的比例存在差异。在各种生境类型的土壤种子库中，一、二年生物种和多年生草本物种在物种数量上占有较高的比例，且在密度组成上一、二年生物种一般超过总密度的50%，尤其是在自然恢复坡面，其密度所占比例高达80%以上，其中猪毛蒿占有很大比例；随着植被类型变化，种子库中一、二年生物种在物种数量上没有明显的降低，而密度却有所降低，在沟坡、沟道样地中，其密度比例降至60%以下。多年生禾草和灌木、半灌木物种在种子库中的物种数量和密度均较低，但是随着植被恢复，其物种数量及在种子库密度中的比例均有所增加(表7-2)。乔木物种在种子库中出现很少，只有人工刺槐林土壤中检测到少量刺槐种子，以及在单元Ⅰ沟坡土壤中检测到几粒榆树种子。

表7-2　不同生境各生长型植物的物种数及其占总物种数和总密度的比例

生境	时间	一、二年生草本		多年生禾草		多年生草本		灌木、半灌木	
		物种数	物种/密度比例/%	物种数	物种/密度比例/%	物种数	物种/密度比例/%	物种数	物种/密度比例/%
自然恢复坡面	4月	18	45/89	4	10/1	14	35/8	4	10/2
	8月	13	33/84	5	13/3	16	41/11	5	13/2
	10月	14	45/85	5	16/4	9	29/9	3	10/2
人工柠条林坡面	4月	12	37/57	6	18/17	11	33/13	4	12/13
	8月	10	29/55	7	20/18	15	43/17	3	8/10
	10月	12	33/68	9	25/9	13	36/14	2	6/9
人工刺槐林坡面	4月	8	29/72	5	18/11	13	46/13	2	7/4
	8月	11	42/53	5	19/36	8	31/9	2	8/2
	10月	11	44/77	5	20/7	8	32/14	1	4/2
自然沟坡	4月	14	32/56	6	14/17	18	42/17	5	12/10
	8月	17	36/51	9	19/17	17	36/16	4	9/6
	10月	26	47/55	9	17/18	15	27/19	5	9/8
沟道淤泥	4月	18	27/57	9	14/30	32	48/8	7	11/5
	8月	18	39/52	7	15/34	16	35/10	5	11/4
	10月	18	41/51	7	16/34	14	32/11	5	11/4

2. 土壤种子库的物种丰富度变化

不同侵蚀单元各生境0～10 cm土层种子库物种数分布在6～22种，随土层、坡面、沟坡、坡位、微地形和时间的不同而发生着变化。土壤种子库物种丰富度随着采样深度的增加，呈现出逐渐降低的趋势。在自然恢复坡面，表层0～2 cm土层种子库物种数在坡上部[(7.8±0.4)种]显著高于坡下部[(6.2±0.4)种]($P<0.05$)，在2～5 cm和5～10 cm土层物种数无显著差异；与沟坡对比，在各个层次均是沟坡物种数显著高于坡面物种数($P<0.01$)。对于人工柠条林坡面，0～2 cm和2～5 cm土层种子库物种丰富度在坡上部最小，要显著低于坡中部和坡下部($P<0.01$)，在5～10 cm土层是坡下部最高，要显著高于坡中部和上部($P<0.05$)；与沟坡对比发现，0～2 cm土层沟坡物种数与坡中部、下部相当，要显著高于坡上部($P<0.01$)，而在2～5cm土层沟坡物种数要显著低于坡下部($P<0.05$)，但要显著高于坡上部($P<0.05$)，5～10 cm沟坡物种数与坡面上部、中部物种数无差异，均显著低于坡面下部样地($P<0.05$)。而人工刺槐林坡面不同坡位间种子库物种

数差异变化较小，只有在 0～2 cm 土层的坡中部要显著高于坡下部（$P<0.05$）（图 7-1）。

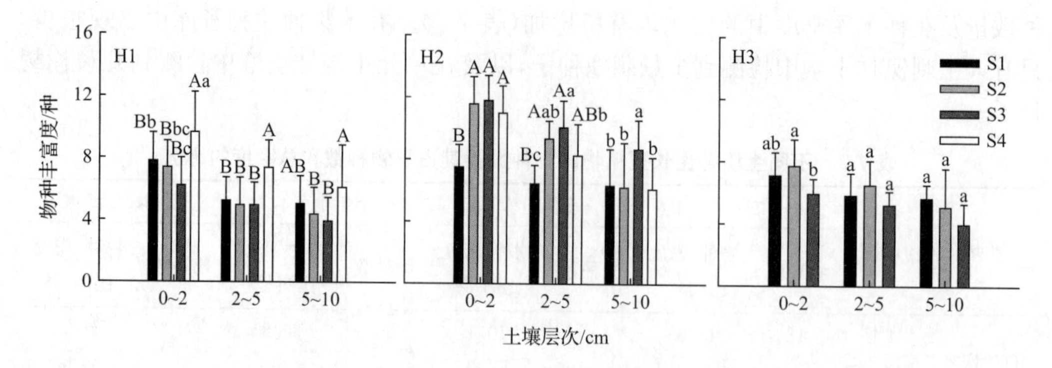

图 7-1　土壤种子库物种丰富度随坡位变化情况

H1. 自然恢复坡面与沟坡，H2. 人工柠条林坡面与沟坡，H3. 人工刺槐林坡面；S1. 坡上部，S2. 坡中部，S3. 坡下部，S4. 沟坡；误差线上大写字母表示差异显著性水平 $P<0.01$，小写字母表示差异显著水平 $P<0.05$

对于坡面不同的微地形，土壤种子库物种丰富度在 0～5 cm 土层内无显著差异，而在 5～10 cm 土层，草丛下、鱼鳞坑、浅沟跌水处等淤积地形的物种数要显著高于对应坡面的植被间（表 7-3）。

表 7-3　不同微地形土壤种子库物种数

微地形	单元Ⅰ土壤种子库物种数/种		微地形	单元Ⅱ土壤种子库物种数/种	
	0～5 cm	5～10 cm		0～5 cm	5～10 cm
植被间	$8.6\pm0.3_{a}$	$4.5\pm0.4_{b}$	植被间	$8.6\pm0.3_{a}$	$4.5\pm0.2_{Bb}$
草丛下	$8.2\pm0.6_{a}$	$6.1\pm0.5_{a}$	浅沟淤泥	$9.7\pm0.8_{a}$	$5.8\pm0.5_{ABa}$
鱼鳞坑	$8.2\pm0.7_{a}$	$6.3\pm0.6_{a}$	鱼鳞坑	$8.3\pm0.4_{a}$	$6.4\pm0.3_{Aa}$

注：土壤种子库物种数为平均值±标准误；右下角小写字母表示差异水平在 $P<0.05$，大写字母表示差异水平在 $P<0.01$。

而对于同一生境条件下的样地，不同采样时间各土层的物种丰富度变异系数分布在 0.1～0.3，说明土壤种子库物种数分布在年内的变化不大（表 7-4）。

表 7-4　各生境类型土壤种子库物种丰富度随采样时间变化特征

生境	时间	物种数/种			变异系数
		最小值	最大值	平均值±标准误	
自然恢复坡面	4 月	7	14	10.9±0.4	0.1
	8 月	6	15	9.8±0.5	0.2
	10 月	6	15	9.9±0.5	0.2
人工柠条林坡面	4 月	10	18	13.7±0.8	0.2
	8 月	10	22	15.8±1.5	0.3
	10 月	10	18	14.7±0.9	0.2

续表

生境	时间	物种数/种			变异系数
		最小值	最大值	平均值±标准误	
人工刺槐林坡面	4 月	4	9	6.3±0.5	0.2
	8 月	7	13	9.4±0.7	0.1
	10 月	7	13	10.3±0.7	0.2
自然沟坡	4 月	9	18	13.5±0.7	0.2
	8 月	8	21	14.4±1.1	0.3
	10 月	10	22	14.7±0.9	0.2
沟道淤泥	4 月	8	15	12.6±0.7	0.2
	8 月	10	18	12.8±0.8	0.2
	10 月	9	20	13.9±1.0	0.2

3. 土壤种子库的物种多样性变化

在不同生境中，由于植物群落不同，其土壤种子库的物种多样性也发生着变化。在自然恢复坡面、人工恢复坡面、自然沟坡和沟道淤泥 4 种生境类型中，土壤种子库的物种 Shannon-Wiener 多样性指数和 Pielou 均匀度指数在自然恢复坡面样地中最低，而且远远低于其他生境（$P<0.001$）；而在其他生境中土壤种子库的物种多样性和均匀度的差异较小（图 7-2）。在自然恢复的单元Ⅰ和单元Ⅱ，植被保存较好沟坡上的土壤种子库的物种多样性和均匀度均显著高于坡面（$P<0.001$）。在自然恢复的坡面上，从分水岭到坡中，随着土壤侵蚀程度的加强土壤种子库物种多样性呈现出显著的降低（$P<0.001$），如在单元Ⅰ，从溅蚀、片蚀带到细沟侵蚀带 Shannon-Wiener 多样性指数由 1.07±0.09 降低到 0.69±0.09，Pielou 均匀度指数由 0.32±0.03 降低到 0.22±0.02；但是到了坡面的下部，随着坡度的减缓和植被盖度的增加，土壤种子库的物种多样性和均匀度又有所增加。而在人工恢复坡面没有出现这种变化趋势，而且在侵蚀单元Ⅲ内，处于人工柠条林内部的

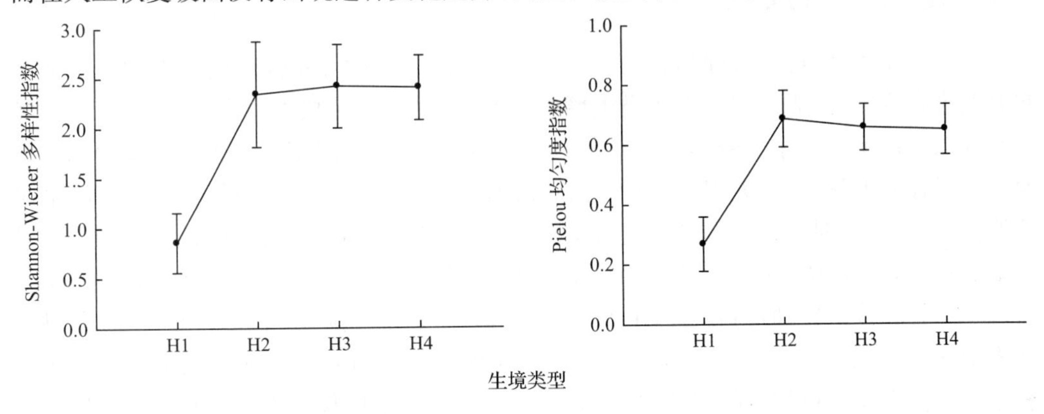

图 7-2　不同生境类型中的土壤种子库的物种多样性

H1. 自然恢复坡面；H2. 人工恢复坡面；H3. 自然沟坡；H4. 沟道淤泥

坡面中部和下部两个样带物种多样性指数和均匀度要显著高于处于峁顶柠条林边缘的样带($P<0.001$)和自然沟坡样带($P<0.01$)(表 7-5)。

表 7-5　不同侵蚀带的土壤种子库物种多样性指数

侵蚀单元	样带				
	1	2	3	4	5
Shannon-Wiener 多样性指数					
Ⅰ	$1.07\pm0.09_{C}$	$0.69\pm0.09_{D}$	$0.92\pm0.09_{C}$	$1.95\pm0.08_{B}$	$2.58\pm0.05_{A}$
Ⅱ	$1.26\pm0.09_{B}$	$0.93\pm0.07_{C}$	$0.52\pm0.05_{D}$	$0.60\pm0.08_{D}$	$2.69\pm0.08_{A}$
Ⅲ	$2.13\pm0.16_{B}$	$2.94\pm0.07_{Aa}$	$3.01\pm0.08_{Aa}$	$2.19\pm0.13_{B}$	$2.70\pm0.13_{Ab}$
Ⅳ	$2.02\pm0.08_{a}$	$1.98\pm0.12_{a}$	$1.69\pm0.09_{a}$		
Pielou 均匀度指数					
Ⅰ	$0.32\pm0.03_{C}$	$0.22\pm0.02_{D}$	$0.29\pm0.02_{C}$	$0.60\pm0.01_{B}$	$0.71\pm0.01_{A}$
Ⅱ	$0.40\pm0.03_{B}$	$0.29\pm0.02_{C}$	$0.16\pm0.01_{D}$	$0.19\pm0.02_{D}$	$0.68\pm0.01_{A}$
Ⅲ	$0.62\pm0.04_{Bbc}$	$0.77\pm0.01_{Aa}$	$0.77\pm0.01_{Aa}$	$0.60\pm0.03_{Bc}$	$0.68\pm0.03_{ABb}$
Ⅳ	$0.62\pm0.02_{a}$	$0.67\pm0.08_{b}$	$0.58\pm0.03_{b}$		

注：Ⅰ、Ⅱ、Ⅲ、Ⅳ分别代表 4 个侵蚀单元；1、2、3 分别代表坡面溅蚀面蚀带、细沟侵蚀带及浅沟侵蚀带，4、5 分别代表临近沟沿线的沟坡样带和接近沟底的沟坡样带；土壤种子库多样性指数为平均值±标准误；右下角字母代表差异显著水平，大写字母表示 $P<0.001$，小写字母表示 $P<0.01$。

7.2.2　土壤种子库的密度特征

本研究所选择的 4 个沟坡侵蚀单元，涉及自然恢复坡面与沟坡及人工恢复坡面，具有人工林及自然恢复不同演替阶段的植被类型，0～10 cm 土层土壤种子库密度变化在 1188～22560 粒/m^2。土壤种子库密度随采样时间、土层深度、坡位及微地形的不同而发生着变化。

1. 随采样时间的变化

土壤种子库密度随采样时间而变化，但是在不同层次间和不同的生境类型中变化趋势和幅度存在差异(表 7-6)。在各类生境中，种子库的波动主要发生在表层 0～2 cm，随着采样深度的增加种子库密度趋于稳定，5～10 cm 土层种子库密度在各种生境中随采样时间均无显著变化，具体表现为：在自然恢复坡面，0～2 cm 土层中的种子库密度波动最为剧烈，不同采样时间密度差异均达到极显著水平($P<0.01$)；而在 2～5 cm土层中只是 4 月种子库密度极显著高于 8 月和 10 月。对于自然沟坡，0～2 cm 土层种子库密度在 4 月和 8 月无显著差异，但均显著高于 10 月($P<0.01$)；在 2～5 cm 土层中从 4～10 月种子库密度逐渐降低。在人工柠条林坡面，土壤种子库密度波动最小，只有表层 0～2 cm 土层种子库密度在 10 月显著降低($P<0.05$)，而在 2～5 cm 土层种子库平均密度随采样时间略有降低。而人工刺槐林坡面的土壤种子库密度与其他生境不同，8 月表层 0～2 cm 土层种子库密度要显著高于其他两个时间($P<0.01$)，在 2～5 cm 土层同样也是在 8 月采

样时密度最高，这是由于林下长芒草在 6～8 月成熟、散落，使得种子库密度在 8 月采样时处于最高水平。

表 7-6　土壤种子库密度在不同层次随采样时间的变化

生境	土壤种子库密度/(粒/m^2)								
	0～2 cm			2～5 cm			5～10 cm		
	4 月	8 月	10 月	4 月	8 月	10 月	4 月	8 月	10 月
自然恢复坡面	$8857\pm717_A$	$6527\pm442_B$	$3303\pm177_C$	$2961\pm223_A$	$2053\pm137_B$	$2041\pm148_B$	$1104\pm152_a$	$966\pm121_a$	$766\pm82_a$
自然沟坡	$2659\pm255_A$	$2423\pm258_A$	$1513\pm144_B$	$1256\pm109_a$	$1156\pm110_{ab}$	$941\pm77_b$	$626\pm81_a$	$753\pm97_a$	$565\pm46_a$
人工柠条林坡面	$1622\pm145_a$	$1621\pm167_a$	$1157\pm92_b$	$1127\pm99_a$	$1108\pm116_a$	$904\pm88_a$	$620\pm98_a$	$807\pm103_a$	$565\pm80_a$
人工刺槐林坡面	$1130\pm112_B$	$1814\pm220_A$	$734\pm96_B$	$1002\pm47_{ab}$	$1299\pm142_a$	$895\pm110_b$	$761\pm58_a$	$939\pm114_a$	$639\pm83_a$

注：土壤种子库密度为平均值±标准误；右下角大写字母代表不同时间种子库密度差异显著水平 $P<0.01$；小写字母代表不同时间种子库密度差异水平 $P<0.05$。

2. 随采样深度的变化

在不同采样时间各类生境的土壤种子库密度随采样深度的增加而显著降低(图 7-3)。在自然恢复坡面，土壤种子库密度在各采样时间均随着采样深度增加而极显著地降低($P<0.01$)；大部分种子(54%～69%)分布在表层 0～2 cm 土层，21%～34%的种子分布在 2～5 cm 土层，有 9%～12%的种子分布在 5～10 cm 土层。自然沟坡土壤种子库密度在 4 月随采样深度增加表现出极显著的下降($P<0.01$)，在 8 月和 10 月土壤种子库密度同样随深度的增加有显著的降低；50%～59%的种子分布在 0～2 cm 土层，26%～31%的种子分布在 2～5 cm 土层，14%～19%的种子分布在 5～10 cm 土层。对于人工柠条林坡面，4 月和 10 月种子库密度随采样深度增加出现极显著的下降($P<0.01$)，8 月种子库密度随采样深度增加出现显著的下降($P<0.05$)；44%～48%的种子分布在 0～2 cm 土层，31%～34%的种子分布在 2～5 cm 土层，18%～23%的种子分布在 5～10 cm 土层。人工刺槐林坡面土壤种子库密度随深度的变化较其他生境要小一些，4 月和 8 月表层 0～2 cm 土层种子库密度与 2～5 cm 土层无显著差异，但二者均显著高于 5～10 cm 土层，10 月调查中种子库密度在不同土层间差异不显著；29%～39%的种子分布在 0～2 cm 土层，32%～38%的种子分布在 2～5 cm 土层，24%～33%的种子分布在 5～10 cm 土层。总之，在自然恢复坡面和自然沟坡，50%以上的种子分布在表层 0～2 cm 土层内；在人工林坡面，土壤种子库总体密度有所下降，层次间的差异也明显降低。

3. 随坡位的变化

坡面与沟坡由于干扰方式不同，地上植被具有较大的差异，土壤种子库密度也具有较大的差异。由于侵蚀单元Ⅰ、Ⅱ坡面为退耕后自然恢复的植被且处于演替过程中，而沟坡为残留植被，坡面的土壤种子库密度要显著高于沟坡，尤其是在表层的 0～2 cm 土层，种子库密度在 4 月和 8 月两次采样均极显著高于沟坡($P<0.01$)，虽在 10 月差异有所降低，但也达到显著水平($P<0.05$)。总体而言，坡面 0～2 cm 土层种子库密度分布在 1989～16868 粒/m^2［平均(6229±404)粒/m^2］，沟坡分布在 594～4476 粒/m^2［平均

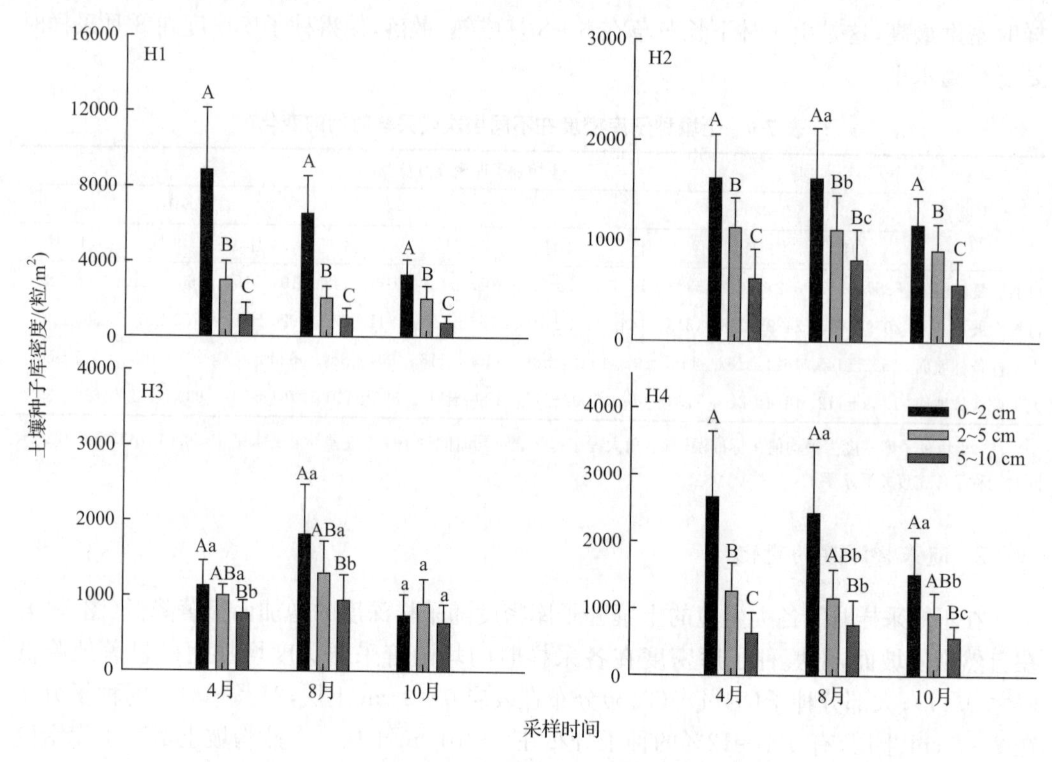

图 7-3　不同生境类型土壤种子库密度随采样深度的变化

H1. 自然恢复坡面，H2. 人工柠条林坡面，H3. 人工刺槐林坡面，H4. 自然沟坡；
误差线上面的字母表示不同土层间种子库密度差异性，大写字母代表极显著差异 $P<0.01$，
小写字母代表显著差异 $P<0.05$

(2021±196)粒/m^2]；坡面 2～5 cm 和 5～10 cm 土层种子库密度分别在 1114～4946 粒/m^2 和 482～2846 粒/m^2 波动[平均(2364±113)粒/m^2 和(1121±81)粒/m^2]，沟坡分别在 221～2846 粒/m^2 和 138～1520 粒/m^2 波动[平均(953±71)粒/m^2 和(681±68)粒/m^2]。而对于单元Ⅲ，坡面为人工柠条林，沟坡为残留植被，沟坡样带种子库密度却高于坡面样带，尤其是在表层 0～2 cm，4 月和 8 月沟坡种子库密度要显著大于坡面($P<0.01$)，沟坡分布在 1119～4255 粒/m^2[平均(2464±212)粒/m^2]，坡面分布在 760～2487 粒/m^2[平均(1467±88)粒/m^2]；而在 2～5 cm 和 5～10 cm 土层沟坡和坡面种子库密度差异不显著，在沟坡分别在 470～1741 粒/m^2 和 249～939 粒/m^2 波动[平均(1113±90)粒/m^2 和(600±49)粒/m^2]，在坡面分别在 663～1879 粒/m^2 和 304～1409 粒/m^2 波动[平均(1046±60)粒/m^2 和(664±56)粒/m^2]。

对于坡面而言，从分水岭到沟沿线，同一单元不同坡位相同土壤层次的土壤种子库密度均没有显著差异(图 7-4)，说明虽然坡面自分水岭到沟沿线土壤侵蚀程度逐渐加强，而土壤种子库密度却没有显著减少。

4. 随微地形的变化

对侵蚀单元Ⅰ和Ⅱ坡面的植被间、鱼鳞坑、草丛下、浅沟淤积处等微地形的土壤种子

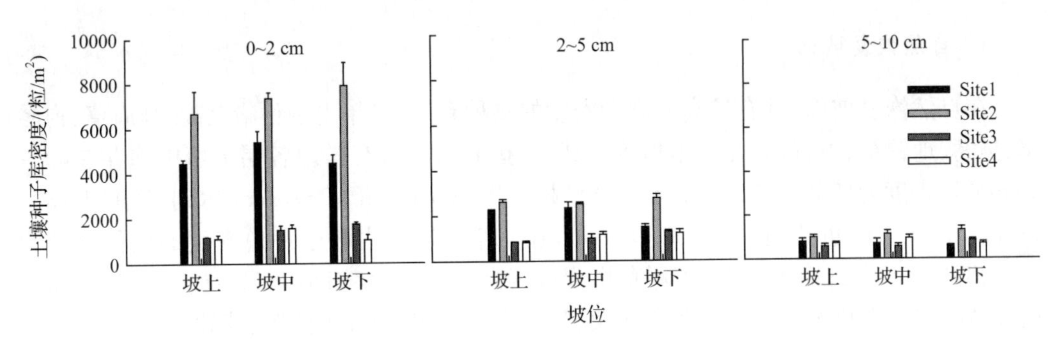

图 7-4　坡面不同坡位土壤种子库密度特征

Site 1～4 代表侵蚀单元Ⅰ～Ⅳ

库密度的比较结果显示:在植被间 0～5 cm 土层中种子库平均密度略高于其他微地形,但在 5～10 cm 土层淤积地形的种子库密度要显著高于植被间(表 7-7),说明有较多的种子随泥沙迁移到淤积区,而保存在较深的土层中,证明了侵蚀过程中部分种子随径流泥沙而发生了迁移。可见,坡面微地形的存在对土壤种子库的重新分布具有一定的影响。

表 7-7　不同微地形土壤种子库密度特征

微地形	单元Ⅰ土壤种子库密度/(粒/m²)		微地形	单元Ⅱ土壤种子库密度/(粒/m²)	
	0～5 cm	5～10 cm		0～5 cm	5～10 cm
植被间	$6796\pm377_{a}$	$695\pm76_{B}$	植被间	$9918\pm738_{a}$	$1133\pm100_{B}$
草丛下	$6459\pm916_{ab}$	$2304\pm157_{Ab}$	浅沟内淤积处	$8648\pm1908_{ab}$	$2864\pm344_{A}$
鱼鳞坑	$4843\pm1094_{b}$	$2869\pm208_{Aa}$	鱼鳞坑	$6247\pm717_{b}$	$2975\pm365_{A}$

注:土壤种子库密度为平均值±标准误;右下角大写字母表示差异显著水平 $P<0.01$,小写字母表示差异水平 $P<0.05$。

对单元Ⅰ、Ⅱ、Ⅲ的主沟沟道淤泥与沟坡样地种子库密度进行对比表明:单元Ⅰ内沟坡 0～5 cm 土层种子库密度为(2623±235)粒/m²,显著高于沟道淤泥种子库密度(1917±392)粒/m²;单元Ⅱ内沟坡 0～5 cm 土层种子库密度与沟道淤泥种子库密度无显著差异,分别为(4138±473)粒/m² 和(4771±734)粒/m²;单元Ⅲ沟坡 0～5 cm 土层种子库密度极显著低于沟道淤泥种子库密度($P<0.01$),平均密度分别是(3577±272)粒/m² 和(5159±406)粒/m²。但对于 5～10 cm 土层种子库密度,单元Ⅰ、Ⅱ、Ⅲ沟坡上分别为(553±74)粒/m²、(936±96)粒/m² 和(600±49)粒/m²,极显著低于沟道淤泥种子库密度,分别为(1044±254)粒/m²、(2537±564)粒/m² 和(2449±358)粒/m²。同时,沟道5～10 cm 淤泥土层种子库密度也要高于对应单元坡面裸露处 5～10 cm 土层的种子库密度。可见,坡面与沟坡土壤种子库中的部分种子可随着径流泥沙的迁移,在沟道淤泥中淤积。

7.2.3　不同生境主要物种的土壤种子库密度

依据 2008 年和 2009 年共 6 次土壤萌发数据,分析各物种在不同生境各土层中出现的频率和平均密度表明,由于所处生境的变化及地上植被类型的不同,土壤种子库的物种组成及各物种的种子库密度也表现出一定的差异(附表)。

1. 自然恢复坡面

在自然恢复坡面，具有较高频度和密度的物种有一、二年生物种猪毛蒿、画眉草、狗尾草、臭蒿、地锦草、香青兰、北点地梅等。其中，猪毛蒿在所有样地各层土壤中均存在，0～2 cm平均密度为(5501±372)粒/m^2，最高超过 10000 粒/m^2，2～5 cm 达到(1996±130)粒/m^2，5～10 cm 也达到(718±91)粒/m^2，在 3 个层次中占种子库总密度的比例分别为 88%、85%和 76%；而画眉草、狗尾草出现频度高，平均密度却小于 50 粒/m^2。频度和密度较高的多年生草本物种有中华苦荬菜、阿尔泰狗娃花、菊叶委陵菜、茭蒿等，多年生禾草有硬质早熟禾、长芒草、中华隐子草等，半灌木、灌木物种有达乌里胡枝子、铁杆蒿、互叶醉鱼草等。此外，一些灌木物种如芹叶铁线莲、灌木铁线莲、扁核木和榆树也存在于土壤种子库中，只是密度相对较低(表 7-8)。

表 7-8　自然恢复坡面土壤种子库主要物种组成特征

物种	频度/%			平均密度±标准误/(粒/m^2)		
	0～2 cm	2～5 cm	5～10 cm	0～2 cm	2～5 cm	5～10 cm
猪毛蒿	100	100	100	5501±372	1996±130	718±91
达乌里胡枝子	95	86	52	41±7	9±2	7±2
画眉草	95	100	90	52±12	138±43	66±20
中华苦荬菜	95	81	38	26±6	11±2	9±3
阿尔泰狗娃花	90	76	48	61±11	15±3	9±3
狗尾草	90	95	90	18±3	36±8	67±18
臭蒿	86	76	33	85±33	19±7	7±3
地锦草	81	76	48	17±4	8±2	6±2
铁杆蒿	81	52	19	26±7	4±1	2±1
互叶醉鱼草	76	62	14	23±9	6±1	1±1
香青兰	71	29	14	8±2	2±1	2±1
菊叶委陵菜	67	52	38	138±83	23±13	5±2
北点地梅	57	52	38	131±47	60±23	23±12
硬质早熟禾	57	10		10±5	<1	
抱茎苦荬菜	52	10	10	3±1	<1	1±1
茭蒿	52	19		8±3	1±1	
中华隐子草	52	29	24	6±2	2±1	3±1
长芒草	43	38	19	15±10	4±2	3±2
地肤	38	62	38	4±1	5±1	4±1
白羊草	24	10	10	2±1	2±2	1±1

2. 人工恢复坡面

在人工恢复坡面，猪毛蒿仍然分布广泛，但是密度却有了明显下降，0～2 cm 土层密度为(455±51)粒/m^2，占总密度的 34%；2～5 cm 土层密度为(530±55)粒/m^2，占总密度的50%；5～10 cm土层密度为(413±37)粒/m²，占总密度的57%。其他具有较高频度和密度的一、二年生物种有臭蒿、香青兰、狗尾草、斑种草、猪毛菜等，平均密度均不超过50粒/m²。多年生物种在种子库中的密度有所增加，其中长芒草在0～2 cm土层平均密度达到(167±49)粒/m²，占总密度的12%，最高密度达到(3270±600)粒/m²；硬质早熟禾在0～2 cm土层平均密度为(97±28)粒/m²，占总密度的7%，最高密度可达(322±90)粒/m²；半灌木铁杆蒿0～2 cm土层平均密度为(106±21)粒/m²，占总密度的8%，最高密度达(267±48)粒/m²。在人工刺槐林坡面，刺槐也有一定的土壤种子库密度，最高为(129±49)粒/m²；而人工柠条坡面土壤中却没有发现柠条种子，这与其落地立即萌发的特性有关。此外，演替过程中的伴生物种如菊叶委陵菜、裂叶堇菜、异叶败酱、野菊、银川柴胡、远志、细叶臭草等及灌木物种如互叶醉鱼草、灌木铁线莲、杠柳、三裂蛇葡萄等也均有一定量的土壤种子库(表7-9)。

表7-9　人工恢复坡面土壤种子库主要物种组成特征

物种	频度/%			平均密度±标准误/(粒/m²)		
	0～2	2～5	5～10	0～2	2～5	5～10
猪毛蒿	100	100	100	455±51	530±55	413±37
长芒草	100	94	83	167±49	44±10	45±9
铁杆蒿	94	83	56	106±21	31±7	14±4
硬质早熟禾	94	89	67	97±28	52±15	33±11
抱茎苦荬菜	89	78	56	53±13	54±18	20±6
獐牙菜	89	83	72	134±41	96±23	38±10
臭蒿	78	61	33	40±14	24±10	16±10
香青兰	78	61	22	15±4	6±2	2±1
阿尔泰狗娃花	72	39	17	8±2	3±1	2±1
中华苦荬菜	72	78	39	10±2	13±2	8±3
狗尾草	67	83	67	8±3	12±3	20±4
达乌里胡枝子	61	39	11	8±3	3±1	1±1
菊叶委陵菜	56	39	33	28±14	14±6	7±3
刺槐	50	39	33	11±4	12±4	8±3
中华隐子草	50	33	6	8±3	3±1	1±1
细叶臭草	44	33	17	13±5	8±5	4±3
茭蒿	44	22	6	10±4	6±4	3±3
猪毛菜	44	33	28	13±5	5±3	5±2
北点地梅	39	44	17	6±2	6±2	3±2
裂叶堇菜	39	33	33	13±5	7±3	6±2
异叶败酱	28	17	28	3±1	2±2	8±4
野菊	28	17		5±3	2±1	
银川柴胡	22	22	6	4±2	4±2	1±1

3. 自然沟坡

自然沟坡的主要物种在土壤种子库中的分布频度和密度如表 7-10 所示。猪毛蒿依然具有最高的频度和密度，0～2 cm 土层密度为(859±114)粒/m^2，占总密度的 39%；2～5 cm 土层密度为(573±70)粒/m^2，占总密度的 51%；5～10 cm 土层密度为(306±43)粒/m^2，占总密度的 47%。其他的具有较高频度和密度的一、二年生物种有臭蒿、狗尾草、香青兰、獐牙菜，其中臭蒿在沟坡上也具有较高的种子库密度，在 0～2 cm 和 2～5 cm 分别为(112±34)粒/m^2 和(120±35)粒/m^2，比例分别为 5%和 11%。在多年生禾草中，硬质早熟禾具有较高的频度，而且密度较大，在 0～2 cm 土层为(381±92)粒/m^2，占总密度的

表 7-10　沟坡土壤种子库主要物种组成特征

物种	频度/%			平均密度±标准误/(粒/m^2)		
	0～2 cm	2～5 cm	5～10 cm	0～2 cm	2～5 cm	5～10 cm
猪毛蒿	100	100	100	859±114	573±70	306±43
铁杆蒿	100	100	67	194±29	58±10	14±3
茭蒿	93	87	27	62±15	17±3	3±1
抱茎苦荬菜	87	80	60	66±15	24±5	12±3
长芒草	87	67	40	21±5	8±2	9±3
臭蒿	87	87	53	112±34	120±35	79±28
达乌里胡枝子	87	53	33	21±6	6±2	4±2
互叶醉鱼草	87	40	27	52±13	6±3	7±4
狗尾草	80	93	100	10±3	12±3	49±6
香青兰	80	40		14±4	5±2	
阿尔泰狗娃花	73	40	33	15±5	2±1	4±2
獐牙菜	73	67	53	53±15	48±15	31±13
中华苦荬菜	73	73	33	18±7	8±2	4±2
硬质早熟禾	73	67	60	381±92	91±28	50±17
中华隐子草	67	67	40	109±34	19±6	10±4
白羊草	60	60	33	8±3	11±5	12±6
裂叶堇菜	60	47	33	10±3	4±1	4±2
异叶败酱	47	47	40	17±9	7±3	6±2
菊叶委陵菜	47	40	33	30±21	11±7	7±3
细叶臭草	40	40	7	6±2	3±1	1±1
地锦草	40	53	7	4±2	4±1	1±1
画眉草	40	40	13	5±2	4±1	3±2
野菊	40	33		6±2	2±1	
草木樨状黄芪	27	27	7	4±2	2±1	1±1
狼牙刺	27	20	7	4±2	2±1	1±1

17%，最高密度可达(1008±557)粒/m^2；中华隐子草也有较高的频度和密度，0～2 cm土层密度为(109±34)粒/m^2，占总密度的5%，最高密度达(608±97)粒/m^2。半灌木铁杆蒿同样出现在所有的样地0～2 cm和2～5 cm土层中，而且密度较大，在0～2 cm为(194±29)粒/m^2，占总密度的9%，最高密度达(626±51)粒/m^2。其他物种频度和密度均较高的有多年生物种茭蒿、抱茎苦荬菜、长芒草、菊叶委陵菜等。另外，沟坡样地中灌木物种如互叶醉鱼草密度较高，0～2 cm平均密度为(52±13)粒/m^2，最高密度达(304±152)粒/m^2。

4. 沟道淤泥

在沟道淤泥中，猪毛蒿依然为主要物种，0～5 cm土层中密度达(1459±329)粒/m^2，占到总密度的32%；5～10 cm土层中密度为(890±191)粒/m^2，占到总密度的42%。其他一、二年生物种中臭蒿也具有较高的密度，0～5 cm和5～10 cm土层分别为(273±100)粒/m^2和(151±51)粒/m^2。多年生禾草硬质早熟禾的密度在0～5 cm最高，达(1585±389)粒/m^2，占到总密度的35%，最高密度为(2726±943)粒/m^2；在5～10 cm土层的密度为(402±110)粒/m^2，占总密度的19%。半灌木铁杆蒿出现在所有样地的土壤种子库中，0～5 cm土层平均密度为(148±50)粒/m^2。其他具有较高频度和密度的有一、二年生物种附地菜、狗尾草、香青兰、獐牙菜，多年生草本裂叶堇菜、阿尔泰狗娃花、茭蒿、异叶败酱、野菊、中华苦荬菜，多年生禾草中华隐子草、细叶臭草、长芒草、白羊草，以及灌木互叶醉鱼草、茅莓等(表7-11)。

表7-11　沟道淤泥土壤种子库主要物种组成特征

物种	频度/%		平均密度±标准误/(粒/m^2)	
	0～5 cm	5～10 cm	0～5 cm	5～10 cm
猪毛蒿	100	100	1459±329	890±191
抱茎苦荬菜	100	100	124±22	53±8
铁杆蒿	100	91	148±50	68±19
臭蒿	91	82	273±100	151±51
硬质早熟禾	91	82	1585±389	402±110
互叶醉鱼草	91	64	46±14	17±7
裂叶堇菜	82	82	33±8	21±5
獐牙菜	82	91	54±17	45±8
阿尔泰狗娃花	73	36	12±3	7±4
茭蒿	73	73	39±19	12±3
异叶败酱	64	45	23±8	6±3
狗尾草	64	82	24±11	28±7
香青兰	64	45	36±12	13±6
野菊	64	64	40±11	19±6
中华隐子草	64	45	33±18	18±9

续表

物种	频度/%		平均密度±标准误/(粒/m^2)	
	0～5 cm	5～10 cm	0～5 cm	5～10 cm
细叶臭草	55	36	19±7	12±6
北点地梅	55	45	30±17	34±27
中华苦荬菜	55	45	18±7	10±5
茅莓	55	36	20±10	9±5
益母草	55	45	33±17	13±6
蚓果芥	55	45	35±15	27±13
白羊草	45	36	37±31	9±6
长芒草	45	55	49±38	10±5
地锦草	45	64	13±7	12±4
附地菜	45	45	141±65	117±49
星毛委陵菜	45	45	64±27	39±20
斑种草	36	36	4±2	6±3
北京隐子草	36	18	10±5	3±3
菊叶委陵菜	36	55	38±32	18±11
达乌里胡枝子	27	18	4±2	2±1

综上所述,在各生境类型中,演替先锋物种猪毛蒿出现在所有的样地中,其密度在自然恢复坡面可超过 10000 粒/m^2;随着植被恢复,其密度逐渐降低,但在自然沟坡其密度依然大于 1000 粒/m^2,而最低密度出现在人工林内,仍超过 500 粒/m^2。演替过程中的主要的建群种如长芒草、达乌里胡枝子、茭蒿、铁杆蒿、白羊草,也具有很高的出现频率;而较高的种子库密度主要出现在相应物种地上种群集中的生境中,如长芒草种子库密度在刺槐林下的长芒草群落样地中最高可以达到 3270 粒/m^2,达乌里胡枝子在自然恢复坡面最高密度可达 313 粒/m^2,茭蒿在沟坡最高密度可达 645 粒/m^2,铁杆蒿在沟坡最高密度可达 1188 粒/m^2,白羊草在阳坡自然恢复坡面最高密度达到 470 粒/m^2,狼牙刺在沟坡最高密度达到 83 粒/m^2。主要的伴生种如臭蒿、狗尾草、香青兰、阿尔泰狗娃花、中华苦荬菜、硬质早熟禾、中华隐子草等也出现在所有的生境类型中,种子密度随着地上植被类型的变化而发生波动。灌木物种互叶醉鱼草种子质量轻,利于扩散,在不同生境中分布频率较高;而狼牙刺和刺槐种子大,扩散受到限制,只在有地上植被有分布的样地中具有较高密度的种子库。

7.2.4 土壤种子库的持久性

在 4 个沟坡侵蚀单元的不同生境土壤中,共发现 32 个物种具有持久土壤种子库,25 个物种具有短暂土壤种子库,其余物种由于出现的频度较低或数量较少暂时没有确定其种子库属性(附表)。

1. 持久性土壤种子库

一、二年生物种中有15种具有持久土壤种子库，如先锋物种猪毛蒿、狗尾草和其他常见的一、二年生物种臭蒿、香青兰、地锦草、地肤、画眉草、斑种草、獐芽菜、小藜、北点地梅、附地菜、益母草、蚓果芥、阴行草。而且先锋物种猪毛蒿还具有相当高的密度，在恢复时间较短的样地其密度在秋季大量种子萌发后，种子雨洒落前仍能达到5000粒/m^2，在植被恢复较好的沟坡和人工恢复坡面其最小的密度也在1000粒/m^{2}左右。

多年生禾草和其他草本物种中具有持久种子库的物种有13种，包括了研究区演替过程中的优势物种如长芒草、达乌里胡枝子、硬质早熟禾、中华隐子草、白羊草，及伴生物种如阿尔泰狗娃花、中华苦荬菜、菊叶委陵菜、异叶败酱、裂叶堇菜、远志、抱茎苦荬菜、细叶臭草。这些物种的种子库密度虽然相对较低，但是种子密度也能超过100粒/m^2，甚至超过1000粒/m^2。

灌木、半灌木物种中只发现铁杆蒿、茭蒿、互叶醉鱼草、灌木铁线莲具有持久种子库，种子密度可超过100粒/m^2。其中铁杆蒿也是研究区演替过程中重要的建群物种，分布非常广泛，其平均种子库密度也能超过400粒/m^2。

2. 短暂性土壤种子库

一、二年生物种中有3种具有短暂土壤种子库，即亚麻、猪毛菜和鬼针草。亚麻在不同生境均有分布，但在人工林坡面和沟道淤泥中种子密度很小，为2～18粒/m^2，自然沟坡略高，为55～152粒/m^2，在自然坡面可达1188粒/m^2；猪毛菜除沟道淤泥外，其他生境均有分布，密度在2～78粒/m^2；鬼针草只在人工刺槐坡面发现有种子库，密度只有2粒/m^2。

多年生禾草中的北京隐子草、鹅观草、赖草具有短暂土壤种子库，种子密度分别为5～41粒/m^2、2～14粒/m^{2}和14～28粒/m^2。

多年生草本中有12种具有短暂土壤种子库，分别为野菊、草木樨状黄芪、狭叶米口袋、老鹳草、二色棘豆、火绒草、糙叶黄芪、小蓟、沙打旺、野葱、野豌豆、野棉花。草木樨状黄芪和糙叶黄芪最高密度分别为138粒/m^{2}和83粒/m^2；野菊除自然恢复坡面外，在其他生境均有土壤种子库，密度为2～69粒/m^2；狭叶米口袋的种子密度为2～35粒/m^2，二色棘豆为14～41粒/m^2，小蓟为14～28粒/m^2；老鹳草、火绒草和沙打旺的最大密度为14粒/m^2；野葱、野豌豆、野棉花的土壤种子库偶有分布，密度很少，为2～3粒/m^2。

灌木、半灌木物种中有狼牙刺、截叶铁扫帚、扁核木、丁香、三裂蛇葡萄、杠柳6个物种具有短暂土壤种子库。其中，狼牙刺在自然恢复坡面、自然沟坡和沟道淤泥中有土壤种子库存在，沟道淤泥中种子密度只有2粒/m^2，自然沟坡在28～83粒/m^2，自然恢复坡面只有在10月土壤中发现，密度14粒/m^2；截叶铁扫帚在自然坡面、自然沟坡和人工柠条林坡面的春季土壤中发现有种子库，密度分别为28粒/m^2、14粒/m^{2}和2粒/m^2；扁核木的种子库密度可达83粒/m^2；丁香在自然沟坡的种子库密度为35～41粒/m^2；三裂蛇葡萄和杠柳的种子库在淤泥中有发现，种子分别为7粒/m^{2}和5粒/m^2。

乔木刺槐也具有短暂土壤种子库，在人工刺槐林坡面不同时期种子库密度在30～55

粒/m^2，在自然坡面、人工柠条林坡面和自然沟坡也有少量种子库存在。

7.3 讨 论

7.3.1 土壤种子库的密度与物种组成变化特征

土壤种子库的密度反映了潜在植被群落的数量特征，与地上植被类型有关，受到植物繁殖方式、繁殖能力及生境条件、干扰方式、演替阶段等因素的影响。张志权(1996)总结国外研究得出大部分森林土壤种子数量为 10^2～10^3 粒/m^2，草地为 10^3～10^6 粒/m^2。在我国关于土壤种子库的研究涉及多种植被类型，如荒漠、草原、灌丛草地、灌木林、森林、人工林、耕地等，土壤种子库密度变化范围很大，从荒漠的不及 10 粒/m^2 到热带次生林的超过 6×10^4 粒/m^2，跨多个数量级(沈有信和赵春燕，2009)。在黄土高原地区，关于土壤种子库的研究也涉及不同土地利用方式的多种植被类型(表 7-12)，其中人工林和自然次生林土壤种子库密度较低，分布在 259～1094 粒/m^2(王辉和任继周，2004a)；其次是云雾山草原地区平均密度在 2000～3000 粒/m^2 左右(赵凌平等，2008)；而黄土丘陵沟壑区在退耕地演替过程中种子库密度具有较大的变化幅度，从 2×10^2 粒/m^2 左右变化到超过 2×10^4 粒/m^2(白文娟等，2007a, 2007b；王宁等，2009)。在本研究中，由于涉及人工林及自然恢复不同演替阶段的植被类型，0～10 cm 土层土壤种子库密度也具有较大的变化范围，最高密度 22560 粒/m^2 为最低密度 1188 粒/m^2 的近 20 倍，但是均与类似区域种子库密度处在相同的范围内。

表 7-12 黄土高原地区土壤种子库密度及物种数量特征

研究区及植被类型	取样深度/cm	土壤种子库密度/(粒/m^2)	物种数/种	资料来源
子午岭森林(油松林、落叶松林、刺槐林)	0～10	259～1094	14～21	王辉和任继周，2004a，b
黄龙山白皮松林	0～15	2905	17～24	秦廷松等，2011
陕北安塞高桥(退耕演替 2～30 年)	0～10	170～2900		陈小燕，2007
云雾山草原保护区封育地	0～15	3310±711	24	赵凌平等，2008
云雾山草原保护区放牧地	0～15	2124±857	16	赵凌平等，2008
黄土丘陵草原区(恢复 2～75 年)	0～10	300～11220		郭曼等，2009
陕北安塞纸坊沟阴阳坡不同演替阶段	0～10	5505±625	55	袁宝妮等，2009
陕北黄土丘陵沟壑区农田	0～20	282～7842	12	黄茂林等，2009
陕北水蚀风蚀交错带(恢复 0～50 年)	0～10	105～6301	23	白文娟，2010
陕北安塞墩滩山(退耕演替 3～30)	0～10	1067～14967	41	王宁等，2009
陕北安塞纸坊沟自然恢复坡面	0～10	1129～21585	34	王宁，2008
陕西吴起退耕地(2～30 年)	0～10	983～4283	25	朱文德，2011

本研究中，共萌发鉴定 31 科 76 属 90 个物种，这些物种中包括了研究区退耕演替过程中的主要建群物种，如猪毛蒿、狗尾草、阿尔泰狗娃花、达乌里胡枝子、长芒草、茭蒿、铁

杆蒿、白羊草等，以及灌木物种狼牙刺、灌木铁线莲、杠柳、互叶醉鱼草、三裂蛇葡萄、茅莓等。由于土壤样品采自不同恢复方式的多种群落类型，以及采样涉及多个时期，故本研究中鉴定物种数量较临近区域其他研究中要多一些（表 7-12）。但是由于样地植被类型的不同，在物种组成上有差异，如袁宝妮等（2009）发现同一区域天然灌丛草地土壤种子库中有较多的灌木物种和灌丛下草本物种，说明种子的空间扩散受到限制，采样分析只能反映采样点和附近的过去和现有植被物种的种子库，要想全面地了解研究区的种子库，还需要大量的针对各种植被类型的系列采样来分析。

成熟的种子扩散到土壤表面，受到其自身形态特征和外界干扰而发生空间上的迁移，或者进入土层较深的部位，或在土壤表面发生位移，从而进行重新分配（Chambers and MacMahon，1994）。一般种子库密度在垂直分布上随着采样深度的增加而明显的降低（Csontos，2007），很大比例的种子保存在表层 0～2 cm 土层中（Leck and Simpson，1987）；而 10 cm 以下土层中种子库数量就很小了（Leck and Simpson，1987；Warr et al.，1994）。本研究中，表层 0～2 cm 土层种子库密度远远高于 2～5 cm 和 5～10 cm 土层，在 0～2 cm 土层占到 0～10 cm 土层总体积 20％的土壤中拥有 40％～70％的种子。

由于植物物候期不同，种子成熟、散落时间不同，种子在土壤中有不同的命运（Chambers and MacMahon，1994），因而土壤种子库表现出季节的差异性（Thompson and Grime，1979）。本研究中发现种子库密度同样表现出明显的季节性差异，尤其是在表层 0～2 cm 土层，种子处在土壤与空气的交界面中，土壤水分、温度、氧气波动剧烈，是种子萌发的主要层次，同时也是受到捕食和降水、径流等外界干扰最为频繁的层次，所以种子库在该层次的变化最为剧烈。0～2 cm 土层种子库密度从春季到秋季有大幅度的降低，尤其是自然恢复坡面，其变化幅度更为明显，由春季的平均（8857±717）粒/m^2 下降到秋季的（3303±177）粒/m^2，降幅达 63％；在沟坡样地由春季的平均（2659±255）粒/m^2 下降到秋季的（1513±144）粒/m^2，降幅也达 43％；在人工恢复坡面，由春季的平均（1376±107）粒/m^2 下降到秋季的（946±82）粒/m^2，降幅为 31％。而 2～5 cm 土层和 5～10 cm 土层的土壤种子库密度较表层的波动幅度明显地降低，土壤种子库密度随着采样深度的增加，季节间的波动降低并趋于稳定。土壤种子库在春季最高而秋季最低，是因为研究区菊科蒿属物种丰富，是种子库中的重要组成部分，尤其是先锋物种猪毛蒿，其在种子库中具有很高的比例，这些物种的成熟期在深秋，随后种子散落，其他很多物种也是在秋季成熟、散落。这些种子散落后经过寒冷、干燥的冬季，保存在土壤表层，所以在春季 4 月初种子萌发前采样分析得到的种子库密度最大。随着温度和降水的增加，种子会在适宜的条件下萌发，同时面临被捕食和流失的风险也在加大。本研究区雨季集中在 7～9 月，所以在 8 月初采样中种子库的密度较 4 月有所降低，再经过整个雨季后，10 月采样的种子库密度降到了最低水平。而对于在人工恢复刺槐林坡面，由于部分禾本科物种在 5～8 月种子成熟散落，如长芒草、硬质早熟禾、细叶臭草等，致使表层种子库密度在 8 月具有较高的水平。

7.3.2　土壤种子库随植被恢复的变化特征

随着植被恢复演替的进行，土壤种子库密度会先增加后降低，种子库物种丰富度会逐渐地增加，物种多样性、均匀度等也会增加（王宁等，2009；白文娟，2010）。将植被恢复时间较短的自然恢复坡面与植被较好的自然沟坡和人工林坡面对比发现：一、二年生物种如猪毛蒿、画眉草、狗尾草、臭蒿、地锦草、香青兰、北点地梅等在自然恢复坡面具有较高的分布频率和密度，同时处于演替较高阶段的物种如阿尔泰狗娃花、达乌里胡枝子、长芒草、茭蒿、铁杆蒿等也具有一定的频度和密度。而在自然沟坡和人工林下，土壤种子库中一、二年生物种的频率和密度均有明显的降低，而演替较高阶段的多年生物种以及灌木、半灌木物种在分布频率及密度上均有明显的提高。土壤种子库的物种多样性和均匀度指数也均表现出在植被条件较好的人工恢复坡面、自然沟坡显著高于自然恢复坡面。再有自然沟坡具有保存较好的地上植被，同时也具有较为丰富的土壤种子库，说明沟坡保存的植被能够通过种子生产、扩散为周围退耕地或受干扰斑块的恢复提供种子。

在黄土丘陵沟壑区 3～30 年的退耕地演替过程中，退耕 12 年物种数达到最大，而退耕 25 年样地种子库物种数最小，随退耕年限的延长，物种数量又有增加趋势（王宁等，2009）。造成这一现象的原因可能是演替中期环境异质性对群落组成影响较大（杜峰等，2007），随退耕地演替时间延长，土壤养分、水分环境发生较大变化，一些对环境因子敏感的物种退出演替，导致退耕 12 年后物种数量开始降低，到退耕 25 年达到最低，以后由于立地环境的改善与稳定（温仲明等，2007），为一些新的物种进入提供了条件，种子库中物种数又增加。总之，随着地上植被的变化，土壤种子库的物种组成和结构也会发生变化，演替早期的一、二年生物种在种子库中的比例会逐渐降低，而种子库的总体物种丰富度会逐渐地增加。

随着地上植被恢复演替，表层土壤种子库密度显著降低，层次间的差异也逐渐缩小。造成这一现象的原因是：在自然恢复坡面，物种处于恢复演替过程中，演替早期的物种还存在于地上植被中，主要依靠种子繁殖，种子产量大，而种子进入较深层土壤缓慢，所以大量种子保存于表层土壤中，造成该类型样地中表层土壤中种子密度所占比例最高；而在人工恢复坡面和沟坡植被处于演替的较高阶段，演替早期物种基本上已经在地上植被中消失，地上植被以多年生物种为主，种子已经不是它们维持和更新的唯一方式，种子产量降低，表层没有大量的种子补充，从而使得种子垂直分布差异性略小一些。

另外，在人工林地恢复过程中，林下土壤种子库会与林地外开阔地不同，森林的边缘可以作为屏障，阻碍林内外种子或繁殖体的交流（Devlaeminck et al.，2005）。林木的生长会逐渐郁闭，使得林下光照降低，限制原来开阔地喜光物种的萌发、生长，使得这些物种在地上植被和种子库中逐渐消失，取而代之的是一些喜阴的林下植被（Hopfensperger，2007；Bossuyt and Honnay，2008）。但在本研究中，人工林恢复坡面土壤种子库虽然密度显著低于自然恢复坡面，但是物种丰富度、多样性及均匀度均显著高于自然恢复坡面；而且主要的本地物种能在林下形成一定规模的种子库和植被层。这可能是由于该区地形破碎，人工林面积小且郁闭度不高，人工林与自然恢复坡面、沟坡、沟道呈斑块镶嵌分布，有利于物种的扩散、传播。

7.3.3 土壤侵蚀对土壤种子库的影响

由于土壤种子库多集中在土壤表层，雨滴的击溅、坡面水流可以改变地表种子的位置，甚至造成种子的流失(Seghieri et al.，1997；Aerts et al.，2006)。同时，现有的植被和微地形也会影响径流、风速，进而影响种子的再分布(Cerdà and García-Fayos，1997；Abu-Zreig，2001；Jones and Esler，2004)。本研究中，依据土壤侵蚀强度与类型的变化，可将坡面从分水岭到沟沿线划分为3个侵蚀带：坡上部溅蚀片蚀带，坡中部面蚀、细沟侵蚀带，以及坡下部细沟、浅沟侵蚀带。结果显示土壤种子库密度在坡面3个侵蚀带的差异不明显，也就是说土壤种子库密度并没有随土壤侵蚀程度的加强而显著减少。即便是在降水模拟试验中易流失的物种如达乌里胡枝子、白羊草、阿尔泰狗娃花(Jiao et al.，2011)也没有表现出随坡面侵蚀强度的增加而显著降低的趋势(表7-13)，这可能是因为野外地表粗糙度远高于模拟试验条件，增加了种子的保存率。同时，在自然恢复坡面的鱼鳞坑和草丛下两种淤积地形中具有较高的种子库密度，尤其是在5～10 cm土层，种子库密度要极显著地高于坡面样地，也从侧面证明了部分种子随土壤流失而淤积。此外，草丛也能够起到拦截种子的作用，茭蒿草丛下的铁杆蒿、茭蒿种子库密度要远高于其他生境，白羊草草丛下的达乌里胡枝子、白羊草种子库密度也要远高于其他生境。在尼日尔也发现所调查植物株丛中心的土壤种子库平均密度为9000粒/m^2，而裸露地中心则为50粒/m^2(Seghieri et al.，1997)；在西班牙中东部的煤田修复坡面，土壤种子库密度变异很大(78～2023粒/m^2)，侵蚀最严重坡面的土壤种子库密度最低(Tíscar et al.，2011)；在阿

表7-13　自然恢复坡面不同生境类型主要物种土壤种子库密度特征（单位：粒/m^2）

生境	猪毛蒿	达乌里胡枝子	阿尔泰狗娃花	铁杆蒿	香青兰	长芒草	茭蒿	白羊草
Ⅰ-1	5522±209	40±6	46±10	11±2	11±7	84±69	2±2	5±5
Ⅰ-2	7053±737	52±20	28±3	5±3	12±6	8±2	21±9	5±3
Ⅰ-3	5114±539	15±6	8±3	3±2	22±17	5±5	5±5	26±19
Ⅰ-3-茭	5616	74	46	120		18	138	18
Ⅰ-3-白	4288	120	18	18		9	18	203
Ⅰ-2-鱼	3168	18	23	14	14		5	5
Ⅰ-3-鱼	4749	23	23		28	14	14	
Ⅱ-1	7122±357	40±6	54±16	54±19	40±3	5±3	17±13	3±2
Ⅱ-2	7138±586	51±5	106±31	58±22	20±2	3±2	14±7	21±13
Ⅱ-3	10785±688	77±19	154±40	25±13	68±38	2±2	0±	2±2
Ⅱ-4	9747±1098	75±50	104±40	58±26	104±35	6±2	0±	3±3
Ⅱ-1-鱼	4121	14	23	14	28	14	5	5
Ⅱ-2-鱼	5222	69	83		14		5	18
Ⅱ-3-鱼	5623	14	115	9	69		28	
Ⅱ-4-鱼	5830	60	46	18	138		28	14

注：“Ⅰ-1、Ⅰ-2、Ⅰ-3”表示侵蚀单元Ⅰ的样带1、2、3；“Ⅰ-3-茭”表示侵蚀单元Ⅰ样带3的茭蒿草丛下；“Ⅰ-3-白”表示侵蚀单元Ⅰ样带3的白羊草草丛下；“Ⅰ-2-鱼、Ⅰ-3-鱼”表示侵蚀单元Ⅰ样带2、3的鱼鳞坑内；“Ⅱ-1、Ⅱ-2、Ⅱ-3、Ⅱ-4”表示侵蚀单元Ⅱ的样带1、2、3、4；“Ⅱ-1-鱼、Ⅱ-2-鱼、Ⅱ-3-鱼、Ⅱ-4-鱼”表示侵蚀单元Ⅱ样带1、2、3、4的鱼鳞坑内。

尔卑斯山的滑雪道上，蹄印能有效拦截随径流迁移的种子（Isselin-Nondedeu et al.，2006；Isselin-Nondedeu and Bédécarrats，2007）。然而，多数种子保留在淤积微地形或株丛下，但是这些种子是随径流泥沙淤积的还是初始种子散落的，还需要进一步研究。

在自然恢复坡面的分水岭到坡中，种子库物种多样性和均匀度均显著降低，再到坡下部，又有所增加，尤其是在侵蚀单元 I，由于坡下部坡度降低，有草丛分布，以及沟沿线灌丛的分布，土壤种子库物种多样性和均匀度较坡中有显著的增加。说明虽然土壤侵蚀没有造成种子库密度及物种丰富度的显著减少，但是侵蚀对土壤种子库的物种多样性还是有一定的影响。在坡面中部由于植被稀疏、土壤侵蚀强度较高，种子库物种多样性和均匀度均显著降低。可见，土壤侵蚀对坡面土壤种子库的再分布有一定的影响。

此外，研究表明由种子雨输入的种子数量大于由于土壤侵蚀而输出的种子数量，因而认为土壤侵蚀引起的种子流失对维持土壤种子库是容许的（García-Fayos et al.，1995）。Jiao 等（2011）依据模拟降水侵蚀引起的黄土丘陵沟壑区主要物种的种子流失与迁移情况，并结合对典型坡面土壤种子库、幼苗库、地上植被特征的调查分析结果，种子流失率高的物种具有土壤种子库或具有无性繁殖能力，而种子流失率低的物种也会是稀少分布，认为水蚀引起的种子流失不是黄土丘陵沟壑区植被稀疏的主要原因，而种子生产与有效性、种子萌发与幼苗存活、种间竞争及立地条件影响着植被的恢复演替与空间分布。Wang 等（2013b）的研究也表明植物种子的流失特征与其分布不具有一致性，有些种子流失严重的物种可以成功定居在土壤侵蚀严重的坡面，而一些种子流失小的物种却更适宜生活在缓坡上，能分布在侵蚀坡面的物种可能是由于植物的生态策略或土壤表面的特征所决定的。

7.3.4　土壤种子库的持久性

持久土壤种子库在干扰频繁和条件恶劣的生境中具有非常重要的作用，能够为干扰后的植被恢复提供繁殖体，并能够在恶劣的环境中抓住有利的时机实现更新（Thompson et al.，1998）。黄土丘陵沟壑区土壤侵蚀严重，植被稀疏，强烈的太阳辐射使得表层土壤温度、湿度变化剧烈，表层土壤长期处于干燥状态；而种子的萌发、出苗和幼苗阶段又极为脆弱，表层土壤有效水分的短暂性正是干旱半干旱地区限制种子更新的主要因子（García-Fayos et al.，2000；Cipriotti et al.，2008）。持久土壤种子库能够抵消这种由于生境不稳定性而造成的幼苗死亡和更新失败（Ortega et al.，1997；Stöcklin and Fischer，1999；Thompson，2000），为植被的更新提供更多的保障和机会。在本研究区，先锋物种猪毛蒿能够生产大量的种子，形成规模大的持久土壤种子库，可在任何合适的时间都有足够的种子萌发，为其在退耕演替早期侵蚀强烈的环境中大量生存提供了保障。同时，大多数演替过程中的建群种如达乌里胡枝子、长芒草、茭蒿、铁杆蒿、白羊草、灌木铁线莲、硬质早熟禾、中华隐子草等和主要伴生种如狗尾草、地锦草、阿尔泰狗娃花、香青兰、菊叶委陵菜、中华苦荬菜、抱茎苦荬菜、裂叶堇菜等均具有一定数量的持久土壤种子库，也正是因为它们具有持久种子库，为它们在该区成功定居、繁殖、拓展提供了有利的条件。

种子的质量和形状是影响种子在土壤中持久性的主要因子（Thompson et al.，1993；Bekker et al.，1998；Peco et al.，2003；Yu et al.，2007），但还存在争论。一些研究认为

种子的持久性与种子的质量和形状关系密切,小而紧实的种子常常能在土壤中持久存在(Bekker et al., 1998;Funes et al., 1999;Zhao et al., 2011)。而另外一观点认为只有种子质量对种子的持久性有重要影响,具有持久种子库的物种种子质量比具有短暂种子库的物种小(Moles et al., 2000;Thompson et al., 2001;Peco et al., 2003);也有人认为大种子能持久在土壤中(Leishman and Westoby, 1998;Yu et al., 2007)。此外,在澳大利亚的干旱地区,多数具有持久性种子为硬实种子,种子大小与持久性没有关系(Leishman and Westoby, 1998)。在本研究中,具有持久性种子库的种子一般比具有短暂种子库的种子小,而一些瘦长或扁平的种子也能在土壤中持久存在。这与在新西兰(Moles et al., 2000)和西班牙(Peco et al., 2003)的研究结果相似。这些瘦长或扁平的种子具有将其埋藏在土壤中的特殊功能,如长芒草种子遇到潮湿或水分后可实现自我埋藏。一、二年生植物常常产生小而球形的种子,容易埋入土壤而形成持久土壤种子库(Thompson et al., 1993)。研究表明种子质量小于10 mg的种子易于被径流带走(Cerdà and García-Fayos, 2002),但也容易被深深地储存于裂缝或孔隙中(Chambers et al., 1991;Thompson et al.,1993)。此外,一些物种如猪毛蒿、香青兰能产生黏液,可将种子固定在土壤中。

种子在土壤中的持久性还受植物寿命和生境的影响。Thompson等(1998)在欧洲西北部的研究发现植物生活史越短,其种子持久性增加。在本书中,一、二年生植物比多年生植物具有更多的持久种子库,而具有营养繁殖能力的物种常具有更多的短暂土壤种子库。

这里需要说明的是,在野外样地内存在其他草本物种以及少量的灌木和乔木物种,但是在土壤种子库萌发试验中没有发现萌发的种子,可能与试验条件有关,这些物种是否具有持久土壤种子库仍需进一步深入研究。

7.4 小　结

1) 本研究涉及多种植被类型,土壤种子库密度具有较大的变化范围,0~10 cm土层种子库平均密度分布在1188~22560粒/m^2,与黄土高原地区其他研究处于相同的水平。其中自然恢复坡面种子库密度较高,分布在3937~22560粒/m^2;人工柠条林坡面种子库密度较低,分布在2031~5775粒/m^2;人工刺槐林坡面种子库密度分布在1437~6355粒/m^2;自然沟坡土壤种子库平均密度分布在1395~7460粒/m^2;沟道淤泥土壤种子库平均密度分布在1188~10969粒/m^2。

2) 土壤种子库密度随采样深度增加而显著降低,0~2 cm土层种子库密度季节波动最大,总体表现出春季最高,夏季到秋季逐渐降低的趋势,但是由于部分禾本科物种在5~8月成熟、散落,使一些地上植被有禾本科物种的样地种子库密度在8月采样时处于最高水平。坡面淤积地形如鱼鳞坑、草丛下5~10 cm土层种子库密度要显著地高于植被间,从侧面证明了种子可随土壤一起流失,并在淤积区沉积。但总体而言,土壤侵蚀过程未造成坡面土壤种子库的显著降低。

3) 随着植被恢复演替,种子库物种组成也会发生变化。在各种植被类型下,猪毛蒿均在种子库中具有较大的比例,尤其是在自然恢复坡面,占总密度的80%以上,但随着植被演替的进行，猪毛蒿在种子库中的比例降低到30%以下，同时其他一、二年生物种比例也逐渐降低，而演替较高阶段的多年生物种如达乌里胡枝子、长芒草、茭蒿、铁杆蒿、白羊草、硬质早熟禾、中华隐子草、狼牙刺、灌木铁线莲等物种的种子在种子库中的密度逐渐增加。土壤种子库的物种多样性和均匀度指数均表现出在植被条件较好的人工恢复坡面、自然沟坡、沟道淤泥显著高于自然恢复早期的坡面。

4）土壤种子库中包括了黄土丘陵沟壑区退耕演替过程中所有的主要建群物种，如猪毛蒿、阿尔泰狗娃花、达乌里胡枝子、长芒草、茭蒿、铁杆蒿、白羊草等，以及灌木物种狼牙刺、灌木铁线莲、杠柳、互叶醉鱼草、三裂蛇葡萄、茅莓等。本研究区的大多数演替过程中的建群种和主要伴生种均具有一定数量的持久种子库，为它们在该区成功定居、繁殖、拓展提供了有利的条件。

附表　不同生境在不同采样时间土壤种子库的物种组成、密度及持久性

物种	种子库密度/(粒/m²)															持久性
	自然恢复坡面			人工柠条林坡面			人工刺槐林坡面			自然沟坡			沟道淤泥			
	4月	8月	10月	4月	8月	10月	4月	8月	10月	4月	8月	10月	4月	8月	10月	
一、二年生草本																
猪毛蒿	11264	8194	5187	683	942	606	1230	1431	950	1962	1716	1380	3327	2783	2773	P
臭蒿	278	162	291	8	20	3	193	80	77	515	614	512	550	472	483	P
狗尾草	184	218	176	15	6	8	34	34	26	111	162	123	51	44	46	P
香青兰	69	62	71	8	17	14	6	5	17	59	64	18	51	44	23	P
斑种草	14	41	14	45	20	20	2	2	3	41	78	138	7	12	16	P
獐牙菜	14			441	341	404	34	75	78	341	279	270	94	87	81	P
地锦草	85	77	89	8	2	9	2			31	64	97	23	21	14	P
北点地梅	616	558	380	40	20	6			2		32	55	143	173	124	P
亚麻	1188	83		8	3	18		2		55	69	152	2	2	2	T
画眉草	371	347	250	5				9		67	156	39	7	5		P
小藜	41	28							2	28	27	28	35	32	16	P
蚓果芥	14									926	422	187	78	60	39	P
益母草				11		2				28	104		51	28	48	P
猪毛菜	14		78			55		2	54		14	41				T
地肤	58	69	62					2	2		14					P
苦荬菜	28	14									41		2	5	5	—
窃衣	14										14	28	16	2	5	—
风毛菊	14			2				2						2	5	—
附地菜												14	214	226	246	P
马唐	28											14		7	12	—

续表

物种	种子库密度/(粒/m²)															持久性
	自然恢复坡面			人工柠条林坡面			人工刺槐林坡面			自然沟坡			沟道淤泥			
	4月	8月	10月	4月	8月	10月	4月	8月	10月	4月	8月	10月	4月	8月	10月	
角蒿	2															—
阴行草	3	2										2				P
田紫草			14		2								5		5	—
苦苣菜			14				3			14						—
角茴香		99	28							14						—
糜子			14													—
飞蓬													2			
鬼针草									2							T
龙葵						2										—
多年生禾草																
硬质早熟禾	14	61	23	301	325	94	78	58	25	610	1035	233	2316	2344	2279	P
长芒草	104	174	67	51	78	14	94	979	58	99	149	62	7	154	170	P
中华隐子草	65	80	78	8	5	3	49	2		254	203	382	83	44	41	P
白羊草	41	14	157			11	2		2	74	163	117	41	28	28	P
细叶臭草				16	46	13	12	58	3	55	239	154	14	46	50	P
北京隐子草				6	8	11		5			41		14	9	12	T
鹅观草						3			2		14	14	7			T
赖草		14	14								14	28				T
披针叶薹草						2				145		41				—
芦苇					2											—
异燕麦											28					—

续表

物种	种子库密度/(粒/m^2)															持久性
	自然恢复坡面			人工柠条林坡面			人工刺槐林坡面			自然沟坡			沟道淤泥			
	4月	8月	10月	4月	8月	10月	4月	8月	10月	4月	8月	10月	4月	8月	10月	
多年生草本																
抱茎苦荬菜	28	14	41	55	48	31	158	183	170	138	160	110	136	129	173	P
中华苦荬菜	110	133	66	20	20	8	25	49	15	82	119	99	18	37	41	P
阿尔泰狗娃花	222	110	120	20	11	20	3	6	2	76	117	74	12	25	18	P
达乌里胡枝子	159	59	101	21	3	78	28	2	5	147	48	81	2	5	7	P
菊叶委陵菜	325	488	248	49	129	31	3		2	207	199	246	78	260	286	P
异叶败酱				20	35	12	2	15	3	74	55	83	23	35	23	P
远志	14		55	3	2		14	3	6	69	14	14	2			P
裂叶堇菜				35	46	38	2			80	96	75	62	53	46	P
野菊				26	2	8	9			28	41	41	55	69	58	T
草木樨状黄芪	55	138			25	2	2				34	14	2			T
紫筒草	14	14	55		6					28	41					—
紫花地丁	55	14	14							28			14	2		—
银川柴胡				20	26	5				14	28		5			—
平车前							2		2		41		16	9	5	—
狭叶米口袋	35		14										9	7	2	T
星毛委陵菜												14	81	81	90	—
茜草		28			2					14					5	—
老鹳草	14						2	3		14						T
二色棘豆	14	21										41				T
拉拉藤			2													—

续表

物种	种子库密度/(粒/m²)															持久性
	自然恢复坡面			人工柠条林坡面			人工刺槐林坡面			自然沟坡			沟道淤泥			
	4月	8月	10月	4月	8月	10月	4月	8月	10月	4月	8月	10月	4月	8月	10月	
瘤果地构叶										14	14		7			—
火绒草												14	12	5		T
翠雀						2							9	2		—
糙叶黄芪		83								14						T
莲叶点地梅												41	2			—
小蓟	28	14														T
蒲公英		21									14					—
沙打旺		14			3											T
天蓝苜蓿														2	5	—
苦马豆										28						—
唐松草		28														—
野葱					3											T
野豌豆						2										T
野棉花													2			T
田旋花	2															—
灌木、半灌木																
茭蒿	54	78		9	64	8	12	3		204	147	82	62	39	46	P
铁杆蒿	132	54	47	290	236	141	66	46	38	445	270	153	262	209	200	P
互叶醉鱼草	84	71	114	2	3	6	9	2		253	133	142	134	51	44	P
狼牙刺			14							41	28	83	2	2	2	T
灌木铁线莲	138	28		2								55	5			P

续表

物种	种子库密度/(粒/m^2)															持久性
	自然恢复坡面			人工柠条林坡面			人工刺槐林坡面			自然沟坡			沟道淤泥			
	4月	8月	10月	4月	8月	10月	4月	8月	10月	4月	8月	10月	4月	8月	10月	
茅莓													28	28	35	—
截叶铁扫帚	28			2						14						T
土庄绣线菊										14			2	2		—
扁核木		83											5			T
丁香											35	41				T
三裂蛇葡萄					2										7	T
杠柳													5			T
芹叶铁线莲		14														—
乔木																
刺槐			28	2	3		31	43	55		41					T
榆树			14													—
物种总数	43	39	35	33	36	35	29	27	26	43	47	45	54	45	43	
总密度	16034	11802	7942	2232	2506	1690	2107	3101	1601	7455	7431	5632	8192	7682	7616	

注：P. 持久土壤种子库；T. 短暂土壤种子库；—. 不能确定土壤种子库类型。

第8章　水蚀引起的种子流失与迁移特征*

种子的散布和定居，是植被恢复的基本条件（Leck et al.，1989；García-Fayos et al.，2000）。植物种群进入一个新的生境，或者在其生存空间的持续存在，都要通过种子的传播过程（姜汉侨等，2004）。种子的扩散一般分为两个阶段：第一次扩散是指植物种子成熟后由重力、风、水、动物等外力携带或果实爆裂、喷射，脱离母体的运动，并最终降落地面的过程；第二次扩散是指种子到达土壤表面后的水平与向土壤深层次的垂直运动过程，而最终存在于凋落物和土壤中，构成土壤种子库（李儒海和强胜，2007；沈泽昊等，2004）。

在土壤侵蚀环境中，坡面径流和泥沙运移也可带走土壤表面和土壤种子库中的种子，引起种子的二次传播，且不同的条件（如降雨、坡度、地面状况等）下种子传播距离和种子流失率各不相同（García-Fayos and Cerdà，1997；Cerdà and García-Fayos，1997，2002）。同时，降雨侵蚀引起的种子流失与迁移也受种子自身特点即大小、形状及附属物（如芒、刺、冠毛、绢毛等）的影响（Chambers and MacMahon，1994；García-Fayos and Cerdà，1997；Cerdà and García-Fayos，2002；Isselin-Nondedeu et al.，2006）。土壤侵蚀导致的种子二次传播，会改变种子的初始散落与存储状态而造成种子的再分布，决定着种子的空间定居及幼苗的存活与建植，从而会影响幼苗更新的空间分布，进而对植被的恢复和演替产生重要的作用（Nathan and Muller-Landau，2000；Hampe，2004；张玲等，2004；Aerts et al.，2006；Thompson and Katul，2009；García-Fayos et al.，2010）。为此，在土壤侵蚀非常严重的黄土丘陵沟壑区，开展不同下垫面条件下不同形态的植物种子随降雨侵蚀的流失与迁移特征，可为该区植被恢复演替与空间格局分布提供更深层次的土壤侵蚀与生态学解释，为加快黄土高原的植被恢复提供科学依据。

8.1　研究方法

采用模拟降雨试验开展黄土丘陵沟壑区不同形态的种子随降雨侵蚀的流失与迁移特征研究。模拟降雨试验在中国科学院水利部水土保持研究所黄土高原土壤侵蚀与旱地农业国家重点实验室的人工模拟降雨大厅内进行。采用侧喷Ⅱ区的降雨系统，雨滴降落高度为16 m，可满足所有降雨雨滴达到终点速度，降雨强度变化范围为40～260 mm/h，降雨均匀度大于80％（郑粉莉和赵军，2004）。

8.1.1　试验材料

供试种子均采集于黄土丘陵沟壑区延河的杏子河流域，根据种子成熟时期，采集不同植物种子，带回室内风干备用。

---

* 本章作者：焦菊英，韩鲁艳，雷东，王东丽

试验用土采自于黄土丘陵沟壑区的安塞县，土壤类型为黄绵土。将供试土壤先除去碎石块、植物根茬等杂质后过 5.0 mm 孔筛网备用。

试验土槽规格为长×宽×高(2 m×0.5 m×0.35 m)，槽底均匀打孔，以保证坡面良好的透水性，坡度的可调节范围为 0～30°，土槽下端有集流槽，用来收集径流泥沙样。填土时，在土槽底部先填装一层 5 cm 厚的沙子，并在沙层上方铺透水纱布，用来保证土槽良好的透水性。然后在沙层上方装填试验黄绵土。按照试验设计容重，采用分层填土的方法，共装填 4 层黄土，每层厚 5 cm；每一层装填好后同时压实，对边壁采取加量压实的方法，以使边界效应降至最低，在每层装土完成以后，将其表面打毛再装上边一层，使下垫面每层土壤之间的异质性达到最小，以减少土壤分层现象。试验土槽装土完成后，放置待用。试验设计土壤容重为 1.1～1.2 g/cm^3，装土前先测定要装填土壤的含水率 θ，用于计算填土量，计算公式为

$$W=\rho\times l\times w\times h\times(1+\theta) \tag{8-1}$$

式中，W 为每层装土总质量(g)；ρ 为土壤容重(g/cm^3)；l 为土槽长度(cm)；w 为土槽宽度(cm)；h 为装土深度(cm)；θ 为土壤含水率(%)。

8.1.2　模拟降雨试验

1. 黄土裸坡条件下降雨强度与坡度对种子流失与迁移的影响

供试种子的选择：根据研究区的主要物种及不同植物种子形态特征的代表性，选择阿尔泰狗娃花、鬼针草、香青兰、灌木铁线莲、达乌里胡枝子、杠柳、野胡萝卜、白羊草、刺槐、茜草、水栒子、异叶败酱、狼牙刺、侧柏、山杏和黄刺玫 16 个物种的种子作为供试种子。

种子的布设：通过对多组预试验的总结和分析，将种子布设在距试验槽上边 100～120 cm 的位置，且定点成堆错位布设在土壤表面。种子布设数量为山杏 2 个，黄刺玫 3 个，其他物种均为 5 个。为了避免大种子对径流的影响，将山杏和黄刺玫布设在种子布设区域的最下端，具体见表 8-1 与图 8-1(彩图见书末附录)。供试种子提前用番红溶液染色，以区别土壤中原有的种子并便于观测与统计。

表 8-1　种子布设种类和位置

在试验槽中的布设位置	布设种类			
100～105 cm	阿尔泰狗娃花	鬼针草	香青兰	灌木铁线莲
105～110 cm	达乌里胡枝子	杠柳	野胡萝卜	白羊草
110～115 cm	刺槐	茜草	水栒子	异叶败酱
115～120 cm	山杏	狼牙刺	侧柏	黄刺玫

注：表中种子布设位置是种子距离试验槽最上方的距离。

试验处理：包括 3 种降雨强度：50 mm/h、100 mm/h、150 mm/h，4 个坡度：10°、15°、20°、25°，降雨历时均为 60 分钟，每个处理 3 个重复并安排在不同的降雨场次(共 36 场次降雨)。

图 8-1　土槽中种子的布设

2. 植被与微地形对种子流失与迁移的影响

坡面处理：设置裸坡、具草被坡面和具草被＋蹄印坡面 3 个不同的下垫面处理。草被选取陕北黄土丘陵沟壑区多年生禾本科植物白羊草，设计草被盖度约为 40%。从研究区采集白羊草整株直接移于槽内，并将土槽坡度调节到试验坡度以利于草被垂直生长，放置在室外，待其生长 2 个月，达到试验设计要求后开始人工降雨模拟试验。按照该区主要的干扰形式，在试验土槽内设计牛蹄印，牛蹄印采用自制的蹄印模型，按 5 个/m^2进行模拟。

供试种子及布设：根据上面试验的分析结果，选取该区易发生流失的种子进行模拟降雨试验，包括阿尔泰狗娃花、达乌里胡枝子、白羊草、杠柳、狼牙刺，另外选取黄土丘陵沟壑区的灌木物种水栒子和丁香作为供试种子。按照不同的形态特征，较大的种子每物种布设 10 粒(杠柳、水栒子、狼牙刺、丁香)，较小的种子每物种布设 20 粒(达乌里胡枝子、阿尔泰狗娃花、白羊草)，每个土槽共布设 100 粒种子。将种子按物种平均分成 2 组，采用线性布设的方法，每组均布设 2 行种子，每行之间间隔 10 cm。一组布设在距土槽顶部 100～120 cm 范围内(共 50 个)，另一组布设在具土槽顶部 130～150 cm 范围内(共 50 个)，同一物种的种子布设在同一条水平线上，并对每个物种的布设位置进行记录，以便于量取降雨后种子的位移，两组种子采用染色与不染色加以区分，染色试剂为固绿(图 8-2，彩图见书末附录)。

试验处理：依据上述不同坡度下种子流失的情况，本试验坡度设计为 20°。参照黄土高原的典型降雨特征，在雨强为 25～150 mm/h 的范围(李毅和邵明安，2006)内选定 25 mm/h、50 mm/h、75 mm/h、100 mm/h、125 mm/h、150 mm/h 6 个降雨强度，进行降雨试验，降雨历时 30 分钟。对于 25 mm/h、50 mm/h 和 75 mm/h 3 个降雨强度，增加延长降雨历时至 60 分钟的试验。根据降雨强度和坡度，结合 3 个不同的下垫面处理，设计不同的试验组合，每场降雨放置 3 个槽子，每个处理设置 2 个重复，共计进行降雨 12 场次。

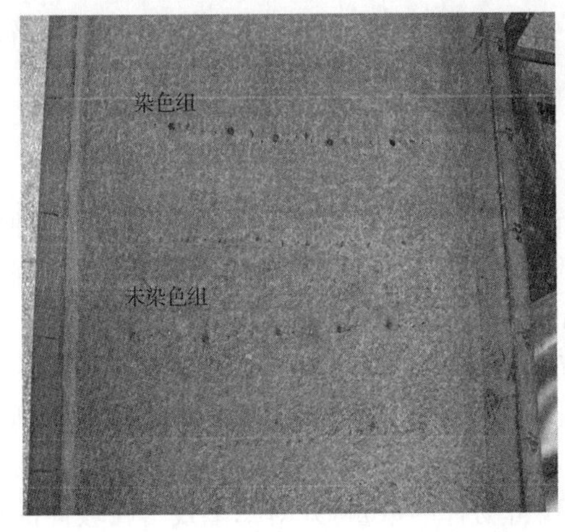

图 8-2　种子的布设方式

3. 不同形态特征对种子流失与迁移的影响

供试种子：选择了 60 种植物的种子，分别为阿尔泰狗娃花、白头翁、白羊草、异叶败酱、长芒草、绳虫实、臭椿、刺槐、葱皮忍冬、达乌里胡枝子、大蓟、大针茅、地黄、地梢瓜、丁香、杜梨、鹅观草、风毛菊、甘草、杠柳、狗尾草、灌木铁线莲、鬼针草、虎榛子、延安小檗、黄刺玫、灰叶黄芪、火炬树、角蒿、魁蓟、狼牙刺、连翘、牻牛儿苗、蒲公英、茜草、芹叶铁线莲、沙打旺、沙棘、砂珍棘豆、山丹、水栒子、酸枣、唐松草、天门冬、菊叶委陵菜、香青兰、亚麻、野葱、野胡萝卜、野豌豆、益母草、远志、猪毛菜、鹤虱、扁核木、中华隐子草、白花草木樨、芦苇、中华苦荬菜和侧柏。

种子布设：每场降雨选择 20 个物种的种子进行试验，每个物种放置 10 粒种子，每个土槽上总计放置 200 个种子。所有的种子均放置在距土槽顶部 70～150 cm 的范围内，种子均按水平线形布设，同一物种的种子布设在同一水平线上，每个水平线上布设 2～3 个物种，每两条线之间间隔 10 cm(图 8-3，彩图见书末附录)。

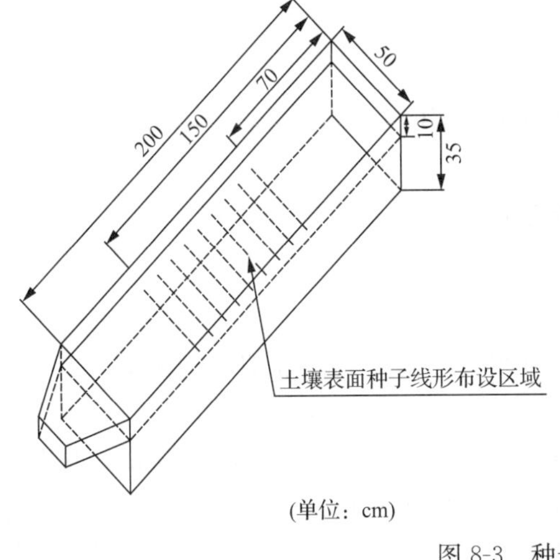

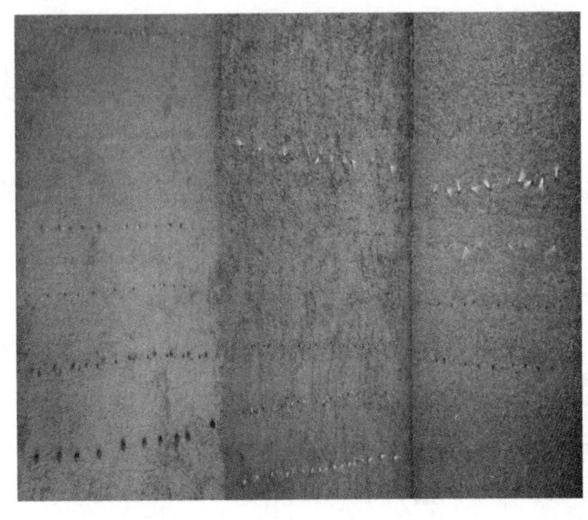

图 8-3　种子布设示意图

试验处理:坡面为裸坡,降雨强度为 100 mm/h,土槽坡度为 20°,降雨历时 30 分钟,每场降雨设置 3 槽次的重复。

8.1.3 降雨试验过程及样品处理

1) 每场降雨开始之前,先把种子按试验设计布设于土槽内,并对土槽内每个物种的种子数量、位置进行记录。接着进行 6 分钟的雨强率定,以达到降雨的均匀度和降雨强度要求,保证每场降雨均匀度在 80%以上,然后将试验土槽放置在降雨区域开始试验。

2) 降雨开始后,用秒表计时,并记录产流开始时间;产流以后采取接收全部样品的方式采集径流泥沙样品,根据径流量大小每 2～3 分钟收集一次;降雨停止后记录径流延续时间,并收集每个土槽的延续径流泥沙样。

3) 降雨结束后,记录坡面上及集流槽内残留物种的数量,并对每个残留在坡面的种子距降雨开始前的布设位置之间的距离进行测量,已经流失的种子的迁移距离按其摆放的初始位置至土槽集流出口的距离。之后将土槽置于室外避雨区域,放置一周,准备下一场降雨。

4) 径流量和产沙量的测定:先测量每一个径流泥沙样的体积和质量,经过数小时静置后,用 0.25 mm 孔径的土壤筛过滤每一个径流样,并记录每个时段内径流中种子的数量;然后将含水泥沙样置于烘样盒中,在 105℃下于烘箱中烘干,然后称取烘干泥沙重,并计算相应阶段的径流量。

5) 种子流失率的统计:待泥沙样烘干并称重后,轻轻将泥沙样敲碎,置于 0.25 mm 的土壤筛中,用细缓的水流对泥沙样进行冲刷,直至土样完全冲刷掉,在土壤筛上剩余的杂质中,查找并记录每个时段泥沙样中种子的数量。种子流失的总量包括径流量、泥沙样和停留在集流槽中所有种子数量的总和。种子的迁移率和流失率的计算公式如下:

$$\text{种子迁移率} = \frac{\text{位移种子数(含流失种子数)}}{\text{供试种子总数}} \times 100\% \tag{8-2}$$

$$\text{种子流失率} = \frac{\text{流失种子数}}{\text{供试种子总数}} \times 100\% \tag{8-3}$$

8.2 结果与分析

8.2.1 降雨强度与坡度对种子流失与迁移的影响

1. 不同降雨与坡度下的产流产沙特征

在黄土裸坡条件下,同一坡度下的径流深与产沙量均随着雨强的增加而增大。在雨强 150 mm/h 时 4 个坡度(10°、15°、20°、25°)的径流深是 100 mm/h 雨强时的 1.82～2.06 倍,是 50 mm/h 雨强时的 6.84～9.00 倍,雨强 100 mm/h 的径流深是 50 mm/h 时的 3.65～4.63 倍;而 4 个坡度(10°、15°、20°、25°)在雨强为 150 mm/h 时的产沙强度分别是 50 mm/h 与 100 mm/h 雨强时的 16.78 与 1.23 倍、80.07 与 7.18 倍、267.63 与 3.23 倍、

76.80 与 2.06 倍(表 8-2)。在雨强相同时,坡度为 10°、15°、20°和 25°时径流深的变化范围分别为 12.11～18.28 mm(50 mm/h)、50.45～66.66 mm(100 mm/h)、103.85～124.96 mm(150 mm/h)。可见,不同坡度间的径流深差异不明显,而降雨强度对径流深的影响非常显著。而对于不同坡度下的产沙强度,在雨强 50 mm/h 时产沙强度随着坡度的增加而增加;雨强为 100 mm/h 时,坡度由 10°增加到 15°、20°、25°时,产沙强度分别增加了 0.27 倍、8.76 倍、5.62 倍,20°时产沙强度最大;雨强为 150 mm/h 时,20°坡面上的产沙强度分别是 10°、15°和 25°的 25.73 倍、3.46 倍和 2.32 倍。可见,在降雨试验条件下,较小雨强(50 mm/h)时产沙强度随着坡度的增加而增加,而大雨强时(100 mm/h 和 150 mm/h)产沙强度先随坡度的增加而增加,然后随着坡度的增大而减小,存在一个临界坡度,即为 20°。

表 8-2　不同降雨强度与坡度下的径流深与产沙量

坡度	径流深/mm			产沙量/(g/m^2)		
	50 mm/h	100 mm/h	150 mm/h	50 mm/h	100 mm/h	150 mm/h
10°	14.6	58.0	105.7	31.8	435.5	533.7
15°	12.1	50.5	103.9	49.5	552.0	3963.3
20°	13.6	62.8	122.0	51.3	4250.9	13729.5
25°	18.3	66.7	125.0	77.2	2880.9	5925.4

2. 不同降雨与坡度下的种子流失特征

(1) 种子流失率

在 50 mm/h 的雨强条件下,在 4 个坡度上种子基本没有流失现象发生,仅有 1 粒白羊草种子在 15°坡面及 1 粒达乌里胡枝子在 25°坡面上发生流失。在雨强 100 mm/h 和 150 mm/h 下均表现为在同一坡度下降雨强度越大,种子流失率越大,而坡度的影响不明显,但对不同物种的影响程度不同。对于具体物种的流失率来说,在雨强 150 mm/h 时,阿尔泰狗娃花、达乌里胡枝子、杠柳和白羊草 4 个物种的种子流失率是雨强 100 mm/h 时的 1.22～1.54 倍,而鬼针草、灌木铁线莲、野胡萝卜、刺槐、异叶败酱、狼牙刺和侧柏 7 个物种的流失率比 100 mm/h 下增长了 2 倍以上;茜草和水栒子在雨强 150 mm/h 下发生流失;香青兰、山杏、黄刺玫在试验条件下都没有发生流失(表 8-3)。

表 8-3　不同雨强与坡度下的种子流失率　　(单位:%)

物种	10°			15°			20°			25°		
	50 mm/h	100 mm/h	150 mm/h	50 mm/h	100 mm/h	150 mm/h	50 mm/h	100 mm/h	150 mm/h	50 mm/h	100 mm/h	150 mm/h
阿尔泰狗娃花	0.0	60.0	100.0	0.0	73.33	100.0	0.0	65.0	100.0	0.0	80.0	100.0
鬼针草	0.0	20.0	45.0	0.0	0.0	60.0	0.0	5.0	24.0	0.0	6.7	25.0
香青兰	0.0	0.0	0.0	0.0	0.0	0.0	0.0	0.0	0.0	0.0	0.0	0.0
灌木铁线莲	0.0	10.0	50.0	0.0	13.3	75.0	0.0	10.0	56.0	0.0	13.3	60.0
达乌里胡枝子	0.0	80.0	100.0	0.0	86.7	100.0	0.0	75.0	100.0	10.0	66.7	100.0

续表

物种	10°			15°			20°			25°		
	50 mm/h	100 mm/h	150 mm/h	50 mm/h	100 mm/h	150 mm/h	50 mm/h	100 mm/h	150 mm/h	50 mm/h	100 mm/h	150 mm/h
杠柳	0.0	70.0	100.0	0.0	73.3	100.0	0.0	70.0	100.0	0.0	53.3	100.0
野胡萝卜	0.0	40.0	95.0	0.0	60.0	85.0	0.0	25.0	68.0	0.0	26.7	75.0
白羊草	0.0	70.0	100.0	10.0	66.7	100.0	0.0	80.0	96.0	0.0	66.7	90.0
刺槐	0.0	10.0	55.0	0.0	20.0	100.0	0.0	15.0	76.0	0.0	20.0	80.0
茜草	0.0	30.0	65.0	0.0	0.0	75.0	0.0	0.0	64.0	0.0	0.0	60.0
水栒子	0.0	0.0	20.0	0.0	0.0	50.0	0.0	0.0	44.0	0.0	0.0	60.0
异叶败酱	0.0	30.0	75.0	0.0	33.3	70.0	0.0	20.0	56.0	0.0	33.3	60.0
山杏	0.0	0.0	0.0	0.0	0.0	0.0	0.0	0.0	0.0	0.0	0.0	0.0
狼牙刺	0.0	60.0	90.0	0.0	73.3	80.0	0.0	25.0	80.0	0.0	60.0	70.0
侧柏	0.0	20.0	90.0	0.0	26.7	70.0	0.0	25.0	84.0	0.0	26.7	85.0
黄刺玫	0.0	0.0	0.0	0.0	0.0	0.0	0.0	0.0	0.0	0.0	0.0	0.0
平均流失率	0.0	31.3	61.6	0.6	32.9	66.6	0.0	25.9	59.3	0.6	28.3	60.3

（2）种子流失过程

种子随降雨的流失过程大致可分为 3 个阶段：降雨前期种子流失率相对较低阶段、降雨中期种子持续流失阶段和后期种子流失率不再增加阶段。在雨强为 150 mm/h 时，第一阶段结束在 6′35″～9′36″，种子流失率为 4.28%～9.70%；第二阶段结束在 42′00″～47′30″，种子流失率为 45.18%～57.02%；第三阶段从降雨结束前 6 min 左右开始持续到降雨结束，累积种子流失率基本保持稳定。雨强为 100 mm/h 时，种子流失随降雨时间变化的三个阶段与雨强 150 mm/h 相比，第一阶段持续时间较长，大约在降雨持续 20 min 后开始进入第二阶段，种子流失率开始平稳增长，但种子流失率快速增长阶段时间相对较短，且流失率较 150 mm/h 低（19.08%～24.34%），到降雨历时持续到 50 min 左右后，没有种子流失继续发生。总之，雨强越大，种子开始流失时间越早，种子流失率越高（图 8-4）。

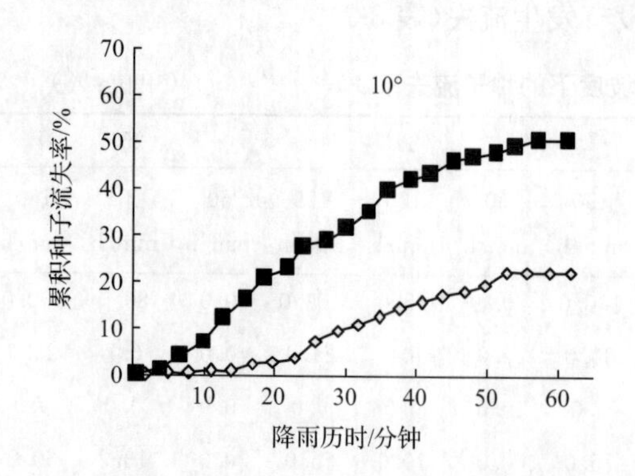

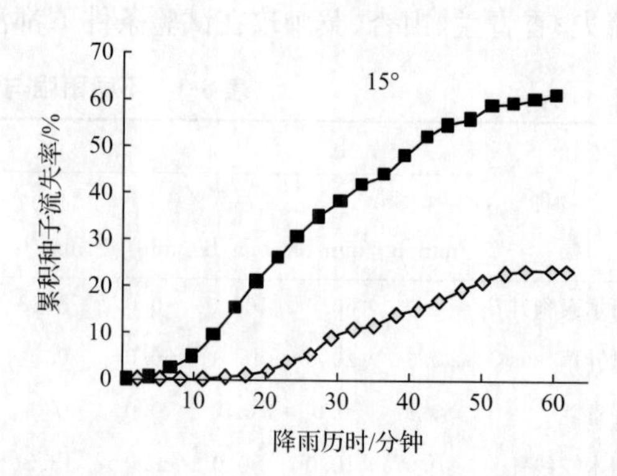

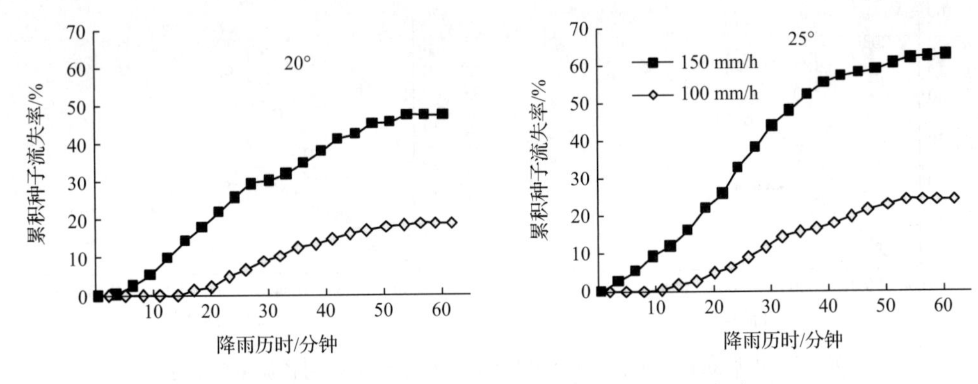

图 8-4　不同雨强与坡度条件下种子的累积流失率

(3) 种子流失率与产流产沙量的关系

通过对不同产流产沙过程中种子流失率与径流量和产沙量之间进行相关分析(表 8-4)，发现种子流失率与径流量和产沙量之间存在极显著相关关系，累积种子流失率与径流量的相关系数大于与产沙量间的相关系数，即累积种子流失率与径流量之间的关系更为密切。

表 8-4　裸坡条件下种子流失率与径流量和产沙量间的相关系数

雨强	径流量				产沙量			
	10°	15°	20°	25°	10°	15°	20°	25°
100 mm/h	0.977**	0.969**	0.950**	0.961**	0.967**	0.865*	0.703*	0.726**
150 mm/h	0.975**	0.963**	0.968**	0.957**	0.951**	0.866**	0.803**	0.700**

** 表示相关系数在 $P<0.01$ 水平上显著，* 表示相关系数在 $P<0.05$ 水平上显著。

通过分析产流产沙过程中种子流失率与径流量的累积关系(图 8-5)得出，坡面上开始有径流产生时，坡面没有种子流失，只有当径流量增加到一定程度时，坡面上开始有种子流失。在 150 mm/h 和 100 mm/h 下，降雨前期种子流失率都很低；随着降雨的继续，土壤入渗减少，径流量增加，种子流失开始持续增加；到降雨后期，尽管径流量不断持续上升，但是易流失的种子已基本流失，而未流失的种子受其自身抗蚀策略的影响而不会发生流失，使得坡面上种子的流失数量减小，种子累积流失率趋于稳定。

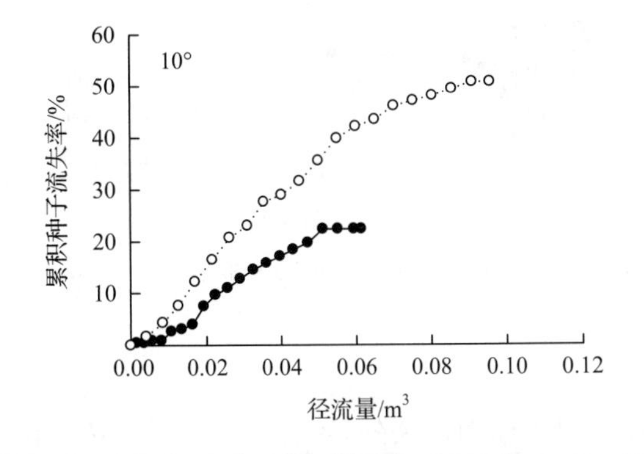

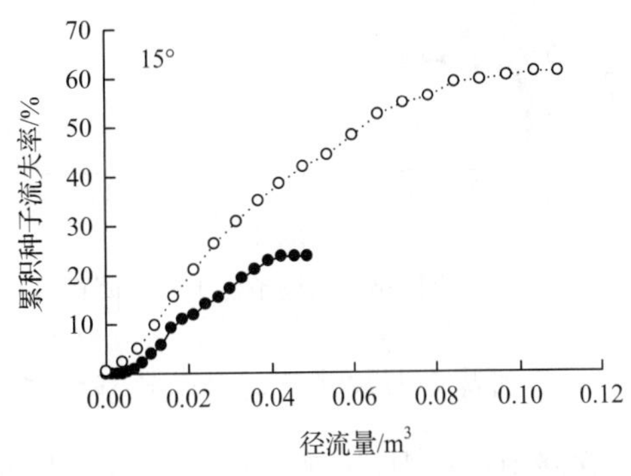

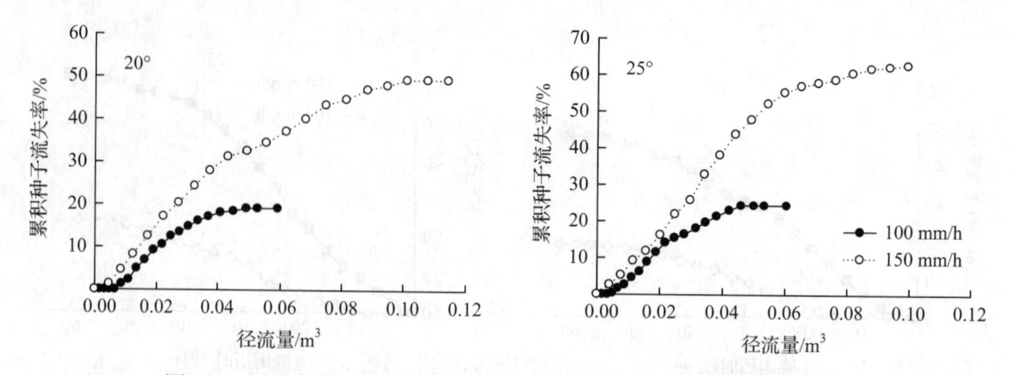

图 8-5　裸坡条件下不同降雨强度下累积种子流失率与径流量的关系

不同坡度下累积种子流失率相差不是太大，但不同雨强下的流失率差异非常明显。同时，由累积种子流失率和产沙量之间的关系（图 8-6）可知，不同坡度下的累积种子流失率在产沙量小于 0.5 kg 时在 2 个雨强下都相差不大，且随产沙量增加急剧增加。在降雨中后期，雨强为 100 mm/h 时 20°和 25°坡面上有细沟产生，而雨强为 150 mm/h 时 15°、20°和 25°坡面上产生细沟，由于坡面下部细沟的产生与发展，产沙量急剧增加，但是种子流失率增加幅度远远小于产沙量的增加幅度，由于受种子布设区域与数量、前期流失率与种子抗蚀策略等因素的影响，种子流失率增加缓慢或趋于稳定。

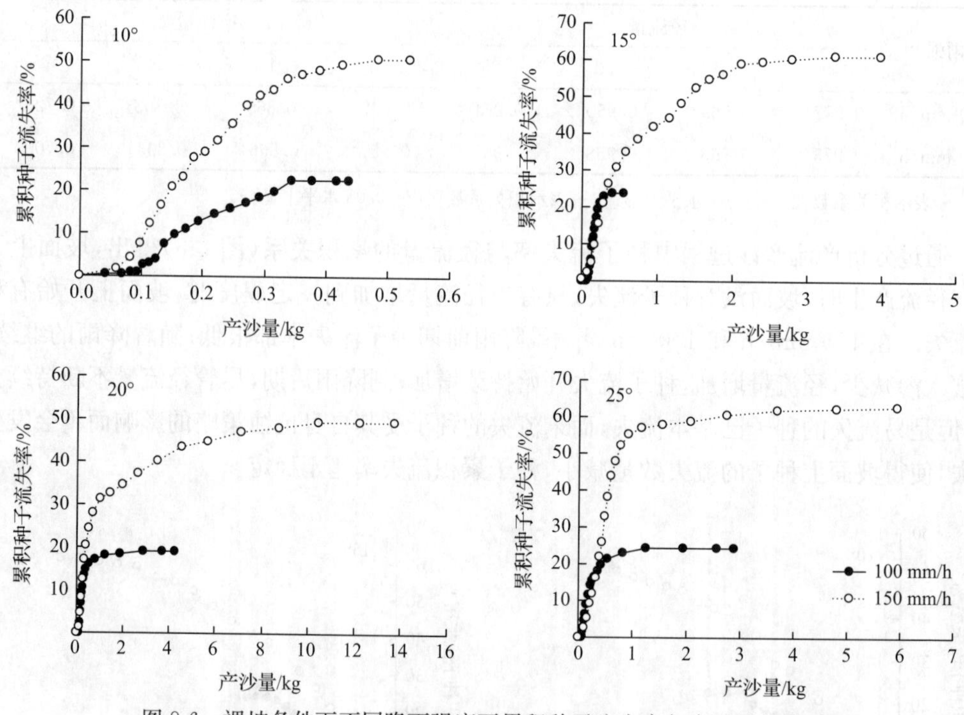

图 8-6　裸坡条件下不同降雨强度下累积种子流失率与产沙量的关系

3. 不同降雨与坡度下的种子迁移特征

在降雨过程中，除部分种子随径流泥沙迁移出土槽而流失外，还有部分种子仍留在试验土槽中，但位置发生了位移，而留在土槽中的种子迁移距离也能从一定程度说明降雨对种子次传播的影响。通过分析未流失种子在不同雨强与坡度下在坡面上的迁移距离情况（表 8-5），可以看出：

当降雨强度为 50 m/h 时，在 10°、15°、20°、25° 4 个坡度条件下，坡面上种子的平均位移为 6.4 cm、5.5 cm、5.4 cm、9.5 cm，且方差分析表明坡度间种子位移的差异不显著（P=0.416）。对不同物种来说，在 10°坡面上，阿尔泰狗娃花、达乌里胡枝子、杠柳和白羊草 4 个物种的位移较大，范围为 11.8～30.6 cm；鬼针草、灌木铁线莲、野胡萝卜、刺槐、异叶败酱、狼牙刺和茜草 7 个物种的种子位移为 3.0～5.0 cm，而香青兰、水栒子、山杏、侧柏和黄刺玫 5 个物种没有迁移。坡度为 15°时，阿尔泰狗娃花和达乌里胡枝子在坡面上的位移最大；鬼针草、灌木铁线莲、杠柳、野胡萝卜、刺槐、异叶败酱、侧柏 7 个物种的位移距离为 2.0～8.8 cm；香青兰、茜草、水栒子、山杏、狼牙刺和黄刺玫的位移为 0。当坡度为 20°时，阿尔泰狗娃花、达乌里胡枝子和白羊草 3 个物种在坡面上的位移最大（12.6～20.5 cm）；鬼针草、香青兰、茜草、水栒子、山杏和黄刺玫的种子没有发生位移，其他物种的位移在 3.0～8.6 cm。坡度为 25°时，位移最大的物种同样是阿尔泰狗娃花和达乌里胡枝子。总体来说，在试验条件下阿尔泰狗娃花、达乌里胡枝子、杠柳、白羊草在各坡面上的位移始终比较大，而香青兰、水栒子、山杏和黄刺玫 4 个物种始终没有发生迁移现象，其他

表 8-5　不同雨强与坡度下的种子的位移　　（单位：cm）

物种	10°			15°			20°			25°		
	50 mm/h	100 mm/h	150 mm/h	50 mm/h	100 mm/h	150 mm/h	50 mm/h	100 mm/h	150 mm/h	50 mm/h	100 mm/h	150 mm/h
阿尔泰狗娃花	30.6	35.5	134.0	13.1	58.3	134.0	15.9	37.2	134.0	22.1	19	134.0
鬼针草	3.5	26.5	48.9	8.0	31.5	40.2	0.0	10.7	49.9	5.0	16.9	28.6
香青兰	0.0	2.0	8.5	0.0	5.8	6.8	0.0	4.0	10.4	0.0	9.1	6.4
灌木铁线莲	4.0	48.9	50.7	6.1	45.9	57.8	7.0	40.3	54.1	5.5	31.2	52.6
达乌里胡枝子	18.0	67.5	129.0	17.7	10.0	129.0	20.5	27.8	129.0	40.7	30.3	129.0
杠柳	14.3	59.0	129.0	5.8	54.5	129.0	4.2	62.5	129.0	18.5	56.3	129.0
野胡萝卜	5.0	41.6	70.0	2.0	41.0	47.5	5.0	36.9	65.1	10.0	50.7	47.5
白羊草	11.8	23.0	129.0	8.8	68.0	129.0	12.6	49.0	7.0	14.8	58.8	20.0
刺槐	3.0	47.7	63.2	5.3	39.4	80.0	3.0	35.8	68.9	5.5	59.2	59.7
茜草	4.0	36.8	58.4	0.0	36.1	32.8	0.0	39.0	65.4	17.5	52.5	20.3
水栒子	0.0	23.6	42.4	0.0	42.2	32.4	0.0	16.7	32.8	0.0	9.5	55.3
异叶败酱	3.0	34.8	55.0	5.4	43.6	54.3	8.6	33.3	34.4	11.6	26.3	48.3
山杏	0.0	0.0	0.0	0.0	2.0	0	0.0	4.0	0.0	0.0	0.0	0.0
狼牙刺	5.0	66.5	80.0	0.0	47.5	40.8	5.8	41.2	75.0	0.0	26	20.0
侧柏	0.0	55.0	47.5	8.8	48.3	41.3	4.0	48.2	36.0	0.0	38.3	44.0
黄刺玫	0.0	0.0	0.0	0.0	0.0	0.0	0.0	7.0	0.0	0.0	0.0	0.0
平均位移	6.4	35.5	65.4	5.1	35.9	59.7	5.4	30.8	55.7	9.5	30.3	49.7

物种也或多或少地发生了位移。当雨强为 100 mm/h 时，4 个坡度下种子平均位移分别为 35.5 cm、35.9 cm、30.8 cm 和 30.3 cm，雨强为 150 mm/h 时分别 65.4 cm、59.7 cm、55.7cm 和 49.7 cm，种子在坡面上的位移并没有表现出随着坡度的增大而增大的规律。就单个物种而言，山杏、黄刺玫和香青兰没有位移或位移很小，小于 10 cm；而其他 13 个物种在不同坡度下迁移距离多在 30～134 cm。

总之，降雨强度越大，种子在坡面上发生的位移就越大，发生位移的物种数就越多，至最终有些种子发生流失；而坡度对种子位移的影响不显著，并没有呈现出在相同的降雨条件下随着坡度的增加种子迁移距离越大的规律，但不同物种表现出不同的迁移特征。

8.2.2　下垫面条件对种子流失与迁移的影响

1. 不同下垫面条件下的产流产沙特征

在同一下垫面条件下，坡面产流历时都表现为随降雨强度的增大而缩短。不同下垫面在降雨强度较小时产流时间差别较大，在雨强为 25 mm/h 时最大差距达 4′12″，但随着降雨强度的增大，不同坡面上的产流时间差距越来越小。具有草被和草被＋蹄印处理的坡面与裸坡之间的产流量在不同降雨强度条件下无明显规律，没有呈现出哪个下垫面条件下的产流量一定大或者小；不同下垫面的产流量随降雨强度的增强而增大。对于产沙量来说，在 150 mm/h 降雨强度下产生的侵蚀量比其他所有降雨强度下产生的侵蚀量都明显偏大，而在 25 mm/h、50 mm/h 和 75 mm/h 降雨强度条件下的累积产沙量十分接近且都不大，坡面上主要以面蚀为主。当裸坡在 150 mm/h 时，具草被坡面、具草被＋蹄印的坡面在 125 mm/h 和 150 mm/h 时，降雨中期土壤侵蚀量在降雨过程中平稳增加，在降雨后期急剧增加，这是由于在这些降雨条件下坡面侵蚀方式由面蚀转变为细沟侵蚀，导致坡面的产沙量大幅增加(表 8-6)。

表 8-6　不同试验条件下的产流时间、产流量与产沙量

处理	25mm/h	50mm/h	75mm/h	100mm/h	125mm/h	150mm/h
			产流时间			
裸坡	6′48″	1′07″	0′54″	0′27″	0′20″	0′13″
草被坡面	11′00″	1′02″	0′45″	0′30″	0′20″	0′11″
草被＋蹄印坡面	9′03″	1′43″	0′55″	0′51″	0′21″	0′16″
			产流量/m^3			
裸坡	0.00059	0.01007	0.01534	0.02919	0.04299	0.05723
草被坡面	0.00107	0.01449	0.02034	0.02543	0.03808	0.05981
草被＋蹄印坡面	0.00188	0.00954	0.01767	0.02692	0.04466	0.04927
			产沙量/(kg/m^2)			
裸坡	0.012	0.443	0.195	2.020	3.620	9.660
草被坡面	0.019	0.450	0.349	1.380	3.860	5.450
草被＋蹄印坡面	0.024	0.250	0.347	1.016	3.027	9.660

2. 不同下垫面条件下的种子流失特征

在3个不同下垫面处理条件下，种子流失率随着降雨强度的增加呈增加趋势，增加速率表现为裸坡>草被坡面>草被+蹄印坡面，并且裸坡上种子流失率的增幅要远大于具有草被和蹄印的坡面，具草被和草被+蹄印的坡面上的流失率增幅相差不大；而在小降雨强度条件下这种规律不明显(图8-7)。

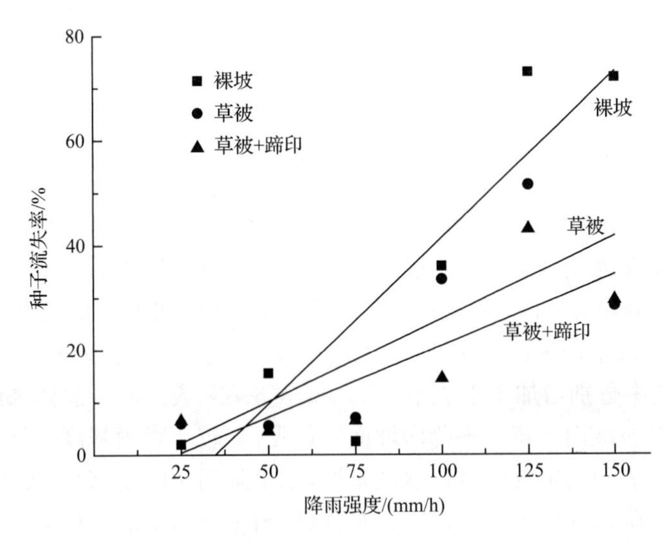

图8-7 不同坡面上种子流失率与降雨强度关系

对于供试的7个物种，阿尔泰狗娃花、白羊草和达乌里胡枝子在任何降雨条件下均发生了流失，属较易流失的物种；而水栒子、丁香、杠柳和狼牙刺在100 mm/h以上降雨强度条件下才普遍发生流失，在100 mm/h以下时只有几个试验组合条件下发生流失，且流失规律不明显。总体来看，种子的流失率随着降雨强度的增大依然呈增加趋势，在具有草被和草被+蹄印的坡面上流失率则要明显低于裸坡上的流失率，且降雨强度越大，这种现象越明显(表8-7)。

表8-7 不同下垫面条件下的种子流失率(降雨历时30分钟) (单位：%)

物种	裸坡	草被坡面	草被+蹄印坡面	裸坡	草被坡面	草被+蹄印坡面	裸坡	草被坡面	草被+蹄印坡面
	25 mm/h			50 mm/h			75 mm/h		
阿尔泰狗娃花	5	17.5	17.5	15	12.5	7.5	5	15	7.5
白羊草	0	10	12.5	17.5	0	5	0	7.5	15
达乌里胡枝子	0	2.5	2.5	22.5	7.5	2.5	2.5	7.5	5
水栒子	10	0	0	15	5	10	0	0	0
丁香	0	0	0	5	0	0	5	0	0
杠柳	0	0	0	20	10	5	5	0	10
狼牙刺	0	0	0	5	0	0	0	10	0

续表

物种	裸坡	草被坡面	草被+蹄印坡面	裸坡	草被坡面	草被+蹄印坡面	裸坡	草被坡面	草被+蹄印坡面
	100 mm/h			125 mm/h			150 mm/h		
阿尔泰狗娃花	47.5	32.5	12.5	80	57.5	57.5	72.5	30	35
白羊草	35	42.5	17.5	72.5	47.5	45	90	25	30
达乌里胡枝子	52.5	57.5	22.5	80	57.5	45	92.5	37.5	40
水栒子	0	0	5	55	20	30	0	25	10
丁香	10	0	15	65	35	40	45	15	15
杠柳	45	30	20	75	65	45	75	35	35
狼牙刺	35	40	0	70	70	20	90	25	25

不论是何种下垫面条件下，当雨强为 25 mm/h、50 mm/h 和 75 mm/h 的降雨历时由 30 分钟增大至 60 分钟时，种子流失率均有明显增加，其中增加比例最高的是裸坡，阿尔泰狗娃花在 75 mm/h 降雨强度下流失率增加了 45%，白羊草和达乌里胡枝子在 50 mm/h 降雨强度下流失率分别增加了 40%和 57.5%(表 8-7 和表 8-8)。总体来说，种子流失率仍表现为裸坡>草被坡面>草被+蹄印坡面。可见，在较小降雨强度条件下，降雨历时也是影响种子流失率大小的重要因素。也就是说，如果降雨历时足够长，种子流失率也会大幅度地增加。对比降雨强度为 150 mm/h 时裸坡条件下降雨历时为 30 分钟所产生的流失率与降雨历时为 60 分钟时所产生的试验结果(表 8-3)，如阿尔泰狗娃花的流失率分别为 72.5%和 100%，狼牙刺的流失率分别为 90%和 80%，白羊草的流失率分别为 90%和 96%，发现产生的种子流失率非常接近，甚至更高。可见，对于易流失的种子，在较大的降雨强度下(>100 mm/h)，种子发生流失大部分都集中于前 30 分钟降雨历时内。

表 8-8　不同下垫面条件下延长降雨历时后的坡面种子流失率(降雨历时 60 分钟)

(单位：%)

物种	裸坡	草被坡面	草被+蹄印坡面	裸坡	草被坡面	草被+蹄印坡面	裸坡	草被坡面	草被+蹄印坡面
	25 mm/h			50 mm/h			75 mm/h		
阿尔泰狗娃花	22.5	45	37.5	52.5	33.3	16.7	50	35	27.5
白羊草	7.5	37.5	25	57.5	13.3	26.7	32.5	20	32.5
达乌里胡枝子	0	20	20	80	33.3	6.7	42.5	37.5	15
水栒子	10	0	0	15	20	20	0	0	0
丁香	0	5	0	5	13.3	6.7	5	0	10
杠柳	0	15	15	65	20	26.7	10	20	10
狼牙刺	0	0	0	40	20	20	0	20	0

在不同下垫面条件下，种子开始流失的时间及集中流失时段随着降雨强度的增大而提前。当降雨强度为 25 mm/h 时种子流失的特点表现为时间段集中，且 3 个不同下垫面

坡面上种子流失动态基本一致，当种子开始流失时流失率逐渐增加，在 20～40 分钟的时间段内流失率最高，这段时间内流失的种子数量分别占流失总数量的 50.0%（裸坡）、66.7%（草被坡面）和 70.6%（草被＋蹄印坡面）；当降雨强度为 50 mm/h 和 75 mm/h 时，种子流失动态表现的规律较为一致，种子主要流失时间集中于降雨开始后的 10～50 分钟时间段内，这段时间内流失的种子数量分别占到流失总数量的 82.6%和 88.9%（裸坡）、95%和 85.7%（草被坡面）、85.7%和 65.4%（草被＋蹄印坡面）；降雨强度为 100 mm/h 时，种子流失主要发生在 3～30 分钟内，在 15 分钟左右流失量较高；而在 125 mm/h 和 150 mm/h 降雨强度时，种子流失都主要集中于降雨开始后的前 20 分钟内，之后流失率明显降低，且较大降雨强度条件下表现更为明显（图 8-8）。

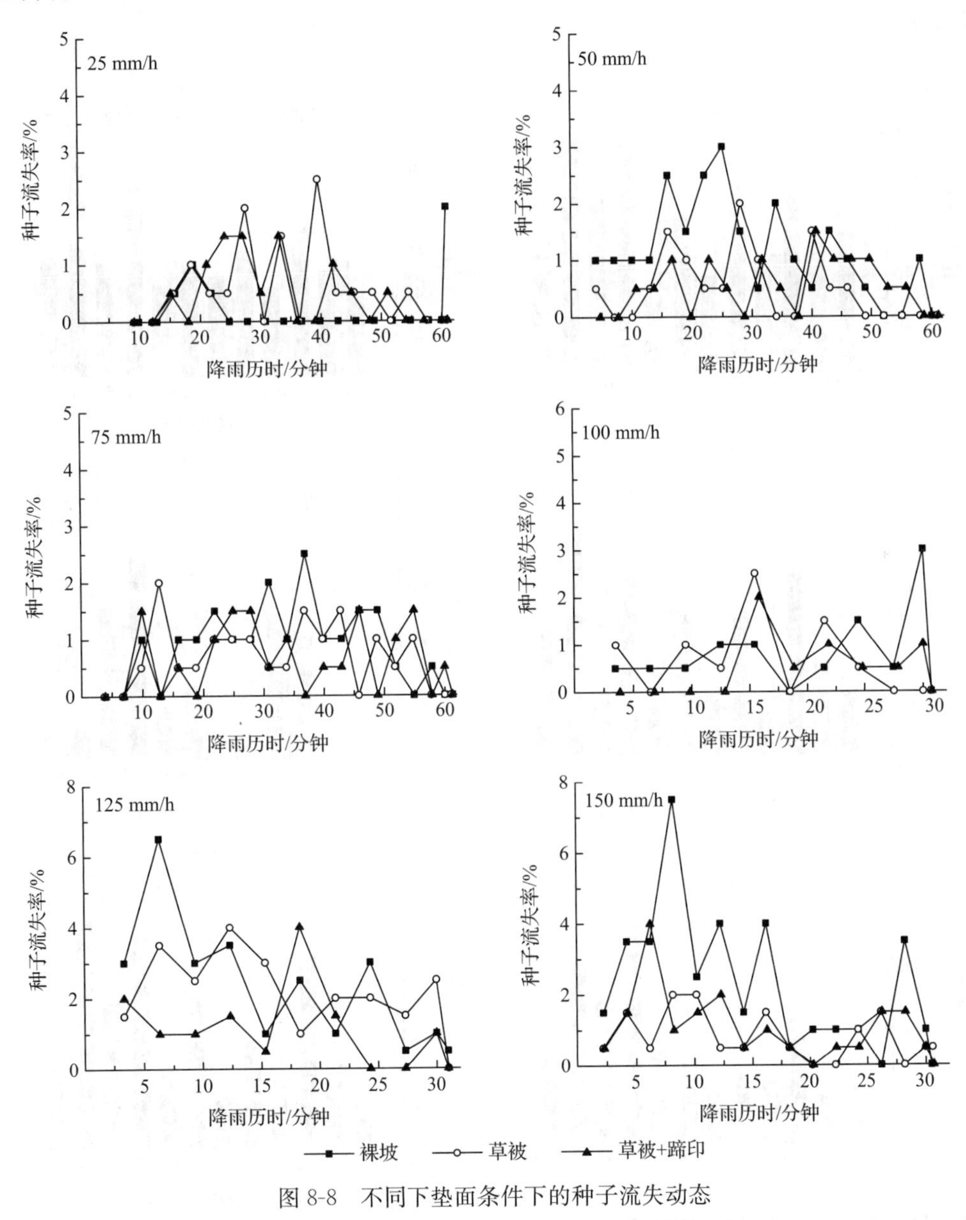

图 8-8　不同下垫面条件下的种子流失动态

3. 不同下垫面条件下的种子迁移特征

从不同坡面上不同物种种子在6个降雨强度条件下的迁移距离(图8-9)发现:所有试验组合中,只有水栒子的种子在25 mm/h降雨强度条件下没有发生迁移,其他试验组合中所有物种的种子都发生了迁移,说明种子在降雨过程中很容易随降雨发生二次分布。在绝大部分试验组合中,种子的迁移距离都是在裸坡上为最大,而在具草被坡面和具草被+蹄印坡面上的迁移距离相差不大,但要明显低于裸坡上的迁移距离,说明草被和蹄印的存在对坡面上种子随降雨的迁移有积极的拦截作用。下垫面类型与种子迁移距离的Pearson相关系数为−0.346,在0.01水平上显著性相关,说明下垫面越复杂,种子的迁移距离就越小。

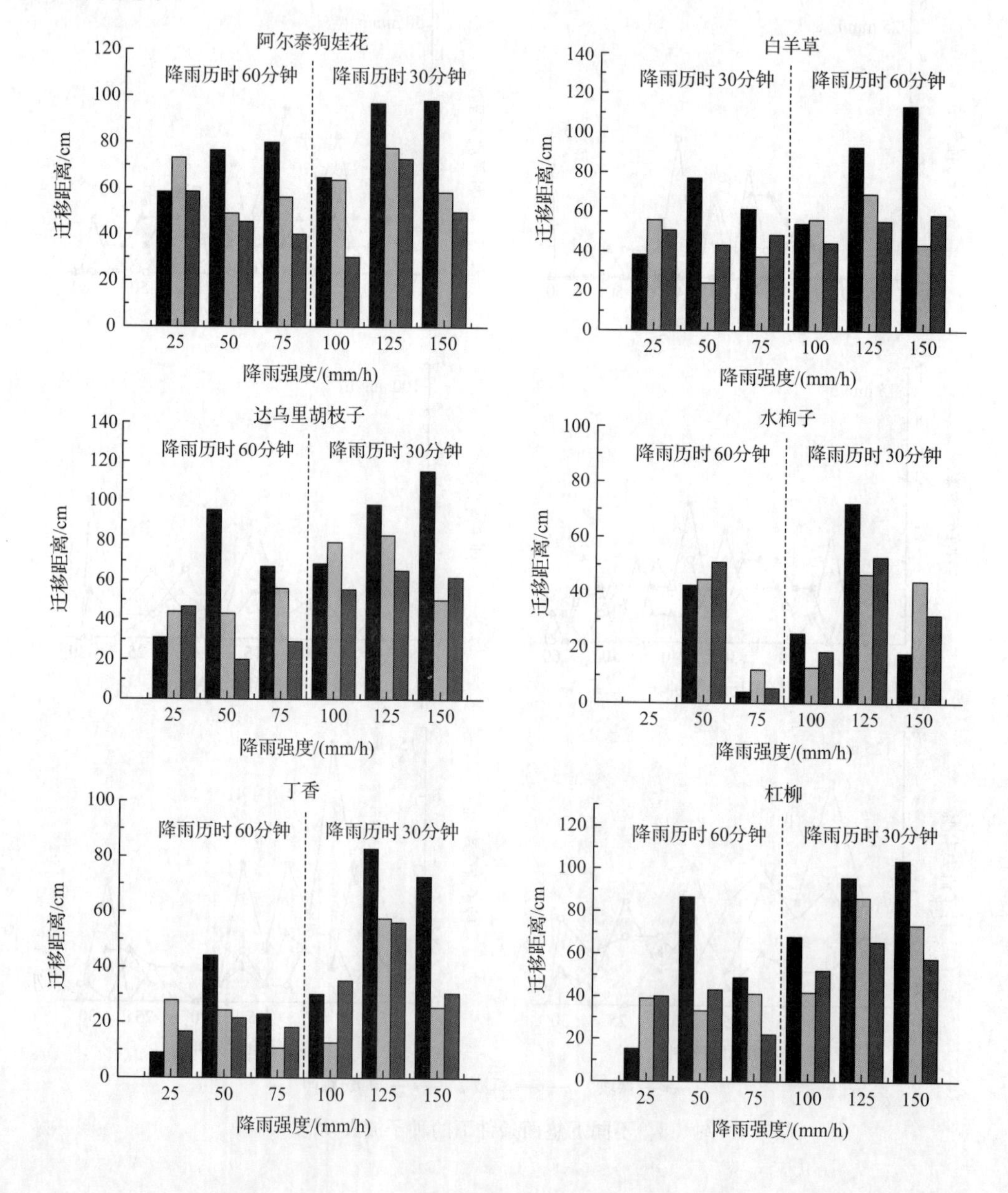

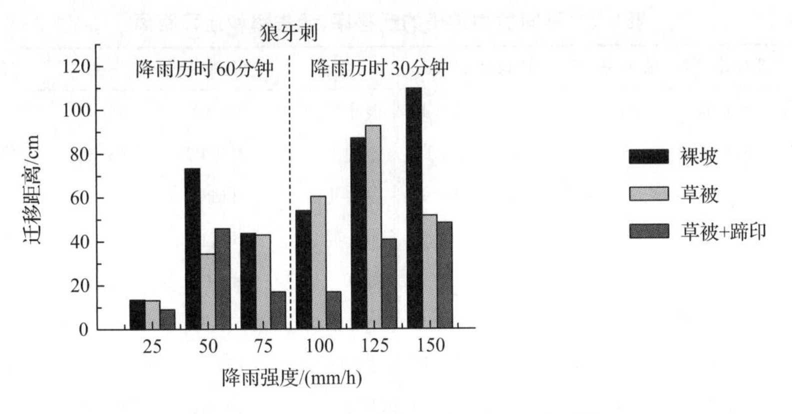

图 8-9　不同试验条件下种子的迁移距离

对于不同的物种，阿尔泰狗娃花、白羊草、达乌里胡枝子、杠柳和狼牙刺 5 个物种在裸坡条件下的平均迁移距离较大，分别达到 78.99 cm、72.78 cm、79.31 cm、69.61 cm 和 63.49 cm。而在具草被和具草被＋蹄印两种坡面上，白羊草、水栒子和丁香的种子平均迁移距离相差不超过 5 cm；而阿尔泰狗娃花、达乌里胡枝子、杠柳和狼牙刺的种子在具草被坡面上的平均迁移距离均比具草被＋蹄印坡面上的平均迁移距离大，相差 10～20 cm。在供试 7 个物种中，水栒子的迁移距离是最短的，并且在 3 种下垫面条件下迁移距离最为接近，说明水栒子本身抵抗迁移的能力就比较强，下垫面的变化对其影响不大；而另外 6 个物种的种子在裸坡上的平均迁移距离分别为在具草被坡面和具草被＋蹄印坡面上迁移距离的 1.26 和 1.60 倍(阿尔泰狗娃花)、1.53 和 1.45 倍(白羊草)、1.34 和 1.71 倍(达乌里胡枝子)、1.65 和 1.47 倍(丁香)、1.33 和 1.49 倍(杠柳)、1.29 和 2.14 倍(狼牙刺)。

8.2.3　种子形态特征对种子流失与迁移的影响

1. 不同形态种子的流失率与迁移率

在降雨强度为 100 mm/h 与降雨历时 30 分钟的条件下，供试的 60 种植物的种子流失率、迁移率与迁移距离如表 8-9 所示。在 20°的裸坡发生种子流失的物种有 55 种，占总供试物种数的 91.7％，只有黄刺玫、酸枣、扁核木、魁蓟和大针茅 5 个物种在所有重复中都没有流失。发生流失的物种中有 24 个物种流失率低于 50％，占总供试物种数的 40％；地黄、灰叶黄芪、菊叶委陵菜和猪毛菜的种子在所有试验中流失率均为 100％，为最易流失的物种。

通过统计坡面上发生位移的种子数量(含流失数量)，发现所有物种的种子均在降雨侵蚀的作用下发生了迁移，迁移率的大小变化为 3.33％～100％。迁移率在 50％以上的物种有 56 个，占供试物种总数的 93.3％；迁移率在 80％以上的物种有 53 个，占供试物种总数的 88.3％；迁移率达 100％的物种有 37 个，占供试物种总数的 61.7％。

表 8-9 不同植物种子的迁移率、流失率和迁移距离

物种	迁移率/%	流失率/%	迁移距离/cm	物种	迁移率/%	流失率/%	迁移距离/cm
阿尔泰狗娃花	100.00	83.33	120.93±28.10	狼牙刺	96.67	56.67	105.97±29.40
白头翁	100.00	13.33	43.50±29.13	连翘	100.00	43.33	126.93±27.04
白羊草	100.00	83.33	122.53±30.07	牻牛儿苗	100.00	3.33	19.40±21.21
异叶败酱	100.00	6.67	67.43±34.17	蒲公英	100.00	13.33	48.33±39.36
长芒草	93.33	3.33	18.79±20.74	茜草	90.00	13.33	71.85±31.57
绳虫实	83.33	50	126.68±45.49	芹叶铁线莲	100.00	6.67	42.37±34.75
臭椿	96.67	76.67	137.97±25.78	沙打旺	100.00	86.67	151.70±31.39
刺槐	93.33	30	100.14±41.34	沙棘	93.33	3.33	36.64±29.57
葱皮忍冬	100.00	3.33	31.90±24.82	砂珍棘豆	100.00	96.67	137.53±16.45
达乌里胡枝子	93.33	86.67	128.96±17.57	山丹	100.00	66.67	148.53±19.74
大蓟	100.00	33.33	118.63±37.72	水栒子	60.00	3.333	24.00±23.69
大针茅	36.67	0	3.18±1.89	酸枣	6.67	0	22.50±30.41
地黄	100.00	100	106.00±0.00	唐松草	100.00	60	133.67±22.19
地梢瓜	100.00	26.67	54.83±41.53	天门冬	100.00	50	102.20±39.89
丁香	100.00	26.67	77.27±36.95	菊叶委陵菜	100.00	100	146.00±14.38
杜梨	100.00	23.33	85.40±38.76	香青兰	60.00	6.67	7.00±5.37
鹅观草	100.00	16.67	46.03±38.32	亚麻	86.67	10	49.12±50.57
风毛菊	100.00	93.33	120.83±24.09	野葱	100.00	50	134.37±34.26
甘草	70.00	16.67	60.33±51.05	野胡萝卜	96.67	53.33	108.93±35.39
杠柳	100.00	86.67	119.80±25.56	野豌豆	86.67	53.33	113.12±47.42
狗尾草	100.00	90	157.53±28.74	益母草	100.00	90	112.47±29.29
灌木铁线莲	100.00	6.67	53.07±31.75	远志	100.00	50	116.97±42.34
鬼针草	100.00	3.33	37.57±26.33	猪毛菜	100.00	100	156.00±8.30
虎榛子	93.33	13.33	86.50±34.08	鹤虱	83.33	66.67	102.32±31.58
延安小檗	93.33	86.67	116.71±22.34	扁核木	10.00	0	9.33±5.69
黄刺玫	3.33	0	28.00±0.00	中华隐子草	100.00	86.67	117.83±36.24
灰叶黄芪	100.00	100	144.33±4.79	白花草木樨	100.00	96.67	141.47±24.33
火炬树	100.00	63.33	107.77±27.85	芦苇	100.00	90	119.27±30.07
角蒿	100.00	56.67	120.53±34.87	中华苦荬菜	96.67	16.67	69.69±51.55
魁蓟	100.00	0	22.57±10.89	侧柏	90.00	53.33	100.00±37.86

2. 种子形态特征对其迁移方式的影响

通过对降雨过程中不同形态特征种子流失方式的观察，发现不同形态特征的种子迁移方式也各不相同，主要包括以下几种。

(1) 滚动式迁移：主要包括呈圆形或椭圆形的种子，如狼牙刺、茜草、野豌豆，其迁移率分别为96.7%、90.0%和86.7%。在降雨过程中，由于雨滴的击溅作用，当雨滴击打在种子上坡位的部位时，会造成种子瞬间向下坡面滚动。

(2) 悬浮式迁移：主要为具有翅、绢毛之类附属物的种子。带翅种子在坡面上由于与径流接触面积较大，种子本身产生较大浮力，在径流的带动下向下坡位运动，如丁香和异叶败酱的种子迁移率均为100%；带绢毛的种子主要由于绢毛占的体积较大，且质量很轻，在径流中易呈悬浮状，从而带动种子随径流向下坡位迁移，如中华苦荬菜和蒲公英的种子迁移率分别为96.7%和100%。

(3) 跳跃式迁移：主要包括体积较小，质量较轻的种子，大部分物种的种子迁移方式都为此类，如阿尔泰狗娃花、沙打旺、达乌里胡枝子的迁移率分别为100%、100%和93.3%。当有雨滴恰好击打在种子表面时，种子会沿击溅作用力的作用方向向下坡位瞬间跳跃一段距离。

3. 抵抗降雨侵蚀的种子形态特征

采用分层聚类的方法(analyze-classify-hierarchical cluster)，可将60个物种的种子流失情况分为5类(图8-10)，然后结合表3-3、表3-4和表3-6，分析这些种子流失迁移与其形态特征指标(单粒重量、种子形态、表面纹饰、附属特性、长、宽、高、表面积、体积、比表面积、密度、FI、EI)的关系，结果如下。

第一类：包括17个物种，种子迁移率除达乌里胡枝子和延安小檗为93.33%外，其余全部为100%，种子流失率分布于83.33%～100%，种子迁移距离分布于106.00～157.53 cm。这些物种的主要形态特征包括质量小(仅杠柳和延安小檗明显较大，分别为5.5 mg和7.8 mg，其余种子均接近或远小于2 mg)、体积小(除达乌里胡枝子、杠柳、延安小檗、猪毛菜和白花草木樨较大外，其余物种均小于4 mm^3)、形状为近球形且大多无附属物。

第二类：包括15个物种，种子迁移率为83.33%～100%，种子流失率分布于43.33%～76.67%，迁移距离分布于100～148.53 cm。在这些物种中，有些种子质量很小(0～4 mg)且无附属物，如绳虫实、连翘、唐松草、野葱、野胡萝卜、远志、角蒿、山丹等；有些质量较大(8～24 mg)无附属物，且种子表面光滑、近球形，如狼牙刺、侧柏、臭椿、火炬树、天门冬、野豌豆等。

第三类：包括22个物种，种子迁移率为70%～100%，但种子流失率处于35%以下，种子迁移距离大多分布于19.40～86.50 cm，仅有刺槐和大蓟的种子迁移距离分别为100.14 cm和118.63 cm。在这些物种的种子中，有些种子质量较小(0.34～4.53 mg)但具有冠毛、翅等附属物或分泌黏液，且种子呈扁平状，如白头翁、异叶败酱、鹅观草、蒲公英、中华苦荬菜、亚麻等；也有些种子质量较大(6.09～14.11 mg)但种子呈扁球形且表面光滑无附属物，如刺槐、杜梨、茜草、虎榛子、甘草等；有些种子质量相对较大(3.28～7.28 mg)，但种子呈扁平状且具有附属物，如灌木铁线莲、丁香、地梢瓜等；有的种子具芒、喙和冠毛如长芒草、牻牛儿苗和大蓟；有的种子扁平粗糙或具附属物，如魁蓟、芹叶铁线莲、葱皮忍冬等。

第四类：包括3个物种，种子迁移率较低，大针茅为36.67%，水栒子和香青兰均为60%；种子流失率很低，均处于7%以下。大针茅为具芒的狭长形种子；香青兰为可以分

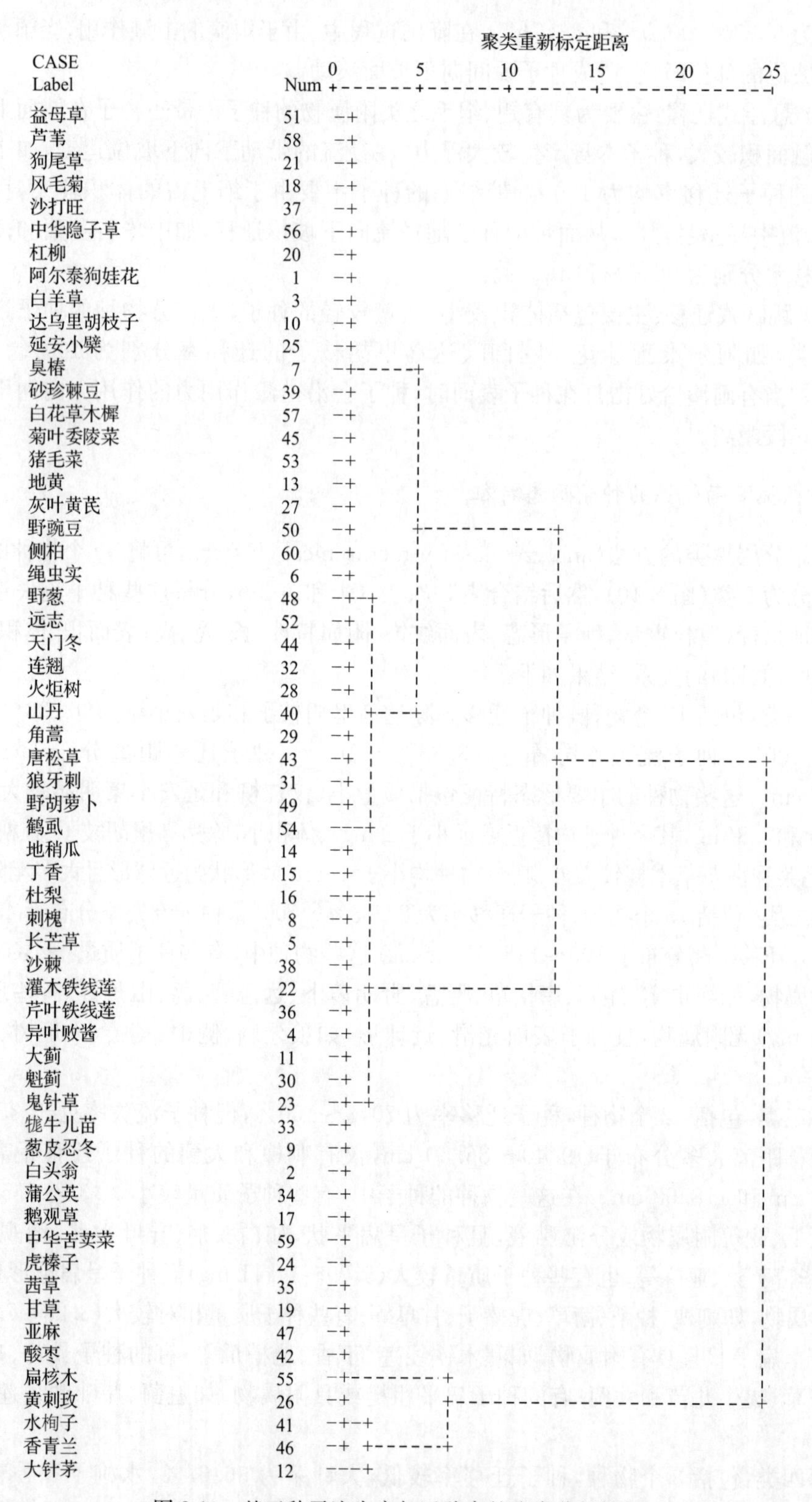

图 8-10 基于种子流失率与迁移率的聚类分析结果

泌黏液的种子，而水栒子则属于质量较大(49.1 mg)和体积较大(509 mm^3)的种子。

第五类：包括3个物种。种子迁移率极低，都低于10%；种子流失率全部为0，任何情况下均不发生流失。这一类种子主要是由于种子质量很大，如黄刺玫(335.1 mg)、酸枣(357.4 mg)、扁核木(151.4 mg)。

可见，能抵抗降雨侵蚀的种子具有如下形态特征：

1) 种子质量非常大(>150mg)：如酸枣(357.43 mg)、黄刺玫(335.13 mg)、扁核木(151.4 mg)的种子在任何雨强下都不发生流失。

2) 能分泌黏液的种子：种子受潮、吸水后在表面形成黏液层，与土壤表面黏附在一起，而不易发生流失。例如，香青兰和亚麻的种子流失率都很低，分别为6.67%和10%。

3) 表面粗糙、呈扁平状的种子：具有这些特征的种子可以通过增大与地表的接触面积，从而增加与地面的摩擦力而不容易发生流失，如丁香、异叶败酱种子的流失率仅为26.67%、6.67%。

4) 狭长形且具芒或刺的种子：由于较硬的附属结构容易扎入土壤表面，使种子固定在坡面上，如大针茅、长芒草、牻牛儿苗、鬼针草等的种子在坡面上的迁移距离和流失率很小，种子流失率分别为0%、3.33% 、3.33%和3.33%。

5) 具冠毛等附属物的种子：种子具有的冠毛等柔性附属物在降雨过程中能够吸水导致种子质量变大，从而增强了抵抗径流冲刷的能力。例如，地梢瓜(26.67%)、魁蓟(0%)、灌木铁线莲(6.67%)、芹叶铁线莲(6.67%)等种子的流失率较小。

8.3 讨　　论

8.3.1 降雨对种子流失与迁移的影响

在西班牙东南部退耕地和荒地的模拟降雨(小区面积0.24 m^2，降雨历时22分钟，雨强55 mm/h)试验结果表明，在所有重复中种子的总流失率低于10%，没有任何一个物种的流失率超过25% (García-Fayos and Cerdà，1997)。另一个降雨模拟试验(降雨历时40分钟，雨强55 mm/h)发现，在22°～55°的坡面上种子流失量很低，仅为4%(Cerdà and García-Fayos，1997)。然而，这些研究结果是在一种降雨强度下取得的。而且在西班牙东南部地区，降雨强度55 mm/h是能够引起流域产流的最低暴雨强度(García-Fayos and Cerdà，1997)。当遇到大暴雨时，水蚀引起的种子流失将会有不同的响应。例如，在埃塞俄比亚北部，在雨强120 mm/h和历时10分钟的模拟降雨条件下，种子流失率为32.5% (Aerts et al.，2006)。为此，本研究采取了多个降雨强度(25 mm/h、50 mm/h、75 mm/h、100 mm/h、125 mm/h、150 mm/h)进行模拟试验，结果表明：不同下垫面条件下种子流失率均随着降雨强度的增大而增加，在裸坡的流失率增加趋势最快，具草被的坡面和具草被+蹄印的坡面流失率增加趋势较小且二者相差不大。在黄土裸坡条件下，降雨强度分别为50 mm/h、100 mm/h和150 mm/h时4个坡度(10°、15°、20°、25°)下的平均种子的迁移率分别为38.3%、79.5% 和 86.4%，平均种子流失率分别为0%、32.6% 和 66.0%。随着降雨强度的增加，产流和种子开始流失的时间越早，产流量、产沙量与种子流失率越高，坡面上残留的种子发生位移的物种数越多，迁移距离越大。在黄土高原地区，土壤侵蚀主要是由几场暴雨造成的，70%的强烈侵蚀是由短历时高强度的局地暴雨引起的（王万忠和焦菊英，1996）。在法国东南部和西班牙东北部，最大的径流与土壤流失率也是由罕见的强暴雨造成的（Wainwright，1996；Martínez-Casasnovas et al.，2005）。可见，降雨强度是影响水蚀强度及种子迁移的重要因子。

本研究也发现在较小降雨强度条件下，降雨历时也是影响种子流失率大小的重要因素。低雨强长历时也可造成高的种子流失率。在雨强为 25 mm/h、50 mm/h 和 75 mm/h 的条件下，降雨历时从 30 分钟延长至 60 分钟，种子流失率明显增加。在低雨强长历时条件下，土壤达到水分饱和状态，土壤和种子的黏结力降低，种子容易被冲刷；而在高雨强（大于 100 mm/h）条件下，降雨强度大于土壤的入渗速率，高流速的径流快速形成，种子在短时间（30 分钟内）被移动和冲刷。可见，短历时高雨强和长历时低雨强都可引起高的种子流失率，但流失机理不同。

8.3.2 坡度对种子流失与迁移的影响

一般来说，雨滴溅蚀、坡面径流及土壤流失随着坡度的增大而增强，种子流失也一样。有研究者认为并不是这种简单的关系（Cerdà and García-Fayos，1997），或存在着临界坡度（胡世雄和靳长兴，1999；Abrahams et al.，1991），或根本不存在这种关系（Lattanzi et al.，1974）。在本研究的 10°、15°、20°、25°坡面上，坡度对种子流失的影响没有明显的规律性，在同一降雨强度下 4 个坡度的产流开始时间、径流量的变化并不显著，也就是说坡面径流引起的种子流失与坡度之间不存在显著的相关关系。随着坡度的增加，一方面，由于坡面承雨面积减少，径流量也随之减少；另一方面，由于入渗率的降低，而径流量增加。这两方面相互抵消，从而可以解释坡度与径流量和种子流失量之间的关系。同时，具有抵抗降雨侵蚀的种子形态特征也干扰着坡度对种子流失的影响。然而，由于不同坡度下土壤稳定性与径流冲刷力不同，土壤流失则随着坡度有着明显的变化，表现在土壤流失在 50 mm/h 的降雨条件下随着坡度的增大而增强，而在 100 mm/h 和 150 mm/h 降雨条件下存在着临界坡度，即在坡度 20°时土壤流失量达到最大。实际上，临界坡度受许多因素如植被、土壤抗蚀性和人为活动等的影响，不是一个固定值（胡世雄和靳长兴，1999）。在西班牙东南部荒地的研究表明：坡度为 22°～55° 的坡面的土壤侵蚀速率是坡度为 2°山麓侵蚀平地的 40 倍，但其种子流失率却为 22°～55°坡面种子流失率的 6 倍，因而得出坡度与土壤侵蚀率呈正相关，与种子流失呈负相关（Cerdà and García-Fayos，1997）。但是，在 2°山麓侵蚀平地与 22°～55°的坡面之间存在着一个大的坡度范围，而从 2°山麓侵蚀平地与 22°～55°的坡面的种子流失率是很难得出坡度与种子流失率之间是负相关。作者依据该研究的试验数据，得出在 22°～55°的坡面上则呈现出种子流失率与坡度是正相关关系（$r=0.615$，$n=13$）。另一试验也表明随着坡度的增加种子流失也增加（García-Fayos et al.，1995）。而在埃塞俄比亚北部的半干旱林地，地表径流引起的种子运移数量与坡度之间没有明显的关系（Aerts et al.，2006）。可见，由于以上这些试验条件的不同，种子流失与坡度之间的关系存在着争议。

另外，在本试验中，有些种子被冲刷到了样品收集槽而没有流出，这就说明如果加大坡长，种子流失率就会随之降低。也有报道认为随着荒坡坡长的增加种子流失是减少的(García-Fayos et al.，1995)。因此，坡长对种子流失的影响也是不能忽视的，种子在坡面是流失了还是再分布是个尺度问题。

8.3.3 下垫面条件对种子流失与迁移的影响

多变的微地形是影响坡面径流及其侵蚀能力的主要因素(Eitel et al.，2011；Liu and Singh，2004；Parsons and Wainwright，2006)，也会是影响坡面种子运移的主要因素。一个立地的植被和生态地形学(ecogeomorphology)特征影响着径流过程中的种子次传播运动，植被条带和斑块能有效拦截种子(Cerdà，1997；Cerdà and García-Fayos，1997；Isselin-Nondedeu et al.，2006)。有植被覆盖的小区种子流失率明显低于裸露小区，储存于灌丛下的种子即使在极端降雨条件下也不易被坡面径流冲走(Aerts et al.，2006)。洼地微地形如蹄印能拦截径流搬运的种子，明显缩短种子的运移距离(Isselin-Nondedeu et al.，2006；Isselin-Nondedeu and Bédécarrats，2007)。在本研究中，在有植被或蹄印的坡面上，种子流失率低，但产沙量高。研究也表明坡面越粗糙，侵蚀率就越大(Eitel et al.，2011；Liu and Singh，2004；Gomez and Nearing，2005)。地面粗糙度会影响集中水流的流路形成并增强其深度，坡面径流深的空间变化会导致剪切力的空间分布，在剪切力最大的区域，会有细沟发育，如本研究中的蹄印，可能就是导致细沟发育的地方。细沟形成后，水流进入细沟而坡面其他地方的侵蚀降低，因此，有植被或蹄印的坡面的种子流失率和迁移率较低。但裸坡的种子流失率并不是显著高于有植被或蹄印的坡面，甚至在低雨强下(25 mm/h 和 75 mm/h)裸坡的种子流失率低于植被坡面和植被＋蹄印坡面，特别是在降雨开始的 30 min 内。造成这种现象也许是因为植被在坡面上是分散分布而不是成带分布，点状的植被分布结构会使径流分流到草丛周围的裸露地，增强径流深和流速，乃至侵蚀能力(Cammeraat and Imeson，1999；Puigdefábregas，2005；Aerts et al.，2006；Bautista et al.，2007)，从而造成较高的径流量、产沙量和种子流失率。随着降雨强度的增加，裸坡的径流深也增加，点状分布的植被对集中水流的影响也不明显，而植被能阻挡雨滴并保护草丛下的种子，因而植被坡面和植被＋蹄印坡面种子流失率的增加低于裸坡。

本研究的结果是在模拟降雨条件下取得的，只能反映不同降雨与微地形条件下坡面种子流失的一般趋势。在自然条件下，情况则是不同的。第一，自然条件下，降雨往往是低雨强或短历时高雨强(Dunkerley，2008)；第二，草丛不仅是通过拦截降雨和保护地面来降低雨滴的影响和拦截径流，而且可通过增加土壤的团聚能力和黏结性及提高入渗来影响径流和泥沙量(Bochet et al.，2006)；第三，地表粗糙度大，可提供有利的微地形来阻挡种子(Chambers，2000；Isselin-Nondedeu and Bédécarrats，2007)；另外，地面会有许多缝隙拦截储存种子(Thompson et al.，1993；Chambers and MacMahon，1994)。可见，在自然条件下，会有更多的降雨入渗到土壤，坡面径流的侵蚀力也不会很高，而且种子也有更多的机会保存在草丛下或低洼处或裂缝中。在黄土丘陵沟壑区的侵蚀坡面，草丛下和鱼鳞坑的土壤种子库密度明显高于植被间的裸露地(Wang et al.，2011b)。

8.3.4 种子形态对种子流失与迁移的影响

种子形态是影响种子次生传播的关键因素，如扁平的种子能保持在坡面，而形状最圆的种子则几乎是在淤积堆中发现的（Isselin-Nondedeu et al.，2006；Isselin-Nondedeu and Bédécarrats，2007）。Cerdà 和 García-Fayos（2002）的试验表明：当种子质量小于 50 mg 时，种子流失率主要取决于种子的大小；而当种子质量大于 50 mg 时，种子的形状是影响种子流失率的主要因子；当种子质量为 10～50 mg，种子具有最低的流失率。然而，不同物种的种子流失变化很大，不能完全用种子质量和形状来解释，其他的特征如分泌黏液、附属物（芒、刺、冠毛、绢毛、翅等）也可以解释不同物种的种子流失情况（García-Fayos and Cerdà，1997）。种子具有避免被水运移的特殊机制与策略，干扰着种子运移与种子特征如大小的关系（García-Fayos and Cerdà，1997）。可见，种子的大小或形状是不能定量解释物种间种子运移变化的。在本研究中，有些物种的种子流失主要受种子质量的影响，种子质量大于 150 mg 的物种如酸枣（357.43 mg）、黄刺玫（335.13 mg）和扁核木（151.4 mg）的种子在任何雨强下都不会发生流失，而质量轻的物种阿尔泰狗娃花（0.29 mg）、野胡萝卜（2.64 mg）和白羊草（0.08 mg）在高雨强（100 mm/h 和 150 mm/h）下的种子流失率很高。有些物种种子的流失主要受种子形状的影响，狭长的种子如鬼针草（FI＝12.72），即使在 100 mm/h 和 150 mm/h 的降雨条件也会避免种子流失，而球形种子如狼牙刺的种子流失率较高。有些物种的种子流失主要受种子表面特征的影响，如达乌里胡枝子的种子，表面光滑，在 150 mm/h 的降雨条件下种子全部流失。有些物种则是受不同种子形态特征的综合影响，如刺槐、茜草、异叶败酱、灌木铁线莲、水栒子的种子流失率在 100 mm/h 时为 10%～30%，在 150 mm/h 时为 50%～75%。另外，在湿润条件下能分泌黏液的种子，能黏贴在土壤表面而不被水流冲走（Cerdà and García-Fayos，1997），如香青兰的种子，在任何情况下都不发生流失。通过试验发现猪毛蒿、铁杆蒿和茭蒿的种子也能分泌黏液，分泌黏液也有利于种子萌发和幼苗建植（黄振英等，2001），这也许是这 3 种蒿属植物成为黄土丘陵沟壑区优势物种的原因。

更为重要的是，种子流失与降雨强度、坡度、径流量和产沙量的关系都会受到种子形态的干扰。种子流失与种子大小的关系会受到种子附属物（毛、翅、芒）和种子具有分泌黏液能力的影响（García-Fayos et al.，2010）。本研究也表明，供试种子的物种组成和数量及布设位置也会对试验结果产生影响。

8.4 小　　结

1）降雨强度是影响坡面产流产沙过程的主要因素。降雨强度越大，同一下垫面条件下的产流时间就越早，坡面上的产流产沙总量也就越大，引起的种子流失率也会逐渐增大，坡面上尚未流失的种子发生位移的物种数量越多，迁移距离也越大。产流量和产沙量与种子流失率均存在极显著相关关系，其中产流量与种子流失率之间的相关系数更大。而坡度对种子流失与位移的影响不显著。

2）降雨历时也是影响种子流失的重要因素。在低于 100 mm/h 降雨强度时，当降雨历时从 30 分钟增加至 60 分钟，供试物种的流失率均有所增加；当高于 100 mm/h 降雨强度时，对于本试验中比较容易流失的种子，降雨历时为 30 分钟的种子流失率和 60 分钟的种子流失率相差不大，且主要流失过程集中在降雨过程开始后的 30 分钟内。

3）种子流失过程基本可分为降雨前期种子流失相对较低阶段、降雨中期种子持续流失阶段和降雨后期种子流失不再增加阶段。但相比裸坡条件下，具有植被和蹄印的坡面第一阶段前期流失率相对较低阶段的持续时间更长，进入第二阶段的时间更晚，而在第二阶段内种子持续流失的过程也更平缓，并且该时段持续时间较短，进入第三阶段的时间就较早，坡面很少有种子继续发生流失。裸坡条件下的种子流失率一般高于具草被的坡面和具草被＋蹄印的坡面。

4）坡面上的种子极易发生二次分布。在物种水平上，坡面上发生迁移的物种数量达到 100％，不论何种形态特征的种子均在降雨过程中发生了迁移，迁移率在 3.33％～100％变化。对于不同的下垫面条件，裸坡除 25 mm/h 降雨条件下种子迁移率为 54.5％外，其余降雨强度下种子迁移率均达到 90％以上，具有草被和蹄印的坡面上种子迁移率也基本上处于 60％～90％。

5）不同物种种子的形态特征也显著影响着自身在坡面降雨侵蚀过程中的流失与迁移，但不同物种的种子，影响其流失的形态特征各不相同。容易发生流失的种子特征主要包括种子质量低于 10 mg、种子体积低于 30 mm^3、种子为近球形、种子表面光滑和无附属物等；具有抵抗降雨侵蚀的种子特征主要有种子质量大于 150 mg、种子遇水后能够分泌黏液、种子为狭长形或扁平状、种子表面结构粗糙、种子具附属物（芒、刺、冠毛）等。

第9章　幼苗库特征*

种子植物通常有两种更新方式:有性繁殖和无性繁殖(Harper,1977)。有性繁殖又称为种子繁殖,是利用雌雄受粉相交而结成种子来繁殖后代,是种子植物自然更新的主要方式。种子繁殖更新是不稳定环境条件下物种维持、进化及扩散的先决条件(Bruun and Ejrnaes,2006)。种子萌发与幼苗生长,以及成熟植株的存活、开花、结实是构成植物生活史的主要过程(Wilbur,1976)。

幼苗是指种子发芽后生长初期的幼小植物体。幼苗阶段是指自幼苗地上部已出现初生叶或真叶,地下部已出现侧根,幼苗能独立进行营养时起,到幼苗生长量大幅度上升时止。幼苗阶段是植物通过种子更新的最后阶段,也是植物生活史中最为脆弱的一个阶段(Harper,1977)。幼苗生长发育为成年植株,需要不断同外界的影响因素抗争(李芳兰等,2009)。影响幼苗存活的因素有很多,如种子特征、水分、温度、光照、降水、地上植被的竞争关系、枯落物以及人为干扰等(曾彦军等,2005)。萌发出土的幼苗只有具有较强的环境适应能力才能存活,并生长发育为成年植株。幼苗通过不断更新影响植物种群的扩大、扩散和延续(武高林等,2006),甚至会影响未来植物群落的组成、结构、分布与更新(Garcia-Serrano et al.,2004;程积民等,2006)。可见,幼苗是植被恢复的基础,其存活建植的成功与否直接关系到未来植物群落的更新情况。

幼苗库(seedling bank)是指一定面积的样地中小于某一高度的所有植物幼苗的总和(赵丽娅和李锋瑞,2003)。幼苗库中的幼苗通过参与植物群落的自然更新来影响群落中成年植物的分布和丰富度,甚至影响着地上植物群落的组成、结构、动态变化和物种多样性维持(Silvertown and Wilkin,1983;Garcia-Serrano et al.,2004)。可见,幼苗库是植被群落的一部分,是植被动态的重要制约因素,影响着生态系统的抗干扰能力和恢复能力。

在黄土丘陵沟壑区,由于生存条件恶劣,严重的土壤侵蚀造成表层养分流失,特殊的土壤结构、稀疏的植被加上强烈的蒸发,使表层土壤长期处于干燥贫瘠状态,不仅影响着种子的萌发和出苗,还胁迫幼苗的定植与成活,进而制约着植被的发育与演替,影响植被的结构与功能。这也许对解释该区植被盖度低、植被恢复缓慢具有重要意义。为此,本章通过对黄土丘陵沟壑区延河流域的不同植被带、不同坡沟侵蚀单元、坡沟不同部位、坡面不同微生境幼苗的调查与分析,研究不同立地环境下幼苗库特征、幼苗动态变化特征及幼苗的存活特征,以期为黄土丘陵沟壑区植被的恢复演替提供更深层次的生态学解释,为加快该区水土流失治理提供科学依据。

---

* 本章作者:焦菊英,苏源,王宁

9.1 研究方法

9.1.1 幼苗调查

1. 不同植被带幼苗调查

于2011年和2012年的7月底至8月初在延河流域选择了9个流域:森林带为尚合年、毛堡则和洞子沟小流域,森林草原带为陈家坬、王家沟和张家河小流域,草原带为周家山、石子湾和高家沟小流域(图1-1)。每个小流域选择3个具有代表性的自然恢复梁峁,以阳沟坡、阳梁峁坡、梁峁顶、阴梁峁坡、阴沟坡5种不同坡沟部位共选择样地102个(其中,森林带26个,森林草原带43个,草原带33个)进行幼苗库及地上植被的调查。对于幼苗库调查,每个样地从左到右选3个样方,每个样方又分别设置3个50 cm×50 cm的小样方进行幼苗库调查,一般设置在地上植被调查样方的附近,详细记录小样方里幼苗物种组成、数量、高度、生长状况及死亡情况等。对于地上植被调查,在每个样地设置3个2 m×2 m的样方(共306个样方),进行地上植被调查,记录植被的物种组成、多度、盖度、密度、高度等。

2. 不同坡沟侵蚀单元幼苗调查

在安塞纸坊沟流域土壤种子库采样的每个大样方内(具体见7.1.1节),设置3个1 m×1 m的小样方作为幼苗调查样方,于2010年4～10月对幼苗进行逐月的定位观测(具体调查时间为4月25～26日,6月14～16日,7月22～26日,8月27～31日,9月19～21日,10月26～28日),将每个1 m×1 m的样方分成100个10 cm×10 cm小样方,记录小样方内的幼苗、结皮、植被情况。同时,选择一个典型侵蚀坡面,记录侵蚀坡面不同部位细沟内的幼苗情况和细沟外20 cm范围内的幼苗情况,及细沟内成熟植株情况,并量测细沟长、宽、深,分析侵蚀微地形对幼苗更新的影响。

3. 坡沟不同部位及坡面不同微环境幼苗调查

在安塞县相邻的纸坊沟和宋家沟小流域选择了3座梁峁(纸坊沟1个,宋家沟2个),每座梁峁坡沟按5种不同部位(阳沟坡、阳梁峁坡、峁顶、阴梁峁坡、阴沟坡),每种环境3个重复,共选择固定样地15个,每个样地设置3个2 m×2 m的重复大样方(共45个),并在大样方里按对角线设置3个50 cm×50 cm的小样方,共135个。同时,在上述1对阴梁峁坡和阳梁峁坡上,按上、中、下3坡位布设小样方(50 cm×50 cm),每个坡位有4个小样方,分别布设在鱼鳞坑、浅沟、植丛下、植丛间,共计24个小样方。对上述设置的小样方的幼苗库特征进行逐月跟踪调查。幼苗库跟踪调查于2012年4～11月的月初进行,每月一次,详细记录幼苗的物种组成、数量、高度、生长状况以及死亡情况等,为了区分不同调查时间幼苗存活与萌发的个数,调查时用不同颜色的竹签对各月幼苗进行标记;并于2013年4月调查越冬幼苗存活情况。于2012年8月调查样地的基本情况,包括海拔、坡度、地上植被的盖度、群落类型等。

9.1.2 数据分析

对不同立地环境下幼苗密度、幼苗物种数、幼苗物种多样性、幼苗与地上植被物种相似性、幼苗年内存活率进行单因素方差分析(one-way ANOVA)和LSD检验,显著性水平为 $P<0.05$。采用Shannon-Wiener多样性指数、Margalef丰富度指数、Pielou均匀度指数来分析不同环境下幼苗物种多样性,采用Sorensen相似性系数分析幼苗与地上植被物种相似性,各指数的具体计算方法见2.1.2节和7.1.3节。

对幼苗空间分布特征的分析采用方差均值比,种群若为均匀分布,多数样方中个体将接近均值,则方差小于均值;如果聚集分布,多数样方中个数会出现比均值很大和很小的值,方差将大于均值;比值显著性用 t 检验(覃林,2009)。对各个样方内幼苗的空间变异性通过地统计学软件GS+V7分析,计算变异函数,并用适合模型进行拟合,分析其空间变异性。

对主要物种在2012年5月至翌年4月(5月、6月、7月、8月、9月、10月、11月和翌年4月)幼苗存活率的月变化进行系统聚类分析(hierarchical cluster analysis),将具有类似年内存活变化趋势的物种进行归类,分类相关系数 $r>0.5$。其中,幼苗月存活率是指某个月份的幼苗存活数占上一个月幼苗数的比率;幼苗年内平均存活率是指2012年5~11月和2013年4月这8个月幼苗存活率的平均值;幼苗越冬存活率是指2013年4月的幼苗存活数占2012年11月幼苗数的比率;幼苗存活曲线是指在2012年5月至2013年4月期间幼苗月存活率的动态变化曲线。

9.2 结果与分析

9.2.1 幼苗密度的变化特征

延河流域森林带幼苗密度在60~106个/m^2变化,森林草原带在80~186个/m^2变化,草原带在148~208个/m^2变化;草原带幼苗密度与森林带差异极显著($P=0.001$),与森林草原带差异显著($P=0.014$),而森林带与森林草原带无显著差异($P=0.163$)。幼苗密度在不同植被带坡沟同一部位上存在一定的差异,阳沟坡和阴沟坡表现为草原带>森林草原带>森林带,但无显著差异($P>0.05$);峁顶和阴梁峁坡表现为森林草原带>草原带>森林带,也无显著差异($P>0.05$);而阳梁峁坡草原带最大,与森林带差异极显著($P=0.004$),与森林草原带差异显著($P=0.012$),而森林带和森林草原带无显著差异($P=0.481$)。同一植被带不同坡沟部位的幼苗密度也不同,森林带幼苗密度表现为峁顶>阴沟坡>阴梁峁坡>阳梁峁坡>阳沟坡,最大值与最小值相差28个/m^2,但均未达到显著水平($P>0.05$);草原带表现为阴沟坡>阳梁峁坡>峁顶>阳沟坡>阴梁峁坡,最大值与最小值相差60个/m^2,而差异也不显著($P>0.05$);而森林草原带阴沟坡最大,与阳梁峁坡和阳沟坡差异显著($P<0.05$),与峁顶和阴梁峁坡无显著差异($P>0.05$),最大值与最小值(阳沟坡)相差106个/m^2(图9-1)。同时,不同植被带不同坡沟部位幼苗的主要物种及其密度也存在差异。

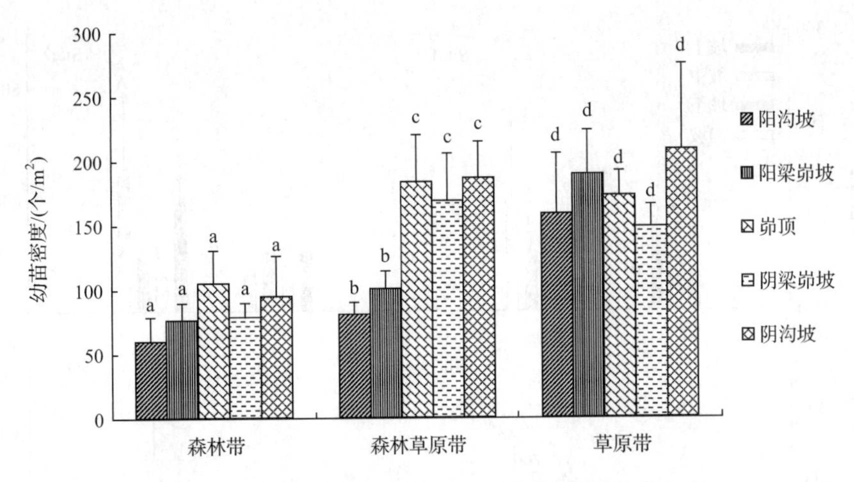

图 9-1　延河流域不同植被带坡沟不同部位下幼苗密度

误差线上小写字母表示不同部位幼苗密度差异的显著性水平($P<0.05$)

对于沟坡侵蚀单元的坡面和沟坡来说(表 9-1),单元Ⅰ沟坡在 4～7 月幼苗密度极显著低于坡面上的幼苗密度;在 8～10 月,沟坡幼苗密度有比较大的增加,高于坡面幼苗密度。单元Ⅱ内,沟坡幼苗密度在 4～7 月低于坡面;但在 8～10 月幼苗密度高于坡面上各个坡位,并且极显著高于坡面中、下部($P<0.01$)。单元Ⅲ内,沟坡幼苗密度在 4～7 月略低于坡面,而在 8～10 月,沟坡幼苗密度有较大的提高,极显著高于坡面上部。同样为自然恢复的沟坡侵蚀单元,由于单元Ⅰ为阳坡,单元Ⅱ为半阴坡,单元Ⅱ的坡面和沟坡总体幼苗密度较单元Ⅰ的要高。对于人工恢复坡面,也同样表现出 8～10 月的幼苗密度显著高于 4～7 月。另外,自然恢复坡面不同坡位在 4～7 月幼苗密度无显著差异,但在8～10 月,由于坡面土壤侵蚀强度较高,幼苗密度在坡面上部要显著大于坡面中、下部,说明土壤侵蚀可能对幼苗存在一定的机械破坏及淤埋等,使得坡面中下部幼苗密度降低(图 9-2)。

表 9-1　坡沟侵蚀单元不同生境幼苗密度的变化特征

时间	自然恢复坡面/(个/m²)		人工林坡面/(个/m²)		沟坡/(个/m²)		
	单元Ⅰ坡面	单元Ⅱ坡面	柠条林	刺槐林	单元Ⅰ	单元Ⅱ	单元Ⅲ
4 月	$51\pm8_{b}$	$300\pm67_{a}$	$79\pm16_{ABb}$	$67\pm18_{Cc}$	$19\pm8_{B}$	$277\pm108_{AB}$	—
6 月	$73\pm11_{ab}$	$234\pm28_{a}$	$31\pm3_{BCc}$	$20\pm6_{Cd}$	$6\pm2_{B}$	$44\pm27_{B}$	$42\pm6_{B}$
7 月	$41\pm10_{c}$	$118\pm25_{b}$	$22\pm5_{Cd}$	$30\pm10_{Ccd}$	$5\pm1_{B}$	$58\pm46_{B}$	$23\pm4_{B}$
8 月	$84\pm10_{a}$	$283\pm79_{a}$	$136\pm24_{Aa}$	$330\pm45_{Aa}$	$170\pm44_{A}$	$529\pm236_{A}$	$202\pm27_{A}$
9 月	$74\pm5_{ab}$	$212\pm52_{a}$	$103\pm11_{Aa}$	$261\pm38_{ABab}$	$157\pm73_{A}$	$344\pm101_{A}$	$190\pm34_{A}$
10 月	$63\pm7_{abc}$	$178\pm37_{ab}$	$126\pm16_{Aa}$	$182\pm28_{Bb}$	$132\pm77_{A}$	$589\pm169_{A}$	$160\pm10_{A}$

注:数值为平均密度±标准误;右下角的小写字母表示差异显著水平 $P<0.05$,大写字母表示差异显著水平 $P<0.01$。

对于坡沟不同部位的幼苗密度,具有明显的月动态变化趋势($P=0.005$),总体上表现为先升后降的趋势,在 4 月初幼苗密度较小,之后逐月增大,7 月初幼苗密度达到最大

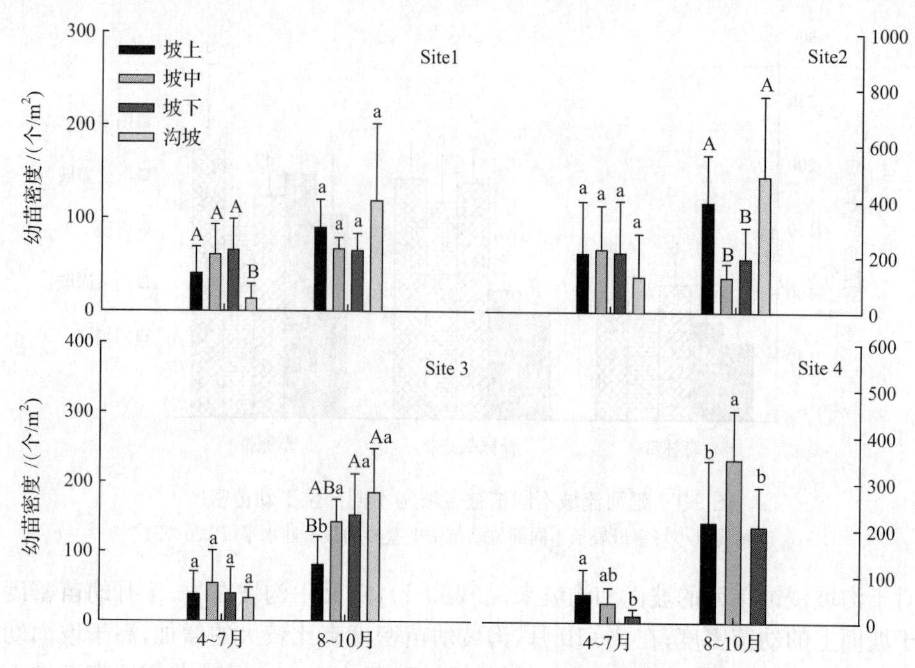

图 9-2　坡沟侵蚀单元不同坡位幼苗密度特征

Site1-4 分别表示单元Ⅰ、Ⅱ、Ⅲ、Ⅳ；误差线上字母表示不同坡位间的密度差异显著性，小写字母 $P<0.05$，大写字母 $P<0.01$

值(但阴梁峁坡 6 月初幼苗密度最大)，之后又逐月减小，至 11 月中旬幼苗密度又处于低值且低于 4 月初；最大值(7 月初)与最小值(11 月中旬)相差较大，其中，阳沟坡相差 31 个/m²，阳梁峁坡 46 个/m²，峁顶 73 个/m²，阴梁峁坡 78 个/m²，阴沟坡 58 个/m²(图 9-3)。坡沟不同部位立地环境下幼苗主要物种及其密度的动态变化均存在差异，具体如表 9-2 所示。坡沟不同部位幼苗密度总体上表现为阴梁峁坡最大，年内平均值高达 78 个/m²，与阳沟坡(31 个/m²)、阳梁峁坡(46 个/m²)和阴沟坡(48 个/m²)差异极显著($P<0.01$)，而与峁顶(74 个/m²)差异不显著($P=0.796$)；阳沟坡最小且与其他 4 种侵蚀环境差异显著($P<0.05$)。

表 9-2　坡沟不同部位环境下幼苗主要物种密度动态变化

坡沟环境	主要物种	幼苗密度/(个/m²)							
		4 月 11 日	5 月 10 日	6 月 10 日	7 月 9 日	8 月 10 日	9 月 5 日	10 月 4 日	11 月 13 日
阳沟坡	阿尔泰狗娃花	20	30	20	19	11	9	7	5
	菊叶委陵菜	44	49	73	25	47	30	27	16
	猪毛蒿	49	56	11	19	2	13	14	10
	达乌里胡枝子	0	3	4	43	28	19	17	5
	中华苦荬菜	8	8	3	2	9	14	19	7
	铁杆蒿	3	19	8	5	7	8	8	5
	远志	2	2	3	1	12	18	12	4
	长芒草	7	4	1	3	1	2	3	2

续表

坡沟环境	主要物种	幼苗密度/(个/m²)							
		4月11日	5月10日	6月10日	7月9日	8月10日	9月5日	10月4日	11月13日
阳梁峁坡	白羊草	0	0	0	0	1	3	3	1
	狭叶米口袋	0	0	0	0	3	4	4	1
	阿尔泰狗娃花	31	30	10	12	7	11	8	4
	菊叶委陵菜	47	46	76	32	64	27	33	17
	长芒草	27	25	14	30	14	26	28	21
峁顶	阴行草	37	56	46	25	0	0	0	0
	猪毛蒿	41	38	17	10	5	9	14	9
	中华苦荬菜	20	24	10	11	8	16	27	10
	铁杆蒿	0	15	20	11	7	7	7	4
	达乌里胡枝子	0	0	2	19	13	10	10	4
	糙叶黄芪	4	4	5	4	5	3	3	3
	白羊草	0	0	0	0	3	9	9	5
	臭蒿	159	175	159	21	19	10	7	2
	猪毛蒿	146	152	37	54	16	40	45	14
	达乌里胡枝子	0	4	11	128	89	65	61	10
	长芒草	38	27	27	16	33	22	21	13
	中华苦荬菜	24	25	15	9	15	18	26	9
	香青兰	1	7	9	4	29	29	22	3
	亚麻	12	12	13	8	18	16	15	9
阴梁峁坡	铁杆蒿	5	11	12	12	5	12	13	6
	阿尔泰狗娃花	8	7	7	4	5	4	3	2
	菊叶委陵菜	12	6	0	9	0	3	4	3
	獐牙菜	80	105	136	49	15	10	9	7
	铁杆蒿	16	23	43	51	43	49	44	29
	中华苦荬菜	26	37	32	13	19	34	47	2
	阴行草	26	51	47	29	0	0	0	0
	达乌里胡枝子	0	5	6	44	39	31	24	1
	长芒草	30	13	18	18	21	16	14	10
阴沟坡	菊叶委陵菜	14	18	24	13	27	11	13	9
	抱茎苦荬菜	0	0	3	41	30	28	4	0
	猪毛蒿	21	33	5	6	3	4	3	2
	紫花地丁	0	0	1	3	16	12	11	5
	异叶败酱	3	6	18	35	52	56	51	13
	长芒草	36	22	46	19	21	15	12	10
	中华苦荬菜	22	31	19	16	21	27	28	7
	野菊	14	26	29	20	1	0	0	0

续表

坡沟环境	主要物种	幼苗密度/(个/m²)							
		4月11日	5月10日	6月10日	7月9日	8月10日	9月5日	10月4日	11月13日
	铁杆蒿	8	17	17	12	11	6	4	1
	小红菊	0	0	0	0	35	30	29	0
	达乌里胡枝子	0	17	9	12	12	7	6	0
	抱茎苦荬菜	0	0	5	12	13	17	5	1
	獐牙菜	15	13	2	9	3	3	4	0
	披针叶薹草	6	0	0	5	7	10	9	8

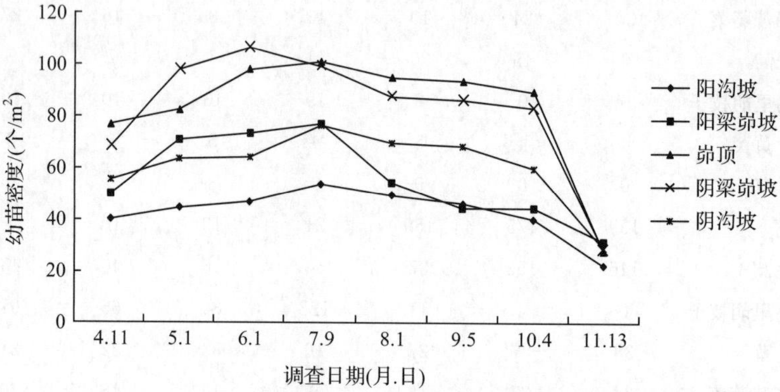

图 9-3　坡沟不同部位环境下幼苗密度动态变化

总之,不同环境下幼苗总密度及单个物种的幼苗密度表现出不同的变化特征,受季节性降水波动与温度变化,不同立地的光照强度、温度、蒸发等气候及微气候因素,以及调查群落所处的演替阶段等因素的综合影响。

9.2.2　幼苗库的物种组成及多样性

对延河流域不同植被带7月或8月幼苗物种组成的统计表明(图9-4):森林带共记录幼苗93种,隶属38科;森林草原带共记录幼苗90种,隶属30科;草原带85种,隶属29科。这3个植被带都是菊科、禾本科、豆科和蔷薇科的物种占到幼苗物种总数的一半以上。在生活型方面,3个植被带均表现为多年生草本最多,均占到70%左右;一、二年生草本次之,分别占19%、17%和20%;灌木和藤本分别占总物种的19%、12%和11%;对于乔木,森林带占11%,森林草原带仅占1%,而草原带无乔木物种。水分生态型都以旱生和中旱生为主。3个植被带梁峁坡沟不同部位幼苗主要物种存在差异,幼苗的主要物种以及其所占该立地环境下幼苗总数的比例也是不同的。不同植被带对幼苗物种多样性指数变化无明显影响,而沟坡不同立地环境表现为阴沟坡或阴梁峁坡幼苗的物种多样性水平较大;不同植被带间幼苗物种丰富度指数的变化也无明显差异,但不同植被带阴梁峁坡的幼苗物种丰富程度差异较为明显;不同植被带及同一植被带不同坡沟环境对幼苗物种分布的均匀程度均无明显影响,且其均匀度指数较小,在0.32～0.35变化(图9-5)。

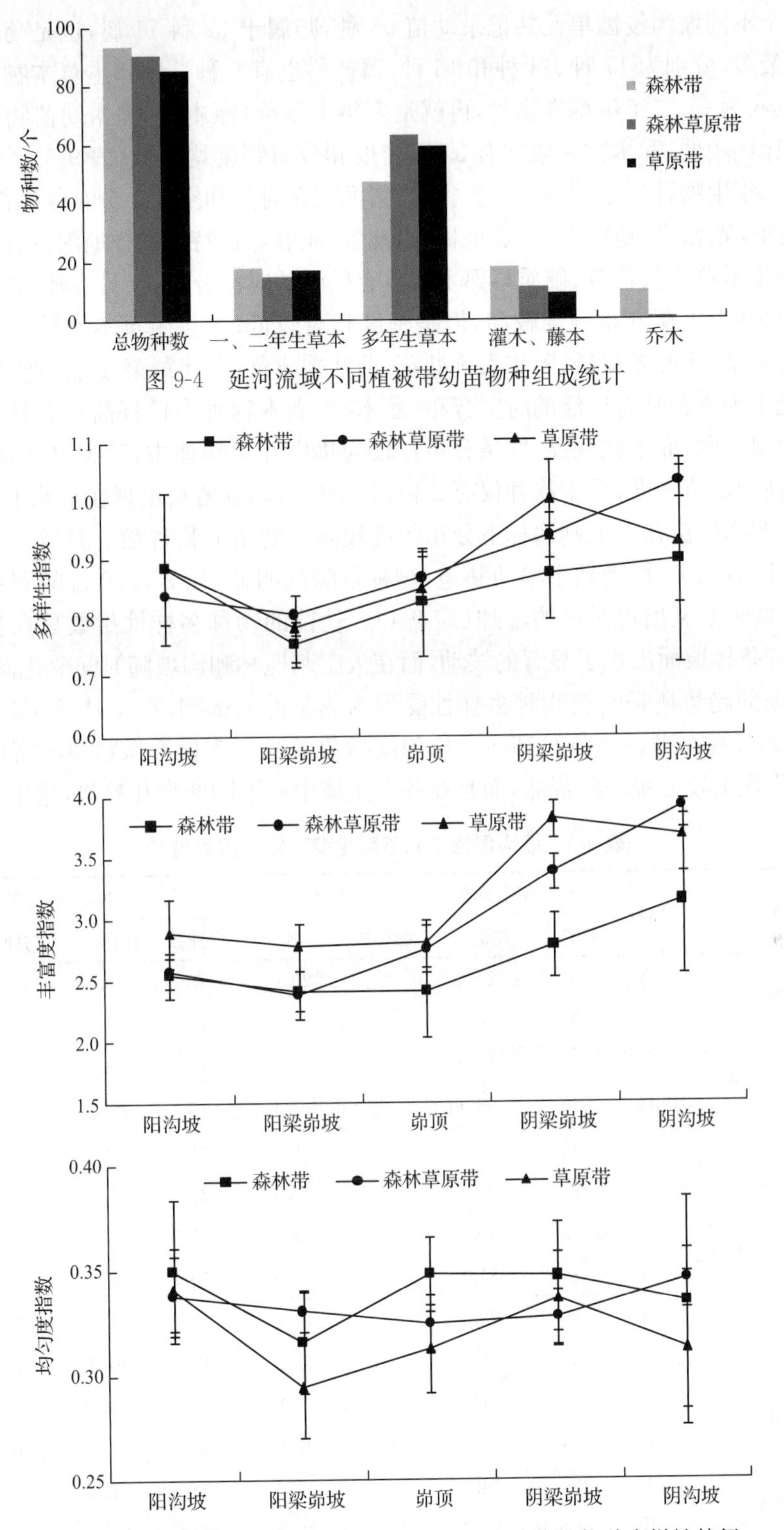

图 9-4 延河流域不同植被带幼苗物种组成统计

图 9-5 延河流域不同植被带不同坡沟环境下幼苗的物种多样性特征

丰富度指数为 Margalef 指数；多样性指数为 Shannon-Wiener 指数；均匀度指数为 Pielou 指数

在4个不同坡沟侵蚀单元共记录幼苗91种，归属于32科71属，也是菊科、禾本科、豆科物种最多，分别为17种、14种和13种，蔷薇科也有5种。多年生草本物种具有最高的比例，其次为一、二年生草本物种，再就是多年生禾草，灌木、半灌木幼苗物种数在各生境中所占比例较低，乔木物种数共有3种，密度和分布频度均较低(表9-3)。就单个物种而言，一、二年生物种猪毛蒿、臭蒿、香青兰、猪毛菜在时间和空间上分布频度都较高，而且具有较高的幼苗密度，地锦草、北点地梅、附地菜、亚麻等在特定的样地内具有较高的幼苗密度；多年生禾草中长芒草、硬质早熟禾既具有广泛的时空分布，又具有较高的幼苗密度，中华隐子草和白羊草分布频度较高，但是密度相对较低；多年生草本物种中达乌里胡枝子、中华苦荬菜、狭叶米口袋、阿尔泰狗娃花、菊叶委陵菜、裂叶堇菜、远志、抱茎苦荬菜、茭蒿、紫花地丁等物种具有广泛的时空分布；灌木、半灌木物种中铁杆蒿具有较为广泛的时空分布，而狼牙刺、灌木铁线莲、柠条分布在较为集中几个样地中，其中狼牙刺、灌木铁线莲具有较高的幼苗密度；乔木物种仅有3种，其中榆树和臭椿只出现在单元Ⅰ坡面上的一个样方中，刺槐幼苗在人工刺槐林下分布频度较高。幼苗的物种数6月较4月有较大的增加；而在随后的7月，受到干旱的胁迫，物种数降低明显；在8月、9月随着水热条件的改善，幼苗物种数又出现明显的增加(表9-4)。幼苗的物种多样性指数只在自然恢复坡面和人工柠条林坡面出现了显著的波动，而在人工刺槐林和沟坡随时间变化而变化较小，但反映出来的趋势还是幼苗物种多样性受到水热条件的影响，在4月、7月较低，而在8月、9月达到最高水平。幼苗的Pielou均匀度指数随时间变化不像物种丰富度指数和多样性指数表现出较为统一的规律，而是在各个生境中有不同的变化趋势，这主要与各生境

表9-3 坡沟侵蚀单元不同生境下物种组成特征

坡沟侵蚀单元		时段	一、二年生草本		多年生禾草		多年生草本		灌木、半灌木	
			物种数	比例/%	物种数	比例/%	物种数	比例/%	物种数	比例/%
自然坡面	单元Ⅰ	A	10	25.0	8	20.0	18	45.0	3	7.5
		B	12	30.0	7	17.5	13	32.5	5	12.5
	单元Ⅱ	A	12	34.2	5	14.3	17	48.6	1	2.9
		B	11	32.4	6	17.6	15	44.1	2	5.8
人工林坡面	人工柠条林	A	12	28.6	5	11.9	21	50.0	4	9.5
		B	13	24.1	7	13.0	28	51.9	6	11.1
	人工刺槐林	A	12	40.0	3	10.0	11	36.7	3	10.0
		B	14	31.8	6	13.6	19	43.2	4	9.1
自然沟坡	单元Ⅰ	A	6	23.1	4	15.4	11	42.3	5	19.2
		B	9	22.0	5	12.2	19	46.3	8	19.5
	单元Ⅱ	A	9	31.0	4	13.8	14	48.3	2	6.9
		B	10	21.7	10	21.7	20	43.5	6	13.0
	单元Ⅲ	A	11	26.2	7	16.7	20	47.6	4	9.5
		B	13	24.5	7	13.2	27	50.9	6	11.3

注：大写字母A表示4～7月这一时段，B表示8～10月这一时段。

表 9-4　坡沟侵蚀单元不同生境幼苗物种数随时间的变化特征（单位:种/m^2）

时间	自然恢复坡面		人工林坡面		沟坡		
	单元Ⅰ	单元Ⅱ	柠条林	刺槐林	单元Ⅰ	单元Ⅱ	单元Ⅲ
4 月	$6.1\pm0.6_{\mathrm{Ce}}$	$7.1\pm0.8_{\mathrm{Cc}}$	$9.4\pm0.9_{\mathrm{C}}$	$5.2\pm0.6_{\mathrm{B}}$	$4.8\pm1.6_{\mathrm{C}}$	$13.6\pm2.4_{\mathrm{B}}$	—
6 月	$18.2\pm1.2_{\mathrm{Aa}}$	$14.8\pm0.8_{\mathrm{ABab}}$	$14.0\pm1.2_{\mathrm{B}}$	$6.1\pm0.5_{\mathrm{B}}$	$6.2\pm1.9_{\mathrm{C}}$	$9.0\pm0.0_{\mathrm{B}}$	$15.2\pm1.3_{\mathrm{B}}$
7 月	$11.4\pm0.9_{\mathrm{Cd}}$	$12.7\pm0.8_{\mathrm{Bb}}$	$6.7\pm1.1_{\mathrm{C}}$	$6.3\pm1.1_{\mathrm{B}}$	$5.0\pm0.3_{\mathrm{C}}$	$11.7\pm0.7_{\mathrm{B}}$	$15.8\pm0.6_{\mathrm{B}}$
8 月	$16.3\pm0.8_{\mathrm{ABbc}}$	$16.3\pm0.6_{\mathrm{Aa}}$	$18.3\pm0.8_{\mathrm{A}}$	$14.8\pm1.5_{\mathrm{A}}$	$18.2\pm2.3_{\mathrm{A}}$	$21\pm2.6_{\mathrm{A}}$	$21.0\pm1.5_{\mathrm{A}}$
9 月	$17.3\pm1.2_{\mathrm{ABb}}$	$16.7\pm1.0_{\mathrm{Aa}}$	$15.6\pm0.9_{\mathrm{AB}}$	$14.6\pm0.8_{\mathrm{A}}$	$15.8\pm0.8_{\mathrm{AB}}$	$24.3\pm2.7_{\mathrm{A}}$	$19.5\pm1.1_{\mathrm{A}}$
10 月	$14.2\pm0.7_{\mathrm{BCc}}$	$13.7\pm0.7_{\mathrm{ABb}}$	$16.3\pm0.7_{\mathrm{AB}}$	$11.4\pm0.5_{\mathrm{A}}$	$11.7\pm1.8_{\mathrm{B}}$	$26.3\pm2.0_{\mathrm{A}}$	$18.2\pm1.3_{\mathrm{A}}$

注:右下角的小写字母表示差异显著性水平为 $P<0.05$,大写字母表示差异显著性水平为 $P<0.01$。

的幼苗物种组成不同有关,在特定的时期一些物种大量萌发出苗,与其他物种幼苗密度相差很多,使得幼苗物种均匀度指数降低(表 9-5)。

表 9-5　坡沟侵蚀单元幼苗物种多样性指数随生境与时间变化特征

生境	时间					
	4 月	6 月	7 月	8 月	9 月	10 月
			Margalef 丰富度指数			
H1	$3.02\pm0.35_{\mathrm{Cd}}$	$7.56\pm0.60_{\mathrm{Aa}}$	$5.52\pm0.30_{\mathrm{Bc}}$	$6.43\pm0.27_{\mathrm{ABbc}}$	$6.97\pm0.47_{\mathrm{ABab}}$	$5.85\pm0.23_{\mathrm{Bc}}$
H2	$2.69\pm0.39_{\mathrm{Bc}}$	$5.97\pm0.40_{\mathrm{Aa}}$	$4.80\pm0.40_{\mathrm{Ab}}$	$5.50\pm0.25_{\mathrm{Aab}}$	$5.78\pm0.26_{\mathrm{Aa}}$	$4.79\pm0.20_{\mathrm{Ab}}$
H3	$4.14\pm0.34_{\mathrm{Bc}}$	$8.75\pm0.75_{\mathrm{Aa}}$	$3.73\pm0.62_{\mathrm{Bc}}$	$7.39\pm0.43_{\mathrm{Aab}}$	$6.38\pm0.39_{\mathrm{Ab}}$	$6.19\pm0.25_{\mathrm{Ab}}$
H4	$2.19\pm0.22_{\mathrm{Cd}}$	$4.83\pm0.67_{\mathrm{ABab}}$	$2.97\pm0.45_{\mathrm{BCc}}$	$4.94\pm0.53_{\mathrm{Aa}}$	$5.08\pm0.29_{\mathrm{Aa}}$	$3.86\pm0.19_{\mathrm{ABbc}}$
H5	$3.32\pm0.93_{\mathrm{Cc}}$	$4.80\pm0.82_{\mathrm{ABCbc}}$	$4.03\pm0.37_{\mathrm{BCc}}$	$6.95\pm0.79_{\mathrm{Aa}}$	$6.22\pm0.49_{\mathrm{ABab}}$	$4.58\pm0.71_{\mathrm{ABCbc}}$
H6	$4.46\pm0.80_{\mathrm{b}}$	$7.03\pm2.37_{\mathrm{a}}$	$5.70\pm1.02_{\mathrm{ab}}$	$6.4\pm0.76_{\mathrm{ab}}$	$8.27\pm1.13_{\mathrm{a}}$	$8.40\pm0.81_{\mathrm{a}}$
H7		$8.73\pm0.55_{\mathrm{a}}$	$7.67\pm0.27_{\mathrm{ab}}$	$7.78\pm0.65_{\mathrm{ab}}$	$7.30\pm0.47_{\mathrm{b}}$	$6.43\pm0.46_{\mathrm{b}}$
			Shannon-Wiener 多样性指数			
H1	$1.69\pm0.18_{\mathrm{Cd}}$	$2.82\pm0.19_{\mathrm{ABbc}}$	$2.63\pm0.10_{\mathrm{Bc}}$	$3.14\pm0.09_{\mathrm{Aab}}$	$3.18\pm0.07_{\mathrm{Aa}}$	$2.93\pm0.08_{\mathrm{ABabc}}$
H2	$0.89\pm0.17_{\mathrm{Cd}}$	$1.14\pm0.11_{\mathrm{BCc}}$	$1.62\pm0.15_{\mathrm{Bb}}$	$2.51\pm0.14_{\mathrm{Aa}}$	$2.61\pm0.09_{\mathrm{Aa}}$	$2.25\pm0.11_{\mathrm{Aa}}$
H3	$2.56\pm0.14_{\mathrm{A}}$	$2.52\pm0.50_{\mathrm{A}}$	$1.52\pm0.19_{\mathrm{B}}$	$2.59\pm0.27_{\mathrm{A}}$	$2.22\pm0.16_{\mathrm{A}}$	$2.49\pm0.16_{\mathrm{A}}$
H4	$1.61\pm0.14_{\mathrm{a}}$	$1.81\pm0.15_{\mathrm{a}}$	$1.45\pm0.16_{\mathrm{a}}$	$2.15\pm0.21_{\mathrm{a}}$	$1.98\pm0.19_{\mathrm{a}}$	$1.82\pm0.13_{\mathrm{a}}$
H5	$1.64\pm0.47_{\mathrm{a}}$	$2.32\pm0.37_{\mathrm{a}}$	$2.06\pm0.14_{\mathrm{a}}$	$2.88\pm0.23_{\mathrm{a}}$	$2.62\pm0.25_{\mathrm{a}}$	$2.23\pm0.45_{\mathrm{a}}$
H6	$2.23\pm0.84_{\mathrm{a}}$	$2.41\pm0.11_{\mathrm{a}}$	$2.37\pm0.49_{\mathrm{a}}$	$2.34\pm0.51_{\mathrm{a}}$	$2.75\pm0.70_{\mathrm{a}}$	$2.51\pm0.55_{\mathrm{a}}$
H7		$3.12\pm0.12_{\mathrm{a}}$	$3.22\pm0.09_{\mathrm{a}}$	$3.21\pm0.16_{\mathrm{a}}$	$2.90\pm0.23_{\mathrm{a}}$	$2.73\pm0.16_{\mathrm{a}}$
			Pielou 均匀度指数			
H1	$0.69\pm0.05_{\mathrm{a}}$	$0.67\pm0.04_{\mathrm{a}}$	$0.76\pm0.04_{\mathrm{a}}$	$0.78\pm0.02_{\mathrm{a}}$	$0.78\pm0.01_{\mathrm{a}}$	$0.77\pm0.02_{\mathrm{a}}$
H2	$0.32\pm0.05_{\mathrm{Bbc}}$	$0.29\pm0.02_{\mathrm{Bc}}$	$0.44\pm0.04_{\mathrm{Bb}}$	$0.63\pm0.03_{\mathrm{Aa}}$	$0.65\pm0.03_{\mathrm{Aa}}$	$0.60\pm0.03_{\mathrm{Aa}}$
H3	$0.78\pm0.05_{\mathrm{a}}$	$0.68\pm0.03_{\mathrm{ab}}$	$0.61\pm0.06_{\mathrm{ab}}$	$0.62\pm0.06_{\mathrm{ab}}$	$0.57\pm0.04_{\mathrm{b}}$	$0.62\pm0.04_{\mathrm{ab}}$
H4	$0.72\pm0.04_{\mathrm{a}}$	$0.70\pm0.07_{\mathrm{a}}$	$0.65\pm0.08_{\mathrm{ab}}$	$0.56\pm0.04_{\mathrm{ab}}$	$0.51\pm0.05_{\mathrm{b}}$	$0.52\pm0.04_{\mathrm{b}}$

续表

生境	时间					
	4月	6月	7月	8月	9月	10月
	Pielou 均匀度指数					
H5	$0.77\pm0.15_{a}$	$0.91\pm0.03_{a}$	$0.89\pm0.03_{a}$	$0.70\pm0.05_{a}$	$0.66\pm0.06_{a}$	$0.67\pm0.10_{a}$
H6	$0.70\pm0.07_{a}$	$0.44\pm0.03_{a}$	$0.65\pm0.12_{a}$	$0.54\pm0.11_{a}$	$0.59\pm0.13_{a}$	$0.53\pm0.11_{a}$
H7		$0.81\pm0.02_{Aa}$	$0.83\pm0.03_{Aa}$	$0.66\pm0.02_{Bb}$	$0.64\pm0.05_{BCb}$	$0.77\pm0.02_{ABa}$

注：H1. 单元Ⅰ自然恢复坡面，H2. 单元Ⅱ自然恢复坡面，H3. 单元Ⅲ人工柠条林坡面，H4. 单元Ⅳ人工刺槐林坡面，H5. 单元Ⅰ沟坡，H6. 单元Ⅱ沟坡，H7. 单元Ⅲ沟坡。右下角字母代表差异显著水平，大写字母表示 $P<0.01$，小写字母表示 $P<0.05$。

对于坡沟不同部位的15个样地，2012年4～11月共鉴定幼苗52个物种，隶属23科，其中菊科、豆科和禾本科这3科的物种占到所有物种一半以上。生长型表现为多年生草本最多(29种)，占到总物种的56%，一、二年生草本次之(16种)，占31%，灌木(5种)占10%，乔木、藤本最少(各1种)，分别仅占2%。在坡沟不同部位立地环境下，幼苗库的物种组成存在差异(表9-6)。在不同月份之间，幼苗物种数变化趋势表现为4月初较小，平均为10种，其中菊科5种(中华苦荬菜、猪毛蒿、铁杆蒿、臭蒿、阿尔泰狗娃花)，蔷薇科1种(菊叶委陵菜)，唇形科1种(香青兰)，禾本科1种(长芒草)，亚麻科1种(亚麻)，龙胆科1种(獐牙菜)；5月初迅速增大，增加的物种主要有小蓟、牻牛儿苗、火绒草、白羊草、茭蒿等；6月初再次下降，而且4月、5月出苗的白羊草、茭蒿、狭叶米口袋、鸦葱、二裂委陵菜这5个物种的幼苗全部死亡；7～9月逐渐增大，物种数达到高峰，主要有达乌里胡枝子、斑种草、地黄、地锦草、狗尾草、截叶铁扫帚、猪毛菜等物种不断出现；10月初和11月中旬又降低，但高于4月初和6月初(图9-6)。可见，沟坡不同立地环境下幼苗物种组成在年内动态变化明显($P=0.001$)，且物种数呈现出双峰型动态变化，最大值出现在第二次峰值，即9月初。幼苗 Shannon-Wiener 多样性指数、Margalef 丰富度指数、Pielou 均匀度指数整体上均表现为阴沟坡或阴梁峁坡最大，阳沟坡最小；幼苗丰富度指数和多样性指数都是先波动性增大随后降低，最小值出现在4月初，最大值出现在9月初，月动态变化较为明显($P<0.001$)；而均匀度指数在年内随月份的动态变化不太明显(图9-7)。

表9-6　坡沟不同侵蚀环境下幼苗主要物种及其所占幼苗总数的比例

阳沟坡		阳梁峁坡		峁顶		阴梁峁坡		阴沟坡	
物种	比例/%	物种	比例/%	物种	比例/%	物种	比例/%	物种	比例/%
菊叶委陵菜	30.05	菊叶委陵菜	24.55	臭蒿	23.79	獐牙菜	19.20	异叶败酱	15.34
猪毛蒿	16.84	长芒草	13.38	猪毛蒿	21.71	铁杆蒿	13.92	长芒草	14.28
阿尔泰狗娃花	11.71	阴行草	11.73	达乌里胡枝子	15.93	中华苦荬菜	9.78	中华苦荬菜	11.83
达乌里胡枝子	11.50	猪毛蒿	10.30	长芒草	8.49	阴行草	9.40	野菊	8.18
中华苦荬菜	6.71	中华苦荬菜	9.07	中华苦荬菜	6.17	达乌里胡枝子	6.99	铁杆蒿	5.99
铁杆蒿	6.01	阿尔泰狗娃花	8.05	香青兰	4.48	长芒草	6.54	小红菊	5.47

续表

阳沟坡		阳梁峁坡		峁顶		阴梁峁坡		阴沟坡	
物种	比例/%	物种	比例/%	物种	比例/%	物种	比例/%	物种	比例/%
远志	5.26	铁杆蒿	5.04	亚麻	4.47	菊叶委陵菜	6.04	达乌里胡枝子	4.75
长芒草	2.23	达乌里胡枝子	4.20	铁杆蒿	3.31	抱茎苦荬菜	4.90	抱茎苦荬菜	4.04
白羊草	1.07	糙叶黄芪	2.15	阿尔泰狗娃花	1.71	猪毛蒿	3.62	獐牙菜	3.69
狭叶米口袋	1.07	白羊草	1.91	菊叶委陵菜	1.55	紫花地丁	2.20	亚麻	3.28
糙叶黄芪	1.05	狗尾草	1.55	狗尾草	1.14	阿尔泰狗娃花	1.76	披针叶薹草	3.02
香青兰	0.84	臭蒿	1.21	地锦草	1.07	糙隐子草	1.25	大针茅	2.97
中华隐子草	0.69	远志	0.66	牻牛儿苗	0.87	苦苣菜	1.18	菊叶委陵菜	1.61
茭蒿	0.62	糙隐子草	0.45	二裂委陵菜	0.76	截叶铁扫帚	1.09	三裂蛇葡萄	1.60
紫花地丁	0.62	紫花地丁	0.35	糙隐子草	0.59	裂叶堇菜	0.79	猪毛蒿	1.48
狗尾草	0.56	獐牙菜	0.32	狭叶米口袋	0.57	狭叶米口袋	0.77	裂叶堇菜	1.06
臭蒿	0.51	狭叶米口袋	0.31	远志	0.41	亚麻	0.75	野豌豆	1.04
其他 12 种	2.66	其他 17 种	4.78	其他 18 种	2.96	其他 29 种	9.81	其他 30 种	10.35

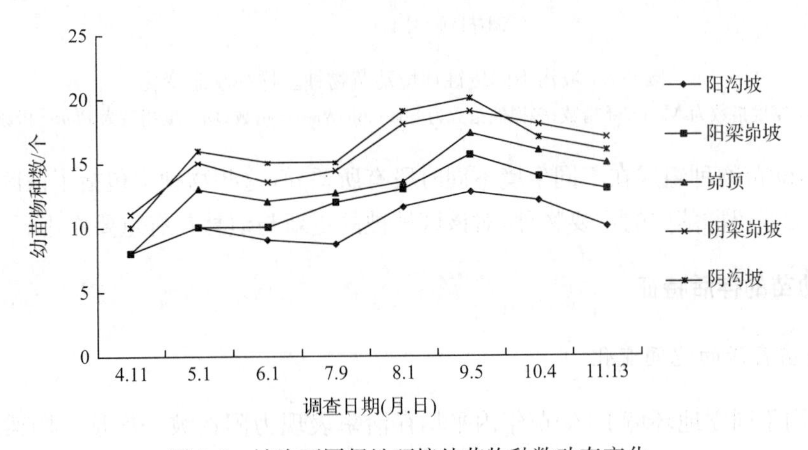

图 9-6　坡沟不同侵蚀环境幼苗物种数动态变化

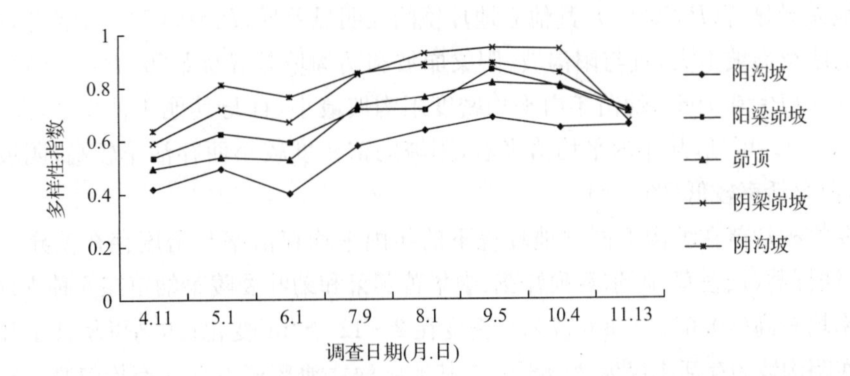

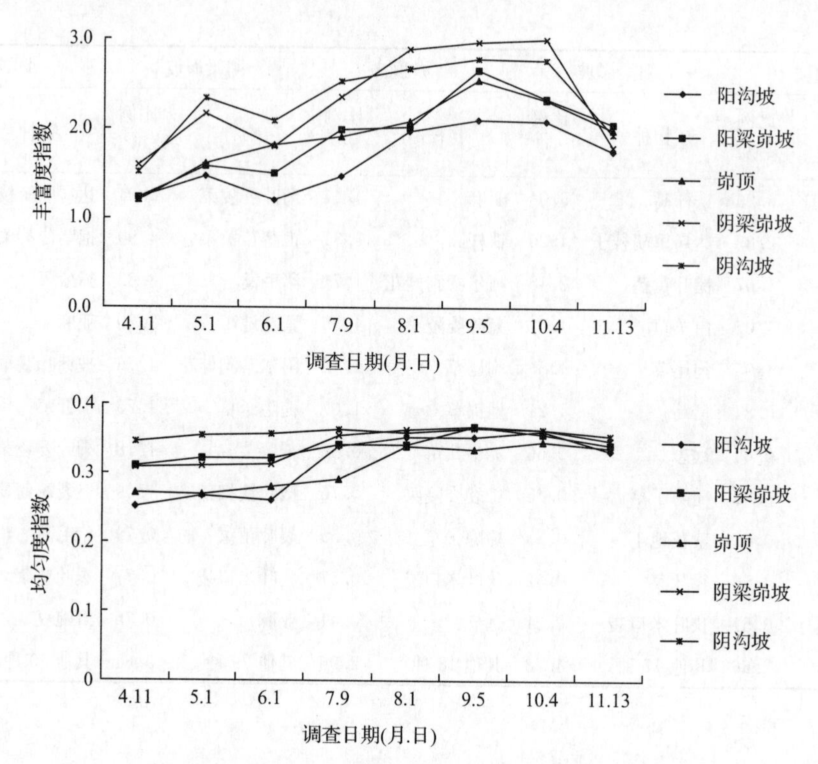

图 9-7 坡沟不同侵蚀环境幼苗物种多样性动态变化

丰富度指数为 Margalef 指数；多样性指数为 Shannon-Wiener 指数；均匀度指数为 Pielou 指数

总之，幼苗物种组成在不同生境不同时段有所差异，这些物种中包括了该区退耕演替过程和沟坡残留群落中的主要物种，对该区植被的更新与演替具有重要作用。

9.2.3 幼苗的存活特征

1. *幼苗存活的空间变化*

在坡沟不同立地环境下，幼苗年内平均存活率表现为阳沟坡＞峁顶＞阳梁峁坡或阴梁峁坡＞阴沟坡，其中阳沟坡与阳梁峁坡、阴梁峁坡和阴沟坡，峁顶与阳梁峁坡、阴梁峁坡和阴沟坡差异显著($P<0.05$)，其他立地环境间无明显差异($P>0.05$)。幼苗年内平均密度表现为阴梁峁坡最大，且与阳沟坡、阳梁峁坡和阴沟坡差异极显著($P<0.01$)，与峁顶差异不显著($P=0.796$)；幼苗年内平均密度阳沟坡最小，且与其他 4 种立地环境差异显著($P<0.05$)。可见，从年内平均值来看，阳坡幼苗密度较小而存活率较高；阴坡幼苗密度较大，但存活率较低(图 9-8)。

主要物种幼苗在坡沟不同立地环境下的年内平均存活率与密度存在差异(图 9-9)。整体上，铁杆蒿、长芒草、阿尔泰狗娃花、中华苦荬菜和菊叶委陵菜幼苗在 5 种立地环境下的存活率均较高(40.63%～85.77%)，密度在 2～12 个/m^2 变化；达乌里胡枝子和糙叶黄芪幼苗在阴沟坡的存活率仅为 29.66%，在其他 4 种立地环境下存活率均较高(53.53%～

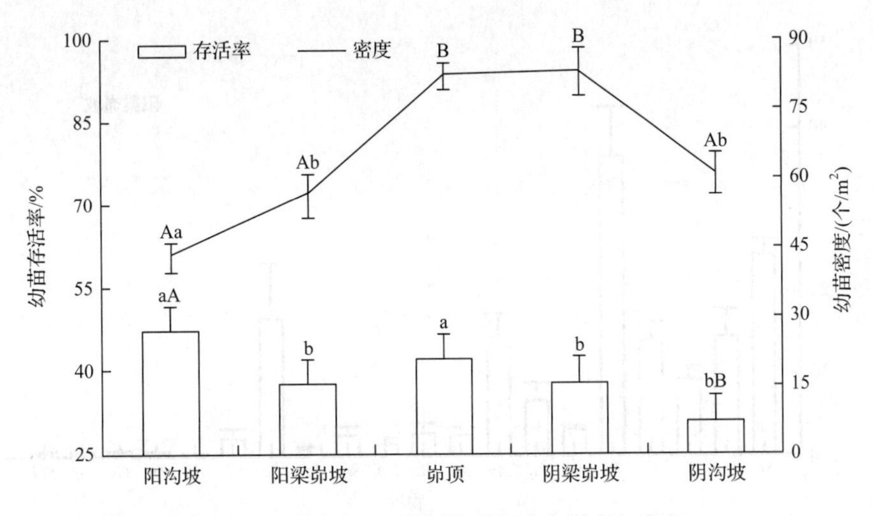

图 9-8 坡沟立地环境下幼苗年内存活率与密度

不同的大写字母表示差异极显著($P<0.01$),不同的小写字母表示差异显著($P<0.05$)

76.04%),密度在3～6个/m²变化;异叶败酱和披针叶薹草幼苗仅在阴沟坡的存活率较高(64.34%和58.40%),密度为7个/m²和2个/m²;猪毛蒿幼苗在阴沟坡的密度小于1个/m²,在其他4种立地环境下均较高(3～10个/m²),幼苗存活率在峁顶达到50%以上;阴梁峁坡的阴行草和峁顶的臭蒿幼苗密度高(6～10个/m²)而存活能力较低(27.01%～37.88%);其他物种,如紫花地丁、香青兰、远志、火绒草、狭叶米口袋、糙隐子草、狗尾草等不仅幼苗数量少且难以存活。可见,铁杆蒿、菊叶委陵菜、阿尔泰狗娃花、长芒草等演替中后期的优势物种在生存竞争中是以"质"取胜,把大部分能量用于提高存活率上;而猪毛蒿、中华苦荬菜、阴行草、臭蒿等物种在生存竞争中是以"量"取胜,幼苗数量较高,但竞争能力较弱。

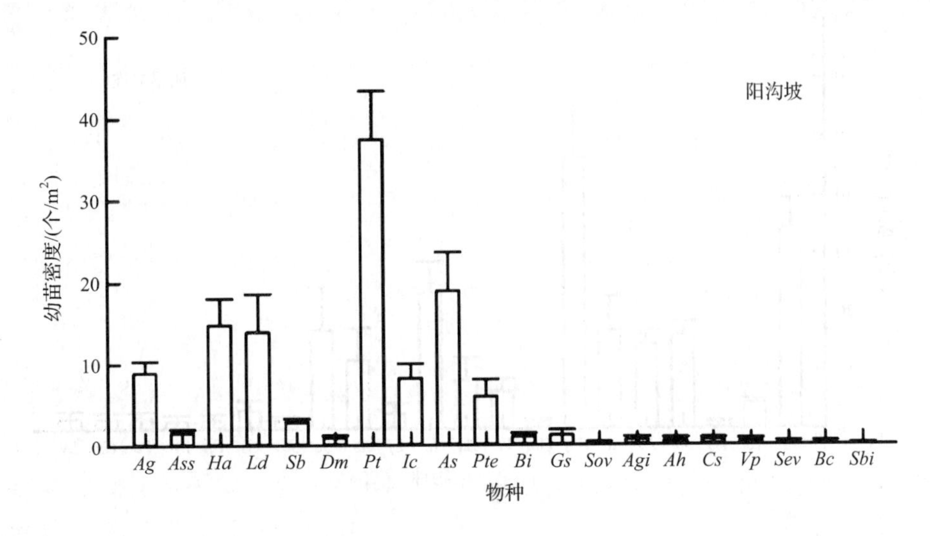

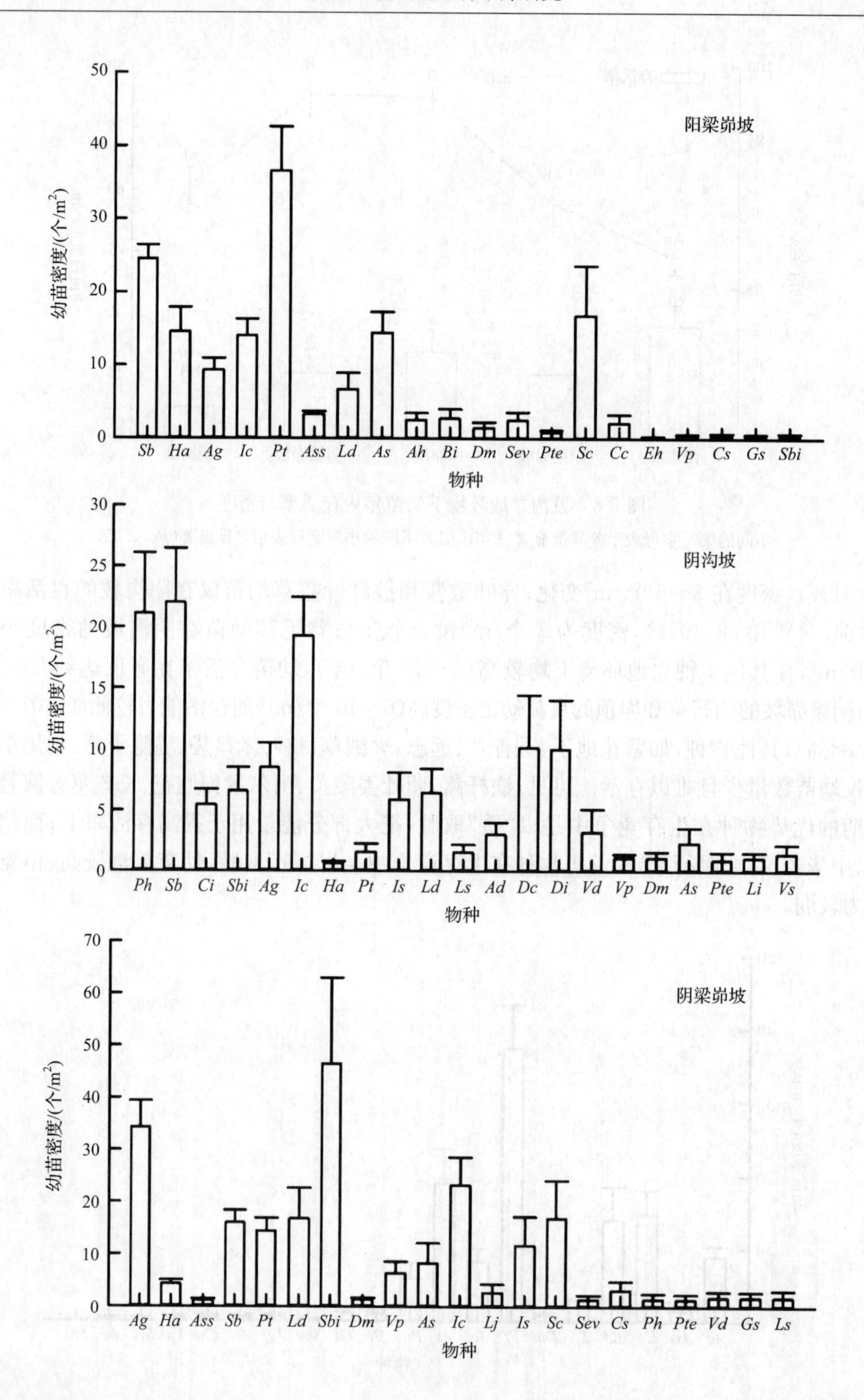
阳梁峁坡
幼苗密度/(个/m²)
物种
Sb Ha Ag Ic Pt Ass Ld As Ah Bi Dm Sev Pte Sc Cc Eh Vp Cs Gs Sbi
阴沟坡
幼苗密度/(个/m²)
物种
Ph Sb Ci Sbi Ag Ic Ha Pt Is Ld Ls Ad Dc Di Vd Vp Dm As Pte Li Vs
阴梁峁坡
幼苗密度/(个/m²)
物种
Ag Ha Ass Sb Pt Ld Sbi Dm Vp As Ic Lj Is Sc Sev Cs Ph Pte Vd Gs Ls

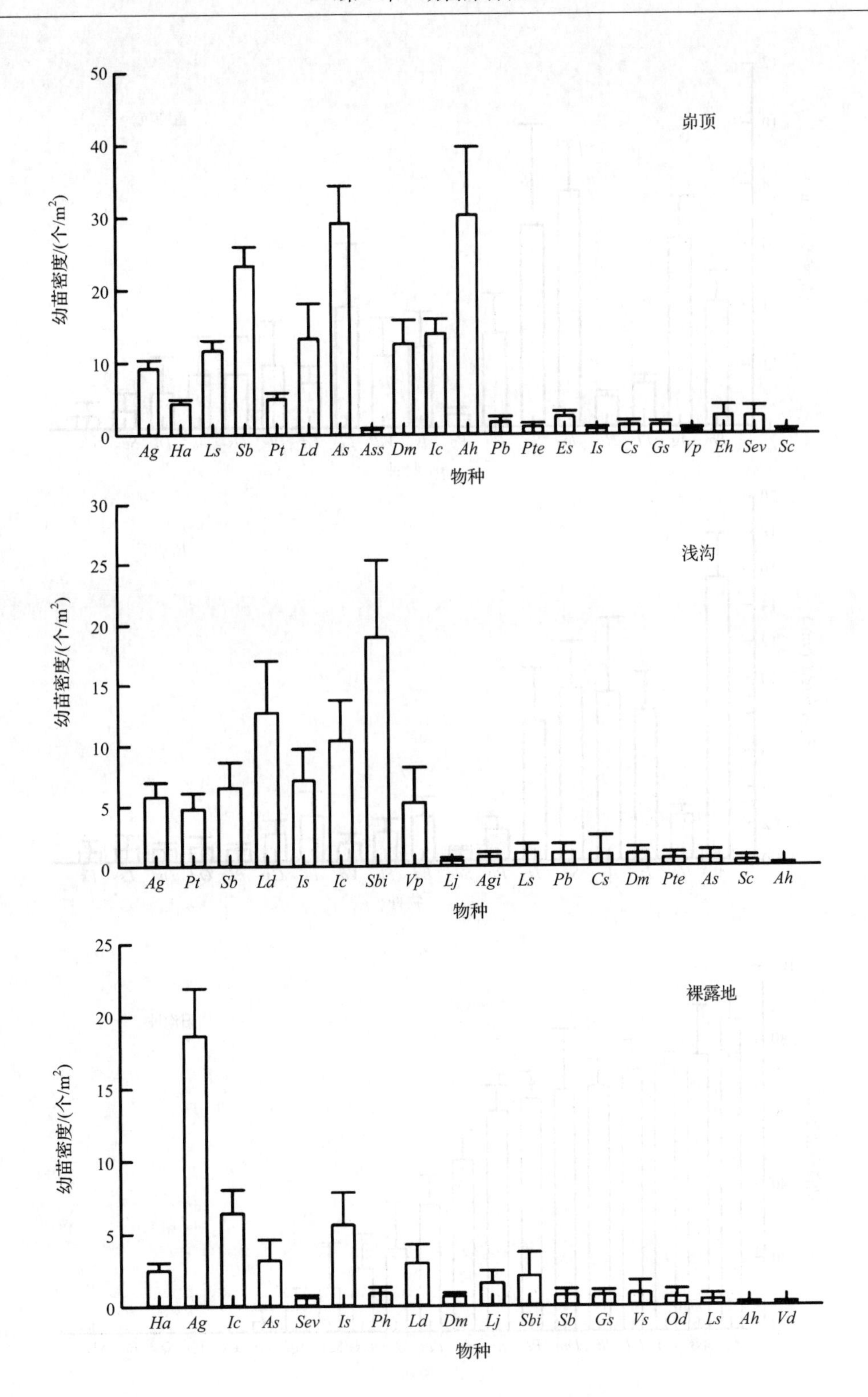
50
40
30
20
10
0
幼苗密度/(个/m²)
峁顶
Ag Ha Ls Sb Pt Ld As Ass Dm Ic Ah Pb Pte Es Is Cs Gs Vp Eh Sev Sc
物种
30
25
20
15
10
5
0
幼苗密度/(个/m²)
浅沟
Ag Pt Sb Ld Is Ic Sbi Vp Lj Agi Ls Pb Cs Dm Pte As Sc Ah
物种
25
20
15
10
5
0
幼苗密度/(个/m²)
裸露地
Ha Ag Ic As Sev Is Ph Ld Dm Lj Sbi Sb Gs Vs Od Ls Ah Vd
物种

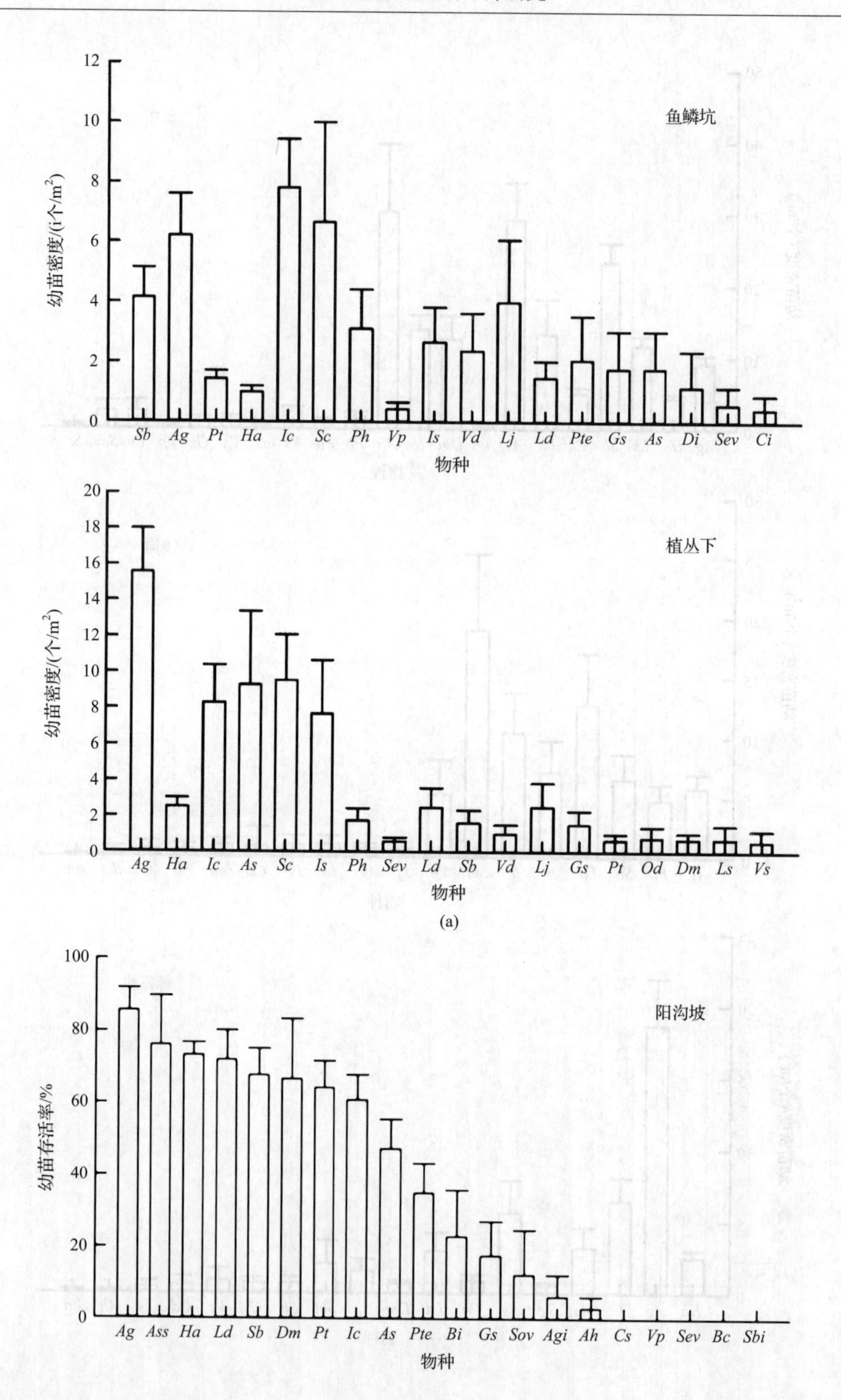

鱼鳞坑
幼苗密度/(个/m^2)
Sb Ag Pt Ha Ic Sc Ph Vp Is Vd Lj Ld Pte Gs As Di Sev Ci
物种
植丛下
幼苗密度/(个/m^2)
Ag Ha Ic As Sc Is Ph Sev Ld Sb Vd Lj Gs Pt Od Dm Ls Vs
物种
(a)
阳沟坡
幼苗存活率/%
Ag Ass Ha Ld Sb Dm Pt Ic As Pte Bi Gs Sov Agi Ah Cs Vp Sev Bc Sbi
物种

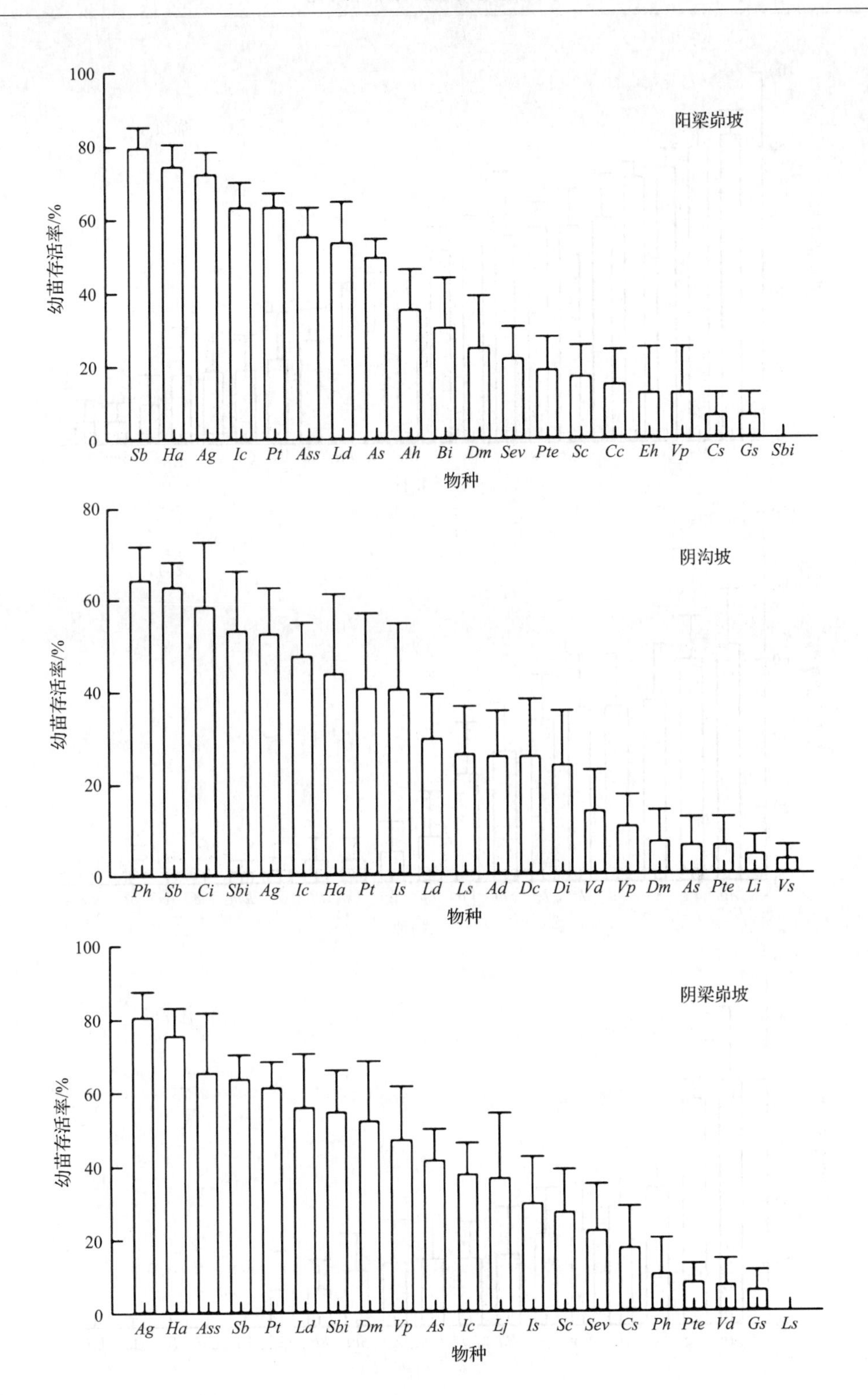
阳梁峁坡
幼苗存活率/%
100
80
60
40
20
0
Sb Ha Ag Ic Pt Ass Ld As Ah Bi Dm Sev Pte Sc Cc Eh Vp Cs Gs Sbi
物种
阴沟坡
幼苗存活率/%
80
60
40
20
0
Ph Sb Ci Sbi Ag Ic Ha Pt Is Ld Ls Ad Dc Di Vd Vp Dm As Pte Li Vs
物种
阴梁峁坡
幼苗存活率/%
100
80
60
40
20
0
Ag Ha Ass Sb Pt Ld Sbi Dm Vp As Ic Lj Is Sc Sev Cs Ph Pte Vd Gs Ls
物种

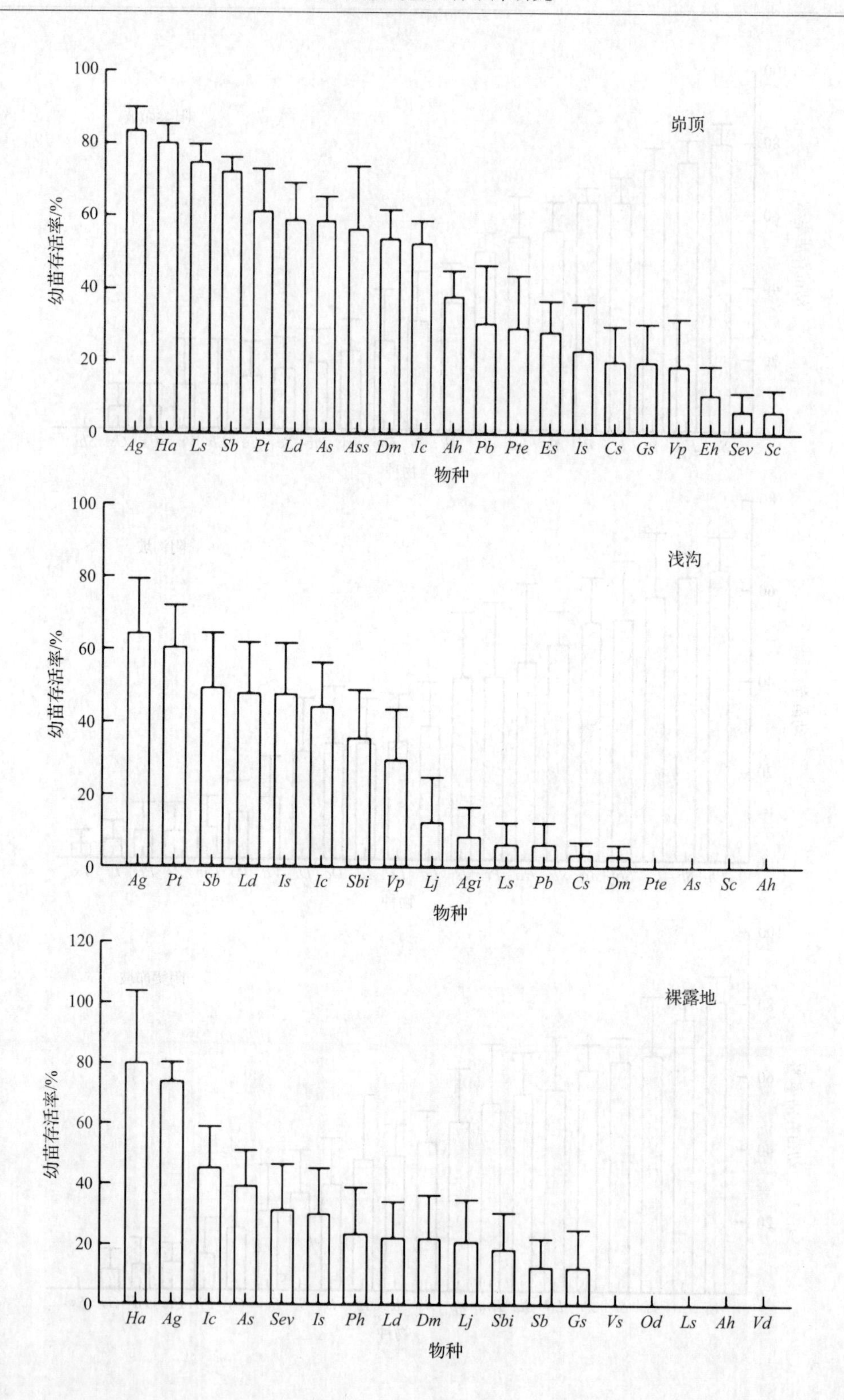

峁顶
幼苗存活率/%
物种
Ag Ha Ls Sb Pt Ld As Ass Dm Ic Ah Pb Pte Es Is Cs Gs Vp Eh Sev Sc
浅沟
幼苗存活率/%
物种
Ag Pt Sb Ld Is Ic Sbi Vp Lj Agi Ls Pb Cs Dm Pte As Sc Ah
裸露地
幼苗存活率/%
物种
Ha Ag Ic As Sev Is Ph Ld Dm Lj Sbi Sb Gs Vs Od Ls Ah Vd

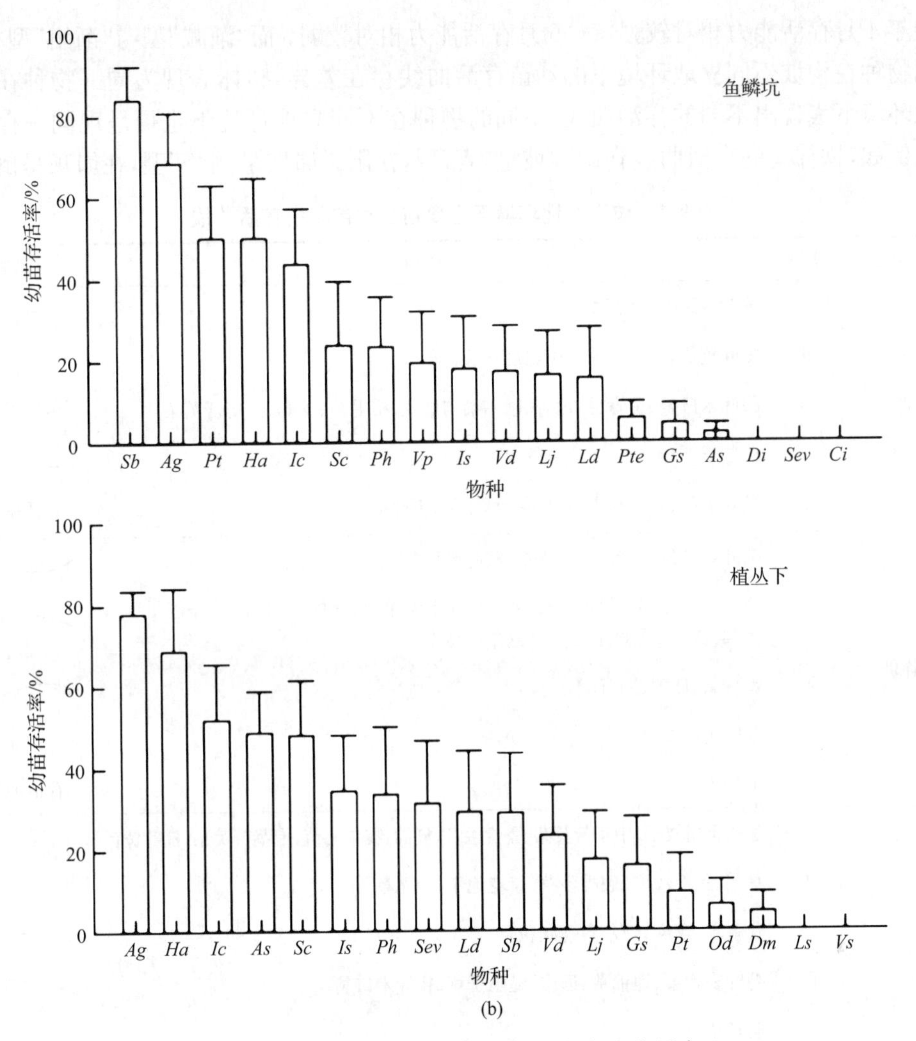

图 9-9　坡沟立地环境下幼苗密度(a)与年内存活率(b)

Ad. 三裂蛇葡萄；*Ag*. 铁杆蒿；*Agi*. 茭蒿；*Ah*. 臭蒿；*As*. 猪毛蒿；*Ass*. 糙叶黄芪；*Bc*. 斑种草；*Bi*. 白羊草；*Cc*. 中华隐子草；*Ci*. 披针叶薹草；*Cs*. 糙隐子草；*Dc*. 小红菊；*Di*. 野菊；*Dm*. 香青兰；*Eh*. 地锦；*Es*. 牻牛儿苗；*Gs*. 狭叶米口袋；*Ha*. 阿尔泰狗娃花；*Ic*. 中华苦荬菜；*Is*. 抱茎苦荬菜；*Ld*. 达乌里胡枝子；*Lj*. 截叶铁扫帚；*Ll*. 火绒草；*Ls*. 亚麻；*Od*. 二色棘豆；*Pb*. 二裂委陵菜；*Ph*. 异叶败酱；*Pt*. 菊叶委陵菜；*Pte*. 远志；*Sb*. 长芒草；*Sbi*. 獐牙菜；*Sc*. 阴行草；*Sev*. 狗尾草；*Sov*. 狼牙刺；*Vd*. 裂叶堇菜；*Vp*. 紫花地丁；*Vs*. 野豌豆

2. 幼苗存活的月变化

对坡沟立地环境下不同物种幼苗月存活率的动态变化的系统聚类分析表明，幼苗存活曲线整体上表现为 8 类，分别为“W”型、“M”型、“S”型、倒“S”型、倒“C”型、“U”型、“渐增”型和“渐减”型(表 9-7)。其中，“W”型、倒“S”型、倒“C”型和“U”型物种表现为在雨季(6～9 月)存活能力相对较强，冬季(10 月到翌年 4 月)存活能力相对较弱；“M”型物种表现为 6 月或 11 月存活能力相对较强，7～10 月存活能力相对较弱；“S”型物种表现为 9～10 月存活能力较强，7～8 月或翌年 4 月存活能力相对较弱；“渐增”型物种表现为 11 月或翌年 4 月存活能力相对较强，5～6 月存活能力相对较弱；而“渐减”型与“渐增”型相反。不同物种在沟坡不同立地环境下的幼苗存活曲线存在差异，整体表现为同一物种在不同立地环境下表现出不同的存活曲线，不同的物种在不同立地环境下也可呈现同一存活曲线。例如，铁杆蒿的存活曲线在阳沟坡呈“W”型，在阳梁峁坡呈倒“S”型，在峁顶呈倒“C”

表 9-7 坡沟立地环境下主要植物幼苗年内存活曲线

立地环境	类别	物种	存活曲线
阳沟坡	Ⅰ	菊叶委陵菜、铁杆蒿	
	Ⅱ	糙叶黄芪、达乌里胡枝子、臭蒿、长芒草	
	Ⅲ	狭叶米口袋、香青兰、远志、阿尔泰狗娃花、猪毛蒿、茭蒿、中华苦荬菜	
	Ⅳ	白羊草	
	Ⅴ	糙隐子草、紫花地丁、狗尾草、獐牙菜、斑种草	存活率为 0
阳梁峁坡	Ⅰ	菊叶委陵菜、香青兰、地锦草、狭叶米口袋	
	Ⅱ	猪毛蒿、长芒草、阿尔泰狗娃花、中华苦荬菜、狗尾草、白羊草、中华隐子草、远志、紫花地丁、糙隐子草、达乌里胡枝子	
	Ⅲ	铁杆蒿、臭蒿、阴行草	
	Ⅳ	糙叶黄芪	
	Ⅴ	獐牙菜	存活率为 0
峁顶	Ⅰ	达乌里胡枝子、中华苦荬菜、香青兰、铁杆蒿、牻牛儿苗、抱茎苦荬菜、糙叶黄芪	
	Ⅱ	臭蒿、猪毛蒿、二裂委陵菜、紫花地丁、狗尾草	
	Ⅲ	长芒草、亚麻、阿尔泰狗娃花	
	Ⅳ	菊叶委陵菜、地锦草、远志、糙隐子草、狭叶米口袋	
	Ⅴ	阴行草	
阴梁峁坡	Ⅰ	糙隐子草、达乌里胡枝子、裂叶堇菜、狭叶米口袋、异叶败酱、狗尾草、远志、猪毛蒿、香青兰	
	Ⅱ	铁杆蒿、中华苦荬菜、阴行草、长芒草、菊叶委陵菜、阿尔泰狗娃花、糙叶黄芪	
	Ⅲ	达乌里胡枝子、抱茎苦荬菜、紫花地丁	
	Ⅳ	獐牙菜	
	Ⅴ	亚麻	存活率为 0
阴沟坡	Ⅰ	铁杆蒿、野菊、菊叶委陵菜、獐牙菜、猪毛蒿、香青兰	
	Ⅱ	异叶败酱、中华苦荬菜、小红菊、达乌里胡枝子、阿尔泰狗娃花、抱茎苦荬菜	
	Ⅲ	披针叶薹草、三裂蛇葡萄、裂叶堇菜、亚麻、紫花地丁、远志、火绒草	
	Ⅳ	长芒草	
	Ⅴ	野豌豆	

型,在阴梁峁坡和阴沟坡呈“渐减”趋势;“W”型存活曲线的物种在阳沟坡有菊叶委陵菜和铁杆蒿,在峁顶有长芒草、野亚麻和阿尔泰狗娃花,在阴沟坡则为异叶败酱、中华苦荬菜和小红菊等。

为进一步探讨幼苗存活率的消长情况,对不同立地环境下主要物种4～9月每月出苗的幼苗存活动态(4～9月不断有新幼苗,10月之后无出苗)进行了分析(图9-10)。结果表明:铁杆蒿、菊叶委陵菜、长芒草、阿尔泰狗娃花(除阴沟坡)等4月或5月的出苗在5种立地环境下的存活时间均较长,且部分成功存活至翌年4月,如铁杆蒿在阳沟坡4月出苗13个,翌年4月存活3个,阴梁峁坡4月出苗19个,翌年4月存活4个,而6～9月出苗的存活时间相对较短,只有少数可以存活至翌年;达乌里胡枝子在阳沟坡和阳梁峁坡4月或6月出苗的存活时间长,其他3种立地环境下4月均未出苗,且7月出苗的存活时间也较长;以上物种在雨季(6～9月)前后的幼苗死亡情况较为严重。猪毛蒿在阴梁峁坡和阴沟坡4月、5月出苗少(4～19个)且存活时间短,其他3种立地环境下均出苗多(15～36个),部分幼苗可成功存活至翌年4月,雨季前(5～6月)的存活状况整体上较好;香青兰仅峁顶6月出苗的幼苗存活至11月,其他立地环境下幼苗存活时间均较短,6月之后幼苗大量死亡,在雨季前的存活能力相对较强。其他物种,如糙隐子草、裂叶堇菜、狭叶米口袋、火绒草、亚麻、斑种草、臭蒿、远志、紫花地丁、地锦草等在出苗后的1～2个月内全部死亡,幼苗年内存活时间短,存活动态不明显。

可见,铁杆蒿、菊叶委陵菜、长芒草、达乌里胡枝子、阿尔泰狗娃花等物种4月出苗的幼苗年内存活时间长,部分幼苗能够成功地存活至翌年4月,且这些物种在雨季存活能力较强;而猪毛蒿、香青兰、臭蒿等物种在雨季前幼苗存活能力相对较强,在冬季存活能力较弱;其他少数物种,如糙隐子草、裂叶堇菜、火绒草、斑种草等的幼苗存活能力在不同立地环境下存在一定差异。

3. 幼苗越冬特征

越冬后幼苗在坡沟立地环境下整体表现为阳坡幼苗密度小,存活率高,阴坡幼苗密度大,但存活率低,且不同物种的幼苗越冬特征存在差异。其中,阿尔泰狗娃花、铁杆蒿、菊叶委陵菜和达乌里胡枝子4个物种除阴沟坡外,在其他4种立地环境中均有出现,且在阳沟坡、阳梁峁坡和峁顶的存活能力较强,越冬存活率均在50%以上,最高可达100%,越冬后密度在1～11个/m^2变化;阳沟坡的糙叶黄芪和白羊草幼苗的越冬存活率也高(100%),越冬后密度均为1个/m^2;而阴沟坡仅有长芒草、中华苦荬菜、野菊、异叶败酱和披针叶薹草能够成功越冬,除长芒草的存活能力较强外(越冬存活率为70%,越冬后密度为7个/m^2),其余物种的越冬存活率均小于50%,越冬后密度在1～6个/m^2(表9-8)。可见,不同立地环境下幼苗的越冬特征存在差异,整体上铁杆蒿、阿尔泰狗娃花、菊叶委陵菜、达乌里胡枝子和长芒草的越冬能力较强。

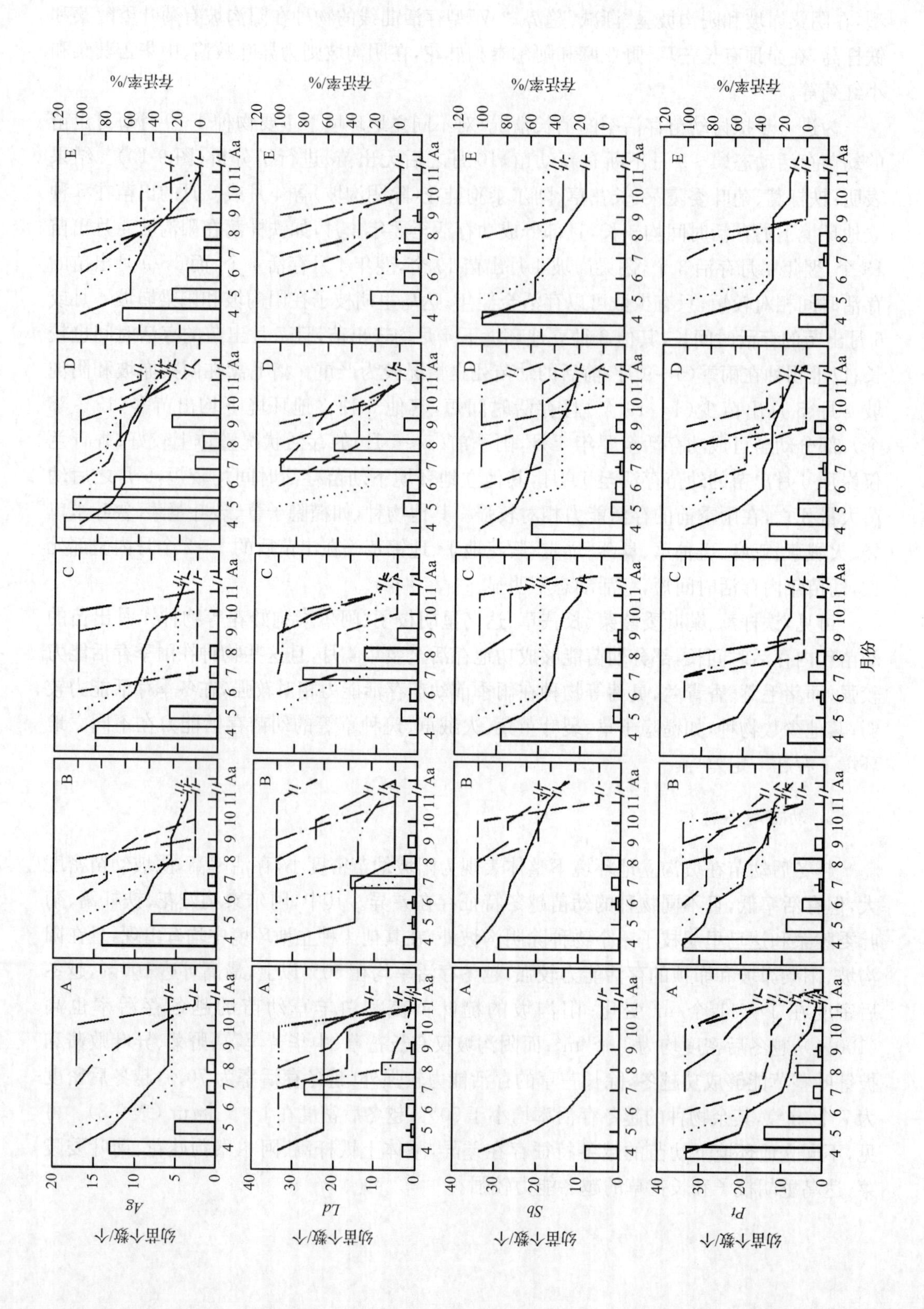
幼苗个数/个
存活率/%
Ag
Ld
Sb
Pt
A
B
C
D
E
月份
Aa

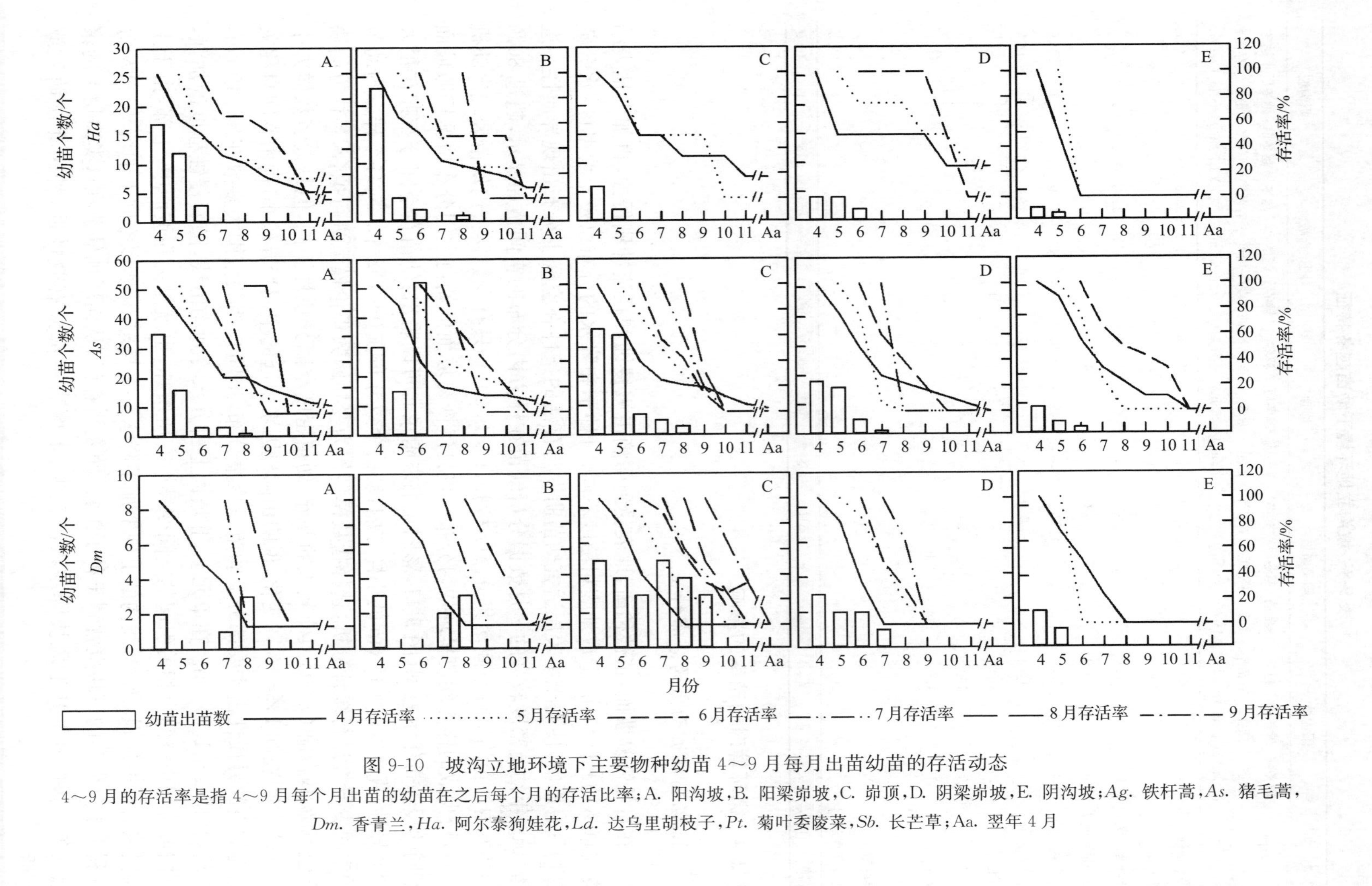

图 9-10　坡沟立地环境下主要物种幼苗 4～9 月每月出苗幼苗的存活动态

4～9 月的存活率是指 4～9 月每个月出苗的幼苗在之后每个月的存活比率；A. 阳沟坡，B. 阳梁峁坡，C. 峁顶，D. 阴梁峁坡，E. 阴沟坡；*Ag*. 铁杆蒿，*As*. 猪毛蒿，*Dm*. 香青兰，*Ha*. 阿尔泰狗娃花，*Ld*. 达乌里胡枝子，*Pt*. 菊叶委陵菜，*Sb*. 长芒草；Aa. 翌年 4 月

表 9-8　坡沟立地环境下幼苗越冬特征

物种	阳沟坡			阳梁峁坡			峁顶			阴梁峁坡			阴沟坡		
	越冬前密度/(个/m^2)	越冬后密度/(个/m^2)	越冬存活率/%	越冬前密度/(个/m^2)	越冬后密度/(个/m^2)	越冬存活率/%	越冬前密度/(个/m^2)	越冬后密度/(个/m^2)	越冬存活率/%	越冬前密度/(个/m^2)	越冬后密度/(个/m^2)	越冬存活率/%	越冬前密度/(个/m^2)	越冬后密度/(个/m^2)	越冬存活率/%
阿尔泰狗娃花	5	4	80.0	4	3	75.0	2	2	100.0	3	1	33.3			
铁杆蒿	5	5	100.0	4	3	75.0	6	4	66.7	29	11	37.9			
菊叶委陵菜	16	11	68.8	16	8	50.0	3	2	66.7	9	3	33.3			
达乌里胡枝子	5	4	80.0	4	3	75.0	3	2	66.7	1	1	100.0			
长芒草	2	1	50.0	21	11	52.4	13	11	84.6	10	4	40.0	10	7	70.0
中华苦荬菜	7	3	42.9	10	4	40.0	9	4	44.4				7	3	42.9
猪毛蒿	10	3	30.0	7	3	42.9	14	5	35.7						
白羊草	1	1	100.0	5	1	20.0									
糙叶黄芪	1	1	100.0	3	1	33.3									
野菊													3	1	33.3
异叶败酱													13	6	46.2
披针叶薹草													8	3	37.5
平均	6	3	72.4	8	4	51.5	7	4	66.4	10	4	48.9	8	4	46.0

9.2.4　微环境对幼苗库的影响

1. 幼苗在坡面上的分布特征

在自然恢复坡面，植被稀疏，地表受到雨滴击溅侵蚀和径流冲刷侵蚀，再加上地表结皮与草丛的相间分布，造成地表粗糙度不同，对种子和降水的分布以及土壤温度、水分蒸发均具有影响，使得土壤表层适宜幼苗萌发与存活的条件在空间上分布出现异质性。选择 2010 年幼苗密度较高的 8 月数据分析幼苗在样方内分布的空间格局显示，超过 80%的样方内幼苗均呈现空间聚集分布(t 检验，$P<0.001$)，只有少数样方内幼苗表现出随机分布，极少数的样方幼苗呈现均匀分布。将自然恢复坡面的幼苗空间分布情况按照坡面不同的侵蚀带作示意图(图 9-11，彩图见书末附录)，可以看出：幼苗在空间分布存在很大的变异性，在 10 cm×10 cm 的小样方内，幼苗个数分布在 0～102 个。对各个样方内幼苗的空间变异性进行统计分析，选择指数模型作为变异函数理论模型进行拟合，各样方间块金值 C_0 和基台值 C_0+C 具有较大的差异，幼苗密度空间异质性不同，但是大多数样方中 $C_0/(C_0+C)$在 0.1%～20%变化，说明由随机因素引起的空间变异较小，而由空间自相关引起的空间异质性占主要部分。幼苗呈聚集分布，空间自相关范围大多数在 4～40 cm，平均为(12.2±1.6) cm。在单元Ⅰ、Ⅱ坡面上由分水岭到沟沿线，随着侵蚀程度的加强，不同坡位间由空间自相关引起的空间变异性有所增加，也就是说在坡面中、下部，由于土壤侵蚀的程度加强，细沟、浅沟的出现增加了降水汇集与排出，所以空间上的坑洼、草丛等有利于水分保存的斑块也就利于种子汇集、萌发与存活，从而增加幼苗在这类斑块上的聚集分布；同时，由于其他斑块降水入渗较少、土壤表层水分有效性低，种子无法萌发或存活。

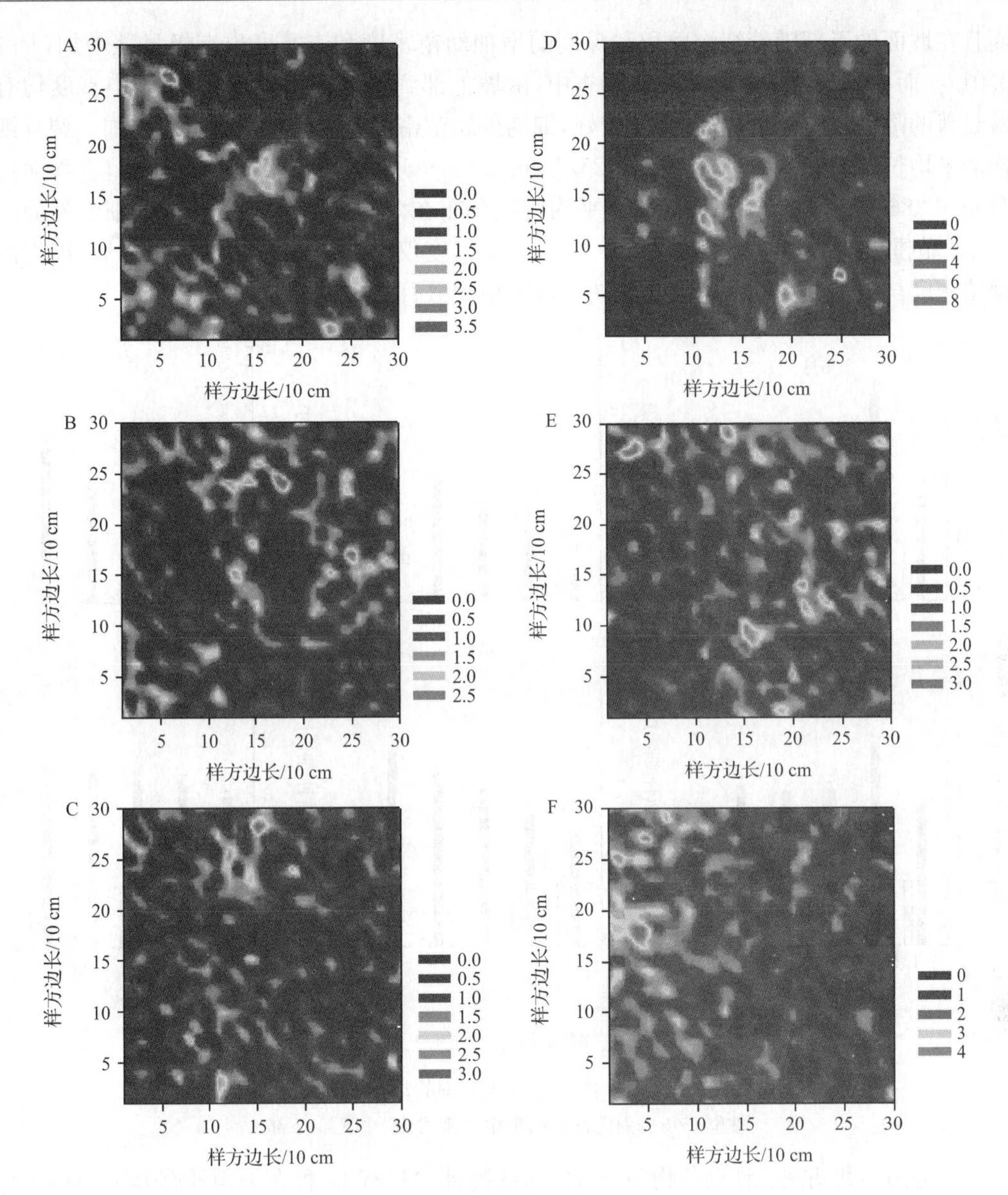

图 9-11　自然恢复坡面不同侵蚀部位幼苗密度空间分布示意图

图例不同颜色代表值为 10 cm×10 cm 小样方内幼苗数的平方根；A～C 表示侵蚀单元Ⅰ坡上、坡中、坡下，D～F 表示侵蚀单元Ⅱ坡上、坡中、坡下

2. 坡面细沟内外的幼苗分布特征

为了了解细沟对幼苗更新的影响，对恢复时间较短的一个阳坡坡面上细沟内外幼苗进行了跟踪调查，结果表明在不同的调查时间、不同的坡位细沟内外幼苗密度和物种丰富度均具有极显著的差异($P<0.01$)(图 9-12)。坡面细沟从坡上部到坡下部随着侵蚀程度的加强，细沟的面积和深度均增加，其对幼苗的影响也不相同，尤其是在 7 月，在坡面调查中发现幼苗密度和物种数量最低，但是在细沟内幼苗依旧保持较高的密度和物种丰富度，

而且在坡面的下部随着细沟面积和深度的增加幼苗密度和丰富度也有极显著增加($P<0.01$)。而在细沟外的6月和7月调查中,由坡上部到坡下部,其密度和物种丰富度均有极显著的降低;而在8月水分条件较好,细沟外幼苗密度和物种丰富度有所增加。调查细沟的平均长、宽、深度分别为12.4~25.7 cm、28.8~59.2 cm和2.1~11.2 cm,平均面积分布在386~1552 cm²,细沟内幼苗平均密度分布在31.8~208.3个/m²;而细沟外周围20 cm范围,面积分布在3276~4868 cm²,幼苗密度仅为0.1~7.2个/m²。可见,细沟内幼苗密度与细沟周围幼苗密度相比超出数十倍到数百倍。

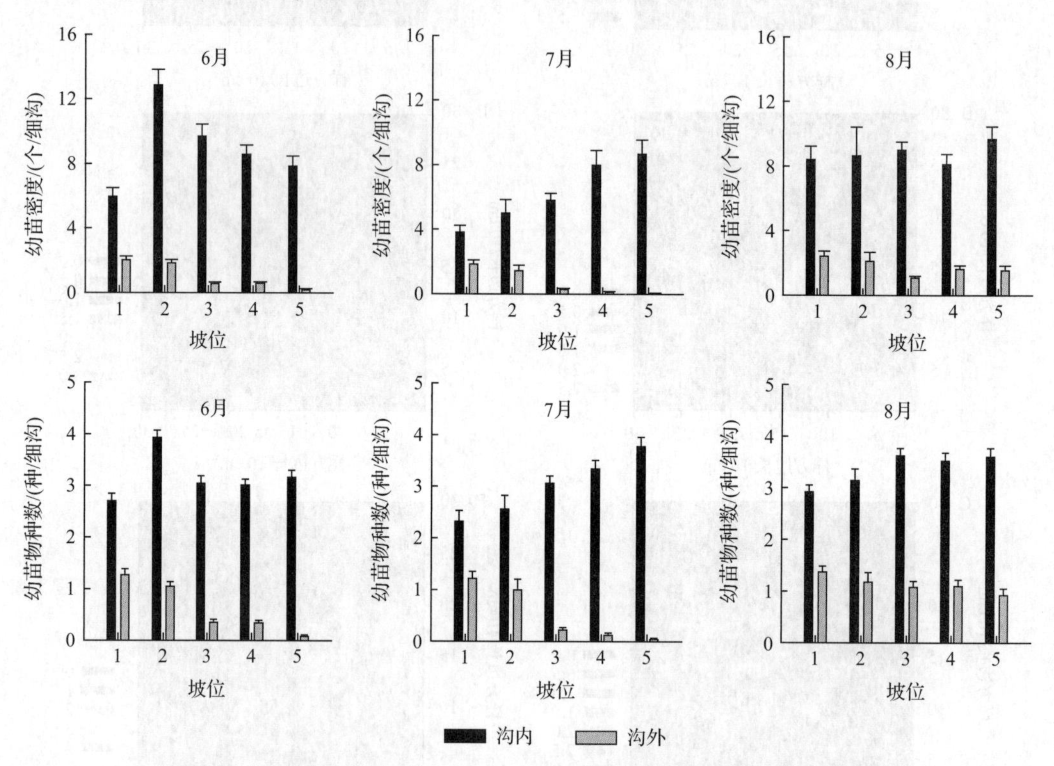

图 9-12 细沟与细沟周围的幼苗特征

坡位1~5分别代表坡上部、中上部、中部、中下部、下部

在细沟内共调查统计幼苗物种46种,这些物种中只有17种在细沟外有分布(表9-9)。在细沟内,一、二年生物种占总物种数的26.1%,多年生草本占41.3%,多年生禾草占13.0%,灌木、半灌木占17.4%,还有一种乔木物种。而在细沟外,主要物种是一、二年生物种,占到58.8%,多年生草本和半灌木、灌木物种均占17.6%,多年生禾草占5.9%。在一、二年生物种中,细沟内外幼苗密度较高的物种均有猪毛蒿,其密度在细沟内为6.40~77.36个/m²,细沟外为0.13~2.36个/m²;其次为香青兰,密度分别为0.47~58.51个/m²和0.02~3.04个/m²;猪毛菜、地锦草、狗尾草、臭蒿等物种也具有较高的密度。多年生禾草中,只有长芒草在细沟内外均有分布,而其他主要物种白羊草、硬质早熟禾、中华隐子草等仅在细沟内有分布。多年生草本物种中,狭叶米口袋、中华苦荬菜、菊叶委陵菜在细沟内外均有分布,而其他物种只分布在细沟内,如阿尔泰狗娃花、茭蒿等。在灌木、半灌木物种中,在细沟内外均有分布的物种有达乌里胡枝子、灌木铁线莲、铁杆蒿,

而其他的灌木狼牙刺、延安小檗、扁核木、柠条等在细沟中有少量出现；乔木榆树也在细沟中有幼苗出现。通过对细沟内成年草本植物及灌木较大幼苗的调查，共统计 35 种物种，与细沟内幼苗物种相似性达到 0.79，说明大部分物种能够在细沟内生长并成功繁殖，随着植物成功定居，会起到拦截径流泥沙的作用，进而降低对细沟的继续侵蚀，使坡面环境良性发展。可见，在恢复时间较短的、侵蚀较为强烈的坡面，细沟外主要分布一些演替早期的一、二年生物种，而细沟能提供较好的水分条件，可为演替后期的物种提供合适微环境得以萌发与生长。

表 9-9　细沟内与细沟外幼苗组成及密度分布范围　（单位：个/m²）

物种	细沟内	细沟外	物种	细沟内	细沟外
一、二年生草本					
猪毛蒿	6.40～77.36	0.13～2.36	地肤	0.18～9.31	0.04～0.67
香青兰	0.47～58.51	0.02～3.04	臭蒿	0.16～4.21	0.02～0.61
猪毛菜	0.78～27.93	0.06～2.20	牻牛儿苗	0.39～5.17	0.02～0.27
紫筒草	0.34～20.83	0.02～0.75	角蒿	0.19～3.06	0.02～0.09
地锦草	0.08～17.19	0.04～0.47	北点地梅	0.12	
狗尾草	0.32～16.28	0.03～0.61	风毛菊	0.08	
多年生禾草					
长芒草	0.08～4.71	0.03～0.09	糙隐子草	0.08～1.03	
中华隐子草	0.08～2.19		白羊草	0.08～0.48	
硬质早熟禾	0.08～1.07		鹅观草	0.17	
多年生草本					
狭叶米口袋	0.16～ 8.93	0.09～0.32	裂叶堇菜	0.13～0.47	
中华苦荬菜	0.47～5.29	0.02～0.11	蒲公英	0.51	
阿尔泰狗娃花	0.08～2.31		紫苜蓿	0.25	
菊叶委陵菜	0.21～2.19	0.05	茜草	0.12～0.24	
抱茎苦荬菜	0.08～1.65		田旋花	0.08～0.18	
苦苣菜	1.42～1.42		异叶败酱	0.13	
远志	0.08～0.94		紫花地丁	0.13	
小蓟	0.19～0.66		甘草	0.12	
白花草木樨	0.11～ 0.51		唐松草	0.08	
茭蒿	0.51～0.51				
半灌木、灌木					
达乌里胡枝子	0.32～10.86	0.02～0.72	狼牙刺	0.08～0.41	
灌木铁线莲	0.12～1.68	0.04～0.32	扁核木	0.18	
铁杆蒿	0.17～0.93	0.02	柠条	0.08～0.13	
延安小檗	0.48～0.48		截叶铁扫帚	0.08	
乔木					
榆树	0.08～0.21				

3. 坡面微环境对幼苗库的影响

坡面微环境不同，幼苗的密度与存活率也存在差异(图 9-13)。幼苗年内平均密度表现为浅沟＞植丛下＞鱼鳞坑＞植丛间，其中植丛间与浅沟差异极显著(P=0.004)，与植丛下差异显著(P=0.032)，其他微环境间无显著差异(P＞0.05)。幼苗年内平均存活率表现为植丛下＞鱼鳞坑＞植丛间＞浅沟，但均无显著差异(P＞0.05)。可见，植丛下的幼苗密度和幼苗存活率均较高，植丛间幼苗密度和幼苗存活率均较低，浅沟虽幼苗密度高但存活率较低。

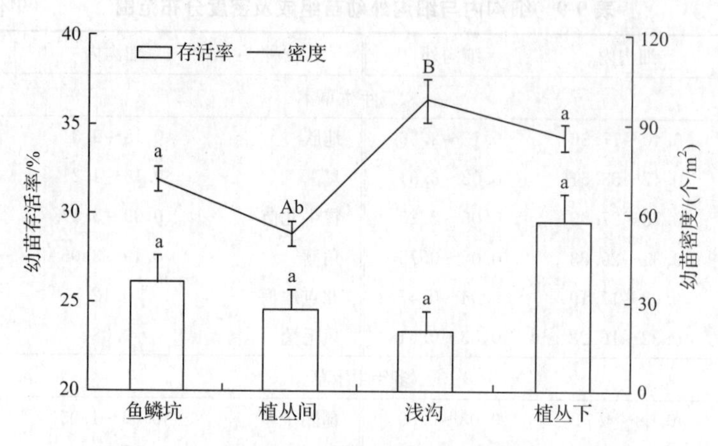

图 9-13 坡面不同微环境下幼苗年内存活率与密度

不同的大写字母表示差异极显著(P＜0.01)，不同的小写字母表示差异显著(P＜0.05)

坡面不同微环境下幼苗越冬表现为铁杆蒿、菊叶委陵菜、阿尔泰狗娃花和长芒草 4 个物种在鱼鳞坑出现，且越冬存活率均高达 75%以上，越冬后密度较小，为 1～3 个/m²；植丛下有铁杆蒿、菊叶委陵菜和阴行草 3 个物种，越冬存活率为 57.1%～75.0%，越冬后密度在 2～4 个/m²变化；浅沟和植丛间均仅有 2 个物种能够成功地越冬，其中，浅沟有铁杆蒿和菊叶委陵菜，越冬存活率分别为 75%和 50%，越冬后密度为 2～3 个/m²，植丛间是铁杆蒿和阿尔泰狗娃花的越冬存活率较高，分别为 66.67%和 50%，越冬后密度分别为 8 个/m²和 1 个/m²(表 9-10)。可见，坡面微环境的改变对幼苗的生长、存活和越冬均有一定的影响。

表 9-10 坡面不同微环境下幼苗越冬特征

物种	鱼鳞坑			植丛间			浅沟			植丛下		
	越冬前密度/(个/m²)	越冬后密度/(个/m²)	越冬存活率/%	越冬前密度/(个/m²)	越冬后密度/(个/m²)	越冬存活率/%	越冬前密度/(个/m²)	越冬后密度/(个/m²)	越冬存活率/%	越冬前密度/(个/m²)	越冬后密度/(个/m²)	越冬存活率/%
铁杆蒿	4	3	75.0	12	8	66.7	4	3	75.0	7	4	57.1
菊叶委陵菜	1	1	100.0				4	2	50.0	4	3	75.0
阿尔泰狗娃花	1	1	100.0	2	1	50.0						
长芒草	4	3	75.0									
阴行草										3	2	66.7
平均	3	2	87.5	7	5	58.3	4	3	62.5	5	3	66.3

9.2.5 幼苗库与地上植被的关系

1. 地上植被的组成特征

在延河流域不同植被带坡沟不同环境的地上植被的构成物种中，主要有菊科的铁杆蒿、茭蒿、猪毛蒿、阿尔泰狗娃花、野菊等，禾本科的长芒草、白羊草、大针茅、硬质早熟禾、北京隐子草、中华隐子草、糙隐子草、赖草等，以及豆科的达乌里胡枝子、草木樨状黄芪、狼牙刺、柠条、刺槐等；还有唇形科的百里香、蔷薇科的二裂委陵菜、莎草科的披针叶薹草等；森林带还有壳斗科的辽东栎，槭树科的三角槭，木犀科的丁香，萝藦科的杠柳等。水分生态型是以旱生和中旱生为主。在生活型方面，草本物种在植被类型中均出现最多(55.42%～97.75%)，森林带灌木、半灌木物种出现的比率相对较高(18.30%～33.81%)，而且是阴坡＞阳坡＞峁顶，同时也有一些乔木物种出现；森林草原带灌木、半灌木物种出现的比率较小(2.35%～12.24%)，乔木物种出现比例较小，仅有0.32%～1.21%；草原带无乔木物种出现，灌木、半灌木物种比例较小，在2.25%～7.43%变化(表9-11)。可见，在延河流域不同植被带坡沟不同环境下出现的植物群落以及构成群落的主要物种各不相同。

表9-11　地上植被的主要物种及生活型百分比

植被带	坡沟环境	主要物种	生活型比例/%		
			乔木	灌木	草本
森林带	阳沟坡	侧柏、狼牙刺、三角槭、丁香、披针叶薹草、铁杆蒿	14.91	25.09	60.00
	阳梁峁坡	三角槭、狼牙刺、黄刺玫、丁香、铁杆蒿、茭蒿、长芒草	2.98	22.45	74.56
	峁顶	杠柳、狼牙刺、铁杆蒿、长芒草、猪毛蒿	5.71	18.30	75.96
	阴梁峁坡	三角槭、丁香、杠柳、披针叶薹草、铁杆蒿	7.83	31.42	60.72
	阴沟坡	辽东栎、三角槭、杠柳、披针叶薹草、异叶败酱	10.80	33.81	55.42
森林草原带	阳沟坡	杠柳、狼牙刺、柠条、铁杆蒿、茭蒿、长芒草、达乌里胡枝子、白羊草	1.21	12.24	86.55
	阳梁峁坡	柠条、铁杆蒿、猪毛蒿、达乌里胡枝子、长芒草、白羊草	0.53	6.54	92.93
	峁顶	丁香、铁杆蒿、茭蒿、糙隐子草、达乌里胡枝子、猪毛蒿		2.35	97.65
	阴梁峁坡	杠柳、达乌里胡枝子、长芒草、大针茅、铁杆蒿、白羊草		3.38	96.63
	阴沟坡	杠柳、铁杆蒿、茭蒿、达乌里胡枝子、猪毛蒿、长芒草	0.32	4.81	94.86
草原带	阳沟坡	铁杆蒿、茭蒿、大针茅、二裂委陵菜、达乌里胡枝子		5.69	94.31
	阳梁峁坡	铁杆蒿、达乌里胡枝子、赖草、百里香、茭蒿、大针茅		5.36	94.64
	峁顶	芦苇、铁杆蒿、长芒草、百里香、猪毛蒿、糙隐子草		2.25	97.75
	阴梁峁坡	赖草、硬质早熟禾、百里香、铁杆蒿、大针茅、茭蒿		7.43	92.57
	阴沟坡	铁杆蒿、茭蒿、硬质早熟禾、百里香、长芒草、大针茅		4.11	95.89

2. 幼苗库与地上植被物种相似性

在延河流域不同植被带上，森林带的灌木、草本物种及总物种的幼苗与地上植被的物种相似性都明显小于森林草原带和草原带($P<0.01$),而森林草原带和草原带无显著差异($P>0.05$)。对于乔木物种,只有森林带的阳沟坡、阴梁峁坡和阴沟坡 3 种环境下出现共有种,相似性系数在 0.50～0.66 变化。对于灌木物种,森林带为 0.34～0.55,森林草原带和草原带相对较高,分别为 0.63～0.78 和 0.67～0.72,其中,森林带表现为阴梁峁坡/阴沟坡＞峁顶＞阳沟坡＞阳梁峁坡,森林草原带表现为峁顶＞阴沟坡＞阴梁峁坡/阳沟坡＞阳梁峁坡,草原带表现为阴梁峁坡/阴沟坡/阳沟坡＞阳梁峁坡＞峁顶,但均无显著差异($P>0.05$)。对于草本物种,森林带相似性为 0.34～0.46,森林草原带为 0.54～0.58,草原带为 0.48～0.54,其中森林带表现为阳沟坡＞阴沟坡/阳梁峁坡＞峁顶＞阴梁峁坡,森林草原带表现为峁顶＞阳沟坡＞阴梁峁坡/阳梁峁坡＞阴沟坡,草原带表现为峁顶/阳梁峁坡＞阳沟坡＞阴梁峁坡＞阴沟坡,均未达到显著水平($P>0.05$)。对于总物种来说,每个植被带 5 种侵蚀环境下也无明显差异($P>0.05$)(表 9-12)。

表 9-12　延河流域不同植被带坡沟不同侵蚀环境幼苗与地上植被物种相似性

侵蚀环境	森林带				森林草原带			草原带		
	总物种	乔木	灌木	草本	总物种	灌木	草本	总物种	灌木	草本
阳沟坡	$0.48\pm0.02_a$	0.66 ± 0.12	$0.43\pm0.08_a$	$0.46\pm0.05_a$	$0.58\pm0.04_a$	$0.69\pm0.16_a$	$0.57\pm0.05_a$	$0.53\pm0.02_a$	$0.72\pm0.15_a$	$0.53\pm0.02_a$
阳梁峁坡	$0.41\pm0.05_a$		$0.34\pm0.04_a$	$0.43\pm0.05_a$	$0.56\pm0.04_a$	$0.63\pm0.25_a$	$0.56\pm0.04_a$	$0.55\pm0.03_a$	$0.71\pm0.03_a$	$0.54\pm0.03_a$
峁顶	$0.40\pm0.03_a$		$0.50\pm0.09_a$	$0.40\pm0.03_a$	$0.57\pm0.04_a$	$0.78\pm0.11_a$	$0.58\pm0.04_a$	$0.54\pm0.05_a$	$0.67\pm0.01_a$	$0.54\pm0.05_a$
阴梁峁坡	$0.38\pm0.03_a$	0.61 ± 0.09	$0.55\pm0.12_a$	$0.34\pm0.04_a$	$0.57\pm0.03_a$	$0.69\pm0.17_a$	$0.56\pm0.03_a$	$0.51\pm0.04_a$	$0.72\pm0.15_a$	$0.51\pm0.04_a$
阴沟坡	$0.47\pm0.03_a$	0.50	$0.55\pm0.04_a$	$0.43\pm0.03_a$	$0.54\pm0.04_a$	$0.72\pm0.15_a$	$0.54\pm0.04_a$	$0.48\pm0.02_a$	$0.72\pm0.30_a$	$0.48\pm0.02_a$
平均值	$0.42\pm0.02_A$	0.59 ± 0.08	$0.47\pm0.04_A$	$0.41\pm0.02_A$	$0.56\pm0.01_B$	$0.70\pm0.02_B$	$0.56\pm0.01_B$	$0.52\pm0.01_B$	$0.71\pm0.01_B$	$0.52\pm0.01_B$

注:右下角的小写字母表示差异显著性水平为 $P<0.05$,大写字母表示差异显著性水平为 $P<0.01$。

然而,不同植被带坡沟不同环境下幼苗与地上植被的共有种及其幼苗与成熟植株的密度和比例是不同的(表 9-13)。在幼苗与地上植被的共有种中,森林带阳沟坡的披针叶薹草、阳梁峁坡的长芒草和达乌里胡枝子、峁顶的铁杆蒿与长芒草、阴梁峁坡的披针叶薹草、野菊与异叶败酱及阴沟坡的异叶败酱和披针叶薹草,森林草原阳沟坡的达乌里胡枝子与阿尔泰狗娃花、阳梁峁坡的达乌里胡枝子和猪毛蒿、峁顶的达乌里胡枝子、阴梁峁坡的猪毛蒿与达乌里胡枝子及阴沟坡的达乌里胡枝子和长芒草,草原带阳沟坡的百里香、达乌里胡枝子和远志、阳梁峁坡的达乌里胡枝子与猪毛蒿、峁顶的猪毛蒿、阴梁峁坡的铁杆蒿与百里香及阴沟坡的百里香、野菊与达乌里胡枝子,这些物种不仅其幼苗与地上成熟植株的密度均较大,并且是地上植被的主要物种,所占比例较高,说明这些物种的幼苗生长成为地上成熟植株的概率相对较大,在对应的立地环境下其幼苗对地上植被更新的贡献潜力较大。

表 9-13　不同植被带坡沟环境下幼苗与地上植被的主要共有种

植被带	坡沟环境	共有物种	密度/(个/m^2)		比例/%	
			幼苗	成熟植株	幼苗	成熟植株
森林带	阳沟坡	狼牙刺	3	3(10m^2)	5.36	0.86
		丁香	3	3(10m^2)	4.29	0.89
		铁杆蒿	12	1	18.75	2.19

续表

植被带	坡沟环境	共有物种	密度/(个/m²)		比例/%	
			幼苗	成熟植株	幼苗	成熟植株
森林带	阳梁峁坡	披针叶薹草	7	8	11.25	24.72
		阿尔泰狗娃花	3	4(10m²)	4.82	1.24
		狼牙刺	12	2(10m²)	5.95	0.19
		长芒草	24	18	11.89	23.03
		铁杆蒿	23	1	11.56	0.77
		达乌里胡枝子	16	6	8.09	7.11
	峁顶	中华苦荬菜	6	1	2.81	1.12
		狼牙刺	5	1(10m²)	4.69	0.47
		铁杆蒿	15	2	13.18	8.61
		长芒草	6	6	4.98	32.40
	阴梁峁坡	中华苦荬菜	5	2(10m²)	4.39	1.16
		茭蒿	4	1	3.81	4.10
		丁香	7	4(10m²)	8.56	1.01
		土庄绣线菊	4	1(10m²)	4.89	0.27
		披针叶薹草	13	11	15.49	29.32
		野菊	10	7	12.64	20.19
		异叶败酱	7	3	8.15	8.06
	阴沟坡	丁香	1	1(10m²)	0.67	0.11
		异叶败酱	20	17	20.09	27.19
		披针叶薹草	6	4	6.03	6.12
		阿尔泰狗娃花	5	1	4.69	1.41
		长芒草	3	2	3.01	2.65
森林草原带	阳沟坡	铁杆蒿	11	1	14.16	2.26
		达乌里胡枝子	9	3	11.85	5.86
		中华隐子草	7	1	8.82	1.12
		阿尔泰狗娃花	5	4	7.13	7.98
		菊叶委陵菜	5	1	6.29	1.12
	阳梁峁坡	达乌里胡枝子	27	4	27.98	4.44
		铁杆蒿	17	2	17.20	1.70
		猪毛蒿	14	17	14.33	18.63
		阿尔泰狗娃花	9	1	8.87	0.81
		长芒草	3	4	3.10	4.58
	峁顶	猪毛蒿	49	1	27.04	2.19
		二裂委陵菜	15	3(10m²)	8.19	3.51
		阿尔泰狗娃花	11	1	5.90	4.29
		达乌里胡枝子	9	2	5.30	8.14

续表

植被带	坡沟环境	共有物种	密度/(个/m²)		比例/%	
			幼苗	成熟植株	幼苗	成熟植株
森林草原带	阴梁峁坡	糙隐子草	10	1	5.69	4.63
		铁杆蒿	22	1	14.06	1.82
		猪毛蒿	16	22	10.42	41.73
		达乌里胡枝子	8	3	5.28	6.26
		阿尔泰狗娃花	7	2	4.33	3.96
		地锦草	6	2	4.24	3.21
	阴沟坡	铁杆蒿	23	1	13.76	2.73
		达乌里胡枝子	14	4	8.78	11.33
		抱茎苦荬菜	10	1(10m²)	6.11	0.25
		异叶败酱	9	2(10m²)	5.72	0.46
		长芒草	5	5	3.08	11.54
草原带	阳沟坡	百里香	25	3	17.17	10.51
		野豌豆	21	1	14.22	3.50
		达乌里胡枝子	9	2	6.45	7.81
		远志	9	2	6.40	6.50
		茭蒿	7	1	4.87	1.97
	阳梁峁坡	龙牙草	50	2(10m²)	21.98	2.08
		达乌里胡枝子	26	4	11.28	8.70
		铁杆蒿	22	1	9.76	1.27
		猪毛蒿	16	6	6.97	11.59
		冷蒿	11	1	4.66	2.08
	峁顶	猪毛蒿	27	5	16.11	6.11
		达乌里胡枝子	22	2	13.64	2.71
		阿尔泰狗娃花	6	2	3.35	2.14
		二裂委陵菜	5	4	3.39	1.69
		菊叶委陵菜	5	1	3.23	1.54
	阴梁峁坡	达乌里胡枝子	16	1	11.22	3.46
		铁杆蒿	13	2	9.39	4.44
		百里香	10	3	7.15	7.66
		猪毛蒿	10	1	6.83	2.13
		野菊	8	1	5.53	2.25
	阴沟坡	野菊	64	2	30.77	4.29
		达乌里胡枝子	12	2	5.98	4.34
		铁杆蒿	11	2	5.34	3.56
		远志	6	1	2.91	1.95
		百里香	5	12	2.25	23.89

9.3 讨 论

9.3.1 幼苗库的时间变化特征

种子萌发、幼苗存活是从种子到植株过渡的关键阶段，也是对环境最为敏感的时期(Harper，1977)。幼苗萌发与存活需要适宜的水分、温度、湿度和光照等。在干旱、半干旱地区，限制幼苗更新的主要因素是水分有效性(Veenendaal et al.，1996；Tsuyuzaki and Haruki，2008)，同时强光照、高温和空气湿度低也是限制幼苗存活的重要因子(Leishman and Westoby，1994；Lloret et al.，2005)。由于这些因子的年内节律性变化，不同环境下幼苗密度和物种丰富度均在不同调查时间有所差异。综合分析研究区多年各月平均温度、降水与日照时数，4月温度、降水均较低，平均最低温度5℃，最高温度20℃，降水量平均为24.8 mm，幼苗多为越冬苗，新萌发的幼苗较少，4月调查中幼苗物种数最低，密度也较低。之后随着温度的升高和降水量的增加，幼苗密度和物种数有所增加；但在6月、7月、8月虽然降水较多，而日照时数、温度均达到年内最高水平，高温与高辐射使得土壤蒸发量加大，表层土壤处于干燥状态，由于没有水分的调节使得土壤表层温度升高，限制了种子萌发和出苗，也会威胁到已出土幼苗的存活，如2010年7月22～26日调查的幼苗密度最低。已有研究也显示，在高温、强光照环境中，即使有水分补充，也会加大幼苗的死亡(Leishman and Westoby，1994；Lloret et al.，2005；Barberá et al.，2006)。随后平均月日照时数、温度有所下降，降水量仍处于较高水平，在较为合适的温度、湿度、光照条件下幼苗萌发出现高峰，如在2010年的调查中，8月27～31日调查的幼苗密度和物种数均达到高峰，随后9月19～21日也具有较高的幼苗密度，直到10月26～28日幼苗密度有所降低。

同时，由于降水、温度的年际变化，幼苗在不同年份的月动态变化也有所不同。例如，在2007年幼苗库密度随时间的变化表现为7月31日＞9月11日＞10月13日＞6月27日，且7月31日调查密度远远高于其他时期的幼苗库密度，7月31日单个样地幼苗密度分布在10～1422个/m²，平均为900个/m²，而6月27日单个样地幼苗密度分布在4～80个/m²，平均为39个/m²(王宁，2008)；在2010年，幼苗密度和物种丰富度在4～7月的调查中较低，而在8～10月的调查中有很大幅度的增加，大多数物种在大部分的样地中均表现出4～7月幼苗密度较低，而且在7月降低到最低值，随后在8月有急剧的升高，一些物种在8月达到最高值，随后逐渐下降或保持较高密度；而在2012年的调查中，坡沟不同立地环境下4月初幼苗密度较小，之后逐月增大，7月初幼苗密度达到最大值，之后又逐月减小，至11月中旬幼苗密度又处于低值，最大值(7月初)与最小值(11月中旬)相差较大，在31～78个/m²变化，幼苗物种数在8月、9月较大。

可见，本研究区幼苗更新过程中面临着两重风险，其一是6月、7月高温干旱期，大量种子在春末夏初温度升高，土壤湿度合适的情况下萌发，但随后而来的高温干旱会造成大量萌发不久的幼苗死亡；其二就是秋冬季低温，8月、9月随着降水、温度和土壤湿度的改善，种子萌发出现高峰，而在10月、11月幼苗密度就有所降低，随着气温的进一步降低，很多新萌发的或较小的幼苗会在冬季低温时受冻死亡。所以这两个不利的时期会增加幼苗死亡和土壤种子库消耗，对于一些没有持久土壤种子库的物种以及种子库密度较低的物种依靠幼苗更新就变得极为困难。

9.3.2 幼苗库的空间变化特征

从延河流域不同植被带上看，整体上森林草原带和草原带的幼苗密度和幼苗物种多样性大于森林带。这是因为森林带虽然侵蚀较弱，植被生长旺盛，较高的郁闭度使得林下光照条件差（朱志诚，1994；何思源和刘鸿雁，2008），其次地表枯落物厚（庞建光等，2005）、地上植被竞争剧烈（田园等，2010），这些都不利于种子的萌发和幼苗生长，导致林下幼苗呈现低输出率、高死亡率的状况。王传华等（2011）和尹华军等（2011）的研究也表明，弱光环境是影响枫香（*Liquidambar formosana*）幼苗更新的一个重要的限制因子，随地被物（苔藓、枯落物等）厚度的增加，幼苗存活率呈明显下降的趋势。同时，森林带土壤湿度大、土壤微生物活动旺盛，种子在高湿度、呼吸作用受阻的条件下易遭受霉菌感染和蠕虫侵害，而使得大量种子腐烂死亡（Feller，1998），故幼苗密度和物种多样性较小。而在同一植被带坡沟不同立地环境下，森林带的幼苗密度和物种多样性均无明显差异，而森林草原带和草原带整体上均表现为阴坡尤其是阴沟坡幼苗密度较大、物种较为丰富。这是因为这两个植被带植被相对稀疏，主要以草本植被为主，光照不是幼苗发育主要的限制因子，而土壤水分的有效性则更为重要。

幼苗更新过程的早期阶段主要依赖表层土壤的水分，而表层土壤水分波动剧烈，对幼苗的萌发与存活产生重要影响。可见，有效土壤水分是种子萌发、幼苗存活的必要条件。而地形的变化对降水的分配与土壤水分转化具有重要的作用。坡度、坡向影响着水热分配及土壤侵蚀强度，还影响着太阳辐射强度，继而影响土壤水分蒸散发及不同坡位土壤水分的有效性（Cantón et al.，2004a；Bochet et al.，2009），进而影响植被更新与生长。在坡面上，雨强一定时，坡度越大，坡面承雨量越小，雨水运行速度越大，因此单位时间内的径流量增加，最终结果是随着坡度的增加降水入渗减少、径流速度增加，土壤侵蚀强度加大（李毅和邵明安，2008）。坡面由峁顶向沟沿线，坡度逐渐增加，土壤侵蚀程度增强（Zheng et al.，2005）；同时，随着坡度的增加，水分入渗减少，而太阳辐射增加，土壤蒸发加剧，水分消耗很快。Cantón 等（2004b）对坡面上表层土壤水分的时空变化的研究也发现，坡面上部土壤水分要好于坡面中下部，同时灌草丛下面的土壤水分要好于裸露坡面。在本研究中 2010 年 8～10 月自然恢复坡面中、下部幼苗密度明显小于坡面上部，这可能是由于坡面中、下部坡度较坡面上部增加，土壤侵蚀强度增加，侵蚀过程对幼苗的伤害程度也随着增加。侵蚀过程中幼苗会被打倒或被连根拔起，坡面物质的运动以及雨滴击溅对幼苗的伤害是造成幼苗死亡的重要因素之一（Yoshida and Ohsawa，1999；Nagamatsu et al.，2002；deLuís et al.，2005；Tsuyuzaki and Haruki，2008），尤其是对由小种子产生的幼苗，其幼苗细弱，根系分布较浅，在雨滴打击和径流冲刷中更易受到破坏（雷东，2011）。对于沟坡来说，幼苗中演替中后期的物种及灌木物种较多，产生幼苗的种子较大，幼苗的抵抗力增加，再加上沟坡植被盖度较高，一方面起到了遮阴、减少蒸发的作用，减少了幼苗的死亡，另一方面对侵蚀具有一定的削弱作用，因而沟坡上幼苗密度也较高。同时，沟坡承接坡面的来水来沙(Qiu et al.,2001),水沙携带的养分不仅为沟坡的幼苗发育提供有利条件,而且其携带的土壤表面和土壤中的种子为幼苗萌发提供了充足种源;但沟坡整体土壤水分要显著低于坡面,尽管8～10月有大量幼苗在沟坡萌发,但是由于较深层次水分的亏缺,这些幼苗在翌年的春季干旱时期大量死亡。对于坡向的影响,阴坡上一般土壤水分、土壤养分以及土壤通气透水性都相对较好(周萍等,2008;路保昌等,2009),其次植被盖度较高,侵蚀相对微弱,对种子截留与幼苗萌发有促进作用;而阳坡不仅水分养分条件差,光照更为强烈,地面蒸发大,土壤水分含量下降(周萍等,2008),造成水分胁迫,导致幼苗萌发少或大量死亡。

在干旱半干旱气候条件下,微环境的改变对幼苗出苗和成功建植极为重要(Puignaire and Haase,1996;Tsuyuzaki et al.,1997)。因为不同微地形使坡面凹凸不平,影响降水在坡面上的再分配过程(邝高明等,2012),进而影响土壤水分和幼苗在坡面上的分布。本研究显示微环境的改变在一定程度上影响了幼苗的存活、生长和越冬。植丛下受植物冠层的保护,土壤侵蚀较弱(Du et al.,2013),且土壤水分和养分条件较好(Titus and Moral,1998;Barberá et al.,2006),有利于幼苗的存活和生长,加之生长旺盛的地上植被为植丛下土壤种子库提供了丰富的种源(王增如等,2008),并对幼苗起到了一定的保护作用(庇阴或保温)(程积民等,2009),导致植丛下幼苗密度大且存活能力较强;而在裸露地,地上植被稀疏,种子来源较少(Titus and Moral,1998),缺少枯枝落叶层,使地面暴露,光照强烈,蒸发量大,持水能力弱(Bryndís et al.,2013),土壤水分含量降低,幼苗萌发少且大量死亡(Wang et al.,2012)。Barberá等(2006)在半干旱草原带伊比利亚半岛的研究也证实了这一结论:植丛下幼苗数量多且生长快,裸露地幼苗数量少且生长慢。在同一坡面上,浅沟内的水分条件优于坡面(路保昌等,2009),种子的萌发率增加,但强烈的径流冲刷过程会将幼苗连根拔起而死亡(Titus and Moral,1998),从而导致浅沟幼苗密度大而存活率低,尤其是在2012年7月和9月,研究区暴雨多,降水量分别高达126.7 mm和124.8 mm,浅沟内径流的冲刷作用加剧,幼苗密度高达129个/m^2,而平均存活率仅为31.13%,而其他微环境下幼苗密度在66～93个/m^{2}变化,存活率在35.37%～40.56%变化。Titus和Moral(1998)在华盛顿圣海伦山浮石平原(沿海气候)的研究也表明,在浅沟微地形环境上,珠光香青(*Anaphalis margaritacea*)和假蒲公英猫耳菊(*Hypochaeris radicata*)的幼苗密度均较大,但只有种子较大的假蒲公英猫耳菊的幼苗存活率较高。本研究对细沟内外幼苗调查中发现,细沟内幼苗密度和物种数均远远大于细沟外比细沟面积高出几倍甚至于几十倍的坡面,且细沟内物种不仅有演替早期的一、二年生物种,还有演替中后期的主要草本建群物种及灌木、乔木物种,而细沟外幼苗多为演替早期的先锋物种,这进一步说明了细沟不仅能够提供较好的水分条件增加幼苗的萌发率和成活率,而且能够拦截保留演替后期物种种子,并提供合适的生境促进其萌发与建植。虽然细沟内径流冲刷较强,但是细沟内还是保留了较高的幼苗数量,并且通过对细沟内成熟植株和较大植株调查发现,其与幼苗的相似性达到70%以上,说明部分幼苗能够在细沟内成功建植。Tsuyuzaki和Haruki(2008)对火山喷发堆积物上幼苗更新定居的研究也发现,微地形对幼苗定居的影响要大于种子的萌发能力,细沟内较好的水分条件是促进种子萌发的主要因素。可见,坡面上有利于水分蓄集的微地形在种子萌发、幼苗存活与更新过程中具有非常重要的作用。

本研究中发现幼苗在坡面分布大多呈聚集分布，原因有以下几个方面：①由于坡面土壤遭受侵蚀，造成表面凹凸起伏的变化，改变降水的分布状态，对地面径流起到重新分配和汇集的作用。这些地表的凹洼处可以汇集径流，蓄积种子，使种子和水分、养分结合，促进种子萌发及幼苗成活，使得幼苗分布呈现小尺度的聚集状态，已有研究也证明微地形在种子萌发、幼苗存活中具有重要作用(Chambers and MacMahon，1994；Tsuyuzaki and Haruki，2008)。②地表生物结皮在微小尺度上随着微生境变化发生着变化，而生物结皮种类和厚度的变化，会影响土壤的固结性、渗透性，进而影响土壤的水分条件；同时，对辐射吸收的差异也会改变表层土壤温度，并通过生命活动改变表层土壤养分、水分等条件(West，1990；Beyschlag et al.，2008)。结皮改变了地表粗糙度，会起到拦截种子的作用，而结皮固结土壤，又会阻止种子进入土壤及与土壤的接触而减少种子的萌发，或者阻碍萌发种子的胚根扎入土壤，同时结皮层还可能阻止结皮下面的种子出土(Langhans et al.，2009)。这些影响因素因结皮物种的不同而发生变化。③已有植被的冠层能够对其下幼苗起到一定的遮阴作用(Lloret et al.，2005)；同时，坡面上草丛能够改善土壤入渗、拦截径流，增加其草丛下土壤水分和养分，还能够拦截随径流或风传播的种子，促进种子在草丛下萌发更新。可见，在半干旱地区，地表微生境通过影响径流、入渗、种子扩散、种子萌发和幼苗建植而在生态系统中起着重要作用(Maestre et al.，2003a)。

9.3.3　幼苗的存活特征

从种子萌发到幼苗建植期间物种对外界环境反应最为敏感，出土的幼苗能否抵抗恶劣的环境条件而成功地存活直接关系到地上植物群落的更新和恢复。本研究发现，坡沟立地环境下，幼苗存活特征差异明显，整体表现为阳坡幼苗密度较小而存活率较高，阴坡幼苗密度较大但存活率较低。这与康冰等(2012)对黄土高原子午岭辽东栎幼苗密度的研究结果一致。这主要是因为阳坡坡度相对较大，植被覆盖度小，土壤侵蚀严重，土壤水分、养分条件差，从而影响了种子的萌发和幼苗的生长，导致幼苗密度较小(Li et al.，2011；Song et al.，2013)；但阳坡的主要物种，如铁杆蒿、白羊草、达乌里胡枝子等为喜阳耐旱型植物，存活能力相对较强。虽然阴坡土壤水分、养分条件好(周萍等，2008)，且植被种类多，为幼苗萌发提供了充足的种源，幼苗密度大，但阴坡的低温度和弱光照抑制了幼苗的生长和存活(González-Rivas et al.，2009)，导致存活率下降。黄忠良等(2001)的研究也表明，在较强的光照条件下，有较多物种的幼苗可以生长，而光照较弱时，只有耐阴性的物种可以成功地完成其生活史。

不同物种在不同立地环境下的幼苗存活动态存在差异。铁杆蒿、菊叶委陵菜、长芒草、阿尔泰狗娃花和达乌里胡枝子等物种在雨季(6～9 月)的存活能力较强，且具有较强的越冬能力；而猪毛蒿、香青兰、臭蒿等物种在雨季前(5～6 月)的存活能力较强，冬季存活能力较弱。这是因为：在干季，降水量是幼苗成功定居的限制因子，本研究区的 10 月到翌年 4 月属于干季(降水量小于 60 mm)，而且气温较低，成为幼苗成活的障碍(黄忠良等，2001；Castro-Morales et al.，2014)。Zhu 等(2014)也认为在半干旱草原带的鄂尔多斯，由气候条件引起的降水量和降水频率的改变显著影响着赖草幼苗的出苗和种群重建。

另外，这与物种生物学特性也有关，如铁杆蒿，其种子较小，无明显的休眠特征，种子萌发早且萌发时间短(宗文杰等，2006；张小彦等，2010b)，雨季后大部分幼苗已经木质化，在一定程度上可以抵抗土壤侵蚀、高温、霜冻等对其破坏，故其在雨季和冬季的存活能力相对较强；而猪毛蒿、香青兰、臭蒿等，幼苗个体小且根系不发达，虽然雨季时不断增加的土壤水分含量和土壤水分有效性可促进幼苗的萌发与生长(Saikia and Khan，2012)，但雨季时严重的土壤侵蚀会将幼苗根系暴露而死亡(García-Fayos and Gasque，2006)，而且生长旺盛的地上植被对土壤水分、土壤养分、光照等资源的竞争使幼苗的存活率呈下降趋势(Robin and Jodie，2008)。而有关幼苗的生存竞争问题还有待于进一步研究。

9.4 小　　结

1) 从延河流域不同植被带看，整体上为草原带和森林草原带的幼苗密度明显大于森林带。在同一坡沟环境的不同植被带上，阳沟坡和阴沟坡表现为草原带>森林草原带>森林带，峁顶和阴梁峁坡为森林草原带>草原带>森林带，均无明显差异；阳梁峁坡草原带最大，与森林带和森林草原带差异明显。在同一植被带不同坡沟环境下，整体上表现为阴沟坡幼苗易于生长和存活，幼苗密度较高，阳沟坡密度较小。在同一坡面表现为浅沟>植丛下>鱼鳞坑>植丛间，其中植丛间与浅沟差异极显著，与植丛下和鱼鳞坑差异显著，鱼鳞坑与植丛下无显著差异；此外，坡面细沟内也具有较高的幼苗物种丰富度和密度。同时，由于受气候因素影响，不同环境下幼苗密度在年内随时间动态变化明显，并存在年际差异。

2) 幼苗库包括了本研究区退耕演替过程中和沟坡残留群落中的主要物种，如先锋物种猪毛蒿，演替过程中的阿尔泰狗娃花、达乌里胡枝子、长芒草等，演替较高阶段的茭蒿、铁杆蒿、白羊草、硬质早熟禾、中华隐子草等，一些主要的伴生物种狗尾草、中华苦荬菜、狭叶米口袋、糙叶黄芪、菊叶委陵菜、裂叶堇菜、野菊、细叶臭草、野豌豆等，以及灌丛物种狼牙刺、茅莓、扁核木、杠柳、互叶醉鱼草、灌木铁线莲、三裂蛇葡萄、丁香、延安小檗等。幼苗密度在1～1500个/m^2变化，多数物种幼苗密度小于100个/m^2，只有猪毛蒿、菊叶委陵菜、硬质早熟禾、臭蒿、长芒草、狼牙刺、中华苦荬菜、獐牙菜、裂叶堇菜的幼苗密度在一些样方中超过100个/m^2，其中菊叶委陵菜、硬质早熟禾在一些样方中幼苗密度超过1500个/m^2，猪毛蒿在一些样方中密度能够达到500个/m^2。

3) 不同环境下幼苗的主要物种不同，其幼苗的存活特征也存在很大差异。森林带的铁杆蒿、长芒草、达乌里胡枝子、披针叶薹草、野菊、异叶败酱，森林草原带的达乌里胡枝子、阿尔泰狗娃花、长芒草、猪毛蒿，草原带的百里香、达乌里胡枝子、铁杆蒿、猪毛蒿、野菊、远志，这些物种在幼苗与地上植被中均有出现，且幼苗和成熟植株密度均较高，所占地上植被的比例较大，为该研究区的主要物种，其幼苗对地上植被更新的贡献潜力相对较大。铁杆蒿、菊叶委陵菜、阿尔泰狗娃花等物种具有较高的幼苗存活率，在生存竞争中幼苗是以"质"取胜；而猪毛蒿、中华苦荬菜、阴行草等物种具有较高的幼苗密度，在生存竞争中是以"量"取胜。铁杆蒿、菊叶委陵菜、长芒草、阿尔泰狗娃花、达乌里胡枝子等物种，幼苗不仅在雨季存活能力强且具有较强的越冬能力；猪毛蒿、香青兰、臭蒿等物种在雨季前幼苗存活能力较强，但冬季存活能力弱。

4）在自然恢复坡面幼苗呈聚集分布，坡面的坑洼和草丛能够增加幼苗成活；细沟内具有较高的幼苗物种丰富度和密度，且能为演替后期物种提供萌发存活生境，一些物种在细沟内能成功建植；在侵蚀较为强烈的自然恢复坡面，幼苗密度没有表现出随着土壤侵蚀的加强而显著降低，但在幼苗高峰期，坡面中下部幼苗物种数和密度小于坡面上部，说明坡面土壤侵蚀对幼苗有一定的影响。

第10章　种子输入与输出特征*

植被的自然恢复和自我更新是生态系统恢复、更新和扩张的关键，种子又是植被恢复和更新的前提和基础。土壤种子库的大小及物种组成决定着能为植被恢复和自然更新提供模板的复杂程度及潜力大小，而土壤种子库的变化主要取决于不同物种种子的输入和输出大小。

种子输入主要是种子雨的输入(García-Fayos et al.，1995)。种子雨是种子扩散的主要方式，是植物体将其有性繁殖体(果实或种子)从母株向地表扩散的过程(张希彪等，2009)。种子雨的传播决定着种子的空间分布、种子存活及幼苗定植和更新(Alcántara et al.，2000；Wang et al.，2002)，从而影响幼苗的存活和建成(Barot et al.，1999)，最终决定植物种群的生长和繁衍(Seidler and Plotkin，2006)。种子雨与地上植被和土壤种子库有着密切的关系，它是土壤种子库种子的主要来源，同时受地上植被结种量、生物因素、环境因素及传播方式等的影响(Guariguata and Pinard，1998；Grime，2001)。

种子的输出主要包括种子的二次迁移、种子的萌发、动物的捕食、种子的生理死亡等(Fenner，2000；Dalling et al.，2002)。在土壤侵蚀过程中，坡面径流不仅导致坡面土粒运移与养分流失，也会将散落到地表的种子和土壤中原来保存的种子冲移走，引起种子的二次传播，改变种子的初始散落状态与存储状况而造成种子的再分布(García-Fayos et al.，1995，2000)。种子萌发是土壤种子库种子输出的重要途径，不仅影响着种子库的大小、组成，而且影响着幼苗的建植(Donohue et al.，2005)。种子萌发是植被恢复和自我更新扩张的纽带，是植被建植成功的基础(于顺利等，2007a)。此外，动物对种子的捕食和种子的生理死亡等也是造成种子损失的原因(Ribas-Fernández et al.，2009)。

国内外学者对不同生境条件下土壤种子库、种子雨、种子流失和种子萌发特征，及其相互之间的关系进行了大量研究，但对侵蚀撂荒坡面种子的动态变化特征研究较少(García-Fayos et al.，1995)，尤其在水土流失严重的黄土丘陵沟壑区，有关坡面种子输入输出动态变化研究未见报道。种子的输入和输出特征可解释种子对植被自然更新和演替的影响，对黄土丘陵沟壑区植被自然恢复和更新具有重要的理论与实践意义。因此，本章以黄土丘陵沟壑区撂荒坡面为研究对象，在调查与分析撂荒坡面的植被特征、物种结种量、种子雨、种子流失、种子萌发、土壤种子库及其相互关系的基础上，探讨撂荒坡面种子输入与输出的动态变化特征及其对植被更新与演替的影响。

10.1　研究方法

在黄土丘陵沟壑区安塞纸坊沟小流域选择立地条件、植被特征相似的3个撂荒坡面，

---

* 本章作者：焦菊英，于卫杰，陈宇

调查和观测坡面的地上植被、种子生产、种子雨、种子随径流泥沙的流失、种子萌发及土壤种子库情况。所选 3 个坡面(坡面 A、坡面 B 和坡面 C)如图 10-1 所示。

图 10-1　选择的撂荒坡面 A、B、C 分布图

10.1.1　地上植被与结种量调查

分别于 2011 年和 2012 年的 8 月上旬进行植被调查,在每个坡面均匀设置 9 个 2 m×2 m 的样方,共 27 个,记录样方内所有物种,并测量其高度、冠幅、盖度、多度和频度等。

在每个坡面内按不同坡位随机选择 9 个 2 m×2 m 的固定样方,共 27 个样方。按照种子成熟期,收集样方内主要物种的种子,并记录样方内各物种的植株数或标准枝数。种子结种量的测算见 4.1.3 节。

10.1.2　种子雨收集

种子雨收集容器是由内径为 20 cm 的塑料漏斗、纱网袋子(纱网孔径为 0.15 mm)和直径 20 cm 的无底塑料圆筒 3 个主要部分组成。采用 20 cm 直径的漏斗,可使收集到的种子迅速落入纱网,以防止落入纱网袋子中的种子飞出;塑料圆筒高度为 20 cm,纱网袋子底端和下部土壤之间有一定的间隔(5 cm 左右),以使落到收集器中的降水透过纱网直接渗入土壤中,防止收集到的种子因水分过多变霉腐烂。种子雨收集器详见图 10-2。

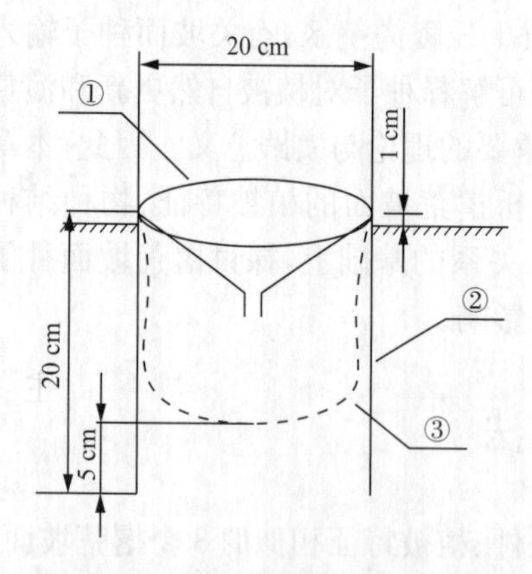

图 10-2　种子雨收集容器设计图
①漏斗;②塑料圆筒;③纱网袋子

在每个坡面上均匀地选取 3 块样地,在每块样地布设 10 个种子雨收集器。种子雨收集器具体布设方法:垂直于顺坡方向,自上而下布设 3 条间距 15 m 的平行样线;3 条样线上分别安放 3 个、4 个、3 个种子雨收集器。塑料圆筒垂直固定于坡面;漏斗边缘高出土壤表面 0.5~1.0 cm,以防止漏斗周围土壤或降水产生的径流进入收集器而影响监测结果。在网格袋中放置樟脑丸,避免昆虫进入收集

器。此后，在2010年10月至2013年4月，间隔为30～40天，逐次收集并更换纱网袋。将纱网袋中的种子带回实验室风干、鉴定。把收集到的种子样品，过筛除去枯落物后，依据实验室中已建立的该研究区域的种子标本库鉴定出各物种，并统计各物种种子(种子完整、饱满、无动物啃食痕迹)的数量。对于个别难以鉴定的物种，采用萌发试验，待其开花后鉴定。

10.1.3　种子随坡面径流流失观测

在每个坡面均匀布设9个径流小区，即采用高为20 cm的塑料板，将10 cm没入土壤中，建成长2 m、宽1 m的径流小区。径流小区之间的间隔为5～10 m，并在径流小区顺坡上方设置"人"字形导流隔板，以防止上方坡面汇流的影响。将0.15 mm的纱网袋固定于小区出口处，收集径流泥沙中所携带的种子。在2011年4月至2012年10月，每次侵蚀性降水过后对纱网袋进行收集并更换，将纱网袋中的种子带回实验室风干、鉴定，方法同种子雨。

10.1.4　种子萌发与土壤种子库调查

在每个坡面的上、中、下各随机选取9个50 cm×50 cm的小样方，3个坡面共81个，调查其各物种幼苗的萌发情况，详细记录各物种种子萌发数量及物种组成。调查时间为2011年4月至2013年4月，间隔30～40天，与种子雨收集同步。

分别于2011年3月底、2013年4月初进行土壤种子库的取样，将每个撂荒坡面分为9个样方，在每一样方内进行取样，采用内径4.8 cm的圆形取样器，对0～2 cm、2～5 cm和5～10 cm土层进行取样，各土层分别取20个土样，保证其代表性，并将所取每样方内同一土层的土样混合，带回实验室后采用萌发法鉴别种子库的密度与组成，具体方法见7.1.2节。

10.1.5　数据分析

1）种子输入、输出密度计算：种子产量是指单位面积内单个物种的结种量；种子雨密度为单位面积内所收集到种子数量；种子流失密度为单位面积内随径流泥沙流失的种子量；种子萌发密度为单位面积内种子萌发的个数；土壤种子库密度为单位面积某一土层土壤内所含有的可萌发种子数量；总种子库密度为调查期间初始土壤种子库密度与种子雨总密度之和。

2）采用Sorensen相似性系数(Sørenson，1948)分析土壤种子库、幼苗库、种子雨及地上植被的物种相似性，具体的计算公式见式(7-1)。

3）通过调查物种的密度、频度、盖度，计算群落中物种的重要值，确定群落中的主要物种。重要值的计算方法(董鸣，1997)如下：

$$重要值 = 相对密度 + 相对频度 + 相对盖度 \tag{10-1}$$

4）采用最小显著差异法(LSD)进行单因素方差分析(one-way ANOVA)，以确定不同调查期间的种子雨密度、幼苗密度、水蚀引起的种子流失密度的差异性是否达到显著性水平($P<0.05$)。因检验样本数据的方差不齐性，对数据进行对数 $\lg(x+1)$ 转换使其达到方差齐性。

5）使用地统计学软件，采用半方差变异函数模型对种子雨的空间自相关特征进行分析。根据决定系数(R^2)选择对散点数据拟合效果最佳的模型，并产生变程和空间结构比2个重要指标。其中，变程表示空间变异的尺度，在变程之内种子雨密度具有空间自相关性，反之则为随机分布；空间结构比反映了自相关部分的空间异质性占总空间异质性的程度，体现了在变程范围内种子雨密度分布的空间依赖(相关)程度。一般认为，空间结构比<0.25时，空间自相关性很弱；为0.25～0.75时，具有中等程度的空间自相关；>0.75时，空间变量具有强烈的空间自相关(Li and Reynolds，1995)。同时，用变异系数CV来辅助分析主要物种种子雨密度的时空变化特征，90个收集器在不同周期内收集到的主要物种种子雨密度的标准偏差除以其平均值即为CV。当CV≤0.1时为弱异质性，当0.1<CV<1.0时为中等异质性，当CV≥1.0时为强异质性(胡伟等，2005)。

10.2　结果与分析

10.2.1　地上植被及结种量

根据2年的调查情况，坡面上的植被属于22科的51个物种，其中包括豆科10种，菊科11种，禾本科8种，蔷薇科3种，玄参科2种，其余17科均为1种。重要值大于10%的物种有长芒草(49.6%)、狗尾草(45.4%)、猪毛蒿(29.8%)、阿尔泰狗娃花(23.3%)、芦苇(14.6%)、中华隐子草(14.5%)、铁杆蒿(14.3%)、达乌里胡枝子(13.8%)、白羊草(13.3%)、草木樨状黄芪(12.5%)、香青兰(11.3%)(表10-1)。

表10-1　撂荒坡面地上植被物种重要值及种子雨中各物种种子所占比例

科	物种	地上植被重要值/%	种子雨(2011.5～2013.4)比例/%
败酱科	异叶败酱①②	<0.1	<0.1
大戟科	瘤果地构叶①	0.3	
豆科	糙叶黄芪①②	1.6	<0.1
	草木樨状黄芪①②	12.5	12.2
	达乌里胡枝子①②	13.8	3.3
	二色棘豆①	0.4	
	甘草①②	8.2	<0.1
	灰叶黄芪②		<0.1
	狼牙刺①②	0.6	<0.1
	柠条①	0.1	
	沙打旺①②	0.3	<0.1
	狭叶米口袋①	<0.1	
	野豌豆①	0.3	
禾本科	白羊草①②	13.3	17
	糙隐子草①②	3.9	4

续表

科	物种	地上植被重要值/%	种子雨(2011.5~2013.4)比例/%
	鹅观草①②	0.5	0.1
	狗尾草①②	45.4	16.2
	芦苇①	14.6	
	硬质早熟禾①	<0.1	
	长芒草①②	49.6	12.4
	中华隐子草①②	14.5	0.3
堇菜科	紫花地丁①②	0.5	<0.1
菊科	阿尔泰狗娃花①②	23.3	3.4
	抱茎苦荬菜①②	0.1	0.3
	臭蒿①②	0.2	0.8
	飞廉①②	<0.1	<0.1
	拐轴鸦葱①	6.7	
	茭蒿①②	1.7	0.8
	苦苣菜①②	0.1	
	中华苦荬菜①②	0.1	<0.1
	铁杆蒿①②	14.3	2.6
	小蓟①	9.6	
	猪毛蒿①②	29.8	24.7
苦木科	臭椿①②	<0.1	<0.1
藜科	猪毛菜①②	4.9	0.1
龙胆科	獐牙菜①	<0.1	
萝藦科	杠柳①②	1.3	<0.1
	地梢瓜②		<0.1
牻牛儿苗科	牻牛儿苗①②	1.4	<0.1
毛茛科	灌木铁线莲①②	1.1	0.1
木犀科	丁香①②	<0.1	<0.1
葡萄科	地锦草①	6.3	
茜草科	茜草①	<0.1	
蔷薇科	二裂委陵菜①	2.4	
	菊叶委陵菜①②	0.8	<0.1
	多裂委陵菜①	<0.1	
鼠李科	酸枣①	0.1	
唇形科	香青兰①②	11.3	0.1
玄参科	地黄①	0.3	
	阴行草①②	<0.1	<0.1
亚麻科	亚麻①	<0.1	
远志科	远志①②	2.2	0.1
紫草科	紫筒草②		<0.1
紫葳科	角蒿①②	1.4	1.5

注:①表示地上植被调查中存在的物种;②表示种子雨调查中存在的物种。

撂荒坡面不同坡位群落的物种组成大致相同，大多数物种仅有少数个体植株，而少数优势物种植株有较广泛的分布，如猪毛蒿、长芒草、狗尾草、达乌里胡枝子、白羊草、铁杆蒿、阿尔泰狗娃花在各坡位均有分布，且占主要地位。上坡处植物群落以长芒草和狗尾草为优势物种，伴生植物有白羊草、阿尔泰狗娃花、中华隐子草等；中坡处植物群落以长芒草为优势物种，伴生植物有达乌里胡枝子、阿尔泰狗娃花、草木樨状黄芪和狗尾草等；下坡处植物群落以狗尾草、猪毛蒿为优势物种，伴生物种有铁杆蒿、阿尔泰狗娃花、芦苇、草木樨状黄芪等。通过调查测算，得到了 7 种主要物种狗尾草、长芒草、猪毛蒿、达乌里胡枝子、白羊草、铁杆蒿和阿尔泰狗娃花的种子产量(表 10-2)。坡面 7 种物种的年总种子产量平均为 11328 粒/m²，7 种植物的种子产量差异很大，在 185～4556 粒/m² 变化，其中猪毛蒿的产量最大，铁杆蒿最小。同时，植物的种子产量存在年际变化，尤其是狗尾草、阿尔泰狗娃花和达乌里胡枝子。

表 10-2 主要物种的种子产量

物种	种子产量/(粒/m²)		
	2011 年	2012 年	平均
猪毛蒿	4820	4291	4556
白羊草	2198	3111	2655
狗尾草	2623	509	1566
长芒草	1220	1234	1227
阿尔泰狗娃花	1558	228	893
达乌里胡枝子	357	135	246
铁杆蒿	178	192	185
合计	12954	9700	11328

10.2.2 种子雨

依据对地上植被物种组成及植冠种子库的调查，坡面撂荒植被的种子散落从 5 月(主要物种长芒草的种子开始散落)开始，翌年的 4 月基本结束。为此，可将整个种子雨收集期间(2010 年 10 月至 2013 年 4 月)分为两个完整的周期进行分析，分别为 2011 年 5 月至 2012 年 4 月周期和 2012 年 5 月至 2013 年 4 月周期。

在 2010 年 10 月至 2013 年 4 月，收集的种子属于 17 科 37 个物种，其中，菊科 9 种，豆科 7 种，禾本科 6 种，萝藦科 2 种，其余 13 科均为 1 种。根据 2011 年 5 月至 2013 年 4 月两个完整周期的种子雨收集量可知，豆科主要物种有达乌里胡枝子(3.3%)、草木樨状黄芪(12.2%)，禾本科主要物种有狗尾草(16.2%)、糙隐子草(4.0%)、长芒草(12.4%)和白羊草(17.0%)，菊科主要物种有猪毛蒿(24.7%)、铁杆蒿(2.6%)和阿尔泰狗娃花(3.4%)，以上物种占种子雨总量的 95.8%(表 10-1)。

在 2011 年 5 月至 2012 年 4 月和 2012 年 5 月至 2013 年 4 月两个完整的周期中，种子雨的平均密度分别为(3737±2286)粒/m² 和(6449±3754)粒/m²，后者约为前者的 2 倍，存在显著的“大小年”现象，且各物种“大年”出现的周期不一致(表 10-3)。由图 10-3

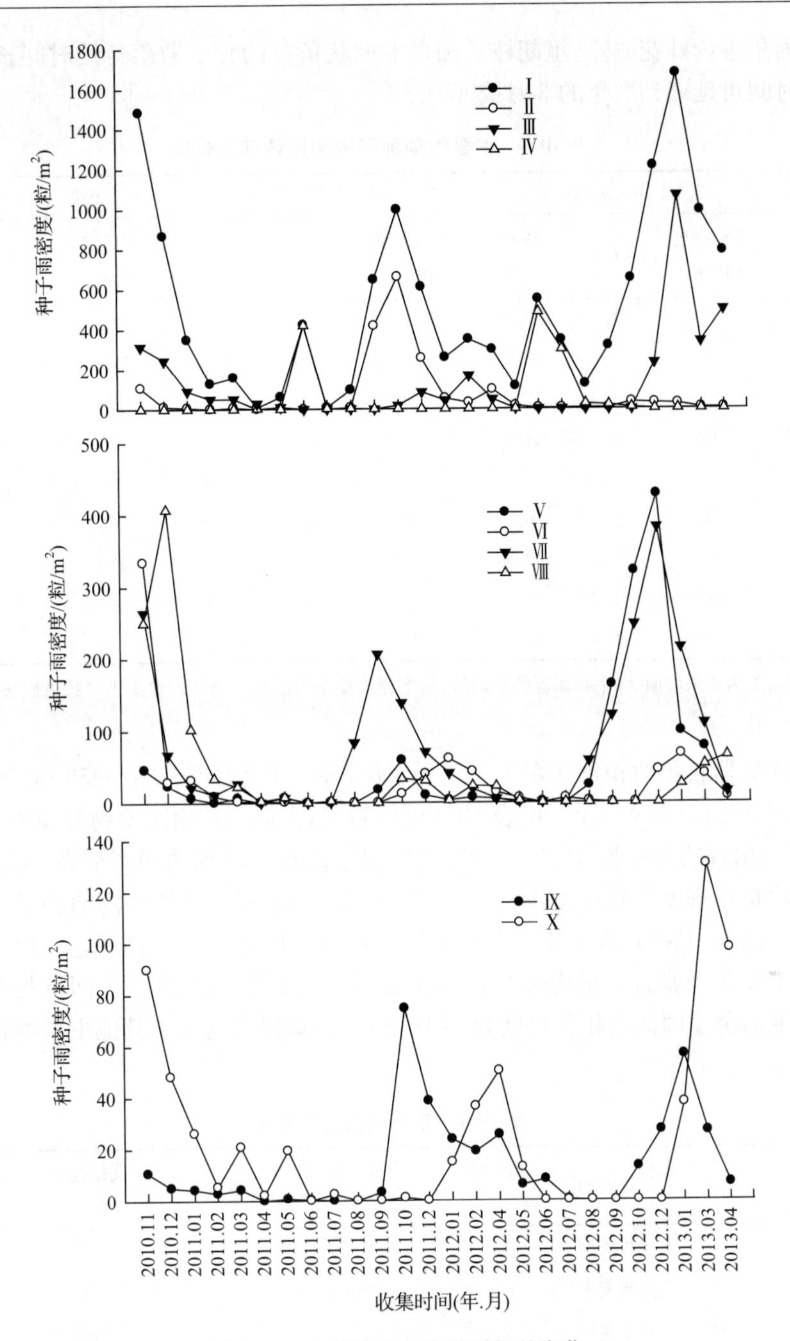

图 10-3　主要物种密度随时间的变化

Ⅰ. 总密度；Ⅱ. 狗尾草；Ⅲ. 猪毛蒿；Ⅳ. 长芒草；Ⅴ. 草木樨状黄芪；Ⅵ. 阿尔泰狗娃花；

Ⅶ. 白羊草；Ⅷ. 铁杆蒿；Ⅸ. 达乌里胡枝子；Ⅹ. 糙隐子草

可以看出，5 月至翌年 4 月，种子雨密度分布呈双峰模式。第 1 个高峰期主要为长芒草种子散落；第 2 个高峰期主要为猪毛蒿、白羊草、狗尾草、草木樨状黄芪、铁杆蒿、阿尔泰狗娃花、糙隐子草和达乌里胡枝子的种子散落。不同周期间种子散落开始和持续时间大致相同：长芒草种子散落时间为 5～8 月，主要集中在 6 月；狗尾草、白羊草、糙隐子草、猪毛蒿、铁杆蒿、阿尔泰狗娃花、达乌里胡枝子和草木樨状黄芪的种子散落持续时间长达5～7个月，散落时间可延续到翌年的3月或4月。

表10-3 主要物种种子雨密度特征及频率

物种	2010.10～2011.04			2011.05～2012.04			2012.05～2013.04		
	平均密度/(粒/m^2)	CV	频率/%	平均密度/(粒/m^2)	CV	频率/%	平均密度/(粒/m^2)	CV	频率/%
猪毛蒿	752	1.2	97.8	375	1.3	98.9	2132	1.4	85.6
白羊草	391	1.8	73.3	570	1.7	71.1	1152	1.6	76.7
狗尾草	134	1.9	52.2	1514	1.5	87.8	128	1.5	62.2
草木樨状黄芪	83	3.6	31.1	109	1.9	44.4	1128	1.8	72.2
长芒草				424	1.5	73.3	830	1.4	93.3
铁杆蒿	817	2.2	96.7	119	0.9	91.1	145	1.3	82.2
阿尔泰狗娃花	406	1.8	83.3	172	2.2	62.2	173	1.9	71.1
糙隐子草	192	1.7	47.8	124	2	41.1	279	1.5	61.1
达乌里胡枝子	27	1.9	40.0	186	2	66.7	145	1.6	53.3

注：平均密度为3个坡面90个收集器的平均值；频率为收集期内出现某物种的收集器个数占收集器总个数(90)的百分比。

不同收集器收集的物种数在7～15个变化，种子雨密度分布在3853～37923粒/m^2，平均为(13474±6363)粒/m^2。由表10-3可以看出，不同周期内主要物种种子在撂荒坡面90个收集点出现的频率为31.1%～98.9%，猪毛蒿种子出现的频率最高；主要物种的种子在不同收集点密度差异较大，除2011年5月至2012年4月铁杆蒿的种子雨密度变异系数为0.9以外，其他均大于1.0。由表10-4可以看出，根据空间自相关分析，大部分物种的种子雨在3个坡面空间结构比>0.59，处于中等或强烈程度的空间自相关。演替前期物种猪毛蒿种子雨的自相关尺度为124～257 m，该尺度远大于其他主要物种种子雨的自相关尺度(5～90 m)。

表10-4 变异函数分析结果

物种	坡面	理论模型	块金值 C_0	基台值 C_0+C	变程/m	空间结构比 $C/(C_0+C)$	决定系数 R^2
猪毛蒿	A	指数模型	3360	15950	257	0.789	0.203
	B	高斯模型	5950	33000	125	0.820	0.667
	C	高斯模型	930	15150	124	0.939	0.450
狗尾草	A	球状模型	10	6778	5	0.999	0.200
	B	高斯模型	1071	3847	29	0.722	0.769
	C	指数模型	1000	6424	46	0.844	0.889
长芒草	A	高斯模型	2410	9930	90	0.757	0.390
	B	高斯模型	224	550	27	0.592	0.539
	C	球状模型	218	1253	23	0.826	0.297

续表

物种	坡面	理论模型	块金值 C_0	基台值 C_0+C	变程/m	空间结构比 $C/(C_0+C)$	决定系数 R^2
白羊草	A	球状模型	470	6065	9	0.923	0.199
	B	球状模型	10	10150	10	0.999	0.096
	C	球状模型	10	8730	10	0.999	0.327
达乌里胡枝子	A	球状模型	17	224	19	0.923	0.334
	B	球状模型	4	33	6	0.876	0.150
	C	指数模型	325	961	50	0.662	0.173
草木樨状黄芪	A	球状模型	1	1189	5	0.999	0.001
	B	球状模型	573	2048	23	0.720	0.259
	C	线性模型	6763	6763	50	0.000	0.109
糙隐子草	A	高斯模型	156	385	13	0.595	0.125
	B	高斯模型	18	1094	22	0.980	0.794
	C	球状模型	107	764	25	0.860	0.311
铁杆蒿	A	球状模型	890	7410	23	0.880	0.286
	B	线性模型	72	72	50	0.000	0.153
	C	高斯模型	2850	7840	14	0.636	0.123
阿尔泰狗娃花	A	球状模型	0.1	76	9	0.999	0.179
	B	高斯模型	1	2008	12	1.000	0.434
	C	球状模型	246	848	17	0.710	0.181

10.2.3　种子萌发

撂荒坡面的种子萌发中调查共发现 17 科 38 个物种。在萌发的物种中，有 10 种一、二年生草本，22 种多年生草本和 6 种灌木，分别占萌发幼苗密度的 72.9%、18.3%和 8.8%；主要物种包括猪毛蒿(35.6%)、狗尾草(17.3%)、长芒草(8.1%)、香青兰(6.9%)、铁杆蒿(5.6%)、臭蒿(5.2%)和地锦草(5.3%)，占总种子萌发数量的 84.0%(表 10-5)。2011 年种子萌发密度为 389 粒/m²，2012 年为 549 粒/m²。不同物种的年平均萌发密度在 0～167 粒/m²变化，其中猪毛蒿最大，其次为狗尾草 81 粒/m²，其他物种在 0～38 粒/m²。

表 10-5　不同物种种子萌发的密度

物种	2011 年		2012 年		合计	
	密度/(粒/m²)	比例/%	密度/(粒/m²)	比例/%	密度/(粒/m²)	比例/%
猪毛蒿	208	53.5	126	23.0	334	35.6
狗尾草	42	10.8	120	21.9	162	17.3
长芒草	46	11.8	30	5.5	76	8.1
香青兰	16	4.1	49	8.9	65	6.9

续表

物种	2011年		2012年		合计	
	密度/(粒/m²)	比例/%	密度/(粒/m²)	比例/%	密度/(粒/m²)	比例/%
铁杆蒿	21	5.4	32	5.8	53	5.6
地锦草	8	2.1	42	7.6	50	5.3
臭蒿	8	1.9	41	7.5	49	5.2
达乌里胡枝子	7	1.8	21	3.8	28	3
抱茎苦荬菜	<1	0.1	20	3.7	20	2.2
中华苦荬菜	5	1.2	11	2.0	16	1.7
猪毛菜	8	2.0	6	1.1	14	1.5
阿尔泰狗娃花	6	1.6	5	1.0	11	1.2
狭叶米口袋	3	0.8	6	1.0	9	0.9
中华隐子草	3	0.7	6	1.0	9	0.9
白羊草	4	0.9	4	0.7	7	0.8
菊叶委陵菜	2	0.4	4	0.8	6	0.6
牻牛儿苗			5	0.8	5	0.5
远志	<1	0.1	4	0.7	4	0.4
小蓟			3	0.6	3	0.3
拐轴鸦葱			2	0.4	2	0.3
草木樨状黄芪	1	0.2	2	0.3	3	0.2
糙叶黄芪	1	0.2	1	0.3	2	0.2
紫花地丁			2	0.3	2	0.2
亚麻	<1	<0.1	1	0.3	1	0.2
斑种草	1	0.1	1	0.1	2	0.1
角蒿			1	0.2	1	0.1
砂珍棘豆			1	0.2	1	0.1
二色棘豆	1	0.2	<1	<0.1	1	0.1
沙打旺			1	0.1	1	0.1
狼牙刺			1	0.1	1	0.1
茭蒿	<1	<0.1	<1	0.1	1	0.1
二裂委陵菜			<1	0.1	<0.1	0.1
糙隐子草			<1	0.1	<0.1	0.1
杠柳			<1	<0.1	<0.1	<0.1
沙棘			<1	<0.1	<0.1	<0.1
茜草			<1	<0.1	<0.1	<0.1
芦苇	<1	<0.1	<1	<0.1	<0.1	<0.1
紫筒草	<1	<0.1			<0.1	<0.1

10.2.4　降水侵蚀引起的种子流失

降水侵蚀引起的种子流失来自于10科20种植物(表10-6)。2011年和2012年的种子流失密度分别为52粒/m²和27粒/m²,不同物种年均种子流失密度在0～14粒/m²变化。坡面不同位置径流小区的种子流失量年均在14～83粒/m²变化。狗尾草、猪毛蒿、白羊草和长芒草的种子随径流泥沙流失的密度比其他物种的高,分别占总种子流失密度的29.9%、34.8%、8.5%和9.0%。

表10-6　不同物种种子流失的密度及比例

物种	2011年		2012年		合计	
	密度/(粒/m²)	比例/%	密度/(粒/m²)	比例/%	密度/(粒/m²)	比例/%
猪毛蒿	18	35.1	10	34.4	28	34.8
狗尾草	22	42.2	2	8.4	24	29.9
长芒草	2	3.6	5	18.3	7	9
白羊草	5	10.1	2	5.6	7	8.5
中华苦荬菜	1	2.2	3	9.1	4	4.7
草木樨状黄芪	1	1.7	2	8.4	3	4.1
抱茎苦荬菜			3	8.8	3	3.2
铁杆蒿	1	2.3	1	2.1	2	2.2
糙隐子草	<1	<0.1	1	2.5	1	0.9
角蒿	<1	0.7	<1	0.9	1	0.8
阿尔泰狗娃花	<1	0.9	<1	0.6	1	0.8
猪毛菜	<1	0.6			<1	0.4
达乌里胡枝子	<1	0.4	<1	0.2	<1	0.3
香青兰	<1	0.1	<1	0.3	<1	0.1
远志			<1	0.2	<1	0.1
糙叶黄芪			<1	0.1	<1	<0.1
臭蒿	<1	<0.1	<1	0.1	<1	<0.1
菊叶委陵菜	<1	<0.1			<1	<0.1
灌木铁线莲			<1	0.1	<1	<0.1
鹅观草			<1	0.1	<1	<0.1

10.2.5　土壤种子库

在土壤种子库萌发中共发现10科27种物种。2011年和2013年0～10cm土层的平均土壤种子库密度分别为4832(19物种)和6997(25物种)粒/m²,大约60%的种子分布在0～2cm土层(2011年为60.0%,2013年为64.4%)。经过两年的种子输入与输出,一、二年生草本及多年生草本和灌木的种子库密度增加,分别由4525粒/m²增加到6377粒/m²、由169粒/m²增加到261粒/m²、由138粒/m²增加到359粒/m²;但对于具体的物种来说,有的会减少,如白羊草、狗尾草、中华隐子草。主要物种猪毛蒿的种子密度分别占调查始(2011 年春)、末(2013 年春)种子库的 78.3%和 67.2%(表 10-7)。

表 10-7　撂荒坡面的土壤种子库特征

物种	调查初期(2011 年春)					调查末期(2013 年春)				
	0~2 cm /(粒/m²)	2~5 cm /(粒/m²)	5~10 cm /(粒/m²)	0~10 cm /(粒/m²)	比例/%	0~2 cm /(粒/m²)	2~5 cm /(粒/m²)	5~10 cm /(粒/m²)	0~10 cm /(粒/m²)	比例/%
猪毛蒿	2187	1018	577	3782	78.3	2816	1031	854	4700	67.2
臭蒿	148	13	14	175	3.6	921	274	85	1280	18.3
狗尾草	278	115	88	481	9.9	107	31	31	169	2.4
铁杆蒿	84	21	15	120	2.5	200	40	3	243	3.5
白羊草	56	10	11	77	1.6	31	3	0	34	0.5
地锦草	14	7	15	36	0.7	31	9	6	46	0.7
中华隐子草	46	4	5	55	1.1	6	0	0	6	0.1
草木樨状黄芪	2	0	0	2	0	64	6	9	80	1.1
猪毛菜	22	2	7	31	0.7	9	15	9	34	0.5
香青兰	10	0	2	12	0.3	46	12	0	58	0.8
茭蒿						43	28	3	74	1.1
阿尔泰狗娃花	7	0	0	7	0.2	52	0	0	52	0.7
达乌里胡枝子	11	2	3	16	0.3	25	6	0	31	0.4
中华苦荬菜	3	5	2	10	0.2	28	0	3	31	0.4
糙隐子草	10	0	0	10	0.2	18	0	0	18	0.3
抱茎苦荬菜						21	6	3	30	0.4
菊叶委陵菜	2	0	0	2	<0.1	21	3	0	24	0.4
长芒草	7	0	0	7	0.1	15	0	0	15	0.2
甘草						0	21	0	21	0.3
角蒿						15	3	0	18	0.3
地肤	6	0	0	6	0.1					
獐牙菜						9	0	0	9	0.1
互叶醉鱼草	2	0	0	2	<0.1	6	0	0	6	0.1
狼牙刺						3	0	3	6	0.1
小蓟						3	3	0	6	0.1
糙叶黄芪	2	0	0	2	<0.1					
狭叶米口袋						3	0	0	3	<0.1

10.2.6　种子输入与输出的关系

调查初期的土壤种子库密度,加上两年的种子雨输入,总种子库为 15018 粒/m²,调查末期的土壤种子库密度为 6997 粒/m^2，因而种子总输出量为 8021 粒/m^2，占总种子库的 53.4%。其中，通过种子萌发和水蚀引起的种子流失的种子仅分别占总种子库的 6.3%和 0.5%，即得由于动物的捕食、生理死亡、被风流失等原因引起的种子输出量占总种子库的 46.6%(图 10-4)。

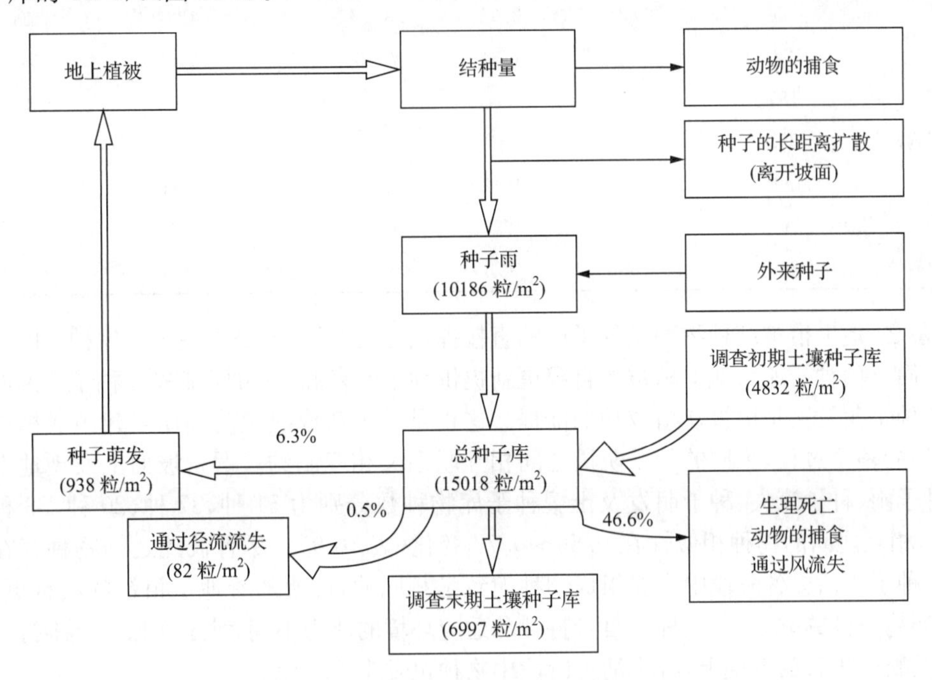

图 10-4　撂荒坡面种子输入与输出关系

百分比是指各类种子占总种子库的比例；总种子库为调查期间初始土壤种子库密度与种子雨密度的总和

对于不同的物种来说，猪毛蒿的结种量、初始土壤种子库及种子雨数量都很大，而种子输出相比之下较少，在调查末期土壤种子库可达 4700 粒/m^2；铁杆蒿的结种量、初始土壤种子库及种子雨数量虽然都很小，但由于种子输出不大，在调查末期土壤种子库可维持在 243 粒/m^2；狗尾草的结种量、初始土壤种子库及种子雨数量相对较大，由于种子的输出量很大，在调查末期土壤种子库为 169 粒/m^2，小于调查初期土壤种子库；长芒草、白羊草的结种量和种子雨相对较大，但由于初始土壤种子库小且种子输出量较大，在调查末期土壤种子库很小，仅为 15 粒/m^2 和 34 粒/m^2；阿尔泰狗娃花和达乌理胡枝子初始土壤种子库不大，种子雨输入略高于种子输出总量，在调查末期土壤种子库略有提高，但密度不大，分别为 52 粒/m^2 和 31 粒/m^2。可见，先锋物种猪毛蒿在种子输入输出平衡中表现出绝对的优势，土壤种子库密度很大；而演替中后期的物种如长芒草、白羊草、达乌里胡枝子的土壤种子库密度很小，仅为 15～35 粒/m^2(表 10-8)。

表 10-8　不同物种种子输入输出量(2011.5～2013.4)

物种	结种量/(粒/m^2)	调查初期土壤种子库/(粒/m^2)	种子输入与输出量/(粒/m^2)				调查末期土壤种子库/(粒/m^2)
			种子雨	种子流失	种子萌发	其他输出	
猪毛蒿	4556	3782	2507	28	334	1227	4701
长芒草	1227	7	1254	7	76	1163	15
铁杆蒿	185	119	264	2	53	85	243
阿尔泰狗娃花	893	7	345	1	11	288	52
狗尾草	1566	480	1642	24	163	1766	169
白羊草	2655	77	1722	7	7	1751	34
达乌里胡枝子	246	16	331	0	28	288	31

总之,地上植被结种物种是种子雨的直接提供者,种子雨又是土壤种子库种子的主要来源,而土壤种子库为地上植被的自我更新提供种子的来源,受种子流失和种子萌发的影响,而种子萌发又是植被建植成功的前提。这正是种子从成熟脱落到萌发建植成植被所要经历的整个过程,不同的种子阶段之间相互联系又相互制约。撂荒坡面上发现地上植被、种子雨、种子流失、种子萌发及土壤种子库物种数分别为 51 种、37 种、20 种、38 种和 27 种,相互之间的物种相似性在 0.56～0.77 变化(表 10-9)。尽管彼此之间物种存在异同,但种子生活史各阶段中主要组成物种大致是相同的,说明随着地上植被的演替更新、立地环境条件的改善,加上种子自身特性和适应环境的能力不同,种子在保证其维持自我更新及繁殖扩张的基础上,各生活史阶段中物种也发生着变化。

表 10-9　地上植被、种子雨、种子流失、种子萌发以及土壤种子库之间的物种相似性

	物种数	物种相似性系数			
		地上植被	种子雨	种子流失	种子萌发
地上植被	51	1			
种子雨	37	0.77	1		
种子流失	20	0.56	0.70	1	
种子萌发	38	0.76	0.69	0.62	1
土壤种子库	27	0.64	0.66	0.72	0.71

10.3　讨　论

10.3.1　种子输入特征

种子来源于地上植被,种子雨的物种组成很大程度依赖于植被的物种组成。本研究中,种子雨与地上植被具有较高的相似性(相似性系数为 0.77),与科尔沁草地(Shang et al.,2013)的研究结果类似。高的相似性可能与地上植被结种量大及种子存在扩散限制有关。首先,在半干旱地区的植物群落中植物恢复种群主要的方式之一是增加结种量

(Wolfgang and Katja，2010)，较大的结种量提高了种子在样地中出现的概率；第二，尽管种子(特别是风传种子)的长距离扩散对植物很重要，大多数种子却只能从种子发散源传播较短的距离，进而减小了种子因长距离扩散而离开坡面的损失(陈玲玲等，2010)，并且对于本研究中以草本植物为主的撂荒植被来说，植株的高度可能限制了其种子的扩散距离。虽然纸坊沟流域物种丰富(133 个)(Wang et al.，2013a)，种子雨收集到 37 个物种中仅有 3 个未在研究样地的地上植被中出现，这进一步说明种子扩散的空间限制是存在的。

本研究中，地上植被中部分物种种子未在种子雨收集器中出现，通过分析坡面群落及个体的基本特征、种子的命运等因素，造成该现象的原因主要有：①物种的植株数量很少，除芦苇外，这些物种的重要值均小于 10%；②由于自身生物学特性和环境的影响，物种的结种量很少或没有，如小蓟；③部分灌木或乔木在定植后未到结种年龄，如酸枣。

由于不同研究区域之间的种子产量和影响因素千差万别，种子雨大小也存在较大差异。本研究与其他草地的种子雨密度比较，处于中等水平(Shang et al.，2013；Zeiter et al.，2013)。不同周期种子雨密度存在“大小年”现象，该现象在种子雨的相关研究中也曾被提出。例如，尹华军等(2011)通过连续 7 年的野外观测发现，云杉种子散落存在明显的“大小年”现象。种子雨密度的大小主要由种子产量决定(Shen et al.，2007)，反映了植被结实能力及更新的潜在能力。本研究区，与土壤侵蚀相关联的一系列的生态因子，如土壤颗粒、有机质、养分、水分等，对植物的发育过程起关键作用；因而，降水及降水引起的土壤侵蚀程度的差异可能是影响种子产量进而影响种子雨密度的重要因素。此外，种子的扩散前被捕食可能是影响种子雨密度大小的另外一重要因素(Martínez-Duro，2009)。黄土丘陵沟壑区降水主要集中在夏季，种子脱落延缓到春季或夏季初的现象是植物适应环境的一种繁殖对策，可确保其后代在合适的时间和地点萌发，有利于植被的更新。在本研究中，猪毛蒿、铁杆蒿的种子散落过程可长达 7 个月。虽然种子雨存在“大小年”现象，某一物种种子散落的开始和持续时间是基本固定的，说明不同生境(气候、土壤等)对种子散落时间影响较小，但对种子雨密度影响较大。

种子雨是植物种子扩散的开端，作为潜在的种子植物种群的输入源，种子雨空间分布的异质性反映了撂荒坡面的植被分布的不均匀性。地形和环境状况等影响着地上植被物种的丰富度以及物种的定植和分布(Maestre，2004；Bochet et al.，2009)，其中，微地形的存在可能是植被分布不均匀的重要因素。由于退耕前耕作方式的不同以及土壤侵蚀形成不同规模的侵蚀沟对坡面的分割作用，使黄土丘陵沟壑区撂荒坡面形成大量变化多端的微地形，如浅沟、缓台、陡坎、鱼鳞坑等，微地形内植物物种组成、数量特征及其多样性存在明显差异，使坡面撂荒植被在更新演替过程中表现出不同的演替速率(赵龙山等，2011；王晶等，2012)，从而形成了研究样地中多个处于不同演替阶段的植物群落。尽管影响种子散落的空间分布格局因素复杂多样(刘双和金光泽，2008)，种子的密度随着与植株或种群距离的增加而逐渐下降(杨允菲等，2010)，因此，在植被分布不均匀的条件下，种子雨密度呈不均匀分布。种子传播是一个空间过程，种子散布的空间格局构造了一个潜在的空间模板，反映了种群扩展生态位空间的潜在趋势，它将对未来种群甚至整个群落都产生重要的影响(吕朝燕等，2012)。对主要物种种子雨密度的统计分析可知，空间自相关引起的种子雨密度空间变异性占主要部分。演替前期物种猪毛蒿的种子在风和重力的作用下较容易扩散,来自不同斑块的种子相互叠加,使其扩散的空间尺度增大且已接近或大于研究坡面的长度,不管是从种子雨的数量还是分布范围来看都具有绝对优势;但基于“逃逸”假说可推断,在撂荒坡面这一面积有限的空间尺度上,种子扩散呈大尺度异质性格局时,种群内部的竞争较为激烈,进而可能会造成坡面上演替前期物种的种群更新潜力的降低(Howe and Smallwood,1982)。大部分演替后期物种(达乌里胡枝子、糙隐子草、铁杆蒿、阿尔泰狗娃花和白羊草)扩散的种子分布于多种小生境或微立地,会躲避密度制约的摄食和死亡,从而有更多的更新机会(吕朝燕等,2012)。

虽然收集期间种子雨的密度较大、物种丰富,为撂荒坡面植被恢复提供了丰富的种源;但种子以种子雨的形式输入后,还会受各种因素的影响,其输出形式也多种多样,如动物捕食、种子流失、种子生理死亡、种子萌发等(Martínez-Duro et al.,2009;黄红兰等,2012)。因此,在分析种子雨的基础上,还需要考虑种子的输出、种子的有效性和幼苗的存活等问题。

10.3.2 种子输出特征

种子的输出主要包括种子的二次迁移、种子萌发、动物的捕食、种子的死亡等。本研究中,种子在二次迁移过程中被径流带走的种子量与种子萌发量都很小,分别占总种子库(调查期间初始土壤种子库与种子雨之和)的 0.5%和 6.3%,而由于动物的捕食、生理死亡、被风流失等原因引起的种子流失为主要的输出途径,占总种子库的 46.6%。

在黄土丘陵沟壑区,土壤侵蚀非常严重,土壤侵蚀在分散、剥蚀和搬运泥沙的同时,还可以通过雨滴击溅和坡面径流将存在于地表的种子移走,造成土壤表面和土壤内部种子的流失。本研究中,虽然土壤种子库中大约 60%的种子分布在 0~2 cm 的土层,且种子雨密度也较大,但坡面降水径流引起的种子流失并不大,说明撂荒坡面由于水蚀引起的种子流失不会对种子库造成威胁。综合分析模拟降水种子流失试验结果,以及各典型坡面土壤种子库、幼苗库、地上植被特征的调查数据,虽然土壤侵蚀可引起种子在坡面上的流失与再分布,由于种子流失率高的物种因具有土壤种子库或具有无性繁殖能力而分布广泛,而种子流失率低的物种却稀少分布,认为水蚀引起的种子流失不是黄土丘陵沟壑区植被稀疏的主要原因,而种子生产与有效性、种子萌发与幼苗存活、种间竞争及立地条件影响着植被的恢复演替与空间分布(Jiao et al.,2011)。同样,在半干旱地中海地区,不同坡度与降水条件下的降水模拟实验(降水强度 55 mm/h,小区大小为 0.24 m^2)研究表明,所有供试物种的平均种子流失率不高,分别为 4%(Cerdà and García-Fayos,1997)、0.4%~7.9%(García-Fayos and Cerdà,1997)、11%(Cerdà and García-Fayos,2002)和<13%(García-Fayos et al.,1995),在任何情况下单个物种的流失率不会超过 25%(García-Fayos and Cerdà,1997)。这些结果也说明了地表径流引起的种子流失不是解释荒坡植被缺乏的关键因素,因为发生高强度长历时暴雨事件的概率也低,而影响种子萌发和幼苗存活的因子可能起着重要的作用(García-Fayos et al.,1995;Cerdà and García-Fayos,1997)。基于对 0.24~3 m^2 的小区尺度上观测的结果的分析,Bochet(2014)认为在坡面尺度上种子迁移到新的位置,地表径流携带的种子没有流失而是在坡面上再分布,沿着坡面从一个位置移动到另一个位置。例如,在埃塞俄比亚恢复林区的模拟降水实验表明,在 3 m×

3 m小区内有21%～61%的*Olea europea* 种子迁移到新位置(Aerts et al.,2006)；在模拟降水强度为100 mm/h和坡度20°的条件下,60种供试物种的种子在2 m×0.5 m的黄土裸坡小区内均发生了不同程度的位移(具体见8.2.3节)。可见,种子是流失还是重新分布是个尺度大小的问题,在大尺度上坡面径流对种子的输移还需要进一步研究,特别是在发生沟蚀的情况下(Bochet,2014)。

对于种子萌发输出,本研究期间种子萌发密度相对于总种子库很小,不同演替阶段和功能组的物种均有萌发幼苗,但多年生草本的幼苗密度远小于一、二年生植物。然而,在干旱半干旱地区的侵蚀坡面,高速的地表径流、低的土壤入渗量和强的太阳辐射与蒸发造成了干燥的土壤表层,从而限制了幼苗的存活和生长(Leishman and Westoby,1994;王宁,2013),因而成为植被恢复演替的限制因素。

由动物的捕食、种子的死亡等途径的种子输出,在本研究中占的比例很大。通过对女贞(*Ligustrum lucidum*)、棕榈(*Trachycarpus fortunei*)、白蜡树(*Fraxinus chinensis*)、喜树(*Camptotheca acuminata*)、南蛇藤(*Celastrus orbiculatus*)和小果蔷薇(*Rosa cymosa*)6种树种种子的野外埋藏试验也表明,霉烂和被动物取食搬运的比例最多,被害的次之,而发芽和保存活力的皆少(龙翠玲和朱守谦,2001)。这固然与物种种子特性有关,这些虽不能说是普遍规律,却也揭示了种子在土壤中命运动态的一种格局。然而,相关研究主要侧重乔灌木,而对于小种子的草本植物的研究比较薄弱,尤其在黄土高原地区。

总之,本研究种子输入相对丰富,总体上种子输入大于种子输出,使得土壤种子库密度增加。在半干旱地中海地区,通过种子雨输入土壤种子库的种子输入量大于水蚀引起的种子输出量,分别是土壤种子库的21%和5.6%～12.6%,因而种子动态是增加的(García-Fayos et al.,1995)。本研究撂荒坡面地上植被、种子雨、土壤种子库和幼苗萌发的物种相似性较高,但由于随着恢复演替的进程,土壤种子库与植被间的物种差异性会变大(Leck and Leck,1998),因而较高物种相似性反映了撂荒坡面低的植被演替速率。由于先锋物种猪毛蒿,在种子产量、种子雨、种子库和幼苗库中具有绝对优势,而演替中后期的物种的土壤种子库相对非常小,尽管根据生态位机制,在不受干扰的情况下演替后期物种最终会代替演替前期物种而成为优势物种(Pacala and Rees,1998),但由于物种间竞争的存在,猪毛蒿的绝对优势会延缓植被演替速度。因而,考虑到该区种子扩散存在限制,可以引入一些中后期物种的种子以加速植被的恢复演替。

10.4　小　　结

1) 撂荒坡面种子雨来自于17个科的37个物种,主要有达乌里胡枝子、草木樨状黄芪、狗尾草、糙隐子草、长芒草、白羊草、猪毛蒿、铁杆蒿和阿尔泰狗娃花,占种子雨总量的95.8%;种子雨中仅有3个外来物种,与地上植被物种组成的相似性系数为0.77;2011年5月至2012年4月和2012年5月至2013年4月两个周期的种子雨平均密度分别为3737粒/m^{2}和6449粒/m^2,存在显著的"大小年"现象;收集期间不同位置收集器收集的物种数为7～15个,种子雨密度为3853～37923粒/m^2。研究区种子扩散受到限制,种子雨密度与其他草地相比处于中等水平,种子雨的时空分布受降水和微地形等因素的影响存在明显的异质性。

2）撂荒坡面由于降水径流引起的种子流失输出中有 20 种植物，不同物种年均种子流失密度在 0～14 粒/m^2变化，而狗尾草、猪毛蒿、白羊草和长芒草的种子随径流泥沙流失的密度比其他物种的高，占总种子流失密度的 82.2%。在种子萌发输出中有 38 种物种，主要物种包括猪毛蒿、狗尾草、长芒草、香青兰、铁杆蒿、臭蒿和地锦草，占总种子萌发数量的 84.0%。种子流失与种子萌发和地上植被的物种相似性分别为 0.76 和 0.56。

3）在调查期间，种子雨和初始土壤种子库所构成的总种子库为 15018 粒/m^2，种子萌发输出为 938 粒/m^2，水蚀引起的种子输出为 82 粒/m^2，分别占总种子库的 6.3% 和 0.5%，因而由于动物的捕食、生理死亡、被风流失等原因引起的种子流失为主要的输出途径，占总种子库的 46.6%。

4）与调查期间初始土壤种子库（19 个物种，4832 粒/m^2）相比，调查末期土壤种子库的物种数和密度均有所增加（25 个物种，6997 粒/m^2）；但先锋物种猪毛蒿在种子产量、种子雨、种子库和幼苗库中具有绝对优势，而演替中后期的物种的土壤种子库非常小，但由于物种间竞争的存在，猪毛蒿的绝对优势会延缓植被演替速度。加之该区种子扩散存在限制，可引入一些中后期物种的种子以加速植被的恢复演替。

第11章 种子补播与更新特征*

在众多退化生态系统的植被更新中，植物通过种子繁殖的天然更新对于植被恢复至关重要，而种源限制是主要因素之一(Calviño-Cancela，2007；Herrera and Laterra，2009；Münzbergová and Herben，2005)。种子和幼苗是植物一生最脆弱而又最关键的阶段，它们经历着较高的死亡风险、面临着多变的不可预测的生存环境(Hammond and Brown，1995)。在不可预测的干扰与胁迫下，幼苗的存活与建植会受到环境条件与外界干扰的限制。例如，在土壤侵蚀环境下，土壤侵蚀干扰对幼苗更新的限制性不仅体现在种子流失导致裸坡的种源缺失(Wang et al.，2013b)，而且会造成幼苗的机械损伤(Wang et al.，2014)，还体现在水分养分流失导致的土壤干旱贫瘠的限制性。植被更新的本质实为幼苗更新，探究其限制因子尤为重要。在退化生态系统的恢复中，种子和微地形是其主要的限制因子，特别是在幼苗定植与种子产量关系密切的群落中，种子是其更新的首要限制因子(Louda，1982；Louda and Potvin，1995；Turnbull et al.，2000)。微地形在种子捕获、保护和形成萌发条件方面更具有优势(Chambers，2000)，直接影响着种群的构成模式，进而制约植被的更新与恢复(Fenner，2000)。很多学者通过人工补播种子的方法，探究植被更新的限制因素(Herrera and Laterra，2009；Calviño-Cancela，2007；Maron and Gardner，2000；Münzbergová and Herben，2005)。另外，研究表明种子补播可以促进种群的发展和群落稳定，改善植被状况与生态环境(Foster and Tilman，2003；Foster et al.，2004；Zeiter et al.，2006)。邹厚远(1980)在封禁天然恢复植被中补播达乌里胡枝子、狼牙刺、沙棘、沙打旺、沙蒿等，发现群落盖度有不同程度的增大，起到防治土壤侵蚀的作用。可见，结合微地形、养分供给与侵蚀干扰的种子补播试验，可探究种源充足的条件下种子通过幼苗更新的限制因子。

黄土丘陵沟壑区的自然植被恢复缓慢，加之严重的干旱胁迫与土壤侵蚀，基于种子的天然更新更受约束。因而通过种子补播试验来研究幼苗更新的影响因素，对有效人工干扰促进该区植被恢复具有重要意义。为此，本研究结合不同地表状况、不同密度、不同施肥处理及不同侵蚀微环境开展种子补播试验，通过监测种子萌发出苗特征、幼苗存活与生长状况，探明该区植物更新的限制因子，掌握有效的种子补播方式，以期为该区人工促进植被恢复实践提供理论参考依据。

11.1 研究方法

11.1.1 补播物种选择及种子采集

据王宁(2013)研究发现，黄土丘陵沟壑区种子较大的乔灌物种，在植被恢

---

* 本章作者：王东丽，焦菊英

种子扩散限制。同时，该区的优势种白羊草和达乌里胡枝子具有较强的适应性，可作为加速和调控该区植被群落演替的人工补播物种(范变娥等，2006)；白羊草、铁杆蒿、长芒草、达乌里胡枝子、狼牙刺等为该区撂荒地自然恢复植被的主要优势物种(焦菊英等，2008)。因此，本研究选取该区白羊草、铁杆蒿、长芒草、达乌里胡枝子、狼牙刺、灌木铁线莲、杠柳7种主要物种进行补播试验。

种子于2010年10月底和2011年6月(长芒草)采自杏子河流域的纸坊沟和宋家沟小流域，每种物种种子采自于不同样地不同植株的不同部位。

11.1.2　种子补播试验布设

在宋家沟小流域选取长芒草、白羊草和铁杆蒿3个群落作为种子补播样地，样地具体信息见表11-1。

表11-1　种子补播样地的基本信息

样地	1	2	3
立地	峁顶	峁坡	峁坡
海拔	1219 m	1120 m	1187 m
坡向	北偏东25°	东偏南35°	西偏南15°
坡度	13°	30°	34°
退耕年限	10～15年	＞30年	＞30年
群落类型	长芒草	白羊草	铁杆蒿
群落盖度/%	39	38.5	33.5
土壤容重/(g/cm^3)	1.15±0.05	1.19±0.02	1.25±0.02
土壤有机质/(g/kg)	6.167±0.116	5.472±0.104	6.498±0.014
土壤全氮/(g/kg)	0.356±0.004	0.363±0.012	0.364±0.035
土壤全磷/(g/kg)	0.632±0.030	0.456±0.027	0.728±0.029
土壤有效钾/(mg/kg)	79.380±2.044	81.344±0.081	81.343±0.132

本研究共设置了15种补播方式(表11-2)。对于遮阴处理，在不同样地选取乔灌植物(在长芒草群落样地选取林龄不足10年的刺槐，在白羊草群落样地选取生长较好的狼牙刺，在铁杆蒿群落样地选取生长较好的互叶醉鱼草)，在其遮阴处布设3个大小为30 cm×30 cm的小样方，干扰土壤表层，防止结皮的影响，再均匀撒播种子。其他补播方式在3个样地分别设置14个5 m×5 m的小区，按随机区组设计并布设。在不同放牧干扰小区，按“品”字形选择8个大小为30 cm×30 cm的小样方，先干扰土壤表层，防止结皮的影响；再人工设置两种放牧干扰条件(在样方内用人造蹄印踩踏1/10面积和1/5面积)，模拟不同放牧程度下的微地形条件，在样方均匀撒播种子；穴播小区，按“品”字形在裸露处设置8个大小为30 cm×30 cm、深为3 cm的小坑，在小坑内均匀撒播种子；带播小区，按“品”字形在裸露处设置8条大小为5 cm×50 cm、深为3 cm的小样带，在样带内均匀撒播种子；在结皮条件小区，按“品”字形选择8个大小为30 cm×30 cm具有结皮的小样方，均匀撒播种子；3个种子密度小区，按“品”字形在裸露处分别选择8个大小为30 cm×30 cm

的小样方，先干扰土壤表层，防止结皮的影响，再均匀撒播不同密度的种子；6 个施肥小区，先将肥料于 6 月初降水前均匀撒施在整个样地内，再于 7 月初按“品”字形在裸露处分别选择 8 个大小为 30 cm×30 cm 的小样方，先干扰土壤表层，防止结皮的影响，再均匀撒播种子。为了区别原有样地土壤种子库中的种子萌发出苗与补播的种子萌发出苗，本研究还设置了对照处理，即选取 8 个大小为 30 cm×30 cm 的小样方，干扰土壤表层，防止结皮的影响，但不进行种子补播。3 个补播样地 15 种补播方式共计 369 个小样方。

表 11-2　不同补播方式不同物种的补播量

种子补播方式	样方大小	单个样方补播量/（粒/样方）							
		铁杆蒿	白羊草	长芒草	达乌里胡枝子	灌木铁线莲	杠柳	狼牙刺	合计
对照	30 cm×30 cm	0	0	0	0	0	0	0	0
结皮	30 cm×30 cm	250	50	50	50	50	25	25	500
轻度放牧	30 cm×30 cm	250	50	50	50	50	25	25	500
重度放牧	30 cm×30 cm	250	50	50	50	50	25	25	500
穴播	30 cm×30 cm	250	50	50	50	50	25	25	500
带播	5 cm×50 cm	62	12	12	12	12	6	6	122
遮阴	30 cm×30 cm	250	50	50	50	50	25	25	500
低密度	30 cm×30 cm	125	25	25	25	25	12	12	249
中密度	30 cm×30 cm	250	50	50	50	50	25	25	500
高密度	30 cm×30 cm	500	100	100	100	100	50	50	1000
配施低氮	30 cm×30 cm	250	50	50	50	50	25	25	500
配施高氮	30 cm×30 cm	250	50	50	50	50	25	25	500
配施低氮低磷	30 cm×30 cm	250	50	50	50	50	25	25	500
配施低氮高磷	30 cm×30 cm	250	50	50	50	50	25	25	500
配施高氮低磷	30 cm×30 cm	250	50	50	50	50	25	25	500
配施高氮高磷	30 cm×30 cm	250	50	50	50	50	25	25	500

施肥处理是依据不同群落土壤养分含量的测定值，通过对 2005 年长芒草、白羊草和铁杆蒿群落的速效氮和速效磷的平均值进行单位面积含量的转换，得到 3 个群落平均速效氮和速效磷的含量分别为 0.98 g/m^{2}和 0.047 g/m^2；同时，对退耕 40 年以上的群落的速效氮和速效磷的平均值进行单位面积含量的转换，得到平均速效氮和速效磷的含量分别为 2.3 g/m^{2}和 0.46 g/m^2。可见，演替较晚群落肥力较好，为了探究是否肥力通过限制种子萌发与幼苗存活进而限制植被更新，本研究以退耕 40 年以上的群落的平均速效氮为基础，将氮肥设置了 2.5 g/m^{2}和 5 g/m^{2}两个水平；由于研究区土壤磷缺乏，故在退耕 40 年以上的群落的平均速效磷的基础上加倍，将磷肥设置了 1 g/m^{2}和 2 g/m^{2}两个水平。共设置低氮、高氮、低氮低磷、高氮低磷、低氮高磷和高氮高磷 6 种处理。其中氮肥施用尿素[$(NH_2)_2CO$]，低氮和高氮的用量分别为 5.56 g/m^{2}和 11.11 g/m^2；磷肥施用重过磷酸钙[$Ca(H_2PO_4)_2$]，低磷和高磷的用量分别为 2.17 g/m^{2}和 4.35 g/m^2。

另外，选择以细沟侵蚀和浅沟侵蚀为主的侵蚀微环境作为样地，其中在沟间地裸露处选择 8 个 30 cm×30 cm 的小样方，干扰土壤表层，防止结皮的影响，再均匀撒播种子；细沟样地选择 3 条样带，每条样带按上、中、下坡位布设 3 个 10 cm×100 cm 的细沟样方，均匀撒播种子；浅沟侵蚀，选择 3 条浅沟，每条浅沟按上、中、下坡位选择 3 段，每段选择 2 个 30 cm×30 cm 的样方，分别为浅沟沟坡样方和浅沟沟内样方，随机撒播种子。

11.1.3 种子补播量确定

国内外关于种子补播的研究较多，其补播量的确定依据各有不同，如种子大小（Oesterheld and Sala，1990）、种子萌发率（Herrera and Laterra，2009）、种子雨密度（Martin and Wilsey，2006）等。邹厚远等(1980)在黄土高原进行的补播试验是以种子质量为标准的，其中达乌里胡枝子为 500 g/亩[①]、狼牙刺为 500 g/亩、沙棘为 250 g/亩、沙蒿为 250 g/亩、沙打旺为 250 g/亩。

在本研究中，结合种子大小，确定不同物种单位面积种子补播量分别为铁杆蒿 2500 粒/m^2、达乌里胡枝子 500 粒/m^2、长芒草 500 粒/m^2、白羊草 500 粒/m^2、灌木铁线莲 250 粒/m^2、狼牙刺 250 粒/m^2、杠柳 250 粒/m^2。据此，确定不同补播方式下不同物种的单位样方种子补播量如表 11-2 和表 11-3 所示。

表 11-3 不同侵蚀微环境下不同物种的种子补播量

侵蚀微环境	补播量/(粒/样方)						
	铁杆蒿	白羊草	长芒草	达乌里胡枝子	灌木铁线莲	杠柳	狼牙刺
对照	250	50	50	50	25	25	25
细沟	250	50	50	50	25	25	25
浅沟沟坡	250	50	50	50	25	25	25
浅沟沟内	250	50	50	50	25	25	25

11.1.4 种子补播效果监测

补播后对种子萌发出苗、幼苗存活状况及生长状况进行长期监测。补播于 2011 年 7 月 10～12 日(雨季之前)进行，并分别于 2011 年 7 月 27～28 日、2011 年 8 月 13 日、2011 年 8 月 26～27 日、2011 年 9 月 30 至 10 月 2 日、2011 年 10 月 29～30 日、2012 年 4 月 11 日、2012 年 5 月 10～11 日、2012 年 7 月 10 日、2012 年 8 月 27～29 日、2012 年 10 月 28～29 日、2013 年 6 月 13～14 日、2013 年 8 月 21～22 日、2013 年 10 月 29～30 日和 2014 年 8 月 11～12 日进行了 14 次调查。其中，人工补播种子萌发集中在前 2 年，萌发出苗特征的调查在前 2 年进行；幼苗存活与生长状况的调查持续 4 年。对于补播第一年，不同调查期的种子萌发出苗采用不同颜色的竹签标记(将竹签进行不同颜色的喷漆，一方面使不同时期的标记容易区分，另一方面使竹签免于吸水发霉进而影响幼苗的标记)，每次调查还通过上次调查竹签标记的幼苗与当次调查存活幼苗的对应关系来统计幼苗存活

① 1 亩≈666.67m^2。

的数量，对于死去的幼苗，将其对应的竹签及时移走。

由于样地原有的土壤种子库存在白羊草、铁杆蒿、长芒草和达乌里胡枝子种子，故补播的种子萌发出苗数为种子萌发出苗监测数与对照处理监测值的差值。不同物种、不同补播方式和不同侵蚀微环境下种子萌发出苗特征均采用前两年10次调查的种子萌发出苗率表征，即种子萌发出苗数与补播基数的比值；种子萌发出苗动态特征则采用前两年每个调查期间种子的萌发出苗率表征。不同物种、不同补播方式和不同侵蚀微环境下幼苗存活特征采用最后一次(2014年8月)调查的幼苗存活率表征，即幼苗存活数与补播基数的比值；幼苗存活动态特征则采用4年内所有调查期幼苗存活率表征。14次调查中，第1次调查均为萌发出苗，无幼苗存活可言；其他13次幼苗存活率为当次调查幼苗存活数与上次新萌发出苗数和上次幼苗存活数之和的比值。不同物种、不同补播方式和不同侵蚀微环境下的幼苗生长特征均采用14次调查的平均幼苗高度表征；幼苗动态则采用4年内所有调查期的幼苗高度表征。

11.1.5 数据分析

植物种子萌发出苗数、幼苗存活数和幼苗高度在不同群落间与不同侵蚀微环境下的差异性采用单因素方差分析(one-way ANOVA)和最小显著差异法(LSD)比较。

对于不同补播方式对植物种子萌发出苗率、幼苗存活率与高度影响的分析，将不同补播方式分为不同地表状况组(结皮、轻度放牧、重度放牧、带播、穴播和遮阴)、不同种子密度组(低密度、中密度和高密度)和不同施肥组(低氮、低氮低磷、高氮低磷、高氮、低氮高磷和高氮高磷)。植物种子萌发出苗率、幼苗存活率和幼苗高度在不同补播方式组内的差异性采用单因素方差分析(one-way ANOVA)和最小显著差异法(LSD)比较。

采用Person相关分析法分析不同气象因子与幼苗存活率的关系，其中气象因子数据由中国科学院安塞水土保持综合试验站气象站提供，包括调查期间的累计降水量、最高地表温度、空气湿度(14时相对湿度的平均值)、光照(太阳总辐射量的平均值、累计日照小时数与10～16时的强光持续时间)。

11.2 结果与分析

11.2.1 种子萌发出苗特征

1. 不同物种的种子萌发出苗率

在3个群落样地内的平均水平下，白羊草和长芒草萌发出苗明显多于其他物种，分别为17.1%和15.4%；其次狼牙刺种子萌发出苗率可达12.4%；杠柳种子萌发出苗也相对较多，萌发出苗率达10.6%；而其他3种物种种子萌发出苗率均不足10%，其中铁杆蒿种子萌发出苗率最低，仅为2.0%，与其种子极小有关，大部分种子容易再次扩散或进入土壤形成土壤种子库；灌木铁线莲和达乌里胡枝子的种子萌发出苗率分别为4.3%和7.6%。在不同群落中，长芒草和狼牙刺种子萌发出苗率在不同群落间差异不显著；白羊草种子萌发出苗率在铁杆蒿群落(22.8%)显著高于在其他群落，反而在白羊草群落中最低(13.6%);达乌里胡枝子种子萌发出苗率在长芒草群落(14.5%)显著多于在其他群落;而铁杆蒿种子萌发出苗率在长芒草群落中最低(1.3%);灌木铁线莲种子萌发出苗率在铁杆蒿群落(2.6%)显著低于在其他群落;杠柳种子萌发出苗率则在铁杆蒿群落最高(13.4%)(图 11-1)。

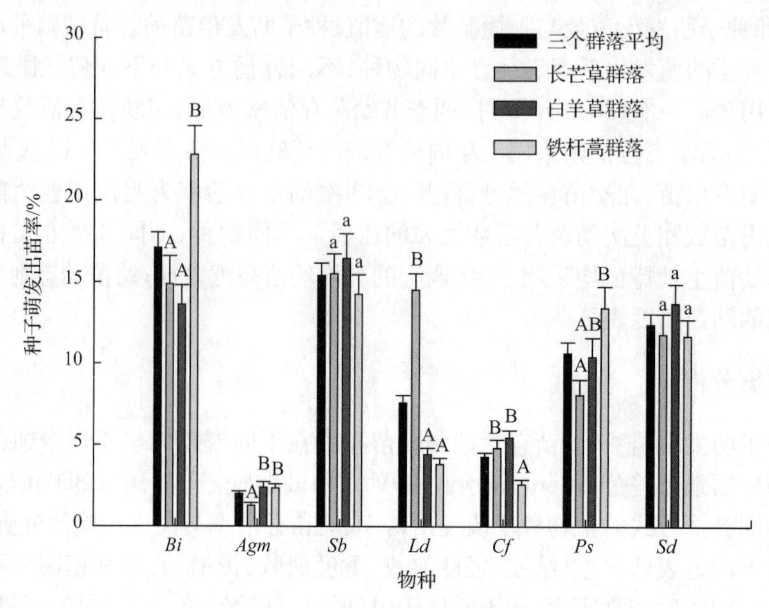

图 11-1 不同物种的种子萌发出苗率

Bi. 白羊草(n=50),*Agm*. 铁杆蒿(n=250),*Sb*. 长芒草(n=50),*Ld*. 达乌里胡枝子(n=50),*Cf*. 灌木铁线莲(n=50),*Ps*. 杠柳(n=25),*Sd*. 狼牙刺(n=25);
n 为单位样方相应物种的种子补播基数;误差线上字母表示不同物种在群落间萌发出苗率的差异性,小写字母表示 $P<0.05$,大写字母表示 $P<0.01$

2. 不同补播方式下种子萌发出苗率

不同物种在不同补播方式下种子萌发出苗率差异较大(图 11-2)。对于不同地表状况,供试的 7 种物种种子萌发出苗率在结皮条件下均最低(0.2%~3%);大部分物种种子萌发出苗在带播、穴播和遮阴处理下较多,尤其是白羊草种子萌发出苗率最高,可达 58.3%。以没有任何处理的中密度为参照,大部分物种在放牧处理下种子萌发出苗相对较多,但长芒草和达乌里胡枝子种子萌发出苗率在放牧处理下较中密度处理变化不大。对于不同种子密度处理,大部分物种种子萌发出苗率没有显著性差异,而白羊草种子萌发出苗率表现为随着补播密度的增加而降低,长芒草种子在中密度处理下的萌发出苗率(10%)显著高于高密度处理(6.4%),狼牙刺种子萌发出苗率则在中密度处理下(7.8%)显著低于在高密度处理下(13.7%);同时,在不同种子密度处理下,大部分物种整体表现为较其他补播方式的种子萌发出苗率偏低。对于不同施肥处理,大部分物种种子在低氮、低氮高磷和高氮高磷处理下萌发出苗率相对较高,其中白羊草、达乌里胡枝子、灌木铁线莲和狼牙刺种子在低氮处理下萌发出苗率最高,分别为 30.4%、7.3%、6.7%和 21.2%;铁杆蒿和长芒草种子在高氮高磷处理下萌发出苗率最高,分别为 4.6%和 26.8%;而杠柳种子在低氮高磷处理下萌发出苗率最高(14.7%)；然而，以中密度处理为参照，白羊草、达乌里胡枝子和杠柳种子在大部分施肥处理下萌发出苗率没有明显的提高。

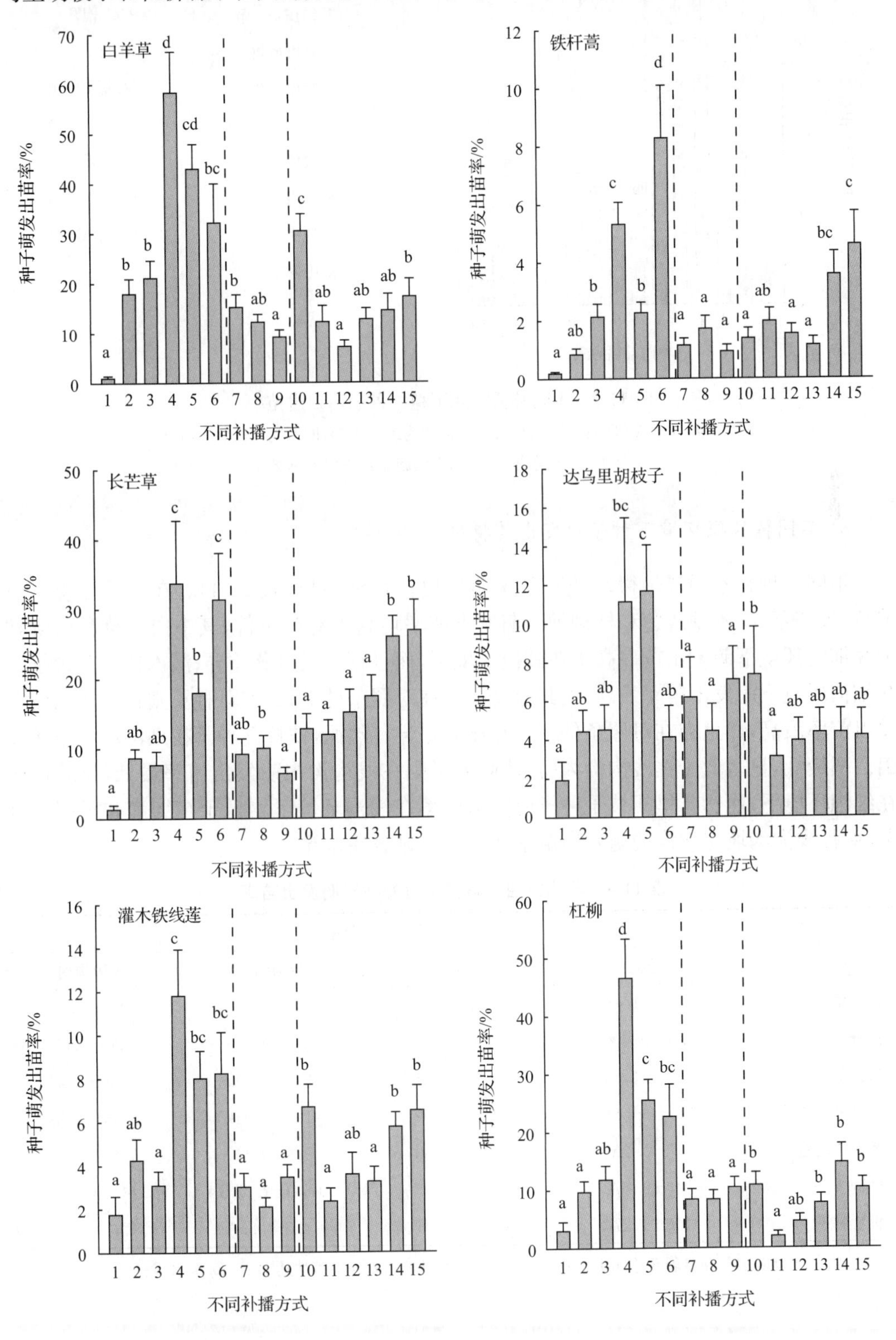

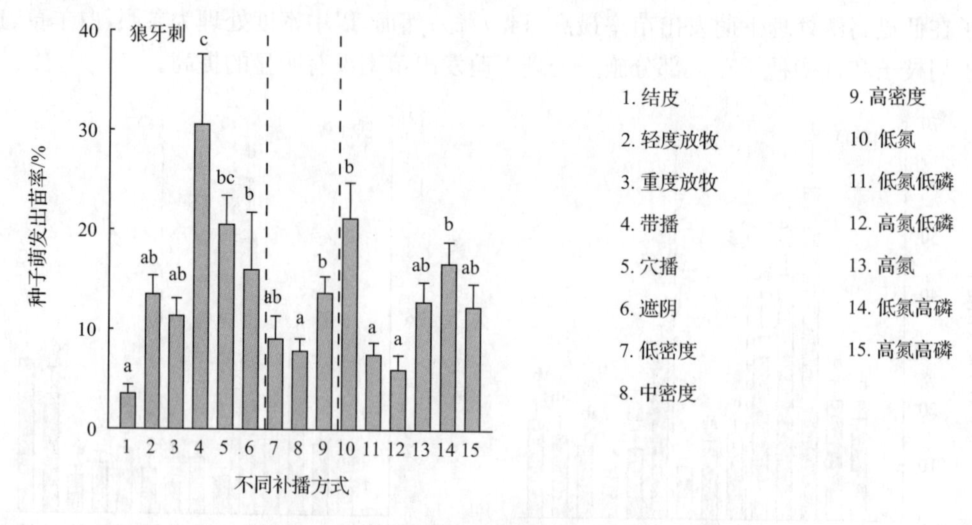

图 11-2　不同补播方式下植物种子萌发出苗率

图中差异显著性（$P<0.05$）的小写字母标注为组内差异，即不同地表状况（1-6）、不同种子密度水平（7-9）和不同施肥处理（10-15）3 组

3. 不同侵蚀微环境下种子萌发出苗特征

不同物种在不同侵蚀微环境下种子萌发出苗表现各异（表 11-4）。在沟蚀环境下白羊草、长芒草、灌木铁线莲和杠柳种子萌发出苗率均高于对照条件，其中白羊草和杠柳种子在细沟环境下萌发出苗率高于在其他环境下，而且存在极显著差异；灌木铁线莲种子也在细沟环境下萌发出苗率最高，尤其显著高于在对照条件下；长芒草种子则在浅沟沟坡萌发出苗率最高，而且与在对照条件下存在显著差异。然而，铁杆蒿种子在细沟环境中萌发出苗率最低，显著低于在浅沟沟内；狼牙刺种子则在浅沟沟内萌发出苗率最低，显著低于在细沟环境下；而达乌里胡枝子种子萌发出苗率在浅沟环境下均低于在细沟和对照条件下，而且浅沟沟坡与细沟的萌发出苗率间存在极显著性差异。

表 11-4　不同侵蚀微环境下植物种子萌发出苗率

物种	种子萌发出苗率/%			
	对照	细沟	浅沟沟坡	浅沟沟内
白羊草	12.5±1.6B	43.8±5.2A	16.4±3.9B	20.7±5.7B
铁杆蒿	1.8±0.4a	1.3±0.3a	2.4±0.8ab	3.6±1.0b
长芒草	12.0±1.8a	20.2±1.3ab	22.4±6.0b	18.0±5.6ab
达乌里胡枝子	6.8±1.4AB	11.1±3.5A	1.3±1.1B	6.7±2.2AB
灌木铁线莲	2.1±0.4Aa	7.1±1.3Bb	5.8±1.8b	4.0±1.6ab
杠柳	8.3±1.6A	46.2±6.2C	15.6±2.9AB	26.2±5.5B
狼牙刺	7.8±1.2A	32.4±11.0B	14.2±3.5A	7.6±2.9A

注：大写字母表示差异显著性达到 $P<0.01$ 水平，小写字母表示差异显著性达到 $P<0.05$ 水平。

4. 种子萌发出苗的动态变化

供试的 7 种主要物种种子萌发出苗表现出不同的时间动态特征(图 11-3)。白羊草种子萌发出苗主要集中在补播当年 7 中旬至 8 月中旬,萌发出苗率可达 8.8%,翌年 5～7 月也有少量种子萌发出苗(0.7%);长芒草种子萌发出苗集中在补播当年 8 中旬至 9 月(29.3%);铁杆蒿种子集中在补播当年 9 月萌发出苗,但萌发出苗率仅为 1.0%;杠柳种子萌发出苗集中在当年 8 月上旬(3.5%);灌木铁线莲集中在当年 8 月中下旬至 9 月底(4.2%);达乌里胡枝子种子萌发出苗集中在补播当年 8 月上旬和翌年 4 月中下旬至 7 月上中旬,尤其集中在翌年萌发出苗较多(5.0%);狼牙刺种子萌发出苗则集中在补播当年 8 月中下旬至 9 月底(7.3%)和翌年 5 月中下旬至 7 月底(3.8%)。可见,达乌里胡枝子和狼牙刺种子在两年都有一定规模的萌发出苗,与其种子硬实导致的休眠密切相关,经过一年冷热干湿作用,种子解除休眠。

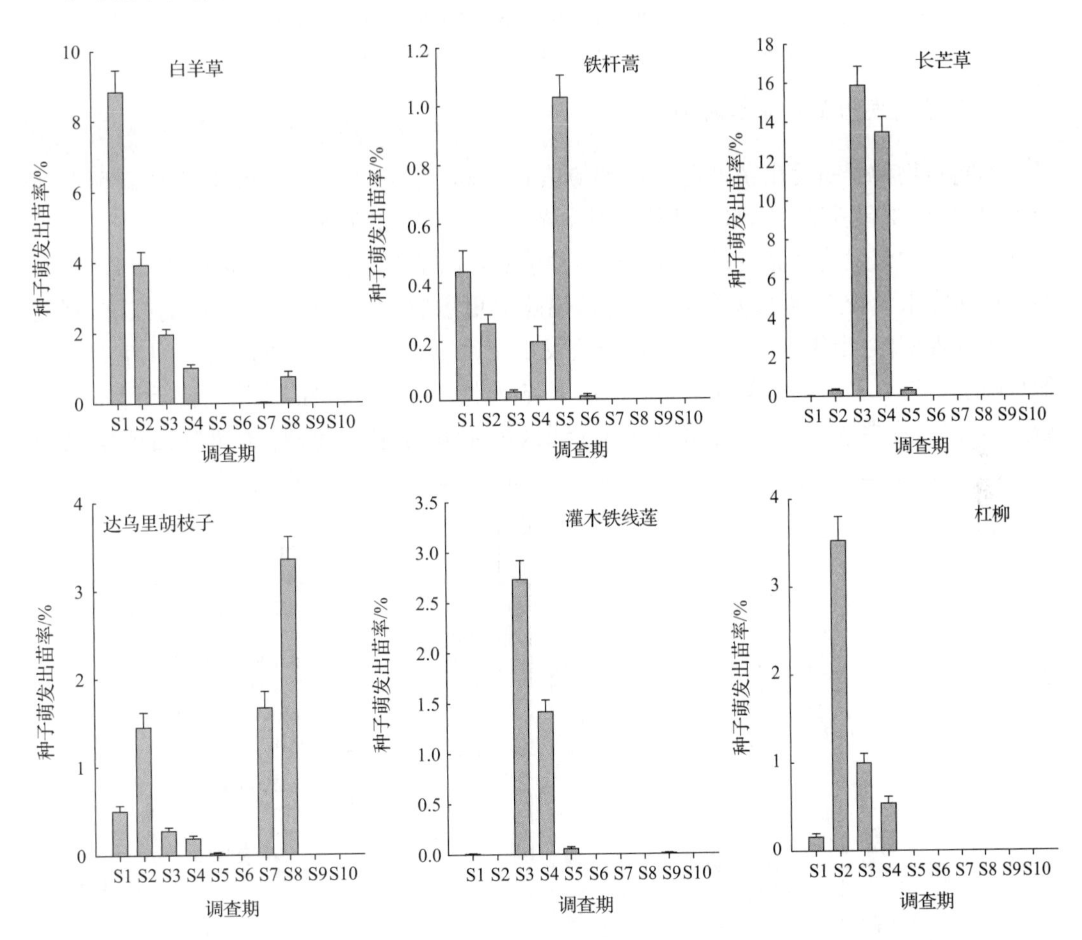

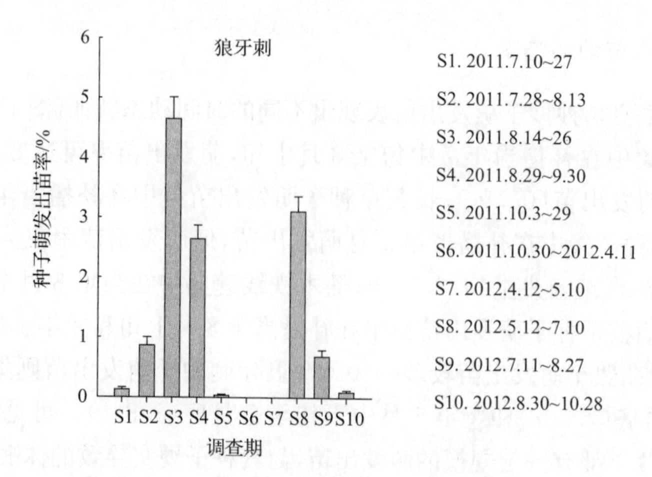

图 11-3 不同调查期植物种子萌发出苗动态

S1～S10 为补播前两年的 10 次调查期间，S1 是指从种子补播开始至第 1 次调查日期间，Sn 是指从第 $n-1$ 次调查日至第 n 次调查日期间（$1<n\leqslant10$）

5. 种子萌发出苗对降水的响应

不同植物种子萌发出苗对降水的响应表现不同（图 11-4）。白羊草和铁杆蒿种子在雨季初期，只要有适量的降水事件就萌发出苗（种子萌发出苗率分别为 8.8%和 0.4%），与其爆发型的萌发特性有关；另外，铁杆蒿种子萌发出苗有较多集中在生长季末（1.0%），而这期间降水量较少，温度降低，可能对低温响应更敏感。同样属于爆发型的杠柳，则在第二次调查期内（当年 8 月中上旬）种子萌发出苗率最高（3.5%），可能与其间有 45 mm 的日降水事件有关。长芒草种子萌发出苗率与降水量具有一致性，表现为随着降水量的增大而升高，在降水量最大的第三次调查期（当年 8 月中下旬）种子萌发出苗率最高

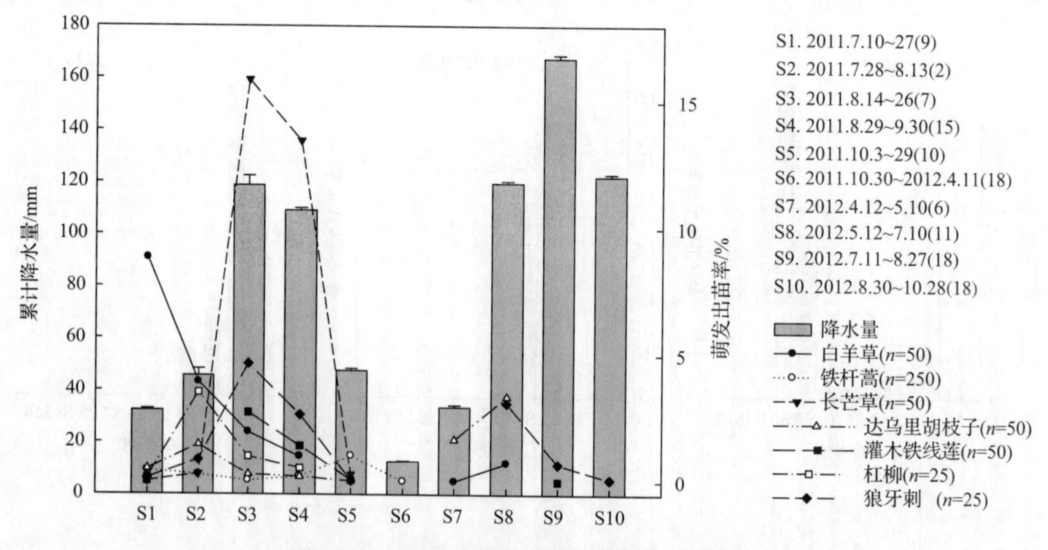

图 11-4 植物种子萌发出苗率与降水量的关系

图例括号里数字为各调查期间的降水天数，n 为单位样方相应物种的种子补播基数

(15.9%)。由于第三次调查期间(当年 8 月中下旬)降水时间持续较长,且单次降水也较多,缓慢萌发型的灌木铁线莲种子开始萌发出苗,且出苗率达到最高值(2.7%),此后随降水量的减少而下降。具有硬实休眠的狼牙刺,在降水较多且较长的第三次调查期间内(当年 8 月中下旬)萌发出苗最多。

11.2.2　幼苗存活特征

1. 不同物种的幼苗存活特征

就不同物种在 3 个群落样地中的平均水平而言,长芒草幼苗存活率整体上明显高于其他物种(2.7%);其次狼牙刺和达乌里胡枝子的幼苗存活率相对较高,分别为 1.9%和 1.0%;白羊草和灌木铁线莲的幼苗存活率次之,均为 0.6%;铁杆蒿和杠柳的幼苗存活率最低,仅为 0.2%和 0.3%。在不同群落中,白羊草和灌木铁线莲的幼苗存活率在不同群落间没有显著性差异;长芒草和铁杆蒿幼苗存活率均表现为在白羊草群落中显著低于在铁杆蒿群落中;而杠柳和狼牙刺则表现出相反的规律,尤其狼牙刺在白羊草群落中幼苗存活率可达 4.0%;达乌里胡枝子幼苗存活率则在长芒草群落中显著高于在其他群落中(图 11-5)。

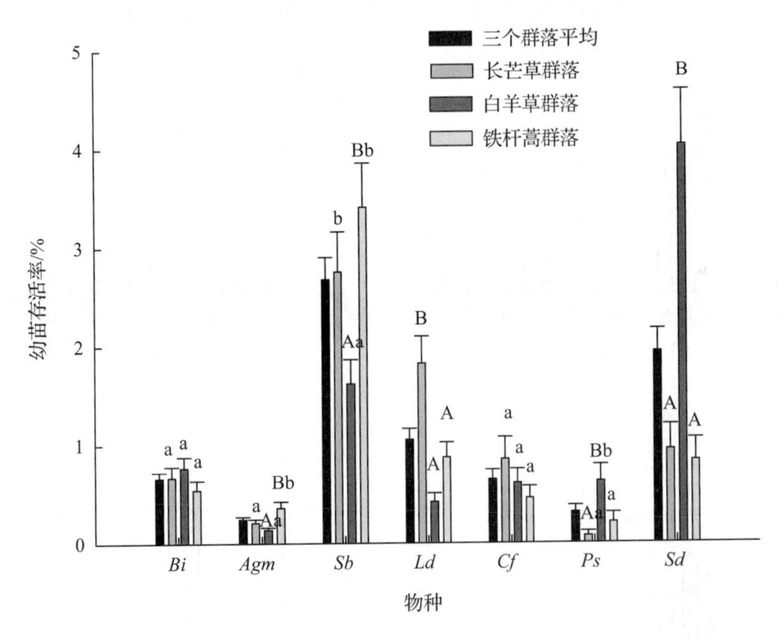

图 11-5　不同植物的幼苗存活率

Bi. 白羊草($n_1=50$;$n_2=8.3$),*Agm*. 铁杆蒿($n_1=250$;$n_2=4.8$),*Sb*. 长芒草($n_1=50$;$n_2=7.5$),*Ld*. 达乌里胡枝子($n_1=50$;$n_2=3.7$),*Cf*. 灌木铁线莲($n_1=50$;$n_2=2.1$),*Ps*. 杠柳($n_1=25$;$n_2=2.6$),*Sd*. 狼牙刺($n_1=25$;$n_2=3.0$);幼苗存活率指最后一次调查(2014 年 8 月)时单位样方的平均幼苗存活率;n_1为单位样方种子补播基数,n_2为单位样方的平均萌发出苗数;误差线上大写字母表示差异显著性达到 $P<0.01$ 水平,小写字母表示差异显著性达到 $P<0.05$ 水平

2. 不同补播方式下幼苗存活特征

对于不同地表状况，供试的 7 种物种种子幼苗存活率在带播处理下存活较多，其中长芒草幼苗在带播处理下存活率最高，可达 14.5%；其次在穴播和遮阴处理下幼苗存活率也较高，杠柳在遮阴条件下幼苗存活率最高(2%)；在不同放牧处理下幼苗存活率相对较高，而在结皮条件下均最少(仅 0～1%)。对于不同种子密度处理，7 种物种的幼苗存活率没有显著性差异，与补播密度没有明显的关系。对于不同施肥处理，除铁杆蒿在高氮和低氮高磷间有显著差异外，其他物种幼苗存活率也没有显著性差异，其中白羊草和铁杆蒿幼苗在高氮处理下存活率最低，仅为 0.17% 和 0.05%；达乌里胡枝子和杠柳在高氮高磷处理下幼苗存活率最高(分别为 1.8% 和 0.7%)，灌木铁线莲和狼牙刺幼苗则在低氮处理下存活率最高，分别为 2.8% 和 1.6%。以中密度处理为参照，达乌里胡枝子在各施肥处理下均有较小幅度的提高，其他供试物种在各施肥处理下幼苗存活率没有明显的提高(图 11-6)。

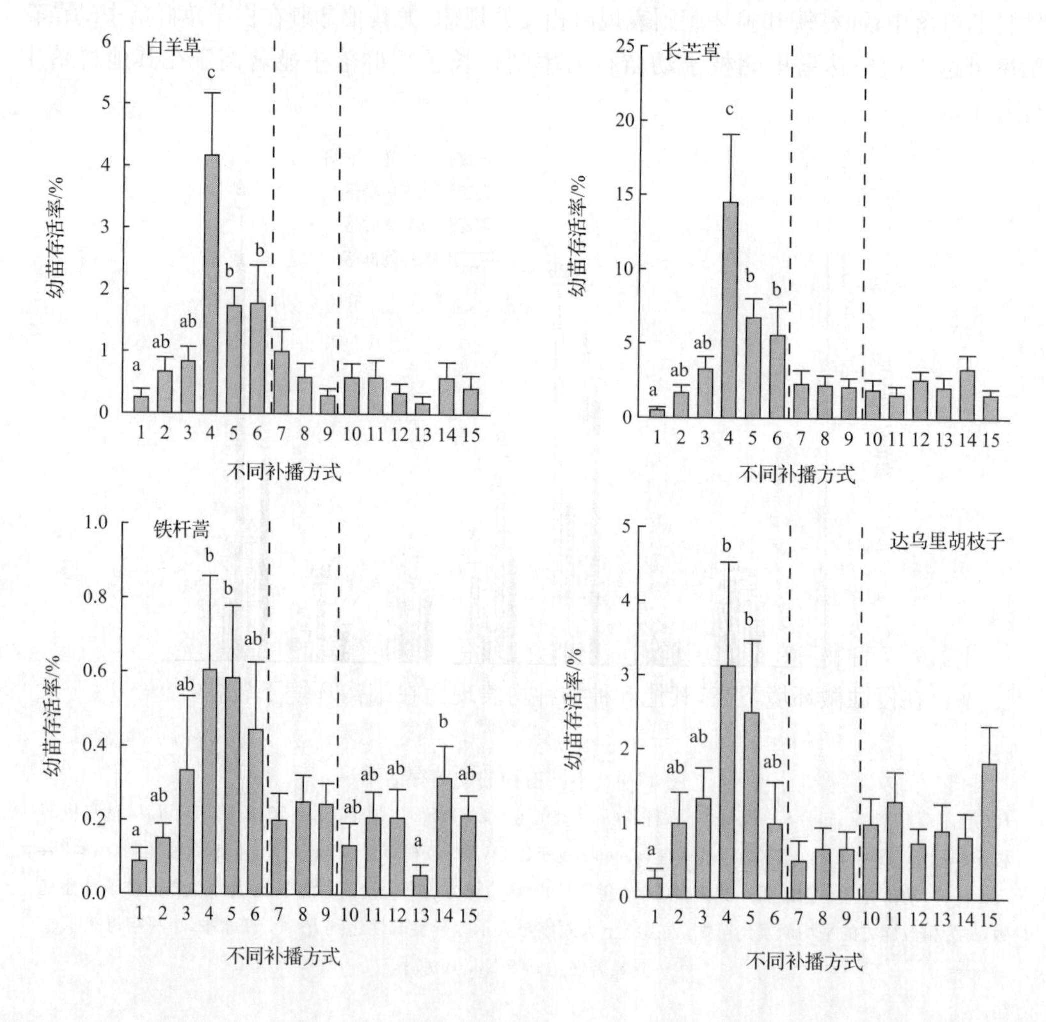

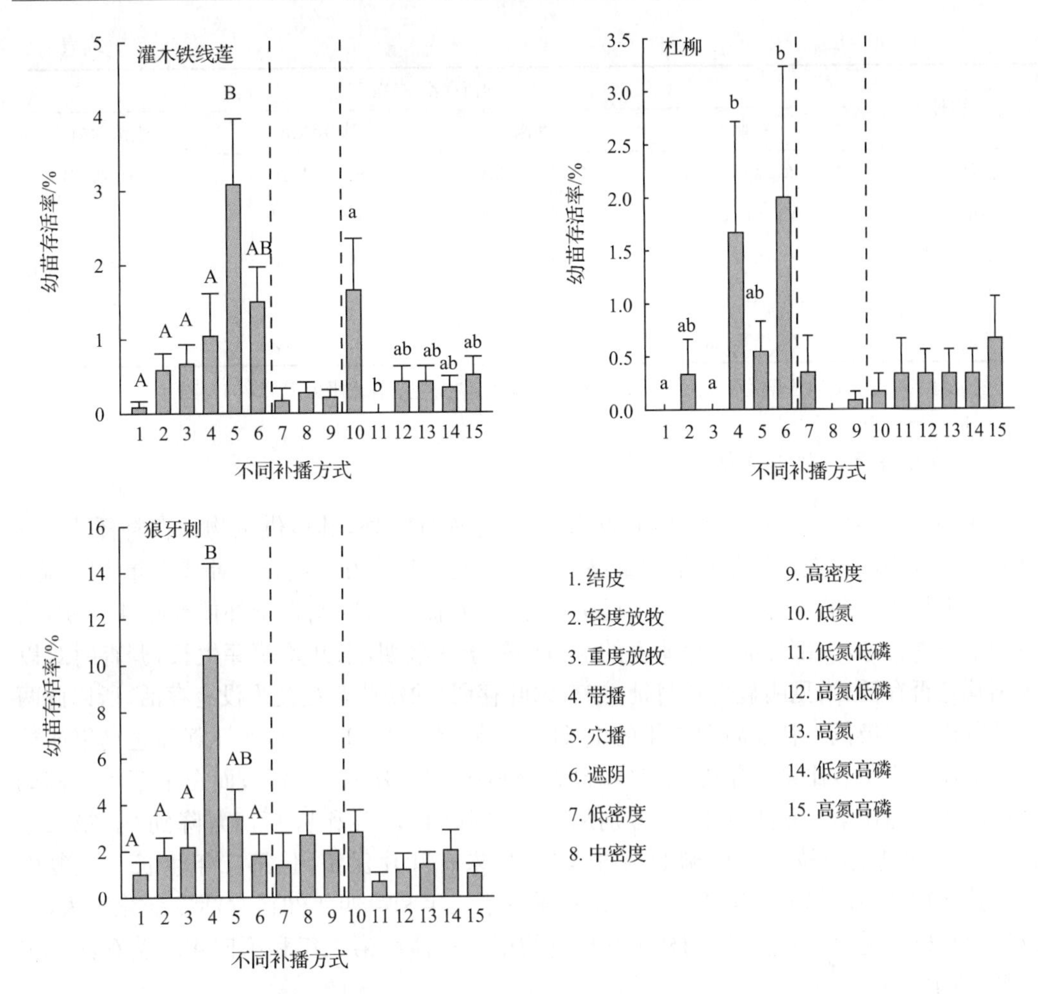

图 11-6　不同补播方式下不同物种的幼苗存活率

误差线上差异显著性标注为组内差异，即不同地表状况(1-6)、不同种子密度水平(7-9)和不同施肥处理(10-15)3 组，大写字母表示显著性达到 $P<0.01$ 水平，小写字母表示显著性达到 $P<0.05$ 水平，没有显著性差异的未做标注

3. 不同侵蚀微环境下幼苗存活特征

供试的 7 种物种中，杠柳幼苗在任何侵蚀环境下均无存活，铁杆蒿幼苗存活率在对照条件下比在侵蚀微环境下高，其他 5 种物种均表现为在细沟环境下较在其他环境下幼苗存活率高。另外，白羊草、长芒草、达乌里胡枝子和狼牙刺幼苗存活率在浅沟沟坡环境下较对照和浅沟沟内环境下高，而在浅沟沟内只有白羊草和长芒草有少量幼苗存活(表 11-5)。

表 11-5　不同侵蚀微环境下植物幼苗存活率

物种	幼苗存活率/%			
	对照	细沟	浅沟沟坡	浅沟沟内
白羊草	0.6±0.2B	3.3±0.9Aa	1.3±0.9Bb	0.2±0.2B
铁杆蒿	0.3±0.1b	0.2±0.1ab	0.1±0.1ab	0a

续表

物种	幼苗存活率/%			
	对照	细沟	浅沟沟坡	浅沟沟内
长芒草	2.2±0.7B	23.3±5.3A	6.7±2.6B	1.1±0.7B
达乌里胡枝子	0.7±0.3ab	1.6±0.7a	0.8±0.5ab	0b
灌木铁线莲	0.3±0.1a	0.4±0.3a	0.2±0.2a	0a
杠柳	0	0	0	0
狼牙刺	2.7±1.0ab	3.5±1.3ab	4.9±2.6a	0b

注：大写字母表示差异显著性水平为 $P<0.01$，小写字母表示差异显著性水平为 $P<0.05$。

4. 幼苗存活的动态特征

在种子补播(7 月 10～12 日)萌发出苗后，除铁杆蒿外，其他供试物种在补播当年 8 月底至 9 月底调查期间幼苗存活率最高。需要说明的是第五次调查于补播当年 10 月底，为植物生长季末期，大部分当年幼苗已进入冬眠期；而第六次调查于补播翌年 4 月初，为植物生长季初期，大部分前一年萌发的幼苗还处于冬眠期，未开始萌芽生长，调查时难以区别其是否存活，未见明显生长特征(如有绿叶存留)的幼苗均被视为没有存活，所以此两次幼苗存活率极低。补播后第二年的生长季(补播翌年 4～10 月)，铁杆蒿和达乌里胡枝子幼苗存活率明显比第一年提高较多，最高分别达 42.3%和 39.4%；而白羊草和杠柳幼苗存活率明显比第一年降低很多，分别从 65.9%降到 6.4%和从 47.1%降到 0。第二年 10 月除了达乌里胡枝子和杠柳幼苗进入冬眠(未有叶片保留，且第二年生长季恢复生长)，其他物种幼苗仍处于生长状态。在补播后第三年和第四年幼苗存活率变化不大，可以视为其成功建植；而达乌里胡枝子和杠柳幼苗在补播后第三年和第四年幼苗存活率仍很低(图 11-7)。

在不同的侵蚀微环境下，供试物种幼苗存活率整体上随着时间变化而降低。浅沟环境下，幼苗存活率在补播后第三年后极低，补播第四年后所有物种幼苗完全没有存活，可能与 2013 年的强暴雨过程密切相关，高强度的降水导致浅沟侵蚀严重，幼苗多被冲刷或掩埋致

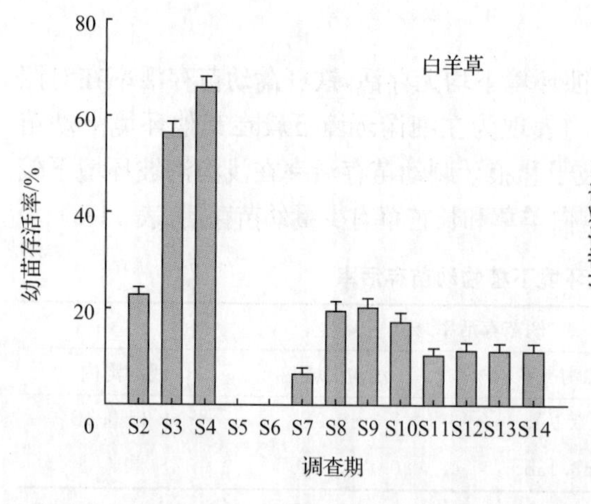

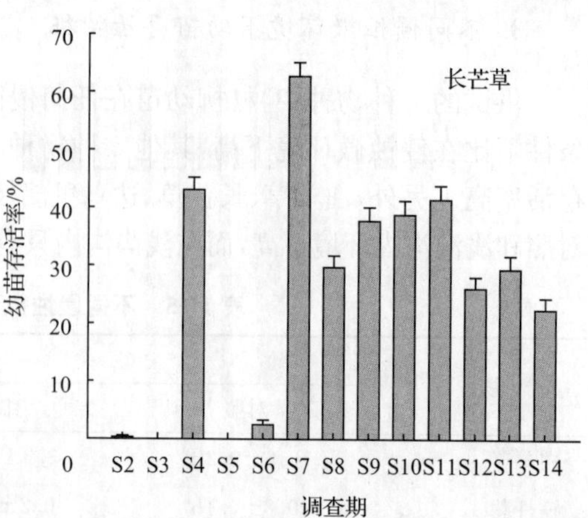

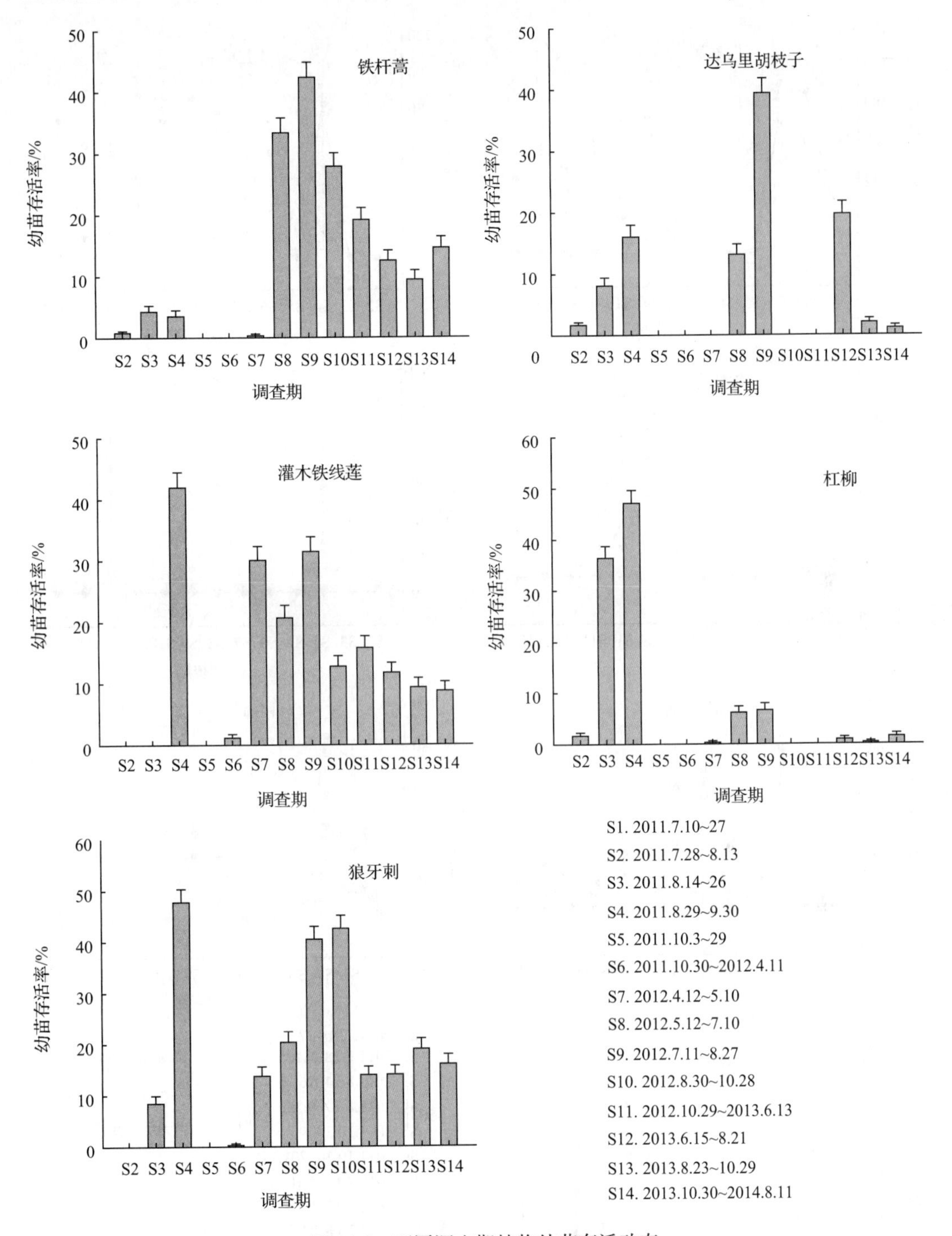

图 11-7　不同调查期植物幼苗存活动态

幼苗存活率＝此调查期末存活调查值/(上次调查期末存活值＋上次调查期末新萌发幼苗值)；
S2 幼苗存活率是指 S1 调查日萌发出苗在 S2 期间存活的百分率，其他以此类推

死；在细沟环境下，铁杆蒿和狼牙刺幼苗存活率则在补播后第二年雨季最大，达乌里胡枝子幼苗存活率则波动较大；杠柳和达乌里胡枝子幼苗在补播后第四年没有存活(图 11-8)。

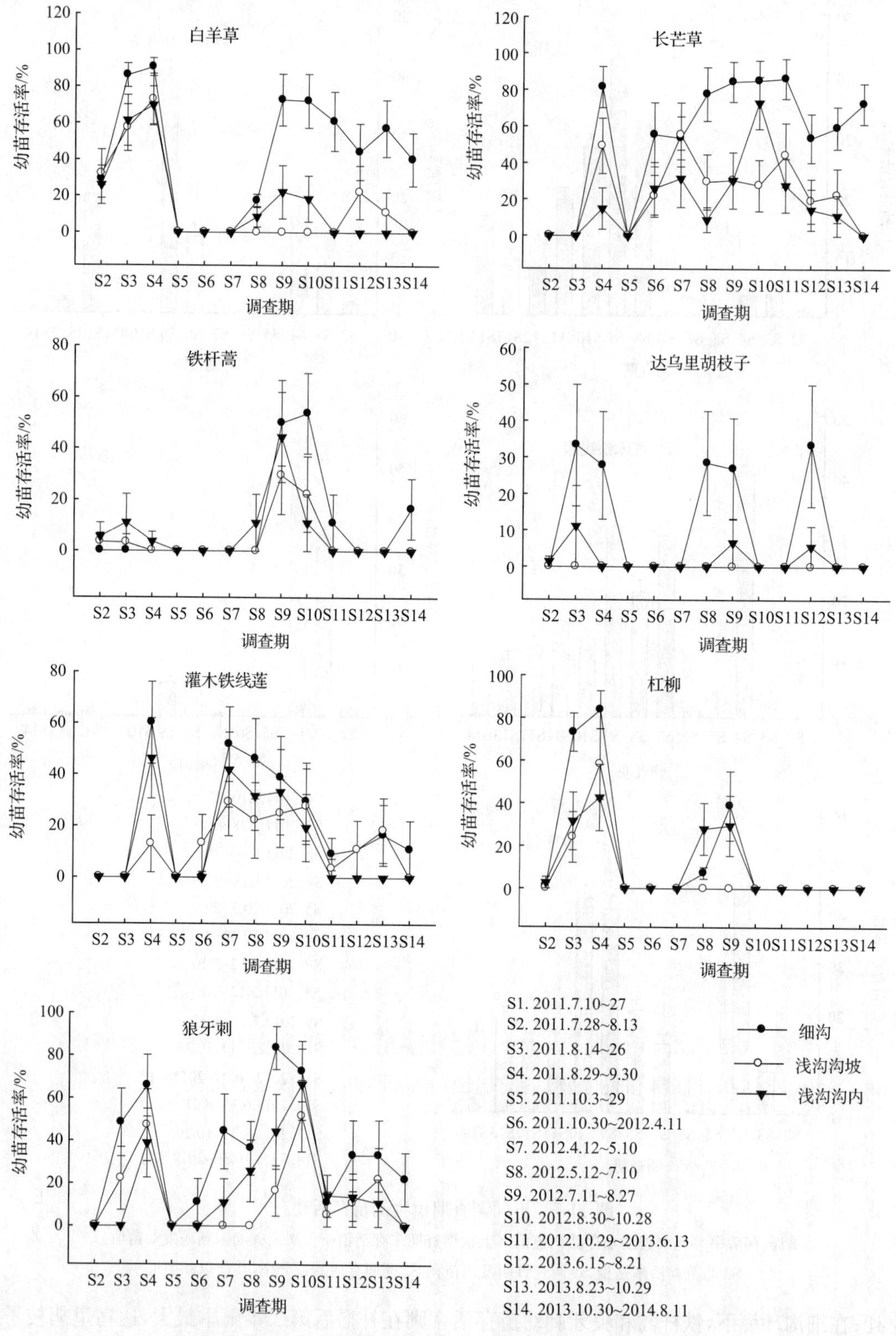

图 11-8　不同侵蚀微环境下植物幼苗存活动态

5. 幼苗存活率与气象因子的关系

7种供试物种中,白羊草的幼苗存活率与累计日照小时数、铁杆蒿幼苗存活率与降水量和强光持续时间、达乌里胡枝子的幼苗存活率与降水量、杠柳的幼苗存活率与累计日照小时数、狼牙刺的幼苗存活率与最高地温具有显著相关关系;而灌木铁线莲和长芒草幼苗存活率与任何气象因子的相关性均未达到显著水平(表11-6)。

表11-6　幼苗存活率与气象因子的相关性

物种	累计降水量	总辐射量	累计日照小时数	强光持续时间	最高地温	14时相对湿度
白羊草	0.261	−0.695	−0.771*	−0.565	−0.028	0.476
铁杆蒿	0.778*	−0.163	−0.124	−0.790*	−0.728	0.329
长芒草	0.020	−0.185	−0.358	−0.343	−0.201	0.606
达乌里胡枝子	0.743*	−0.049	−0.115	−0.170	−0.282	0.430
灌木铁线莲	0.211	−0.122	−0.190	−0.209	−0.123	0.385
杠柳	0.251	−0.662	−0.734*	−0.556	−0.059	0.371
狼牙刺	0.644	−0.364	−0.242	−0.342	−0.743*	0.167

注:降水量和累计日照小时数为调查期间内的累计值;总辐射量、强光持续时间和14时相对湿度均为调查期间内的日平均值;最大地温差为调查期间内的最大值;* $P<0.05$。

11.2.3　幼苗生长特征

1. 不同物种的幼苗生长特征

对于供试的7个物种,狼牙刺幼苗的平均高度最大,达(5.6±0.1) cm;铁杆蒿、长芒草和杠柳幼苗高度次之,分布在4～5 cm;达乌里胡枝子幼苗高度最低,为(2.8±0.1) cm;白羊草和灌木铁线莲幼苗高度居中[分别为(3.1±0.4) cm和(3.5±0.2) cm]。在不同群落中,7种物种幼苗均表现在白羊草群落生长最好,平均高度最大,可能在于白羊草群落整体植被盖度相对较好,对幼苗有一定的遮蔽作用,有利于其生长。铁杆蒿幼苗高度在不同群落间差异均达到极显著水平;达乌里胡枝子和灌木铁线莲幼苗高度在白羊草群落[分别为(3.1±0.2) cm和(3.4±0.4) cm]均显著高于在铁杆蒿群落[分别为(2.4±0.2) cm和(2.3±0.3) cm];杠柳和狼牙刺幼苗高度在白羊草群落均极显著地高于在其他群落,分别为(4.7±0.3) cm和(6.4±0.5) cm;白羊草和长芒草在白羊草群落中的幼苗高度则分别显著高于在铁杆蒿群落和长芒草群落中(图11-9)。

供试的7种物种的幼苗生长整体表现为随时间的推延幼苗高度逐渐增加,而且在补播第二年的生长季(2012.5.12～8.27)生长明显比补播当年生长较快(图11-10)。另外,达乌里胡枝子和杠柳幼苗在补播第二年的10月底调查时发现其幼苗已脱落叶片进入越冬准备阶段,而且其他物种也停止生长。

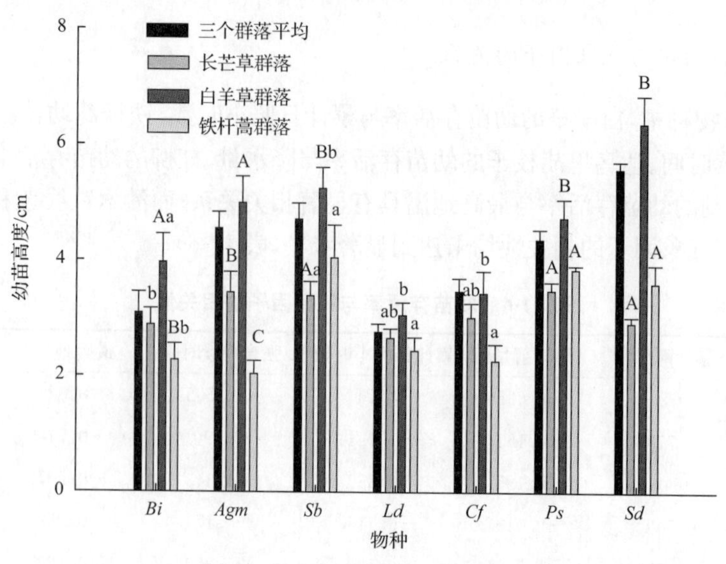

图 11-9　不同植物幼苗生长特征

Bi. 白羊草，*Agm*. 铁杆蒿，*Sb*. 长芒草，*Ld*. 达乌里胡枝子，*Cf*. 灌木铁线莲，*Ps*. 杠柳，*Sd*. 狼牙刺；幼苗高度是指从种子萌发出苗至调查结束期间所有调查相应物种幼苗高度的平均值，图 11-10 相同；误差线上大写字母表示差异显著性达到 $P<0.01$ 水平，小写字母表示差异显著性达到 $P<0.05$ 水平

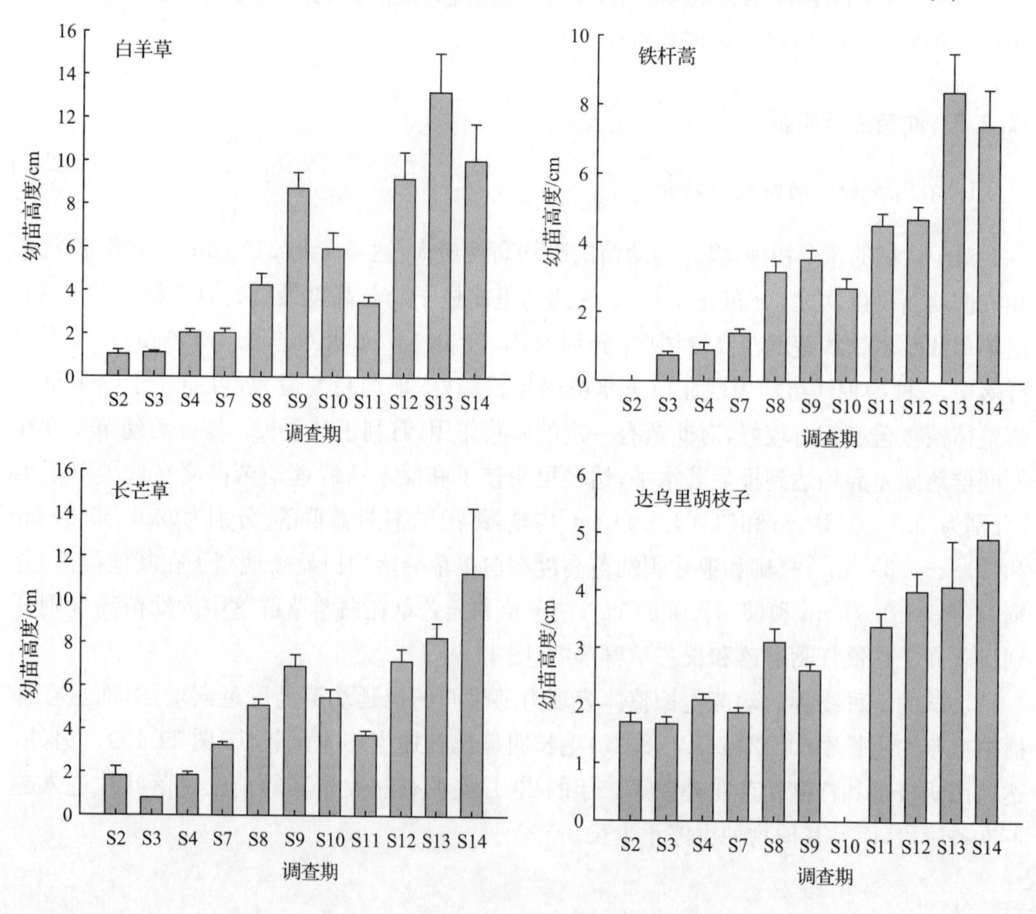

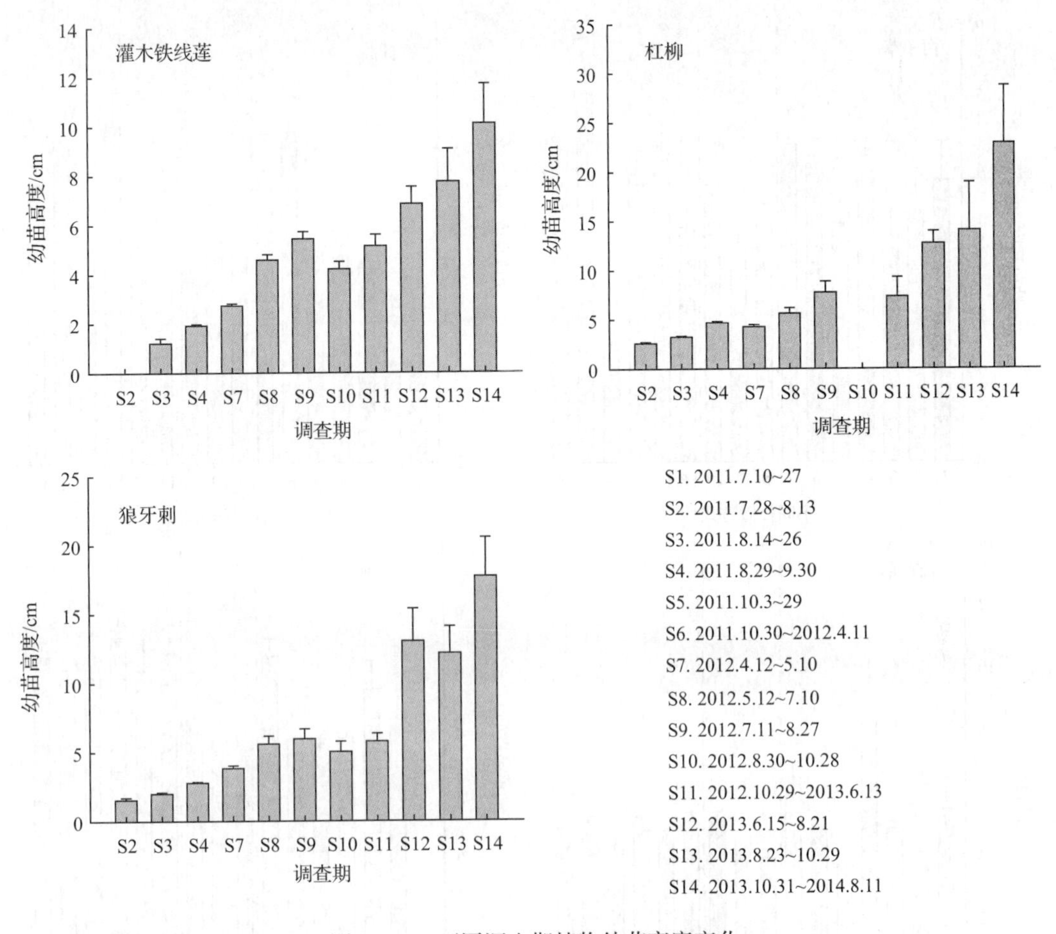

图 11-10　不同调查期植物幼苗高度变化

2. 不同补播方式下幼苗生长特征

在 7 种供试物种中，白羊草幼苗在放牧、穴播、遮阴和施有磷肥条件下其幼苗高度相对较高，而在高氮条件下最低，可见磷肥和水分条件对其幼苗生长有利；铁杆蒿在结皮和带播条件下幼苗高度最低，而在高氮低磷、低氮低磷、高氮高磷和遮阴、穴播条件下较高，生长较好，也表现出磷肥和水分条件促进其幼苗生长，而结皮的存在不利于其生长；长芒草幼苗高度只有在重度放牧和遮阴条件下较高，其他补播方式间差异较小；达乌里胡枝子、杠柳和灌木铁线莲在不同的补播方式下的幼苗高度差异不明显，相对而言达乌里胡枝子在所有施肥水平和带播、穴播条件下幼苗生长较好，杠柳在遮阴和施肥处理下幼苗生长较好，灌木铁线莲在低氮、放牧、遮阴和穴播条件下较高，表现出受肥力与水分条件影响较大；狼牙刺幼苗高度在施有磷肥条件下幼苗均较高，其次中密度、放牧和结皮条件下幼苗高度也较高，表现出磷肥、结皮、适度干扰和适量的种子数量均对其幼苗生长有利(图 11-11)。

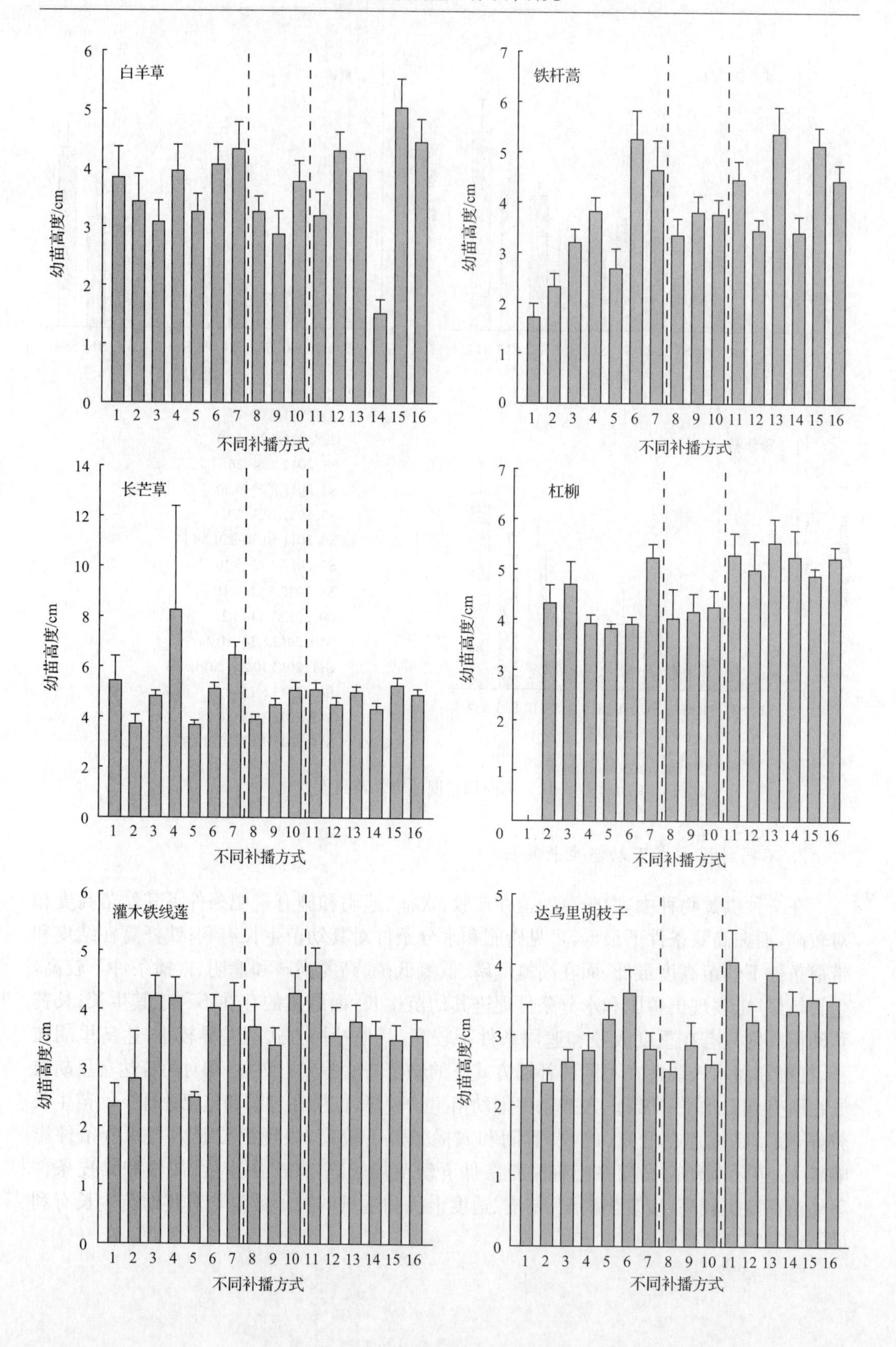
白羊草
铁杆蒿
长芒草
杠柳
灌木铁线莲
达乌里胡枝子
幼苗高度/cm
不同补播方式

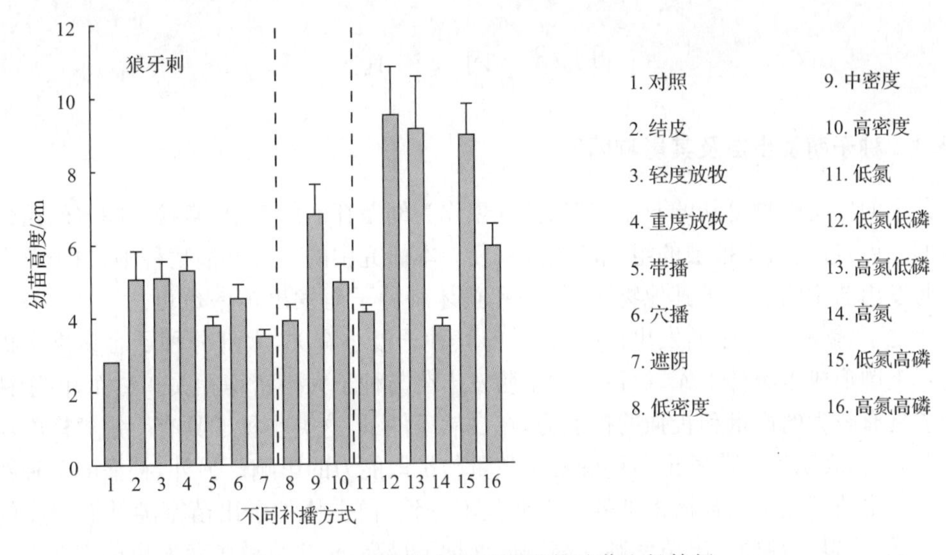

图 11-11　不同补播方式下植物幼苗生长特征

不同侵蚀微环境下，白羊草和杠柳幼苗高度没有显著性差异；铁杆蒿和狼牙刺幼苗高度在对照条件下明显高于在沟蚀环境下，幼苗高度分别可达(3.8±0.3)cm 和(6.8±0.8)cm；而长芒草幼苗高度则在对照条件下[(4.5±0.2)cm]明显低于在各种沟蚀环境下，能在沟道存活较多，可能与沟道微地形能为其提供良好的水分条件有关；达乌里胡枝子和灌木铁线莲幼苗在浅沟沟坡[分别为(4.1±1.3)cm 和(4.9±0.5)cm]分别明显高于在其他侵蚀环境下，其幼苗在浅沟沟坡上生长较好(图 11-12)。

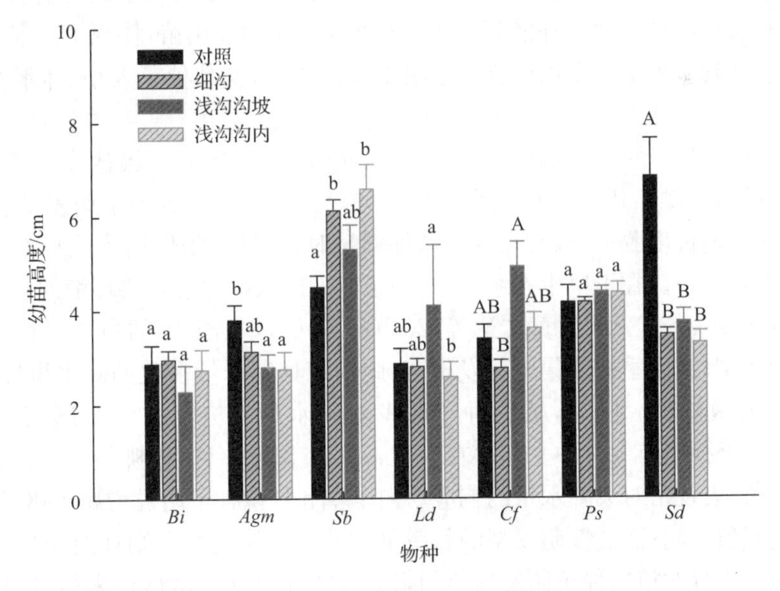

图 11-12　不同侵蚀微环境下植物幼苗高度

Bi. 白羊草，*Agm*. 铁杆蒿，*Sb*. 长芒草，*Ld*. 达乌里胡枝子，*Cf*. 灌木铁线莲，*Ps*. 杠柳，*Sd*. 狼牙刺；误差线上大写字母表示差异显著性达到 $P<0.01$ 水平，小写字母表示差异显著性达到 $P<0.05$ 水平

11.3 讨　论

11.3.1 种子萌发出苗及其影响因素

种子萌发是植物更新的开始,其出苗规模作为幼苗存活的基值,直接影响着幼苗建植和种群发展,进而决定植被的组成结构及恢复。本研究中的7种补播物种中,白羊草和长芒草萌发出苗率明显高于其他物种,杠柳和狼牙刺种子萌发出苗率也可达10%～16%;而相比之下,铁杆蒿种子萌发出苗率极低,与其种子极小有关,大部分种子容易再次扩散或进入土壤形成土壤种子库。可见,种子萌发出苗与种子大小密切相关。然而,由于铁杆蒿种子具有较大的产量和较强的扩散力,在自然条件下,这类小种子具有一定规模的幼苗密度与频度,表明种子萌发出苗还受种子数量与扩散能力的影响。另外,补播的7种物种种子萌发出苗率在不同补播密度处理下变化不一致,白羊草种子出苗率随补播密度的增加而降低,而狼牙刺种子出苗率则在高密度处理下最高,长芒草种子萌发出苗率在中密度处理下最大,但二者与低密度没有显著差异,而其他供试物种在不同补播密度处理间没有显著差异,而且萌发出苗率也低于一些其他处理,特别是在带播、穴播和遮阴处理条件下,表明种源不是这些植物更新的限制因素。此外,自然条件下种子萌发出苗与其萌发特性具有一定的关系。例如,白羊草种子在自然条件下,只要降水充足,大量种子迅速完成萌发出苗,萌发出苗集中在补播后前几次调查中,与其实验条件下爆发型的萌发特征具有一致性;长芒草和灌木铁线莲种子则在经历较长的雨季才开始萌发出苗,与其实验条件下缓慢萌发的特征一致;另外,室内萌发实验发现种子硬实极大地制约了达乌里胡枝子和狼牙刺的种子萌发,这两种物种在补播第二年仍有大量种子萌发出苗,体现了休眠对种子萌发出苗的影响。因此,种子萌发出苗首先取决于遗传背景,与其种子大小、休眠及萌发特性密切相关。

种子萌发还受立地条件(水分、温度、氧气、光照、土壤酸碱、土壤盐分、化学物质、埋深和生物等)的影响(颜启传,2001;鱼小军等,2006)。水分是影响种子萌发的首要环境因素,种子成熟后期极度脱水,只有在水分条件满足时,经过吸胀作用才能解除休眠并启动萌发(张勇等,2005)。在干旱生态系统中,种子萌发所依赖的最重要环境因素是降水的分布与大小(Lloret et al.,1999;黄文达等,2009)。例如,本研究中的白羊草种子的萌发特性为快速高萌型,在雨季初期集中萌发出苗,此期间具有少量多次的降水事件,表现出其对降水响应的敏感性。同时,植物种子萌发对降水的响应存在一个阈值(李雪华等,2006),在种子补播当年8月中上旬存在一次45 mm降水事件,杠柳种子在此期间则大量迅速萌发出苗,表现出对大降水量的响应。白羊草和杠柳种子萌发均属于爆发型,但其对降水的响应阈值不同;而缓慢萌发型的长芒草和灌木铁线莲种子则在经历持续降水后萌发出苗最多。水分对植物种子萌发出苗的限制作用还可通过微地形来体现,如本研究中的带播和穴播对种子萌发出苗有促进作用,主要在于这两种地形有利于蓄积并保持一定的水分,为植物种子萌发出苗持续提供水分;放牧处理的蹄印也可以构成一定程度的微地形,也能保证有些物种种子萌发出苗所需的水分条件;在土壤侵蚀坡面,沟蚀作用塑造的微环境有利于植物种子萌发出苗。强光及其引起的地表温度与湿度的剧烈波动，也影响着种子的萌发出苗(Lauenroth et al.，1994；García-Fayos et al.，1995)，如本研究的所有供试物种在遮阴条件下种子萌发出苗较多，遮阴减少土壤表层由于强光照射导致的干化，进而为较多的种子萌发出苗提供水分保障，而且遮阴可以减弱强光导致的高温胁迫(Hanley et al.，2003)，为种子萌发出苗提供适宜的温度条件。土壤的氮磷水平对种子萌发出苗也具有一定的影响。有研究发现，植物种子萌发对土壤氮非常敏感，只有在一个合适的浓度范围内种子才能够萌发(Hilhorst and Karssen，2000)。在本研究中的施肥处理中，白羊草、达乌理胡枝子、灌木铁线莲、狼牙刺、杠柳表现为在低氮处理下种子萌发出苗较多，而铁杆蒿、长芒草、灌木铁线莲、狼牙刺在低氮高磷和高氮高磷处理下种子萌发出苗较多，可能与该区土壤缺磷有关，有待深入研究。

同时，不同植物群落的立地条件差异很大，群落物种组成及其生长状况，以及土壤物理结构、养分、微生物及酶活性等的改变，均会影响种子萌发出苗。在本研究中，白羊草、铁杆蒿和达乌里胡枝子在不同群落样地的种子萌发出苗差异较大，白羊草种子萌发出苗数在铁杆蒿群落明显多于在其他群落，反而在白羊草群落最小，而狼牙刺在白羊草群落种子萌发出苗数多于在其他群落，可能是白羊草群落处于衰退阶段，土壤物理结构、养分、微生物及酶活性等发生了改变，有利于较其演替更晚的狼牙刺更新，促进植被演替。达乌里胡枝子种子萌发出苗数在长芒草群落明显多于在其他群落，而铁杆蒿则在长芒草样地萌发出苗数最少，由于长芒草样地处于演替中期，不利于演替更晚阶段的铁杆蒿种子萌发，而有利于与其较近演替阶段的达乌里胡枝子种子萌发。可见，群落在演替过程中，演替前期群落物种通过改善土壤环境为后期物种的定居提供条件。此外，本研究发现结皮对种子萌发出苗的限制作用很大，所有供试物种在有结皮条件下种子萌发出苗率极低，与王蕊等(2011)对黄土高原土壤生物结皮对油松、柠条、沙棘和杜梨种子出苗的研究结果一致，主要在于结皮阻碍了种子与土壤接触(李国栋和张元明，2014)，难以利用土壤提供的水分与养分条件，且生物结皮还影响土壤水分的入渗(杨秀莲等，2010)。结皮通过限制种子萌发出苗，进而会影响植被的更新，制约物种多样性与群落的发展。

综上所述，不同植物种子萌发出苗能力各异，首先取决于其系统发育。水分条件是黄土丘陵沟壑区植物种子萌发出苗的关键环境影响因子，因而所有有利于水分保存的地表条件均有利于植物的种子萌发出苗，尤其是带播、穴播和遮阴处理；土壤侵蚀塑造的微环境在一定程度上有利于植物的种子萌发出苗；而结皮的存在会限制植物种子的萌发出苗。土壤养分对植物种子的萌发出苗有一定的影响，一定范围的养分供给有利于植物的种子萌发出苗。

11.3.2　幼苗的存活与生长及其影响因素

幼苗能否存活并成功建植标志着植被能否成功更新，在生态系统中具有重要的地位。幼苗存活与种子大小具正相关关系，大种子能够萌生较大个体的幼苗(Fenner and Thompson，2005)，大的幼苗通常具有较强的抵抗干旱、高温、遮阴和竞争等能力(Leishman et al.，2000；Coomes and Grubb，2003)。例如，本研究中种子相对较大的狼牙刺、达乌里胡枝子和灌木铁线莲的幼苗存活率较高，人工模拟降水试验也发现狼牙刺幼苗具有抵抗雨滴击溅、径流冲刷等的机械破坏作用(Wang et al.,2014);且在补播的7种物种中,长芒草和狼牙刺幼苗的平均高度相对较大,也具有相对较高的存活率。同时,在自然条件下,种子数量和幼苗存活之间存在权衡关系,表现为幼苗存活率高的物种通常为产量小的大种子(Coomes and Grubb,2003)。在本研究,设置的3个补播种子密度水平下,铁杆蒿、达乌里胡枝子和狼牙刺幼苗存活率与高度均在中密度处理下高于在低密度和高密度处理下,一定程度上体现了其种子数量与幼苗存活间的权衡关系,但没达到显著水平;而其他物种的幼苗存活率和高度与补播密度之间没有显著的关系,表明供试物种幼苗存活率与生长不受种子数量的限制。不同物种幼苗存活率还与种子萌发特性有关,如本研究中白羊草和杠柳种子萌发属于爆发型,补播第一年种子集中萌发出苗,萌发基数大,这两种植物幼苗存活率在补播第一年内一直较高,体现了幼苗存活率与萌发出苗数量的关系。

幼苗能否存活及建植成功还受制于所处立地条件,如水分、温度、光照、土壤养分、微生物、枯落物等及其综合作用(曾彦军等,2005)。在干旱半干旱地区的幼苗定居阶段,土壤水分是影响植物幼苗存活与生长发育的主要限制因子,影响着种子从萌发到幼苗定居建植的整个过程(García-Fayos et al.,2000)。本研究中,补播第一年内除铁杆蒿外,其他供试物种的幼苗在水分条件充足且稳定的8月中下旬存活率最高,而在雨季前的干热季存活率较低。微地形对幼苗存活的影响很大,在带播和穴播条件下幼苗的存活率较高,而且在放牧处理下幼苗存活率也相对较高,表明有利于水分条件蓄积的微地形有利于幼苗存活;幼苗存活对降水变化具有一致性的响应,也体现了水分条件是幼苗存活的主要限制因素。同时,所有有利于水分保存的处理条件下都不同程度地促进幼苗生长,而且在生长季初期的干热季幼苗高度最低,随着雨季的延续,幼苗高度逐渐增加。强光及其引起的地表温度与湿度的剧烈波动,一方面通过限制种子的萌发出苗而制约幼苗的存活率,另一方面高温胁迫会造成幼苗灼伤、脱水死亡等威胁,如本研究中,所有供试物种在遮阴条件下幼苗存活较多;而禾本科的白羊草和长芒草的幼苗在经历长时间干旱与高温胁迫,从叶尖向茎部有不同程度的枯萎,以减少叶片水分供给来减少水分消耗,进而保证幼苗存活,其幼苗叶片形态具有较强的可塑性响应,这类物种具有较宽的生态位和拓殖能力(武高林和杜国祯,2008)。土壤养分对不同物种的存活与生长影响各异,如达乌里胡枝子和杠柳幼苗存活率与生长高度在各施肥处理下较中密度处理下有较小幅度的提高;白羊草幼苗在高氮、高氮低磷、高氮高磷条件下存活较少,且生长高度低,可能过量氮肥限制其幼苗存活;磷肥明显促进白羊草、铁杆蒿、达乌里胡枝子和狼牙刺等幼苗生长,一方面磷肥可以促进幼苗本身的生长,另一方面磷肥促进了原有植被的生长,为补播物种的幼苗生长提供蔽阴作用,降低高温、强光及干旱等的胁迫。

此外,土壤侵蚀影响着幼苗存活率与生长。除杠柳外,其他6种补播物种幼苗在细沟和浅沟沟坡环境下存活均较对照多,可见一定程度的侵蚀塑造的微环境有利于幼苗存活。在不同调查期,所有补播物种在浅沟沟坡的幼苗存活率也均高于在浅沟沟内,特别是在调查后期,浅沟沟内几乎没有幼苗存活,与2013年强暴雨过程密切相关,高强度的降水导致浅沟沟内冲刷严重,伴随土壤崩塌,大多幼苗被冲走或掩埋致死。因此,在浅沟沟内环境下幼苗的平均存活率极低,只有白羊草和长芒草有少量幼苗存活,其他物种幼苗均没有存活,可能由于这两种物种幼苗的茎叶韧性较强,不易被折断而死亡,体现了其适应侵蚀干扰的优势,可作为侵蚀严重生境补播的优势物种。

在黄土丘陵沟壑区,幼苗存活除了受干旱、高温、土壤贫瘠、强光胁迫与侵蚀干扰外,还会经受冬天漫长低温的考验。本研究中不同补播物种幼苗越冬后存活表现出较大的差异,体现了冻害对不同物种幼苗存活的影响。所有物种幼苗越冬后,幼苗存活率不同程度地减少,说明低温胁迫对幼苗存活具有限制性。其中,白羊草和杠柳幼苗越冬后存活率较大地降低,这两种物种种子萌发出苗具有多而早的特点,可在一个生长季完成幼苗生活史,较早的萌发出苗对幼苗建植起着重要的作用。但由于本研究补播于当年 7 月 10 日进行,错过了这两种物种种子萌发出苗及幼苗生长的最早时机,使得其幼苗在补播当年没有生长足够健壮来抵抗严寒,导致其幼苗存活较少。而达乌里胡枝子和狼牙刺幼苗越冬后存活率相对较高,其幼苗存活受低温限制相对较弱。另外,长芒草、铁杆蒿、灌木铁线莲和狼牙刺在补播第二年幼苗存活率较高,与其大部分种子在生长季初开始萌发出苗有关,在整个生长季完成足够的生长来有效应对低温,而且在补播第 3 年和第 4 年后幼苗存活率始终维持在稳定的水平上,表明这些幼苗已成功建植。

总之,不同植物的幼苗存活和生长能力与种子大小的关系密切,土壤水分是影响植物幼苗存活与生长的主要环境限制因子,强光及其引起的地表温度与湿度的变化也制约着植物幼苗的存活与发育,低温胁迫和较强的侵蚀干扰均对植物的幼苗存活与建植具有限制性。

11.3.3　种子补播对植被更新与恢复的影响

人工补播有利于提高植被盖度,改善生态系统的环境,促进植被更新、恢复与演替(邹厚远,1980;关秀琦等,1994;彭红春等,2003)。关秀琦等(1994)通过对退化草地补播柠条,经过 3 年封育,草地植被盖度可提高 60%～75%,产草量也有大幅提高,退化草地得到较好的恢复。本研究中,补播的狼牙刺幼苗在补播后第 4 年调查时高度可超过 50 cm,冠幅可达 50 cm×60 cm。同时,植物盖度的提升增加了群落的阴蔽场所,有利于后续的种子萌发与幼苗存活,促进植被恢复的良性发展,有效防治生态系统退化与土壤侵蚀。人工补播不仅促进了群落的恢复,还影响着群落多样性的变化。通过补播群落本身没有的物种,其幼苗的成功更新在一定程度上可以增加群落的物种多样性。

人工干扰也影响植被演替过程,其实质为原有群落的不同种群在人工干扰作用下重新调整的过程,竞争的最后结局取决于各个种群的竞争能力(邹厚远等,1994)。人工补播可以改变群落中不同物种的演化,影响着群落的演替方向与进程。邹厚远等(1994)研究发现,人工补播沙打旺可促进百里香群落在 9～10 年较短时间内演替到长芒草群落。在本研究的调查过程中,发现大部分补播处理在一定程度上促进白羊草群落向演替后期的杠柳和狼牙刺群落演替的趋势,特别是放牧和施肥补播方式均有利于这两种物种的定居,是促进白羊草群落向杠柳或狼牙刺群落演替的有效补播方式;而对于铁杆蒿群落,由于立地差异,虽然补播的杠柳和狼牙刺未在群落中表现出一定的优势性,但依据补播长成的幼苗具有一定的存活率与较好的生长状况,尤其是狼牙刺在白羊草群落的存活率在所有补播物种中最高(4.0%),且幼苗高度最高可超过 50 cm,具有在群落中占据优势地位的潜力。

基于上述植物种子萌发出苗、幼苗存活与生长特征及影响因素的分析，发现大部分种子补播方式通过影响植物种子萌发出苗、幼苗存活与幼苗生长而促进幼苗更新，特别是有利于水分保存的微地形和遮阴条件下的补播对幼苗更新非常有利，因而在侵蚀裸坡配合微地形构建与遮阴更有利于促进补播物种的更新，是有效的人工调控促进植被更新的途径。施肥处理对大部分物种种子萌发出苗有一定的影响，对幼苗存活的促进作用相对较小，而对大部分供试物种幼苗生长的促进作用比在不同地表状况组处理较强，可见在种子萌发出苗后再配合适量的养分供给，也是人工调控促进植被更新的一种有利途径。而对于不同的供试物种，长芒草是在幼苗更新阶段适应该区环境胁迫与侵蚀干扰较强的优势种，可作为在侵蚀干扰严重的生境进行人工补播促进恢复的补播物种；白羊草和狼牙刺也可作为促进植被恢复及演替的有效补播物种；对于种子为爆发型萌发策略的物种，抓住早期有效降水进行补播，提高其建植率；对于缓慢萌发型物种或种子硬实休眠物种可进行前期处理，如赤霉素处理、机械和化学等的硬实破除法等，提高其萌发出苗率。

11.4 小 结

1）植物种子萌发出苗能力具有较大的种间差异，取决于种子萌发与休眠特性及种子形态等种子生活史特征。7种补播物种的平均种子萌发出苗率为2.0%～17.1%。白羊草、长芒草、杠柳和狼牙刺的种子萌发出苗能力强；狼牙刺和达乌里胡枝子种子在补播翌年仍有较多种子萌发出苗，与其致密种皮导致的休眠有关；铁杆蒿种子萌发出苗率较低，与其种子小、易进入土壤保持休眠有关。

2）植物种子萌发出苗的主要限制因素为水分条件，有利于土壤水分保存的带播、穴播或遮阴处理均有利于植物种子萌发出苗。降水对植物种子萌发出苗的影响存在种间差异：爆发型的小种子对降水极敏感，如铁杆蒿和白羊草种子；爆发型的大种子响应一定阈值的降水，如杠柳种子；缓慢萌发型的种子则响应持续的降水，如长芒草和灌木铁线莲。结皮对所有补播物种种子萌发出苗均具有较强的限制。白羊草、铁杆蒿、杠柳种子萌发出苗表现在高氮处理下出苗率较低，而7种补播物种在高磷处理下出苗率较高，一定范围内的磷添加可促进种子萌发出苗。侵蚀作用塑造的微环境在一定程度上有利于种子萌发出苗，但较强的水力冲刷会导致种子流失或幼苗冲失，进而影响种子萌发出苗、存活与生长。

3）不同物种幼苗存活力差异较大，受种子大小、休眠与萌发及幼苗形态决定。7种补播物种的平均幼苗存活率为0.2%～2.7%，平均高度在2.8～5.6 m。大种子的狼牙刺和幼苗形态独特的长芒草表现出相对较强的幼苗存活力，分别具有较强的抗冲性与抗掩埋性。不同萌发型种子采用不同萌发策略来保证幼苗存活，爆发型萌发的物种选择多且早的萌发策略，而缓慢萌发的物种选择适宜时机萌发。幼苗存活与生长的主要限制因素包括干旱与低温胁迫。7种物种幼苗均在水分条件较好的带播、穴播或遮阴等处理下存活较多且生长良好；当年萌发出苗的幼苗对低温胁迫较为敏感；养分供给对幼苗存活的作用不明显，但对幼苗生长有一定的促进作用。

4）人工补播试验表明，种源不是黄土丘陵沟壑区植被更新的限制因素，而幼苗能否存活并建植成功是关键，主要受水分条件的制约。但人工补播在一定程度上可促进演替后期物种的更新，加快植被演替进程。有利于加速该区植被恢复的人工补播调控措施包括：长芒草在幼苗更新阶段对侵蚀干扰适应性较强，可作为在侵蚀干扰严重的生境进行人工补播的有效物种；白羊草和狼牙刺可作为促进植被恢复及演替的有效补播物种；对于种子为爆发型萌发的物种，抓住早期有效降水进行补播；对于缓慢萌发型物种或种子硬实休眠物种可结合破除休眠与硬实的预处理；在侵蚀坡面配合微地形构建与遮阴更有利于促进补播物种的更新。

第12章 植物种子繁殖更新的限制性*

植物自然更新过程是一个复杂的生态学过程，它对种群的增殖、扩散、延续和群落稳定及演替具有重要的作用(李小双等，2007)。种子植物天然更新有两种方式，即有性繁殖(种子繁殖)和无性繁殖，前者是种子植物最重要的繁殖方式。大多数种子植物天然更新是指成熟种子离开母株后，在适宜生境中萌发出幼苗并建植成功的过程(Howe and Smallwood，1982；Wiegand et al.，2009)。然而，种子离开母株后，仅有少量种子能成功建植完成更新，多数种子常受到更新限制而死亡(Schupp et al.，2002)。更新限制主要有种源限制、传播限制和建成限制3种机制(Clark et al.，1998；Schupp et al.，2002；李宁等，2011)：种源限制是指种子生产量低而导致有效传播低，更新幼苗数量受到种子生产量大小的限制；传播限制主要是指种子离开母体后，由于各种原因不能到达合适的萌发地点，从而导致植物种群更新失败；建成限制是指由环境中非密度制约因素(土壤、水分和阳光)和密度制约因素(种间竞争、种内竞争和捕食者)导致植物种群更新失败。

在黄土丘陵沟壑区，生境破碎、土壤侵蚀严重，加上强烈的人为干扰等因素，造成生物多样性降低，生态环境脆弱，植被恢复演替缓慢。植被恢复与演替首先取决于植被的自然更新能力，而有效的繁殖体及合适的生境是植被自然更新的基础(李小双等，2007)。区域物种库能从大的尺度上为植被更新保障种源，种子生产、植冠种子库和土壤种子库能够在种群、群落尺度为植被更新提供繁殖体，幼苗库特征能够反映不同微生境下植物种子更新的实际情况。为此，本章将通过综合分析以上各章节的研究结果，并结合前人的相关研究成果，从种源限制、传播限制和建成限制3个角度，来分析黄土丘陵沟壑区植物种子繁殖更新限制的关键环节与因素，明确不同演替阶段主要物种的更新能力，为加快该区植被恢复重建提供生态学依据。

12.1 种源限制

由于种子可获得性低，导致有效传播率低，而引起种源限制，主要表现为植物种群呈小种群状，种子可利用性低，从而降低了有效传播的数量；植物种子生产量呈现出明显的时空变化，导致种子有效传播出现明显的时空特征，造成小斑块小年内植物种子有效传播较低(Münzbergová and Herben，2005)。

在黄土丘陵沟壑区，由于地形破碎，人为干扰频繁，局部范围内小气候、立地条件等剧烈变化，致使不同恢复方式与演替阶段的植物群落与残留植被镶嵌分布。而对于该区大规模的退耕地，是否具有有效的种源是其植被自然更新与恢复的前提。在退化生态系统的恢复过程中，物种丰富的物种库可以增大繁殖体的有效性，加快退化生境的恢复(Gala-

---

* 本章作者：焦菊英，王宁，王东丽

towitsch,2006;Wolters et al.,2008)。丰富的区域物种库将通过繁殖体扩散维持多样性的物种共存并实现其生态学功能,并使生物多样性成为异质景观的生态功能维持的生物学保障(Loreau et al.,2003)。种子生产是植物繁殖生活史众多生态过程的基础,是种子扩散、流失、分布及形成持久土壤种子库等的初始来源,进而决定了种子萌发、出苗与幼苗定植、存活的概率,是植被更新与恢复的基础(马绍宾等,2001)。大的结种量能保证植物有更多的种子进入土壤种子库,为植物的生存提供大量的种源,从而有利于植被的更新,对种群补充后代、稳定发展具有重要作用(Westoby et al.,1996)。为此,从区域物种库组成和种子生产两个方面,来分析黄土丘陵沟壑区植被更新的种源限制。

12.1.1　区域物种库

景观破碎化是黄土丘陵沟壑区典型的特征(傅伯杰,1995),沟壑密度大,塬面与梁峁坡破碎,各种斑块面积小,加上农户的分散管理,使得斑块间干扰方式、恢复方式和时间不同,形成了多种多样小斑块镶嵌分布的植被;同时,沟坡多分布残存的灌草植被或乔木,保存有大量的物种,构成了该区天然的植物种源库。

从大的尺度上来讲,黄土高原植物区系起源古老,与其他地区植物区系联系广泛,植物物种丰富,具有种子植物147科864属3224种(张文辉等,2002)。在较小的尺度上,陕北黄土高原地区具有种子植物123科542属1350种(李登武,2009)。本研究中,延河流域仅为陕北黄土高原的一小部分,通过430个样地的调查统计,区域物种库中包含种子植物58科155属202种。这些样地的植被可被归为45种群落类型,包含了退耕演替不同阶段的群落类型,如退耕恢复初期的猪毛蒿、赖草群落,进一步发展为长芒草、达乌里胡枝子群落,较高阶段的茭蒿、铁杆蒿、白羊草群落;沟坡残留灌草丛群落类型,如狼牙刺、灌木铁线莲、虎榛子、丁香、黄刺玫、荆条、河朔荛花、小叶锦鸡儿、杠柳、酸枣等群落;乔木林群落类型,如辽东栎、侧柏、小叶杨等群落;同时也包括了主要的人工林群落类型,如刺槐、柠条、沙棘群落。以上各类型群落中包含的核心物种数分布在25~84种,平均为52种。

关于黄土丘陵沟壑区退耕恢复演替的研究发现,大概只需要30年左右就能够实现从退耕裸地→猪毛蒿群落→达乌里胡枝子、长芒草群落→铁杆蒿、茭蒿群落,白羊草群落的演替过程(杜峰等,2005;焦菊英等,2008),说明区域物种库能够为退耕地恢复提供种源,在退耕后30年左右就能够恢复到该区典型的蒿草群落类型。先前研究显示,黄土丘陵沟壑区在历史时期以疏林灌丛草原为主要植被类型(王守春,1994),目前在沟坡还保留一些乔木林和灌丛;有研究认为保留较好的乔、灌林能够作为种源使周围区域内退耕地恢复到相同的乔、灌林(程积民等,2008;Zhang and Dong,2010)。同时,野外调查过程中也发现一些灌、乔木物种,如狼牙刺、丁香、灌木铁线莲、杠柳、酸枣、榆树、臭椿等从沟坡、沟沿线向梁峁坡面扩散的现象。所以,可以认为存在于沟坡、沟谷内的灌丛群落和一些分散的乡土乔木物种也能作为潜在种源为该区植被的自然更新恢复提供种源。

12.1.2　种子生产

种子生产即结种量决定了植被自我更新与扩展的规模。在植物繁殖策略中,种子产量和种子大小是相互权衡的(Leishman,2001)。不同生活型的物种会在产生大量小种子或少量大种子中做出权衡(Moles and Westoby,2006)。生命周期较短的物种或主要依赖种子繁殖的物种一般生产大量小种子，而生命周期较长的物种，其生产的种子也较大(Silvertown,1981)。同时，通常情况下，演替早期物种以生产大量小种子为主，随着演替的进行，物种生产种子的质量随之增加，而生产种子的数量随之减少。例如，本研究区的先锋物种猪毛蒿的单株种子产量为(7399±4199)粒/株，其种子单粒重为(0.020±0.000) mg；对于演替中后期的物种，长芒草的单株种子产量为(417±73)粒/株，其种子单粒重为(1.682±0.001) mg；达乌里胡枝子的单株种子产量为(235±38)粒/株，其种子单粒重为(2.129±0.015) mg；水栒子的单株种子产量为(341±109)粒/株，其种子单粒重为(9.821±0.005) mg；酸枣的单株种子产量为(45±16)粒/株，其种子单粒重为(357.428±0.002) mg。所以，演替早期物种种子质量轻、产量大，远距离扩散并占据新的生境的概率高；而随着演替的推进，通常物种的种子质量变大，数量减少，不利于传播，也减少了扩散的成功概率，同时易遭到捕食，不利于其迅速扩散占领新的生境(Guo et al.,2000)。然而，有些灌木和半灌木物种也表现出生产大量种子并在研究区具有广泛的分布优势，如铁杆蒿的单株种子产量为(6000±659)粒/株[单粒重为(0.085±0.000) mg]，狼牙刺的单株种子产量为(4109±1066)粒/株[单粒重为(23.769±0.069) mg]。另外，还有些演替中后期的物种能够生产大量种子，但其分布较为零星，如互叶醉鱼草的单株种子产量更是高达(22774±12071)粒/株[单粒重为(0.056±0.001) mg]；种子质量中等[种子单粒重为(7.858±0.072) mg]的延安小檗的单株种子产量也高达(16652±6881)粒/株。因此，本研究区退耕恢复演替过程中，早期物种更新受种源限制较小；随着演替的进行，演替后期的一些乔、灌木物种分布范围小，种子产量低，占领新生境的概率也低，其更新受到一定的种源限制。但该区演替中后期的有些灌木(如狼牙刺)和半灌木(如铁杆蒿)物种能够生产大量小种子，在该区分布范围也较广，其更新表现为不受种源限制；也有一些灌木(如互叶醉鱼草、延安小檗)也能生产较多相对较大的繁殖体，其更新不受种源限制，但在该区零星分布，其更新受除种源外的其他因素限制。

强烈的土壤侵蚀是该研究区主要的自然干扰因素之一。侵蚀条件下，土壤养分与水分流失，贫瘠干燥的土壤胁迫植物种子的正常发育，不能形成受精胚芽而失去活性，致使土壤侵蚀严重区域的植物种子产量与活性明显低于土壤保护好的区域(Renison et al.,2004；Tíscar et al.,2011)。并且，退化土地上植物的种子质量轻而且小(Cierjacks and Hensen,2004)，又会对幼苗建植和生长产生不利影响(Hendrix et al.,1991；Jakobsson and Eriksson,2000)。对黄土丘陵沟壑区主要优势物种猪毛蒿、铁杆蒿、茭蒿、阿尔泰狗娃花、白羊草、长芒草的种子产量与萌发特性的分析也表明：土壤侵蚀程度对种子产量与萌发率有很大的影响，土壤侵蚀越严重，种子产量与种子的萌发率就越低(张小彦,2010)。随着坡度增加，演替较高阶段的物种以及残存的灌丛物种一般分布在较陡的坡面或沟坡，这些地块一般面临更加强烈的土壤侵蚀及干旱胁迫，势必影响植物的生存和种子的生产，对于其种群的更新与扩散也具有一定的限制作用。

综上所述，该研究区尚保留有较丰富的物种资源，演替早期物种更新受种源限制较小；随演替的进行，有些物种种子质量增加，产量降低，再加上其多分布在坡度陡且土壤侵蚀严重的沟坡，侵蚀的干扰、水分与养分的匮乏更进一步限制了种子的生产与活性，种源受到一定的限制；但也有些演替中后期的物种生产较多种子，其更新不受种源限制。

12.2　扩散限制

种子扩散是种子雨再分配及影响种子雨、种子库时空格局的一个重要生态过程，直接影响种子和幼苗的命运，进而影响种群的更新动态和分布格局(Rey and Alcantara, 2000)。种子扩散是种群更新和扩大生态位空间的有效途径，其种子扩散方式与生境、种源特征和传播者有着密切的关系，也因植物生活型和所处生境的不同而存在明显的差别(李小双等，2007)。然而，种子不能扩散到合适地点就会受到传播限制，具体表现为，受到破碎化影响，生境中种子传播者导致植物有效传播次数的减少，从而引起数量上限制传播(Cordeiro et al.，2009)；离开母株后，种子到达的位置与母株过近，从而由于母株下大量的捕食者及真菌而丧失萌发可能，引起距离限制传播(Swamy and Terborgh，2010)；种子的被动运动过程与食果动物行为相关，异质的环境常造成动物行为方式产生差异，直接影响种子到达的地点，从而导致动物行为限制传播。扩散限制已被证明是决定群落演替动态、群落多样性和构成等特征的重要因子(Tilman and Kareiva，1997)。作为更新限制的关键环节之一，扩散限制的影响因素有很多，如种子自身形态特征、种源与恢复目标地的距离、传播媒介的数量等；同时，种子到达地面后，二次扩散对其能否到达安全生境也非常重要(Thompson and Katul，2009)。种子扩散以后，随即形成了土壤种子库而发挥其植被更新功能。为此，本节将从种子传播方式、种子雨、植冠种子库等种子扩散特征，以及种子散播后所形成的土壤种子库特征，来分析黄土丘陵沟壑区植被自然更新的扩散限制。

12.2.1　种子传播方式

种子的形态特征包括种子的大小、质量、形态、附属物等，决定了其扩散方式。总体而言，以脊椎动物或蚂蚁为媒介散布的种子比依靠风散布、附着散布或自助散布的种子质量要大(Leishman and Westoby，1994)。表现为大于100 mg的种子趋向于适应脊椎动物散布，小于0.1 mg的种子趋向于没有媒介散布，但是在0.1～100 mg质量范围的种子以风传播、附着传播、蚂蚁传播、脊椎动物传播等散布方式都是有可能的(Westoby et al.，1996)。种子大小与植物生活型呈正相关性，从草本、灌木到乔木，其种子大小有不断增大的趋势(于顺利等，2007b)。因而，不同类型植物种子的传播方式不同。

在该研究区，植被以灌丛草原植被为主，其中草本物种占很大比例，种子较小，易于风传播，在区域物种库中接近半数的物种依靠风传播。菊科物种在物种库中所占比例最大，大部分物种适合风力传播，或具有较小种子的蒿类物种如猪毛蒿、臭蒿、铁杆蒿、茭蒿、茵陈蒿、南牡蒿、冷蒿等，或具有冠毛等附属物的物种如阿尔泰狗娃花、小蓟、中华苦荬菜、抱茎苦荬菜、黄鹌菜、蒲公英、鸦葱、旋覆花等。禾本科为第二大科，也具有较多的物种，一般具有适合风播或蚂蚁散播的小种子，如长芒草、白羊草、中华隐子草、糙隐子草、狗尾草、细叶臭草、拂子茅、芦苇、硬质早熟禾等。蔷薇科物种也较多，但其中多为灌木物种，种子较大，只有一些草本物种具有较小的种子，如委陵菜属物种。豆科物种在物种库中也较多且种子较大，多为自重传播或蚂蚁散播，其中一些分布广泛的物种如达乌里胡枝子、草木樨状黄芪、糙叶黄芪、狭叶米口袋、二色棘豆、砂珍棘豆等因分布广泛，增加了扩散到恢复目标地的概率。此外，其他具有冠毛、绢毛、翅等易于风力传播的物种有灌木铁线莲、芹叶铁线莲、野棉花、白头翁、异叶败酱、杠柳、臭椿、榆树等。上述这些物种中包含了目前退耕演替过程中的主要建群种和伴生种，说明该区退耕恢复到蒿草阶段的主要物种更新受扩散限制相对较小；而当群落向较高阶段的灌丛群落或乔木群落演替时，由于乔、灌物种种子一般较大，在没有有效传播媒介（如脊椎动物）的情况下就会受到扩散的限制。该区在长期受到人为干扰后，乔、灌林遭到破坏，在这种生境下鸟类和野生动物因栖息地破坏而消失（朱志诚，1996），而且目前植被恢复过程中也禁止放牧，同时生态系统整体上处于植被恢复演替阶段的早中期，缺乏传播较大种子的动物群落，在一定程度上限制了演替后期乔、灌类物种的种子扩散。

同时，该区由于受到破碎的地形及人为活动影响，不同类型的植被斑块镶嵌分布，不仅各类种群或群落面积较小，而且恢复目标地与其他植被斑块的距离也较短，这对于风力传播的物种而言，能够在较短的时间内占领目标地空间，使得退耕地在较短时间就能够恢复到典型蒿草群落。在调查中也发现，荒废的油井平台上3～4年时间内就会有铁杆蒿、茭蒿、白羊草等演替中后期物种成功定居。但对于较大种子的物种，由于不能依靠风力进行长距离传播，其更新与恢复速度较慢，只能残留在沟坡、沟谷等较小的区域内；而退耕地多分布在梁峁坡面，在重力作用与土壤侵蚀作用的影响下，这些处于较低位置的沟坡、沟谷内的灌丛植物种子很难在无传播媒介的情况下扩散到坡面上，所以灌丛群落的恢复受到扩散的限制较大。

12.2.2　种子雨

种子成熟后散落，从而形成种子雨。种子雨是土壤种子库的直接来源，因而种子雨的组成、大小和格局将影响土壤种子库的组成、大小和格局，进而影响植物的自然更新（李小双等，2007）。种子雨来源于地上植被，种子雨的物种组成很大程度依赖于植被的物种组成。本研究中，种子雨与地上植被具有较高的相似性（相似性系数为0.77），高的相似性可能与种子存在扩散限制有关。尽管种子（特别是风传种子）的长距离扩散对植物很重要，大多数种子却只能从种子发散源传播较短距离（Howe and Smallwood，1982；Willson，1993）。对于本研究中以草本植物为主的撂荒植被来说，植株的高度也可能限制了其种子的扩散距离。虽然纸坊沟流域物种较丰富，有133种（Wang et al.，2013a），但种子雨收集到37种物种中只有3种没有在研究样地的地上植被中出现，这更进一步说明种子扩散的空间限制是存在的。

在该研究区，演替前期物种猪毛蒿的种子在风力和重力的作用下较容易扩散，来自不同斑块的种子相互叠加，使其扩散的空间尺度增大；基于对“逃逸”假说可推断，在有限的空间尺度上种子扩散呈大尺度异质性格局时，种群内部的竞争较为激烈，进而可能会造成演替前期物种种群的更新潜力降低（许玥等，2012）。大部分演替后期物种的种群（如达乌里胡枝子、糙隐子草、铁杆蒿、阿尔泰狗娃花、白羊草）自相关尺度较小；而较小尺度的种子雨异质性格局可使扩散的种子分布于多种小生境或微立地，躲避密度制约的摄食和死亡，从而有更多的更新机会（García-Fayos et al.，1995）。

虽然撂荒坡面的年均种子雨的密度较大[(3737±2286)粒/m^2～(6449±3754)粒/m^2]、物种较为丰富(37 种)，但主要物种猪毛蒿(24.7%)、白羊草(17.0%)、狗尾草(16.2%)、长芒草(12.4%)、草木樨状黄芪(12.2%)、糙隐子草(4.0%)、达乌里胡枝子(3.3%)、阿尔泰狗娃花(3.4%)和铁杆蒿(2.6%)占种子雨总量的 95.8%，而演替后期的灌木和乔木的种子在种子雨中很少发现，进一步说明了灌木和乔木的种子扩散的限制性。虽然种子雨可为撂荒坡面植被恢复提供丰富的种源，但种子以种子雨的形式输入后，还会受各种因素的影响，其输出形式也多种多样，如动物捕食、种子流失、种子生理死亡、种子萌发等(Martínez-Duro et al.，2009)。可见，种子雨的动态特征并不能直接解释该研究区域植被更新演替规律。

12.2.3　植冠种子库

有些植物将成熟后的种子储存在植冠中推迟脱落，形成植冠种子库(Lamont et al.，1991)。种子的延缓传播可使繁殖体免受种子败育、捕食及不可预测环境条件等带来的威胁；推迟脱落的种子能够补充土壤种子库，为土壤种子库提供持续的供给(Lamont et al.，1991；Van Oudtshoorn and Van Rooyen，1999；马君玲和刘志民，2005)；而且有些种子能够选择合适的时机释放休眠，保证了种子萌发、幼苗建植及植被更新的种源，进而保证种群的更新以及群落的稳定性和多样性。

对于降水主要集中在夏季的黄土丘陵沟壑区，种子脱落延缓到春季或夏季初的现象是植物适应环境的一种繁殖对策，可确保其后代在合适的时间和地点下萌发，有利于植被的更新。黄土丘陵沟壑区至少有 64 种植物具有植冠种子库，菊科、禾本科、豆科和蔷薇科植物为主，多年生植物、灌木和半灌木植物居多。大多数具有植冠种子库的植物种子以风力传播为主，种子成熟较晚并推迟至翌年雨季脱落。有 10 种植物种子分泌黏液，其植冠种子库种子可宿存至雨季，在降水充足条件下吸湿分泌黏液，更利于种子萌发及幼苗建植成功。具有植冠种子库的物种又表现出通过不同的方式来提高物种成功更新的概率：黄刺玫通过推迟种子脱落高峰而在植物生长季能够维持较大的植冠种子库规模；有些优势物种如茭蒿、铁杆蒿、菊叶委陵菜、达乌里胡枝子和狼牙刺等，因具有较大的密度与频度，可形成一定规模的单位面积植冠种子库，这些物种的植冠种子库从数量与时间序列上为植被更新提供种源补充；有些物种的植冠种子库种子通过调节萌发特性来保证其成功更新，如达乌里胡枝子、菊叶委陵菜、狼牙刺、丁香和土庄绣线菊种子萌发率在翌年 2 月底均有提高，可以抓住适宜的降水条件迅速完成萌发及更新；有些优势种则通过提高植冠种子库中的种子活力率来提高其更新成功率，如延安小檗、菊叶委陵菜、狼牙刺、丁香和土庄绣线菊种子活力率在翌年 2 月底均有所提高，增加了种源的有效性。

12.2.4　土壤种子库

成熟的种子扩散到土壤表面，或萌发，或死亡，或埋入土壤形成土壤种子库，形成了潜在的植被群落更新动力。在本研究中，自然恢复坡面土壤种子库平均密度在 3937～22560 粒/m^2变化，人工恢复坡面土壤种子库平均密度分布在 1437～6355 粒/m^2，沟坡土壤种子库平均密度分布在 1395～7460 粒/m^2。对于世界其他地区，Bossuyt 和 Honnay

(2008)综述了102个欧洲温带地区土壤种子库研究结果,包括草地、林地、沼泽湿地、石楠灌丛植被类型,土壤种子库平均密度分别为4000粒/m²、3500粒/m²、14000粒/m²和6000粒/m²,平均物种数分别为32种、26种、24种和15种;Caballero等(2003)研究发现西班牙山坡灌丛草地土壤种子库平均密度为16214粒/m²,物种总数为68种,并与干旱半干旱生态系统土壤种子库研究资料对比得出其密度处于中等水平。与上述研究结果对比,该研究区的土壤种子库密度同样处于中等水平。

就土壤种子库物种而言,包括了研究区退耕演替过程中的主要建群物种,如猪毛蒿、阿尔泰狗娃花、达乌里胡枝子、长芒草、茭蒿、铁杆蒿、白羊草等,灌木物种狼牙刺、灌木铁线莲、杠柳、互叶醉鱼草、三裂蛇葡萄、茅莓、黄刺玫、柠条、虎榛子等。这些物种中,猪毛蒿作为先锋物种能够生产大量的小种子,易于传播和进入土壤,在土壤种子库中所占比例最大,分布在所有样地中,并易形成持久种子库,利于其在地上植被受到干扰后迅速占据空间完成种群更新、繁殖。其他演替过程中的主要建群物种和伴生种也具有较高土壤种子库密度,如阿尔泰狗娃花、长芒草、达乌里胡枝子、茭蒿、铁杆蒿、白羊草、中华隐子草、硬质早熟禾、菊叶委陵菜、异叶败酱、中华苦荬菜、狼牙刺、灌木铁线莲等。但是,一些灌木物种多在其种群分布样地中具有土壤种子库,如狼牙刺、三裂蛇葡萄、丁香、土庄绣线菊、虎榛子、杠柳、扁核木、黄刺玫、延安小檗、茅莓等,说明其种子扩散范围有限。

植物种子能够形成持久土壤种子库,可在土壤中保存较长的时间而在合适的时机萌发、建植(Thompson et al.,1998)。土壤种子库的持久性与植物生命周期及种子形态有关,一、二年生物种及具有圆而紧实的小种子物种更倾向于具有持久土壤种子库(Thompson et al.,1993;Moles et al.,2000)。本研究共发现32个物种具有持久种子库。这些具有持久种子库的物种在一、二年生物种中有15种,其中先锋物种猪毛蒿具有相当高的密度,在自然恢复坡面,种子库密度保持在5000粒/m²以上;在沟坡和人工恢复坡面,地上植被中基本上已无猪毛蒿分布,但其持久土壤种子库密度仍保持在1000粒/m²左右。多年生禾草和其他草本物种中具有持久种子库的物种有13种,包括了研究区演替过程中的主要物种如长芒草、达乌里胡枝子、硬质早熟禾、中华隐子草、白羊草等建群物种及伴生物种如阿尔泰狗娃花、中华苦荬菜、菊叶委陵菜、异叶败酱、裂叶堇菜、远志等,这些物种的种子库密度虽然相对较低,但是平均密度也能超过100粒/m²。在灌木、半灌木物种中,发现铁杆蒿、茭蒿、互叶醉鱼草、灌木铁线莲具有持久种子库,其中铁杆蒿也是研究区演替过程中重要的建群物种,分布非常广泛,其种子库密度也能超过400粒/m²;灌木铁线莲多伴生在退耕恢复较高阶段的铁杆蒿群落、白羊草群落或分布在阳沟坡群落中;互叶醉鱼草多分布在沟坡、沟沿线。总之,不同物种土壤种子库的持久性,进一步说明了退耕地恢复到蒿草草丛阶段受到种源限制较小;而随着演替进行,后期一些乔、灌木物种种子较大,不易形成持久土壤种子库,降低了在不利生境中成功建植的概率。

在黄土丘陵沟壑区,土壤侵蚀作为一种重要的生态应力和干扰因素,会威胁到土壤表层的种子库(García-Fayos and Cerdà,1997;García-Fayos et al.,2010)。在较小的坡面尺度下,土壤侵蚀造成种子库中种子的流失会限制地上植被的更新恢复,导致侵蚀坡面植被稀疏(García-Fayos et al.,1995,2000;Jiao et al.,2011)。但坡面微地形(坑洼、裂痕)与灌草丛等能够起到拦截作用,降低种子随地表径流而流失的风险(Cerdà and García-Fayos,

1997；Isselin-Nondedeu et al.，2006；Thompson and Katul，2009)；同时，种子可通过自身的特点(如遇水分泌黏液、吸湿打钻、具翅等)固定在土壤中以减少流失(Chambers and MacMahon，1994；García-Fayos and Cerdà，1997；Chambers，2000)，再有小种子易于进入土壤缝隙，也容易保留在土壤种子库中(Thompson et al.，1993；Guàrdia et al.，2000)。本研究发现，土壤中的种子确实存在随土壤侵蚀而流失、沉积的现象，淤积微地形中土壤种子库密度要高于侵蚀坡面，尤其是淤积地形的5～10 cm土层中，种子库密度要显著高于坡面5～10 cm土层种子库密度。同时，坡面草丛也能够减少种子的流失，拦截较多的种子。而对于侵蚀坡面，自上而下随着侵蚀强度的增强，土壤种子库密度并没有显著的变化，说明土壤侵蚀并没有造成坡面种子库密度与物种数的显著降低。对土壤种子库的动态分析发现，在雨季过后，种子库密度虽然有明显的降低，但是种子库中依然有大量的种子，且幼苗密度要显著低于土壤种子库密度。进一步对撂荒坡面种子雨输入、侵蚀流失与幼苗萌发输出的动态分析表明，种子随土壤侵蚀流失量仅占总种子库(种子雨与初始土壤种子库)的0.5%左右，而种子的萌发也只占总种子库的6.3%左右，说明降水侵蚀引起的种子流失不是限制幼苗更新的主要因素。

综上所述，扩散限制主要表现为演替后期的一些种子质量大且产量小的物种，加上多分布在位置较低的沟坡与沟道，在缺乏有效的扩散媒介情况下，又受到重力作用和土壤侵蚀作用的影响，这些物种的种子均受到了数量、空间和动物行为上的限制传播。

12.3　幼苗建植限制

种子萌发和幼苗的生长、发育、定居是植物生活史中对外界环境压力反应最为敏感的时期，决定种群自然更新的重要阶段(Harper，1977)。种子萌发是植被恢复和自我更新扩张的纽带，是植被建植成功的基础(于顺利等，2007b)。幼苗阶段是从种子到植株过渡的关键阶段，也是植物生活史中最脆弱的阶段，植物更新在种子萌发和幼苗建植过程中受到许多因素限制。

通过种子补播试验发现，7种补播物种的平均种子萌发出苗率(2.0%～17.1%)远大于平均幼苗的存活率(0.2%～2.7%)。植物种子萌发出苗与幼苗存活及生长主要受水分条件的限制，所有有利于水分条件保存的补播方式均有利于植物更新过程的种子萌发出苗与幼苗建植，包括可以保存水分的微地形和蔽荫处等，如白羊草、长芒草和狼牙刺在带播处理下的出苗率分别可达58.3%、33.7%和30.6%，幼苗存活率可分别提高到4.2%、14.5%和10.4%；而且种子萌发率和幼苗存活率也表现出对降水的响应。同时，调查发现幼苗在坡面分布也存在差异，在阳坡较陡的坡面中下部和沟坡幼苗密度要低于相对平缓的上部和接近沟底的部位，主要是受到水分条件的影响。幼苗在坡面常聚集分布在几十平方厘米的小斑块内，很少随机分布或均匀分布，尤其在草丛中幼苗密度及其物种数量有一定程度的增加，草丛的存在能够拦截种子和径流，增加草丛下的土壤湿度和养分；同时，冠层可起到遮阴降温的效果，也能够增加幼苗的存活(Callaway et al.，2002；Maestre et al.，2003b)。在自然恢复的阳坡坡面幼苗密度和物种数量随地表粗糙度的增加而增加，坑洼微地形能够拦蓄水分、减少蒸发，增加湿度为种子萌发和幼苗存活提供微生境；细沟能够拦截种子，降低蒸发，增加幼苗的成活，细沟内的幼苗密度和物种数要高出细沟外数倍到数十倍。所以细沟、坑洼等在土壤侵蚀不再发展后，能够为水分蓄集、种子保存、萌发等提供较好的微环境。另外，在降水较少、土壤干燥季节及降水有所增加但高温干燥的季节明显限制了幼苗的萌发和存活，大量的幼苗在 8 月、9 月雨量增加、气温和光照相对较低的时候萌发，但又会面临冬季的低温胁迫。例如，补播的白羊草和杠柳种子萌发出苗具有多而早的特点，可在一个生长季完成幼苗生活史，但补播试验于 7 月进行，错过了这两种物种种子萌发出苗及幼苗生长的最早时机，使得其幼苗在补播当年没有生长得足够健壮来抵抗严寒，导致其幼苗存活较少，体现了低温对幼苗存活的限制性。因此，水分和温度是限制该区幼苗建植的主要因素。

黄土丘陵沟壑区受人为干扰频繁，反复的开垦、撂荒，在强烈的侵蚀作用下使得不同斑块间土壤的养分、水分、微生物、酶活性、物理结构等产生明显差异。随着退耕演替群落的发展，土壤水分呈现出下降的趋势（杜峰，2004；焦菊英等，2005），这说明演替后期的物种较前期物种更能适应干旱的生境。同时，随着退耕恢复演替，土壤的容重变小，而土壤有机质、全氮、速效氮和速效钾含量呈现增加的趋势（杜峰，2004；焦菊英等，2005；郝文芳，2010），土壤微生物碳含量、微生物氮含量、土壤基础呼吸强度、土壤代谢熵也随着退耕时间的延长呈现增大的趋势，土壤脲酶、碱性磷酸酶的活性增强，植被盖度也在增加（蒋金平，2007；郝文芳，2010），说明演替后期物种所处的这些土壤条件要优于演替早期物种。朱志诚（1993）认为植被恢复演替早期，为植物群落作用下土壤性的内因动态演替，后期是由群落内光强减弱而引起的群落内因动态演替。也就是说，植被恢复的前期物种对土壤的改善作用可能为后期物种的定居提供条件。有研究表明，种子萌发过程对土壤中硝酸盐非常敏感，只有在一个合适的浓度范围内种子才能够萌发，不同物种的种子通过感应硝酸盐浓度及光照来控制萌发（Hilhorst and Karssen，2000）。此外，一些特定物种的种子萌发及幼苗的生长还需要微生物和酶的作用，如依靠纤维素酶分解以及微生物作用削弱瘦果果皮影响以促进其萌发（Morpetha and Hall，2000；周志琼和包维楷，2009）。在该研究区由于坡耕地施肥较少、土壤侵蚀严重，土壤氮含量低，土壤微生物与酶活性在退耕早期也较低，可能会限制演替后期物种的种子萌发及幼苗存活与生长，这还有待于进一步研究。另外，植被稀疏，光照强烈，土壤表层温度与湿度波动剧烈，也不利于演替后期物种种子萌发和幼苗存活（Lauenroth et al.，1994；García-Fayos et al.，1995；Fenner，2000；Bowers et al.，2004）。可见，该研究区的立地环境因子对演替后期物种的幼苗建植具有限制作用。

12.4 不同演替阶段植物的更新能力

退耕初期或较强烈的干扰过后，地上植被遭到破坏，土壤裸露，环境条件波动剧烈。此时，先锋物种具有多种优势来占据干扰后的空间。猪毛蒿作为该研究区的主要先锋物种，生命周期短，能够生产大量的易于传播的小种子[(5.13±0.35)万～(52.45±2.01)万粒/m^2]，而且能够形成密度较高的土壤种子库（606～11264 粒/m^2），并能够保留高密度的持久土壤种子库，在生长季内任何合适的条件下均能够萌发，表现为具有持续的较高密度的幼苗(在幼苗高峰期可超过500个/m^2)。虽然裸露坡面侵蚀强烈,但是较小的种子易于进入土壤缝隙,同时种子还能够遇水分泌黏液,增加与土壤的黏结,减少流失。所以,猪毛蒿作为先锋物种能够迅速占领干扰后的生境,并迅速完成生命周期,生产大量的种子,实现种群迅速扩大。退耕初期还有其他一、二年生物种伴生或形成优势种群,如臭蒿、狗尾草、香青兰、猪毛菜等也具有生命周期短、易于扩散、具有持久土壤种子库的特点,增加了它们在退耕初期短时间内种群扩大的能力。此外,退耕恢复早期还有一些具有营养繁殖能力的物种形成优势种群如赖草群落,赖草能够形成成片的优势种群,主要依靠其旺盛的根茎繁殖能力,其根茎芽密度能够达到(1716±203)个/m^2(王宁,2013)。营养繁殖芽相对于种子萌发幼苗具有更高的抵抗生境胁迫能力,增加了其在恶劣生境中的成活率。

随着演替的进行,长芒草、达乌里胡枝子、阿尔泰狗娃花等逐渐取代早期的猪毛蒿、狗尾草、赖草等,成为主要建群种。这些物种均为多年生,生命周期较长,既具有一定密度的持久土壤种子库又具有营养繁殖能力。持久种子库增加其躲避不利萌发时间的能力,而成功定居后又能够通过营养繁殖进行维持并扩展,并完成多次结实,扩大种群。虽然它们的土壤种子库密度与猪毛蒿相差很大,但是种子质量的增加,能增加幼苗抵御土壤侵蚀造成的机械破坏、干旱胁迫等不利干扰,增加幼苗个体建植成功率。

在演替较高阶段,白羊草、铁杆蒿、茭蒿等为主要建群种,同样具有一定数量的持久土壤种子库,并且在生长季内具有一定数量的幼苗,再就是这些物种具有很好的营养扩展能力,一个实生苗就能够通过营养繁殖扩展成丛。白羊草、铁杆蒿、茭蒿的冠幅能够超过1 m^2甚至达到几个平方米,单丛分枝数分别达到(146±32)枝/丛、(144±30)枝/丛和(116±26)枝/丛(王宁,2013)。演替过程中的许多伴生种如硬质早熟禾、中华隐子草、鹅观草、异叶败酱、野菊等也具有土壤种子库并同时具有营养扩展能力。另外一些伴生种,虽不具有营养扩展能力,但是能够形成较高密度的土壤种子库和幼苗库实现不断地更新,如抱茎苦荬菜、中华苦荬菜、菊叶委陵菜、远志、狭叶米口袋、糙叶黄芪等。

灌木群落目前还主要分布在沟坡、沟谷等干扰较少的斑块,主要的灌木物种也具有较低密度土壤种子库,并且具有一定数量的幼苗萌发。狼牙刺、灌木铁线莲作为分布较广的灌丛物种,幼苗在8月、9月能够大量萌发,密度分别达到198个/m^2和43个/m^2,但其处在阳沟坡,干旱季节易遭受干旱、高温胁迫,在灌丛中较大的幼苗很少。但在靠近沟沿线的坡面上,狼牙刺、灌木铁线莲的幼年植株数量有了明显的增加。从一定程度上说明这些灌木能够生产具有活性的种子,并能够在合适的条件下萌发,但是由于灌丛一般处于严酷的生境中,幼苗成活概率较低,而随着其种群向生境条件较好的坡面扩散,其幼苗成活率、建植成功率会增加。总之,灌木物种一般寿命较长,并具有萌生能力,具有较强的耐受能力,能够在恶劣的生境中维持生命,并生产一定量的种子实现种群的更新与扩散。由于本研究中土壤种子库采样、幼苗调查涉及的灌丛群落较少,其他研究发现灌丛群落同样具有丰富的土壤种子库(袁宝妮,2009),而要全面地了解各种灌丛物种种子产量、种子库规模及幼苗更新还需要进一步调查研究。

乔木与灌木类似,同样为长寿命、强忍耐型,土壤种子库多为瞬时型,种子库密度较低,部分种子能够萌发,但存活幼苗数量较少,以辽东栎为例,土壤种子库密度能够达到

87 粒/m^2，但是幼苗密度仅为 40 个/hm^2，种群的更新主要依靠萌生(陈智平等，2005)。

本研究调查记录的幼苗中，菊科、禾本科、豆科物种最多，这些物种包括了该区退耕演替过程中和沟坡残留群落中的主要物种，如猪毛蒿、狗尾草、阿尔泰狗娃花、中华苦荬菜、狭叶米口袋、糙叶黄芪、菊叶委陵菜、达乌里胡枝子、长芒草、茭蒿、铁杆蒿、白羊草、硬质早熟禾、中华隐子草、野菊、细叶臭草、野豌豆、狼牙刺、茅莓、扁核木、杠柳、互叶醉鱼草、灌木铁线莲、三裂蛇葡萄、丁香、延安小檗等，退耕地植被恢复演替过程中的主要物种在土壤种子库、幼苗库与地上植被中均有出现，说明这些物种能够在自然条件下萌发、建植，并实现植被的自然更新与演替。

12.5　小　　结

1）区域物种库中具有丰富的物种，能够为退耕地植被恢复提供种源，在退耕后 30 年左右能够恢复到黄土丘陵沟壑区典型的蒿草群落类型。沟坡、沟道残留的灌丛、乔木群落也保留有大量的物种，能够为退耕地植被的进一步演替发展提供种源。演替早期物种种子小、产量高利于扩散及形成持久土壤种子库，增加其成功定居与更新的概率；随着演替的进行，植物种子质量逐渐增加，产量减少，尤其是灌、乔物种种子质量较大，产量较小，成功扩散到恢复目标地的概率小，恢复缓慢。

2）退耕恢复过程中的物种多具有风力传播的形态特征，再加上不同植被类型斑块镶嵌分布的特点，缩短了种源地与恢复目标地的距离，总体而言退耕演替过程中的主要物种不受扩散限制；而灌、乔木物种种子质量较大，且多分布在较低的沟坡、沟道，种子扩散受到限制。

3）坡面土壤水分条件较好的微生境增加了种子的萌发与幼苗的存活，说明土壤水分有效性是限制种子萌发与幼苗存活的主要因素。虽然演替后期物种及沟坡残留乔、灌物种较退耕演替前期物种更能适应干旱生境，但是土壤理化性质、微生物活性等因素可能会限制演替较高阶段的物种种子萌发与建植。

4）该区退耕恢复早期物种以其种子产量大、易于传播，并能在土壤侵蚀环境下形成高密度的土壤种子库来保证其在适宜的条件下完成更新。随着演替的进行，多年生物种逐渐增加，它们同样具有一定量的持久土壤种子库，一些主要建群种同时具有营养繁殖能力，保证其在恶劣生境中更新、扩展。而沟坡残留乔、灌物种多具有萌生能力，具有较高的耐性，能够在恶劣生境中生存，并能够生产具有活性的种子，为其种群更新、扩散提供种子。

参考文献

白文娟. 2010. 水蚀风蚀交错带植被恢复对土壤质量的影响与植物生理生态适应性. 杨凌：中国科学院研究生院（教育部水土保持与生态环境研究中心）硕士学位论文.

白文娟，焦菊英，张振国. 2007a. 黄土丘陵沟壑区退耕地土壤种子库与地上植被的关系. 草业学报，16(6)：30-38.

白文娟，焦菊英，张振国. 2007b. 安塞黄土丘陵沟壑区退耕地的土壤种子库特征. 中国水土保持科学，5(2)：65-72.

卜海燕. 2007. 青藏高原东部高寒草甸植物种子的萌发与休眠研究. 兰州：兰州大学硕士学位论文.

陈玲玲，林振山，何亮. 2010. 风传草本植物种子空间传播新模型. 生态学报，30(17)：4643-4651.

陈小燕. 2007. 陕北黄土丘陵区植被恢复过程及干扰途径研究. 杨凌：中国科学院研究生院（教育部水土保持与生态环境研究中心）博士学位论文.

陈学林，景国海，郭辉. 2007. 青藏高原东缘高寒草甸 19 种马先蒿属植物种皮纹饰特征及其生物学意义. 草业学报，16(2)：60-68.

陈智平，王辉，袁宏波. 2005. 子午岭辽东栎林土壤种子库及种子命运研究. 甘肃农业大学学报，40(1)：7-12.

程积民，程杰，邱莉萍，等. 2008. 六盘山森林土壤种子库与植被演替过程. 水土保持学报，22(6)：187-192.

程积民，万惠娥，胡相明. 2006. 黄土高原草地土壤种子库与草地更新. 土壤学报，43(4)：679-683.

程积民，赵凌平，程杰. 2009. 子午岭 60 年辽东栎林种子质量与森林更新. 北京林业大学学报，31(2)：10-16.

崔现亮，王桔红，齐威，等. 2008. 青藏高原东缘灌木种子的萌发特性. 生态学报，11(28)：5294-5302.

董鸣. 1997. 陆地生物群落调查观察与分析. 北京：中国标准出版社.

杜峰. 2004. 陕北黄土丘陵沟壑区撂荒演替及主要植物种内、种间竞争研究. 杨凌：西北农林科技大学博士学位论文.

杜峰，梁宗锁，徐学选，等. 2007. 陕北黄土丘陵区撂荒演替中期群落比较异质性研究. 草业学报，16(5)：40-47.

杜峰，山仑，陈小燕，等. 2005. 陕北黄土丘陵区撂荒演替研究——撂荒演替序列. 草地学报，13(4)：328-332.

杜华栋. 2013. 黄土丘陵沟壑区优势植物对不同侵蚀环境的适应研究. 杨凌：中国科学院研究生院（教育部水土保持与生态环境研究中心）博士学位论文.

范变娥，焦菊英，张桂英. 2006. 黄土丘陵沟壑区退耕地植物群落优势种对显著影响因子的响应. 水土保持通报，26(6)：4-9.

方精云，王襄平，唐志尧. 2009. 局域和区域过程共同控制着群落的物种多样性：种库假说. 生物多样性，17(6)：605-612.

傅伯杰. 1995. 黄土区农业景观空间格局分析. 生态学报，15(2)：113-119.

关广清，张玉茹，孙国友，等. 2000. 杂草种子图鉴. 北京：科学出版社.

关秀琦，邹厚远，鲁子瑜，等. 1994. 黄土高原草地生产持续发展研究——Ⅰ. 沙打旺人工草地衰退后的草种更替. 水土保持研究，1(3)：56-60.

郭曼，郑粉莉，安韶山，等. 2009. 黄土丘陵植被恢复过程中土壤种子库萌发数量特征及动态变化. 干旱地区农业研究，27(2)：233-238.

郭琼霞. 1997. 杂草种子彩色鉴定图鉴. 北京：中国农业出版社.

郭学民，肖啸，梁丽松，等. 2010. 白刺花种子硬实与萌发特性研究. 种子，29(12)：38-42.

国际种子检验协会. 1985. 国际种子检验规程. 颜启传，毕辛华译. 北京：农业出版社.

郝文芳. 2010. 陕北黄土丘陵区撂荒地恢复演替的生态学过程及机理研究. 杨凌：西北农林科技大学博士学位论文.

何思源，刘鸿雁. 2008. 内蒙古高原东南部森林-草原交错带的地形-气候-植被格局和植被恢复对策. 地理科学，28(2)：253-258.

胡世雄，靳长兴. 1999. 坡面土壤侵蚀临界坡度问题的理论与实验研究. 地理学报，54(4)：347-356.

胡伟，邵明安，王全九. 2005. 黄土高原退耕坡地土壤水分空间变异的尺度性研究. 农业工程学报，21(8)：11-16.

黄红兰，张露，廖承开. 2012. 毛红椿天然林种子雨、种子库与天然更新. 应用生态学报，23(4)：972-978.

黄茂林,梁银丽,周茂娟,等. 2009. 陕北黄土丘陵沟壑区水土保持耕作及施肥下农田土壤种子库特征. 生态学报,27(7):3987-3994.

黄文达,王彦荣,胡小文. 2009. 三种荒漠植物种子萌发的水热响应. 草业学报,18(3):171-177.

黄振英,Gutterman Y,胡正海,等. 2001. 白沙蒿种子萌发特性的研究Ⅰ. 黏液瘦果的结构和功能. 植物生态学报,25(1):22-28.

黄忠良,彭少麟,易俗. 2001. 影响季风常绿阔叶林幼苗定居的主要因素. 热带亚热带植物学报,9:123-128.

姜汉侨,段昌群,杨树华,等. 2004. 植物生态学. 北京:高等教育出版社.

蒋金平. 2007. 黄土高原半干旱丘陵区生态恢复中植被与土壤质量演变关系. 兰州:兰州大学博士学位论文.

焦菊英,马祥华,白文娟,等. 2005. 黄土丘陵沟壑区退耕地植物群落与土壤环境因子的对应分析. 土壤学报,42(5):744-752.

焦菊英,王宁,杜华栋,等. 2012. 土壤侵蚀对植被发育演替的干扰与植物的抗侵蚀特性研究进展. 草业学报,21(5):311-318.

焦菊英,张振国,贾燕锋,等. 2008. 陕北丘陵沟壑区撂荒地自然恢复植被的组成结构与数量分类. 生态学报,28(7):2981-2997.

金振洲. 2009. 植物社会学理论与方法. 北京:科学出版社.

康冰,王得祥,李刚,等. 2012. 秦岭山地锐齿栎次生林幼苗更新特征. 生态学报,32:2738-2747.

寇萌,焦菊英,杜华栋,等. 2013. 黄土丘陵沟壑区不同立地条件草本群落物种多样性与生物量研究. 西北林学院学报,28(1):12-18.

邝高明,朱清科,刘中奇,等. 2012. 黄土丘陵沟壑区微地形对土壤水分及生物量的影响. 水土保持研究,19(3):74-77.

雷东. 2011. 土壤侵蚀对种子迁移、流失和幼苗建植的影响. 杨凌:西北农林科技大学硕士学位论文.

李传哲,王浩,于福亮,等. 2011. 延河流域水土保持对径流泥沙的影响. 中国水土保持科学,9(1):1-8.

李登武. 2009. 陕北黄土高原植物区系地理研究. 杨凌:西北农林科技大学出版社.

李芳兰,包维楷,庞学勇,等. 2009. 岷江干旱河谷5种乡土植物的出苗、存活和生长. 生态学报,29(5):1-8.

李国栋,张元明. 2014. 生物土壤结皮与种子附属物对4种荒漠植物种子萌发的交互影响. 中国沙漠,34:725-731.

李良,王刚. 2003. 种子萌发对策:理论与实验. 生态学报,23(6):1165-1174.

李宁,白冰,鲁长虎. 2011. 植物种群更新限制——从种子生产到幼树建成. 生态学报,31(21):6624-6632.

李荣平,蒋德明,刘志民,等. 2004. 沙埋对六种沙生植物种子萌发和幼苗出土的影响. 应用生态学报,15(10):1865-1868.

李儒海,强胜. 2007. 杂草种子传播研究进展. 生态学报,27(12):5361-5370.

李天宏,郑丽娜. 2012. 基于RULSE模型的延河流域2001—2010年土壤侵蚀动态变化. 自然资源学报,27(7):1164-1175.

李小双,彭明春,党承林. 2007. 植物自然更新研究进展. 生态学杂志,26(12):2081-2088.

李雪华,李晓兰,蒋德明,等. 2006. 画眉草种子萌发对策及生态适应性. 应用生态学报,17(4):607-610.

李雪华,刘志民,蒋德明,等. 2004. 七种蒿属植物种子重量形状及萌发特性的比较研究. 生态学杂志,23(5):57-60.

李彦娇,包维楷,吴福忠. 2010. 岷江干旱河谷灌丛土壤种子库及其自然更新潜力评估. 生态学报,30(2):0399-0407.

李毅,邵明安. 2006. 雨强对黄土坡面土壤水分入渗及再分布的影响. 应用生态学报,17(12):2271-2276.

李毅,邵明安. 2008. 间歇降水和多场次降水条件下黄土坡面土壤水分入渗特性. 应用生态学报,19(7):1511-1516.

李正国,王仰麟,吴健生,等. 2005. 不同土地利用方式对黄土高原植被覆盖季节变化的影响——以陕北延河流域为例. 第四季研究,25(6):762-769.

刘长江,林祁,贺建秀. 2004. 中国植物种子形态学研究方法和术语. 西北植物学报,24(1):178-188.

刘坤. 2011. 青藏高原东缘高寒草甸植物种子萌发能力对储藏和温度条件的响应研究. 兰州:兰州大学博士学位论文.

刘双,金光泽. 2008. 小兴安岭阔叶红松(*Pinus koraiensis*)林种子雨的时空动态. 生态学报,28(11):5731-5740.

刘旭,程瑞梅,肖文发. 2008. 土壤种子库研究进展. 世界林业研究,21(1):27-33.

刘振恒,徐秀丽,卜海燕,等. 2006. 青藏高原东部常见禾本科植物种子大小变异及其与萌发的关系. 草业科学,23(11):53-57.
刘志民,李荣平,李雪华,等. 2004a. 科尔沁沙地69种植物种子重量比较研究. 植物生态学报,28(2):225-230.
刘志民,李雪华,李荣平,等. 2003. 科尔沁沙地15种禾本科植物种子萌发特性比较. 应用生态学报,14(9):1416-1420.
刘志民,李雪华,李荣平,等. 2004b. 科尔沁沙地31种1年生植物种子萌发特性比较. 生态学报,24(3):648-653.
刘志民,闫巧玲,马君玲,等. 2010. 科尔沁沙地植物繁殖对策. 北京:气象出版社.
龙翠玲,朱守谦. 2001. 喀斯特森林土壤种子库种子命运初探. 贵州师范大学学报(自然科学版),19(2):20-22.
娄和震,杨胜天,周秋文,等. 2014. 延河流域2000—2010年土地利用/覆盖变化及驱动力分析. 干旱区资源与环境,28(4):15-21.
鲁长虎. 2003. 种子传播:动物的作用. 哈尔滨:东北林业大学出版社.
路保昌,薛智德,朱清科,等. 2009. 干旱阳坡半阳坡微地形土壤水分分布研究. 水土保持通报,29(1):1-3.
吕朝燕,张希明,刘国军,等. 2012. 准噶尔盆地东南缘梭梭种子雨特征. 生态学报,32(19):6270-6278.
马骥,李俊祯,晁志,等. 2003. 64种荒漠植物种子微形态的研究. 浙江师范大学学报:自然科学版,26(2):109-115.
马骥,李俊祯,孔红. 2002. 我国沙区6种蒿属植物的种子微形态特征. 中国沙漠,22(6):567-573.
马骥,王勋陵,赵松岭. 1997. 骆驼蓬属种子微形态及其生态学与分类学意义. 武汉植物研究,15(4):323-327.
马君玲,刘志民. 2005. 植冠种子库及其生态意义研究. 生态学杂志,24(11):1329-1333.
马君玲,刘志民. 2008. 沙丘区植物植冠储藏种子的活力和萌发特征. 应用生态学报,19(2):252-256.
马绍宾,姜汉侨,黄衡宇. 2001. 药物植物桃儿七不同种群种子产量初步研究. 应用生态学报,12(3):363-368.
庞建光,李连芳,刘海丰,等. 2005. 枯立物对红松洼草地植物幼苗建立的影响. 生态环境,14(5):742-745.
彭红春,李海英,沈振西,等. 2003. 利用人工种草改良柴达木盆地弃耕盐碱地. 草业学报,12(5):26-30.
彭闪江,黄忠良,彭少麟,等. 2004. 植物天然更新过程中种子和幼苗死亡的影响因素. 广西植物,24(2):113-121,124.
齐威. 2010. 青藏高原东缘种子大小的分布、变异和进化规律研究. 兰州:兰州大学博士学位论文.
齐雪峰,孙群,杨力钢,等. 2007. 种皮颜色对乌拉尔甘草种子质量的影响. 种子,26(7):31-33.
秦廷松,李登武,吕振江,等. 2011. 黄土高原地区黄龙山白皮松林地土壤种子库研究. 浙江农林大学学报,28(5):694-700.
青秀玲,白永飞. 2007. 植物锥形繁殖体结构及其适应. 生态学报,27(6):2547-2553.
邱临静. 2012. 气候要素变化和人类活动对延河流域径流泥沙影响的评估. 杨凌:西北农林科技大学博士学位论文.
冉大川,姚文艺,吴永红,等. 2014. 延河流域1997—2006年林草植被减洪减沙效应分析. 中国水土保持科学,12(1):1-9.
冉圣宏,谈明洪,吕昌河. 2010. 基于利益相关者的LUCC生态风险研究——以延河流域为例. 地理科学进展,29(4):439-444.
沈有信,赵春燕. 2009. 中国土壤种子库研究进展与挑战. 应用生态学报,20(2):467-473.
沈泽昊,吕楠,赵俊. 2004. 山地常绿落叶阔叶混交林种子雨的地形格局. 生态学报,24(9):1981-1987.
宋松泉,程红焱,姜孝成. 2008. 种子生物学. 北京:科学出版社.
宋永昌. 2001. 植被生态学. 上海:华东师范大学出版社.
孙虎. 1996. 陕西延河流域地貌组合类型的模糊聚类划分. 陕西师范大学学报(自然科学版),24(4):79-84.
孙会忠,贺学礼,张跃进,等. 2007. 中国12种绢蒿属植物种子的微形态特征研究. 西北农林科技大学学报,35(1):217-222.
覃林. 2009. 统计生态学. 北京:中国林业出版社.
陶嘉龄,郑光华. 1991. 种子活力. 北京:科学出版社.
田园,李建贵,潘丽萍,等. 2010. 梭梭萌生与初期存活的关键影响因素. 生态学报,30(18):1-8.
王传华,李俊清,陈芳青. 2011. 鄂东南低丘地区枫香林下枫香幼苗更新限制因子. 植物生态学报,35(2):187-194.
王飞,穆兴民,焦菊英,等. 2007. 基于含沙量分段的人类活动对延河水沙变化的影响分析. 泥沙研究,(4):8-13.

王辉，任继周. 2004a. 子午岭主要森林类型土壤种子库研究. 干旱区资源与环境，18：130-136.
王辉，任继周. 2004b. 子午岭油松林土壤种子库研究. 甘肃农业大学学报，39：1-5.
王晶，朱清科，秦伟，等. 2012. 陕北黄土区封禁流域坡面微地形植被特征分异. 应用生态学报，23(3)：694-700.
王桔红，崔现亮，陈学林，等. 2007. 中、旱生植物萌发特性及其与种子大小关系的比较. 植物生态学报，31(6)：1037-1045.
王桔红. 2008. 河西走廊干旱区和青藏高原东缘植物种子萌发对策的研究. 兰州：兰州大学博士学位论文.
王宁. 2008. 坡沟侵蚀对繁殖体库及幼苗建植的影响——以黄土高原安塞纸坊沟为例. 杨凌：西北农林科技大学硕士学位论文.
王宁. 2013. 黄土丘陵沟壑区植被自然更新的种源限制因素研究. 杨凌：中国科学院研究生院(教育部水土保持与生态环境研究中心)博士学位论文.
王宁，贾燕锋，白文娟，等. 2009. 黄土丘陵沟壑区退耕地土壤种子库特征与季节动态. 草业学报，18(3)：43-52.
王蕊，朱清科，赵磊磊，等. 2011. 黄土高原土壤生物结皮对植物种子出苗和生长的影响. 干旱区研究，28(5)：800-807.
王守春. 1994. 历史时期黄土高原的植被及其变迁. 人民黄河，2：9-13.
王万忠，焦菊英. 1996. 黄土高原降水侵蚀产沙与黄河输沙. 北京：科学出版社.
王增如，徐海量，尹林克，等. 2008. 土壤种子库对漫溢区受损植被更新的贡献. 应用生态学报，19：2611-2617.
温仲明，焦峰，赫晓慧，等. 2007. 黄土高原森林边缘区退耕地植被自然恢复及其对土壤养分变化的影响. 草业学报，16(1)：16-23.
温仲明，焦峰，焦菊英. 2008. 黄土丘陵区延河流域潜在植被分布预测与制图. 应用生态学报，19(9)：1897-1904.
吴春梅，黎云祥，张洋，等. 2008. 淫羊藿种子产量与生境的关系. 广西植物，28(2)：206-210.
吴胜德. 2003. 延河流域水保减沙效益及对水库设计的影响分析. 西安：西安理工大学硕士学位论文.
吴征镒，孙航，周浙昆，等. 2010. 中国种子植物区系地理. 北京：科学出版社.
武高林，杜国祯. 2008. 植物种子大小与幼苗生长策略研究进展. 应用生态学报，19(1)：191-197.
武高林，杜国祯，尚占环. 2006. 种子大小及其命运对植被更新贡献研究进展. 应用生态学报，17(10)：1969-1972.
谢田朋，杜国祯，张格非，等. 2010. 黄帚橐吾种子生产的花序位置效应及其对幼苗建植的影响. 植物生态学报，34(4)：418-426.
徐秀丽，齐威，卜海燕，等. 2007. 青藏高原高寒草甸40种一年生植物种子的萌发特性研究. 草地学报，16(3)：74-80.
许玥，沈泽昊，吕楠，等. 2012. 湖北三峡大老岭自然保护区光叶水青冈群落种子雨10年观测：种子雨密度、物种构成及其与群落的关系. 植物生态学报，36(8)：708-716.
闫巧玲，刘志民，李荣平，等. 2005. 科尔沁沙地75种植物结种量种子形态和植物生活型关系研究. 草业学报，14(4)：21-28.
闫巧玲，刘志民，李雪华，等. 2007. 埋藏对65种半干旱草地植物种子萌发特性的影响. 应用生态学报，18(4)：777-782.
颜启传. 2001. 种子学. 北京：中国农业出版社.
杨秀莲，张克斌，曹永翔. 2010. 封育草地土壤生物结皮对水分入渗与植物多样性的影响. 生态环境学报，19(4)：853-856.
杨允菲，白云鹏，李建东，等. 2010. 科尔沁沙地刺榆林种子散布的空间格局. 应用生态学报，21(8)：1967-1973.
伊祚栋，牟真. 1990. 干旱半干旱地区主要乔灌木种子形态特征及生理生态特性的研究. 甘肃林业科技，2：16-20.
尹华军，程新颖，赖挺，等. 2011. 川西亚高山65年人工云杉林种子雨、种子库和幼苗库定居研究. 植物生态学报，35(1)：35-44.
于顺利，蒋高明. 2003. 土壤种子库的研究进展及若干研究热点. 植物生态学报，27(4)：552-555.
于顺利，陈宏伟，郎南军. 2007a. 土壤种子库的分类系统和种子在土壤中的持久性. 生态学报，27(5)：2099-2108.
于顺利，陈宏伟，李晖. 2007b. 种子重量的生态学研究进展. 植物生态学报，31(6)：989-997.
于顺利，Sternberg M，蒋高明，等. 2005. 地中海沿岸沙丘种子大小对植物及其种子多度的影响. 生态学报，25(4)：749-755.

鱼小军,师尚礼,龙瑞军,等. 2006. 生态条件对种子萌发影响研究进展. 草业科学,23(10): 44-49.
袁宝妮. 2009. 黄土丘陵沟壑区植被自然恢复过程中土壤种子库研究. 杨凌: 西北农林科技大学硕士学位论文.
袁宝妮,李登武,李景侠,等. 2009. 黄土丘陵沟壑区植被自然恢复过程中土壤种子库特征. 干旱地区农业研究,27(6): 215-222.
曾彦军,王彦荣,保平,等. 2005. 几种生态因子对红砂和霸王种子萌发与幼苗生长的影响. 草业学报,14(5): 24-31.
张春华,杨允菲. 2001. 松嫩平原寸草薹种群生殖分株的种子生产与生殖分配策略. 草业学报,10(2): 7-13.
张大勇. 2004. 植物生活史进化和繁殖生态学. 北京: 科学出版社.
张蕾,张春辉,吕俊平,等. 2011. 青藏高原东缘 31 种常见杂草种子萌发特性及其与种子大小的关系. 生态学杂志,30(10): 2115-2121.
张玲,李广贺,张旭. 2004. 土壤种子库研究综述. 生态学杂志,23(2):114-120.
张文辉,李登武,刘国彬,等. 2002. 黄土高原地区种子植物区系特征. 植物研究,22(3): 373-379.
张希彪,王瑞娟,上官周平. 2009. 黄土高原子午岭油松林的种子雨和土壤种子库动态. 生态学报,29(4): 1877-1884.
张小彦. 2010. 黄土丘陵沟壑区主要植物种子形态特征及有效性研究. 杨凌: 西北农林科技大学硕士学位论文.
张小彦,焦菊英,王宁,等. 2009. 种子形态特征对植被恢复演替的影响. 种子,28(7): 67-72.
张小彦,焦菊英,王宁,等. 2010a. 陕北黄土丘陵区 6 种植物冠层种子库的初步研究. 武汉植物学研究,28(6): 767-771.
张小彦,焦菊英,王宁,等. 2010b. 陕北黄土丘陵沟壑区 14 种植物的萌发特性. 植物研究,30: 604-611.
张勇,薛林贵,高天鹏,等. 2005. 荒漠植物种子萌发研究进展. 中国沙漠,25(1): 106-112.
张志权. 1996. 土壤种子库. 生态学杂志,15(6): 36-42.
赵荟,朱清科,秦伟,等. 2010. 黄土高原沟壑区干旱阳坡的地域分异特征. 地理科学进展,29(3): 327-334.
赵丽娅,李锋瑞. 2003. 围封沙质草甸土壤种子库与幼苗库的特征. 西北植物学报,23(10): 1725-1730.
赵凌平,程积民,万惠娥,等. 2008. 黄土高原草地封育与放牧条件下土壤种子库特征. 草业科学,25(10): 78-83.
赵龙山,宋向阳,梁心蓝,等. 2011. 黄土坡耕地耕作方式不同时微地形分布特征及水土保持效应. 中国水土保持科学,9(2): 64-70.
赵文武,徐海燕,解纯营. 2008. 黄土丘陵沟壑区延河流域降水侵蚀力的估算. 农业工程学报,24(S1): 38-42.
赵跃中,穆兴民,严宝文,等. 2014. 延河流域植被恢复对径流泥沙的影响. 泥沙研究,(4): 67-73.
郑粉莉,赵军. 2004. 人工模拟降水大厅及模拟降水设备简介. 水土保持研究,11(4):177-178.
中国科学院植物研究所植物园种子组,形态室比较形态组. 1980. 杂草种子图说. 北京: 科学出版社.
钟章成. 1995. 植物种群繁殖对策. 生态学杂志,14(1): 37-42.
仲延凯,包青海,孙维,等. 1999. 割草干扰对典型草原土壤种子库种子数量与组成的影响——Ⅰ种子雨的来源及其降落. 内蒙古大学学报(自然科学版),30(6): 733-738.
仲延凯,包青海,孙维,等. 2001. 割草干扰对典型草原土壤种子库种子数量与组成的影响——Ⅲ 120 种植物种子的大小与重量. 内蒙古大学学报(自然科学版),32(3): 280-286.
周萍,刘国彬,侯喜禄. 2008. 黄土丘陵区侵蚀环境不同坡面及坡位土壤理化特征研究. 水土保持学报,22(1): 7-12.
周志琼,包维楷. 2009. 蔷薇种子的休眠及解除方法. 热带亚热带植物学报,17(6): 621-628.
朱文德. 2011. 陕西吴起退耕地土壤种子库与地上植被研究. 北京: 北京林业大学硕士学位论文.
朱志诚. 1982. 陕北森林草原区的植物群落类型 Ⅰ. 疏林草原和灌木草原. 中国草地学报,(2): 1-8.
朱志诚. 1983. 陕北黄土高原上森林草原的范围. 植物生态学与地植物学学报,7(2): 122-131.
朱志诚. 1984. 陕北森林草原区的植物群落类型 Ⅱ. 禾草草原和半灌木草原. 中国草地学报,(1): 13-21.
朱志诚. 1992. 陕北黄土高原灌木林的类型及其动态特性. 陕西林业科技,4: 36-42.
朱志诚. 1993. 陕北黄土高原森林区植被恢复演替. 西北林学院学报,8(1): 87-94.
朱志诚. 1994. 黄土高原森林草原的基本特征. 地理科学,14(2): 152-156.
朱志诚. 1996. 全新世中期以来黄土高原中部生物多样性研究. 地理科学,16(4): 351-358.
祝东立,贺学礼,石硕. 2007. 小五台山 15 种蒿属植物种子形态及萌发特性研究. 西北植物学报,27(11): 2328-2333.
宗文杰,刘坤,卜海燕,等. 2006. 高寒草甸 51 种菊科植物种子大小变异及其对种子萌发的影响研究. 兰州大学学报

（自然科学版），42(5)：52-55.

邹厚远. 1980. 陕北黄土区自然残留植被恢复的研究. 中国水土保持，3(15)：41-45.

邹厚远. 1986. 陕北黄土高原植被及其恢复研究报告. 陕西林业科技，1：23-28.

邹厚远，焦菊英. 2009. 黄土丘陵区生态修复地不同抗蚀植物的消长变化过程. 水土保持通报，29(4)：235-240.

邹厚远，鲁子瑜，关秀琦，等. 1994. 黄土高原草地生产持续发展研究——Ⅱ. 补播沙打旺对退化草地演替的影响. 水土保持研究，1(3)：61-64.

Abrahams A D, Parsons A J, Luk S H. 1991. The effect of spatial variability in overland flow on the downslope of soil loss on semiarid hillslope, Southern Arizona. Catena, 18: 255-270.

Abu-Zreig M. 2001. Factors affecting sediment trapping in vegetated filter strips: simulation study using VFSMOD. Hydrological Processes, 15: 1477-1488.

Aerts R, Maes W, November E. 2006. Surface runoff and seed trapping efficiency of shrubs in a regenerating semiarid woodland in northern Ethiopia. Catena, 65(1): 61-70.

Aguado M, Vicente M J, Miralles J, et al. 2012. Aerial seed bank and dispersal traits in *Anthemis chrysantha* (Asteraceae), a critically endangered species. Flora, 207(4): 275-282.

Alcántara J M, Rey P J, Valera F, et al. 2000. Factors shaping the seedfall pattern of a bird-dispersed plant. Ecology, 81(7): 1937-1950.

Baker H G. 1972. Seed weight in relation to environmental conditions in California. Ecology, 53: 997-1010.

Bakker J P. 1989. Nature Management by Grazing and Cutting. Dordrecht: Kluwer.

Bakker J P, Poschlod P, Strykstra R J, et al. 1996. Seed banks and seed dispersal: important topics in restoration ecology. Acta Botanica Neerlandica, 45: 461-490.

Barberá G G, Navarro-Cano J A, Castillo V M. 2006. Seedling recruitment in a semi-arid steppe: the role of microsite and post-dispersal seed predation. Journal of Arid Environments, 67: 701-714.

Barot S, Gignoux J, Menaut J C. 1999. Seed shadows, surivival and recruitment: how simple mechanisms lead to dynamics of population recruitment curves. Oikos, 86: 320-330.

Barthlott W. 1981. Epidermal and seed surface characters of plants systematic applicability and some evolutionary aspects. Nordic Journal Botany, 1(3): 345-355.

Baskin C C, Baskin J M. 2003. Seed germination and propagation of *Xyris tennesseensis*, a federal endangered wetland species. Wetlands, 23(1): 116-124.

Baskin J M, Baskin C C. 2004. A classification system for seed dormancy. Seed Science Research, 14(1): 1-16.

Bastida F, González-Andújar J L, Monteagudo F J, et al. 2010. Aerial seed bank dynamics and seedling emergence patterns in two annual Mediterranean Asteraceae. Journal of Vegetation Science, 21(3): 541-550.

Bautista S, Mayor A G, Bourakhouadar J, et al. 2007. Plant spatial pattern predicts hillslope runoff and erosion in a semiarid Mediterranean landscape. Ecosystems, 10: 987-998.

Beckstead J, Meyer S E, Allen P S. 1996. Bromus tectorum seed germination: between-population and between-year variation. Canadian Journal of Botany, 74(6): 875-882.

Bekker R M, Verweij G L, Bakker J P, et al. 2000. Soil seed bank dynamics in hayfield succession. Journal of Ecology, 88: 594-607.

Bekker R M, Verweij G L, Smith R E N, et al. 1997. Soil seed banks in European grasslands: does land use affect regeneration perspectives? Journal of Applied Ecology, 34: 1293-1310.

Bekker R, Bakker J, Grandin U, et al. 1998. Seed size, shape and vertical distribution in the soil: indicators of seed longevity. Functional Ecology, 12(5): 834-842.

Benvenuti S, Macchia M, Miele S. 2001. Light, temperature and burial depth effects on *Rumex obtusifolius* seed germination and emergence. Weed Research, 41(2): 177-186.

Beyschlag W, Wittland M, Jentsch A, et al. 2008. Soil crusts and disturbance benefit plant germination, establishment and growth on nutrient deficient sand. Basic and Applied Ecology, 9: 243-252.

Bischoff A, Vonlanthen B, Steinger T, et al. 2006. Seed provenance matters—effects on germination of four plant species used for ecological restoration. Basic and Applied Ecology, 7(4): 347-359.

Blaney C S, Kotanen P M. 2001. Effects of fungal pathogens on seeds of native and exotic plants: a test using congeneric pairs. Journal of Applied Ecology, 38(5): 1104-1113.

Bochet E. 2014. The fate of seeds in the soil: a review of the influence of overland flow on seed removal and its consequences for the vegetation of arid and semiarid patchy ecosystems. Soil Discuss, 1(1): 585-621.

Bochet E, García-Fayos P, Poesen J. 2009. Topographic thresholds for plant colonization on semi-arid eroded slopes. Earth Surface Processes and Landforms, 34: 1758-1771.

Bochet E, Poesen J, Rubio J L. 2006. Runoff and soil loss under individual plants of a semi-arid Mediterranean shrubland: influence of plant morphology and rainfall intensity. Earth Surface Processes and Landforms, 31: 536-549.

Borchert M, Johnson M, Schreiner D S, et al. 2003. Early postfire seed dispersal, seedling establishment and seedling mortality of *Pinus coulteri* (D. Don) in central coastal California, USA. Plant Ecology, 168(2): 207-220.

Bossuyt B, Honnay O. 2008. Can the seed bank be used for ecological restoration? An overview of seed bank characteristics in European communities. Journal of Vegetation Science, 19: 875-884.

Bowers J E, Turner R M, Burgess T L. 2004. Temporal and spatial patterns in emergence and early survival of perennial plants in the Sonoran Desert. Plant ecology, 172: 107-119.

Brown J S, Venable D L. 1986. Evolutionary ecology of seed bank annuals in temorally varying environments. American Naturalist, 127: 31-47.

Bruun H H, Ejrnaes R. 2006. Community-level birth rate: a missing link between ecology, evolution and diversity. Oikos, 113(1): 185-191.

Bryndís M, Thóra E T, Kristín S. 2013. An experimental test of the relationship between small scale topography and seedling establishment in primary succession. Plant Ecology, 214: 1007-1015.

Caballero I, Olano J M, Loidi J, et al. 2003. Seed bank structure along a semi-arid gypsum gradient in Central Spain. Journal of Arid Environments, 55: 287-299.

Cabin R J, Marshall D L. 2000. The demographic role of soil seed banks. I. Spatial and temporal comparisons of below-and above-ground populations of the desert mustard *Lesquerella fendleri*. Journal of Ecology, 88: 283-292.

Callaway R M, Brooker RW, Choler P, et al. 2002. Positive interactions among alpine plants increase with stress. Nature, 417: 844-847

Calviño-Cancela M. 2007. Seed and microsite limitations of recruitment and the impacts of post-dispersal seed predation at the within population level. Plant Ecology, 192(1): 35-44.

Cammeraat L H, Imeson A C. 1999. The evolution and significance of soil-vegetation patterns following land abandonment and fire in Spain. Catena, 37: 107-127.

Cantón Y, Barrio G D, Benet A S, et al. 2004a. Topographic controls on the spatial distribution of ground cover in the Tabernas badlands of SE Spain. Catena, 55: 341-365.

Cantón Y, Solé-Benet A, Domingo F. 2004b. Temporal and spatial patterns of soil moisture in semiarid badlands of SE Spain. Journal of Hydrology, 285: 199-214.

Castro-Morales L M, Quintana-Ascencio P F, Fauth J E, et al. 2014. Environmental factors affecting germination and seedling survival of Carolina willow (*Salix caroliniana*). Wetlands 34(3): 469-478.

Cerdà A. 1997. The effect of patchy distribution of *Stipa tenacissima* L. on runoff and erosion. Journal of Arid Environments, 36: 37-51.

Cerdà A, García-Fayos P. 1997. The influence of slope angle on sediment, water and seed losses on badland landscapes. Geomorphology, 18(2): 77-90.

Cerdà A, García-Fayos P. 2002. The influence of seed size and shape on their removal by water erosion. Catena, 48(4): 293-301.

Chambers J C. 2000. Seed movements and seedling fates in disturbed sagebrush steppe ecosystems: implications for restoration. Ecological Applications, 10(5): 1400-1413.

Chambers J C, James A M, James H H. 1991. Seed entrapment in alpine ecosystems: effects of soil particle size and diaspore morphology. Ecology, 72: 1668-1677.

Chambers J C, MacMahon J A. 1994. A day in the life of a seed: movements and fates of seeds and their implications for natural and managed systems. Annual Review of Ecology and Systematics, 25: 263-292.

Chuang T I, Heckard L R. 1972. Seed morphology in *cordylanthus* (Scrophulariaceae) and its taxonomic significance. American Journal of Botany, 59(2): 258-265.

Cierjacks A, Hensen I. 2004. Variation of stand structure and regeneration of Mediterranean holm oak along a grazing intensity gradient. Plant Ecology, 173: 215-223.

Cipriotti P A, Flombaum P, Sala O E, et al. 2008. Does drought control emergence and survival of grass seedlings in semi-arid rangelands? ——An example with a Patagonian species. Journal of Arid Environment, 72: 162-174.

Clark J S, Macklin E, Wood L. 1998. Stages and spatial scales of recruitment limitation in southern Appalachian forests. Ecological Monographs, 68(2): 213-235.

Coomes D A, Grubb P J. 2003. Colonization, tolerance, competition and seed size variation within functional groups. Trends in Ecology and Evolution, 18(6): 283-291.

Cordeiro N J, Ndangalasi H J, Mcentee J P, et al. 2009. Disperser limitation and recruitment of an endemic African tree in a fragmented landscape. Ecology, 90(4): 1030-1041.

Crow G E. 1979. The systematic significance of seed morphological in *Sagina* (Caryophyllaceae) under SEM. Brittonta, 31(1): 52-63.

Csontos P. 2007. Seed banks: ecological definitions and sampling considerations. Community Ecology, 8: 75-82.

Dalling J W, Muller-Landau H C, Wright S J, et al. 2002. Role of dispersal in the recruitment limitation of neotropical pioneer species. Journal of Ecology, 90(4): 714-727.

Davies A, Waite S. 1998. The persistence of calcareous grassland species in the soil seed bank under developing and established scrub. Plant Ecology, 136: 27-39.

DeLuís M, Raventós J, González-Hidalgo J C. 2005. Fire and torrential rainfall: effects on seedling establishment in Mediterranean gorse shrublands. International Journal of Wildland Fire, 14: 413-422.

Devlaeminck R, Bossuyt B, Hermy M. 2005. Inflow of seeds through the forest edge: evidence from seed bank and vegetation patterns. Plant Ecology, 176: 1-17.

Donohue K, Dorn L, Griffith C, et al. 2005. The evolutionary ecology of seed germination of *Arabidopsis thaliana*: variable natural selection on germination timing. Evolution, 59(4): 758-770.

Dreber N, Esler K J. 2011. Spatio-temporal variation in soil seed banks under contrasting grazing regimes following low and high seasonal rainfall in arid Namibia. Journal of Arid Environments, 75: 174-184.

Du H D, Jiao J Y, Jia Y F, et al. 2013. Phytogenic mounds of four typical shoot architecture species at different slope gradients on the Loess Plateau of China. Geomorphology, 193: 57-64.

Dunkerley D. 2008. Rain event properties in nature and in rainfall simulation experiments: a comparative review with recommendations for increasingly systematic study and reporting. Hydrological Processes, 22: 4415-4435.

Dupré C. 2000. How to determine a regional species pool: a study in two Swedish regions. Oikos, 89(1): 128-136.

Dyer A R. 2002. Burning and grazing management in a California grassland: effect on bunchgrass seed viability. Restoration Ecology, 10: 1107-1111.

Eitel J U H, Williams C J, Vierling L A, et al. 2011. Suitability of terrestrial laser scanning for studying surface roughness effects on concentrated flow erosion processes in rangelands. Catena, 87: 398-407.

Enright N J, Lamont B B, Marsula R. 1996. Canopy seed bank dynamics and optimum fire regime for the highly serotinous shrub, *Banksia hookeriana*. Journal of Ecology, 84(1): 9-17.

Eriksson O. 1993. The species-pool hypothesis and plant community diversity. Oikos, 68(2): 371-374.

Espigares T, Moreno-de las Heras M, Nicolau J M. 2011. Performance of vegetation in reclaimed slopes affected by soil erosion. Restoration Ecology, 19(1): 35-44.

Falińska K. 1999. Seed bank dynamics in abandoned meadows during a 20-year period in the Bialowieza National Park. Journal of Ecology, 87: 461-475.

Feller M C. 1998. Influence of ecological conditions on Engelmann spruce (*Picea engelmannii*) and subalpine fir(*Abies lasiocarpa*) germinant survival and initial seedling growth in south-central British Columbia. Forest Ecology and Management, 107: 55-69.

Fenner M. 1985. Seed Ecology. London: Chapman and Hall.

Fenner M. 2000. Seeds: the Ecology of Regeneration in Plant Communities. Oxon: CABI Publishing.

Fenner M, Thompson K. 2005. The Ecology of Seeds. Cambridge: Cambridge University Press.

Foster B L. 2001. Constaints on colonization and species richness along a grassland productivity gradient: the role of propagule availability. Ecology Letters, 4(6): 530-535.

Foster B L, Tilman D. 2003. Seed limitation and the regulation of community structure in oak savanna grassland. Journal of Ecology, 91(6): 999-1007.

Foster B L, Dickson T L, Murphy C A, et al. 2004. Propagule pools mediate community assembly and diversity-ecosystem regulation along a grassland productivity gradient. Journal of Ecology, 92(3): 435-449.

Friedman J, Stein Z. 1980. The influence of seed dispersal mechanisms on the dispersion of *Anastatica hierochuntica* (Cruciferae) in the Negev Desert, Iarael. The Journal of Ecology, 68: 43-50.

Funes G, Basconcelo S, Díaz S, et al. 1999. Seed size and shape are good predictors of seed persistence in soil in temperate mountain grasslands of Argentina. Seed Science Research, 9: 341-345.

Galatowitsch S M. 2006. Restoring prairie pothole wetlands: does the species pool concept offer decision-making guidance for re-vegetation? Applied Vegetation Science, 9(2): 261-270.

Garcia-Serrano H, Escarré J, Sans F X. 2004. Factors that limit the emergence and establishment of the related aliens *Senecio inaequidens* and *Senecio pterophorus* and the native *Senecio malacitanus* in Mediterranean climate. Canadian Journal of Botany, 82(9): 1346-1355.

García-Fayos F, Gasque M. 2006. Seed vs. microsite limitation for seedling emergence in the perennial grass *Stipa tenacissima* L. (Poaceae). Acta Oecologica, 30: 276-282.

García-Fayos P, Cerdà A. 1997. Seed losses by surface wash in degraded Mediterranean environments. Catena, 29(1): 73-83.

García-Fayos P, Bochet E, Cerdà A. 2010. Seed removal susceptibility through soil erosion shapes vegetation composition. Plant Soil, 334(1-2): 289-297.

García-Fayos P, Garcia-Ventoso B, Cerdà A. 2000. Limitations to plant establishment on eroded slopes in southeastern Spain. Journal of Vegetation Science, 11(1): 77-86.

García-Fayos P, Recatalá T M, Cerdá A, et al. 1995. Seed population dynamics on badland slopes in southeastern Spain. Journal of Vegetation Science, 6(5): 691-696.

Gardarin A, Duerr C, Mannino M R, et al. 2010. Seed mortality in the soil is related to seed coat thickness. Seed Science Research, 20: 243-256.

Garwood N C. 1989. Tropical soil seed banks: a review. In: Leck M A, Parker V T, Simpson R L, eds. Ecology of Soil Seed Banks. San Diego: Academic Press: 149-210.

Gomez J A, Nearing M A. 2005. Runoff and sediment losses from rough and smooth soil surfaces in a laboratory experiment. Catena, 59: 253-266.

González-Rivas B, Tigabu M, Castro-Marín G, et al. 2009. Seed germination and seedling establishment of neotropical dry forest species in response to temperature and light conditions. Journal of Forestry Research, 20: 99-104.

Grime J P. 1998. Benefits of plant diversity to ecosystems: immediate, filter and founder effects. Journal of Ecology, 86(6): 902-910.

Grime J P. 2001. Plant Strategies, Vegetation Processes, and Ecosystem Properties. Chichester: John Wiley and Sons.

Grime J P, Curtis A V. 1976. The interaction of drought and mineral nutrient stress in calcareous grassland. The Journal of Ecology, 64: 975-988.

Grime J P, Mason G, Curtis A V, et al. 1981. A comparative study of germination characteristics in a local flora. The Journal of Ecology, 69: 1017-1059.

Guariguata M R, Pinard M A. 1998. Ecological knowledge of regeneration from seed in neotropical forest trees: implications for natural forest management. Forest Ecology and Management, 112(1): 87-99.

Guo Q, Brown J H, Valone T J, et al. 2000. Constraints of seed size on plant distribution and abundance. Ecology, 81(8): 2149-2155.

Gupta M, Pandey N, Sharma C P. 1994. Zinc deficiency effect on seed coat topography of *Vicia faba* Linn. Phytomorphology, 44(1-2): 135-138.

Gutiérrez J R, Meserve P L. 2003. El Niño effects on soil seed bank dynamics in north-central Chile. Oecologia, 134(4): 511-517.

Gutterman Y. 1993. Seed Germination in Desert Plant. Berlin Heidelberry: Springer verlay.

Gutterman Y. 1994. Strategies of seed dispersal and germination in plants inhabiting deserts. The Botanical Review, 60(4): 373-425.

Guàrdia R, Gallart F, Ninot J M. 2000. Soil seed bank and seedling dynamics in badlands of the Upper Llobregat basin (Pyrenees). Catena, 40: 189-202.

Gòmez J M. 2004. Bigger is not always better: conflicting selective pressures on seed size in *Quercus ilex*. Evolution, 58(1): 71-80.

Günster A. 1994. Seed bank dynamics—longevity, viability and predation of seeds of serotinous plants in the central Namib Desert. Journal of Arid Environments, 28(3): 195-205.

Hammond D S, Brown V K. 1995. Seed size of woody plants in relation to disturbance, dispersal, soil type in wet neotropical forests. Ecology, 76(8): 2544-2561.

Hampe A. 2004. Extensive hydrochory uncouples spatiotemporal patterns of seedfall and seedling recruitment in a 'bird-dispersed' riparian tree. Journal of Ecology, 92(5): 797-807.

Hanley M, Unna J, Darvill B. 2003. Seed size and germination response: a relationship for fire-following plant species exposed to thermal shock. Oecologia, 134(1): 18-22.

Harper J L. 1977. Population Biology of Plants. New York: Academic Press.

Hendrix S D. 1984. Variation in seed weight and its effects on germination in *Pastinaca sativa* L. (Umbelliferae). American Journal of Botany, 795-802.

Hendrix S D, Nielsen E, Nielsen T, et al. 1991. Are seedlings from small seeds always inferior to seedlings from large seeds? Effect of seed biomass on seedling growth in *Pasti nacasativa* L. New Phytologist, 119(2): 299-305.

Herrera L P, Laterra P. 2009. Do seed and microsite limitation interact with seed size in determining invasion patterns in flooding Pampa grasslands? Plant Ecology, 201: 457-469.

Hilhorst H, Karssen C. 2000. Effect of chemical environment on seed germination. *In*: Fenner M. Seeds: the Ecology of Regeneration in Plant Communities. Oxon: CAB International: 293-309.

Hopfensperger K. 2007. A review of similarity between seed bank and standing vegetation across ecosystems. Oikos, 116: 1438-1448.

Howe H F, Smallwood J. 1982. Ecology of seed dispersal. Annual Reviews of Ecological System, 13(1): 201-228.

Huang Z, Gutterman Y. 1999. Comparison of germination strategies of *Artemisia ordosica* with its two congeners from deserts of China and Israel. Acta Botanica Sinica, 42(1): 71-80.

Hölzel N, Otte A. 2004. Ecological significance of seed germination characteristics in flood-meadow species. Flora, 199(1): 12-24.

Isselin-Nondedeu F, Bédécarrats A. 2007. Soil microtopographies shaped by plants and cattle facilitate seed bank formation on alpine ski trails. Ecological Engineering, 30(3): 278-285.

Isselin-Nondedeu F, Rey F, Bédécarrats A. 2006. Contributions of vegetation cover and cattle hoof prints towards seed runoff control on ski pistes. Ecological Engineering, 27: 193-201.

Jakobsson A, Eriksson O. 2000. A comparative study of seed number, seed size, seedling size and recruitment in grassland plants. Oikos, 88(3): 494-502.

Jiao J Y, Han L Y, Jia Y F, et al. 2011. Can seed removal through soil erosion explain the scarcity of vegetation in the Chinese Loess Plateau? Geomorphology, 132(1): 35-40.

Jiao J Y, Zou H Y, Jia Y F, et al. 2009. Research progress on the effects of soil erosion on vegetation. Acta Ecologica Sinica, 29(2): 85-91.

Jones F E, Esler K J. 2004. Relationship between soil-stored seed banks and degradation in eastern Nama Karoo rangelands (South Africa). Biodiversity and Conservation, 13: 2027-2053.

Jurado E, Westoby M. 1992. Seedling growth in relation to seed size among species of arid Australia. Journal of Ecology, 80(3): 407-416.

Khan M A, Ungar I A. 1997. Effects of light, salinity, and thermoperiod on the seed germination of halophytes. Canadian Journal of Botany, 75(5): 835-841.

Klimkowska A, Bekker R M, Diggelen R V, et al. 2010. Species trait shifts in vegetation and soil seed bank during fen degradation. Plant Ecology, 206: 59-82.

Lamont B B, Enright N J. 2000. Adaptive advantages of aerial seed banks. Plant Species Biology, 15(2): 157-166.

Lamont B B, Le Maitre D C, Cowling R M, et al. 1991. Canopy seed storage in woody plants. The Botanical Review, 57(4): 277-317.

Langhans T M, Storm C, Schwabe A. 2009. Biological soil crusts and their microenvironment: impact on emergence, survival and establishment of seedlings. Flora, 204: 157-168.

Lattanzi A R, Meyer L D, Baumgardner M F. 1974. Influences of mulch rate and slope steepness on interril erosion. Soil Science Society of American Proceedings, 38: 946-950.

Lauenroth W K, Sala O E, Coffin D P, et al. 1994. The importance of soil water in the recruitment of *Bouteloua gracilis* in the shortgrass steppe. Ecological Apllications, 4(4): 741-749.

Leck M A, Leck C F. 1998. A ten-year seed bank study of old field succession in central New Jersey. Journal of the Torrey Botanical Society, 125: 11-32.

Leck M A, Simpson R L. 1987. Seed bank of a freshwater tidal wetland: turnover and relationship to vegetation change. American Journal of Botany, 74: 360-370.

Leck M A, Parker V T, Simpson R L, eds. 1989. Ecology of Soil Seed Bank. San Diego: Academic Press.

Leishman M R. 2001. Does the seed size/number trade-off model determine plant community structure? An assessment of the model mechanisms and their generality. Oikos, 93: 294-302.

Leishman M R, Murray B R. 2001. The relationship between seed size and abundance in plant communities: model predictions and observed patterns. Oikos, 94(1): 151-161.

Leishman M R, Westoby M. 1994. The role of seed size in seedling establishment in dry soil conditions—experimental evidence from semi-arid species. Journal of Ecology, 82(2): 249-258.

Leishman M R, Westoby M. 1998. Seed size and shape are not related to persistence in soil in Australia in the same way as in Britain. Functional Ecology, 12: 480-485.

Leishman M R, Wright I J, Moles A T, et al. 2000. The evolutionary ecology of seed size. *In*: Fenner M. Seeds: the Ecology of Regeneration in Plant Communities. Wallingford: CAB International: 31-57.

Li F, Li Y Z, Qin H Y, et al. 2011. Plant distribution can be reflected by the different growth and morphological responses to water level and shade in two emergent macrophyte seedlings in the Sanjiang Plain. Aquatic Ecology, 45: 89-97.

Li H, Reynolds J F. 1995. On definition and quanti fication of heterogeneity. Oikos, 73: 280-284.

Liu Q, Singh V. 2004. Effect of microtopography, slope length and gradient, and vegetative cover on overland flow through simulation. Journal of Hydrologic Engineering, 9: 375-382.

Liu Z M, Yan Q L, Baskin C C, et al. 2006. Burial of canopy-stored seeds in the annual psammophyte *Agriophyllum squarrosum* Moq. (Chenopodiaceae) and its ecological significance. Plant and Soil, 288(1-2): 71-80.

Lloret F, Casanovas C, Peñuelas J. 1999. Seedling survival of mediterranean shrubland species in relation to root: shoot ratio, seed size and water and nitrogen use. Functional Ecology, 13(2): 210-216.

Lloret F, Peñuelas J, Estiarte M. 2005. Effects of vegetation canopy and climate on seedling establishment in Mediterranean shrubland. Journal of Vegetation Science, 16: 67-76.

Loreau M, Mouquet N, Gonzalez A. 2003. Biodiversity as spatial insurance in heterogeneous landscapes. Proceedings of the National Academy of Sciences, 100(22): 12765-12770.

Loreau M, Naeem S, Inchausti P, et al. 2001. Biodiversity and ecosystem functioning: current knowledge and future challenges. Science, 294: 804-808.

Louda S M. 1982. Distribution ecology: variation in plant recruitment over a gradient in relation to insect seed predation. Ecological monographs, 52(1): 25-41.

Louda S M, Potvin M A. 1995. Effect of inflorescence-feeding insects on the demography and lifetime of a native plant. Ecology, 76(1): 229-245.

Ma J L, Liu Z M. 2008. Viability and germination characteristics of canopy-stored seeds of plants in sand dune area. Chinese Journal of Applied Ecology, 19(2): 252-256.

MacArthur R H, Wilson E O. 1963. An equilibrium theory of insular zoogeography. Evolution, 373-387.

Maestre F T. 2004. On the importance of patch attributes, environmental factors and past human impacts as determinants of perennial plant species richness and diversity in Mediterranean semiarid steppes. Diversity and Distributions, 10: 21-29.

Maestre F T, Bautista S, Cortina J. 2003b. Positive, negative, and net effects in grass-shrub interactions in Mediterranean semiarid grasslands. Ecology, 84: 3186-3197.

Maestre F T, Cortina J, Bautista S, et al. 2003a. Small-scale environmental heterogeneity and spatiotemporal dynamics of seedling establishment in a semiarid degraded ecosystem. Ecosystems, 6: 630-643.

Margalef D R. 1958. Information theory in ecology. Society for General Systems Research, 3: 36-71.

Maron J L, Gardner S N. 2000. Consumer pressure, seed versus safe-site limitation, and plant population dynamics. Oecologia, 124(2): 260-269.

Martin L M, Wilsey B J. 2006. Assessing grassland restoration success: relative roles of seed additions and native ungulate activities. Journal of Applied Ecology, 43(6): 1098-1109.

Martínez-Casasnovas J A, Ramos M C, Ribes-Dasi M. 2005. On site effects of concentrated flow erosion in vineyard fields: some economic implications. Catena, 60: 129-146.

Martínez-Duro E, Ferrandis P, Herranz J M. 2009. Factors controlling the regenerative cycle of *Thymus funkii* subsp. *funkii* in a semi-arid gypsum steppe: A seed bank dynamics perspective. Journal of Arid Environments, 73: 252-259.

Mayor M D, Bóo R M, Peláez D V, et al. 2003. Seasonal variation of the soil seed bank of grasses in central Argentina as related to grazing and shrub cover. Journal of Arid Environments, 53(4): 467-477.

Mettler P A, Smith M, Victory K. 2001. The effects of nutrient pulsing on the threatened, floodplain species, *Boltonia decurrens*. Plant Ecology, 155(1): 91-98.

Middleton B A. 2003. Soil seed banks and the potential restoration of forested wetlands after farming. Journal of Applied Ecology, 40: 1025-1034.

Milberg P, Andersson L, Thompson K. 2000. Large-seeded spices are less dependent on light for germination than small-seeded ones. Seed Science Research, 10(1): 99-104.

Moles A T, Drake D R. 1999. Post-dispersal seed predation on large seeded species in the New Zealand flora: a preliminary study in secondary forest. New Zealand Journal of Botany, 37(4): 679-685.

Moles A T, Falster D S, Leishman M R, et al. 2004. Small seeded species produce more seeds per square meter of canopy per year, but not per individual per lifetime. Journal of Ecology, 92(3): 384-396.

Moles A T, Hodson D W, Webb C J. 2000. Seed size and shape and persisitence in the soil in the New Zealand flora. Oikos, 89(3): 541-545.

Moles A T, Warton D I, Westoby M. 2003. Do small-seeded species have higher survival through seed predation than large-seeded species? Ecology, 84(12): 3148-3161.

Moles A T, Westoby M. 2006. Seed size and plant strategy across the whole life cycle. Oikos, 113(1): 91-105.

Morpetha D R, Hall A M. 2000. Microbial enhancement of seed germination in *Rosa corymbifera* 'Laxa'. Seed Science Research, 10: 489-494.

Münzbergová Z, Herben T. 2005. Seed, dispersal, microsite, habitat and recruitment limitation: identification of terms and concepts in studies of limitations. Oecologia, 145(1): 1-8.

Nagamatsu D, Seiwa K, Sakai A. 2002. Seedling establishment of deciduous trees in various topographic positions. Journal of Vegetation Science, 13: 35-44.

Narita K, Wada N. 1998. Ecological significance of the aerial seed pool of a desert lignified annual, *Blepharis sindica* (Acanthaceae). Plant Ecology, 135(2): 177-184.

Nathan R, Muller-Landau H C. 2000. Spatial patterns of seed dispersal, their determinants and consequences for recruitment. Trends in Ecology and Evolution, 15: 278-285.

Norbert H, Annette O. 2004. Assessing soil seed bank persistence in flood-meadows: The search for reliable traits. Journal of Vegetation Science, 15: 93-100.

Oesterheld M, Sala O E. 1990. Effects of grazing on seedling establishment: the role of seed and safe-site availability. Journal of Vegetation Science, 1 (3): 353-358.

Onaindia M, Amezaga I. 2000. Seasonal variation in the seed banks of native woodland and coniferous plantations in Northern Spain. Forest Ecology and Management, 126(2): 163-172.

Ortega M, Levassor C, Peco B. 1997. Seasonal dynamics of Mediterranean pasture seed banks along environmental gradients. Journal of Biogeography, 24: 177-195.

Pacala S W, Rees M. 1998. Models suggesting field experiments to test two hypotheses explaining successional diversity. The American Naturalist, 152(5): 729-737.

Pakeman R J, Small J L, Torvell L. 2012. Edaphic factors influence the longevity of seeds in the soil. Plant Ecology, 213(1): 57-65.

Parsons A J, Wainwright J. 2006. Depth distribution of interrill overland flow and the formation of rills. Hydrological Processes, 20: 1511-1523.

Peart M H. 1984. The effects of morphology, orientation and position of grass diasporas on seedling survival. The Journal of Ecology, 72: 437-453.

Peco B, Ortega M, Levassor C. 1998. Similarity between seed bank and vegetation in Mediterranean grassland: a predicitive model. Journal Vegetation Science, 8: 815-828.

Peco B, Traba J, Levassor C, et al. 2003. Seed size, shape and persistence in dry Mediterranean grass and scrublands. Seed Science Research, 13(1): 87-95.

Perelman S B, Chaneton E J, Batista W B, et al. 2007. Habitat stress, species pool size and biotic resistance influence exotic plant richness in the Flooding Pampa grasslands. Journal of Ecology, 95(4): 662-673.

Pianka E R. 1970. On *r*-and *K*-selection. American naturalist, 104: 592-597.

Pielou E C. 1969. An Introduction to Mathematical Ecology. John Wiley, New York, United States.

Poesen J. 1987. Transport of rock fragments by rill flow—a field study. Catena Supplement, 8: 35-54.

Puigdefábregas J. 2005. The role of vegetation patterns in structuring runoff and sediment fluxes in drylands. Earth Surface Processes and Landforms, 30: 133-147.

Puignaire F I, Haase P. 1996. Comparative physiology and growth of two perennial tussock grass species in a semi-arid environment. Annals of Botany, 77: 81-86.

Pärtel M, Zobel M, Zobel K, et al. 1996. The species pool and its relation to species richness: evidence from Estonian plant communities. Oikos, 75: 111-117.

Qiu Y, Fu B J, Wang J. 2001. Spatial variability of soil moisture content and its relation to environmental indices in a semi-arid gully catchment of the Loess Plateau. China. Journal of Arid Environment, 49 (4): 723-750.

Renison D, Hensen I, Cingolani A M. 2004. Anthropogenic soil degradation affects seed viability in *Polylepis australis* mountain forests of central Argentina. Forest Ecology and Management, 196(2): 327-333.

Rey P J, Alcantara J M. 2000. Recruitment dynamics of a fleshy-fruited plant (*Olea europaea*): connecting patterns of seed dispersal to seedling establishment. Journal of Ecology, 88(4): 622-633.

Ribas-Fernández Y, Quevedo-Robledo L, Pucheta E. 2009. Pre- and post-dispersal seed loss and soil seed dynamics of the dominant *Bulnesia retama* (Zygophyllaceae) shrub in a sandy Monte desert of western Argentina. Journal of Arid Environment, 73: 14-21

Risberg L, Granstrom A. 2012. Seed dynamics of two fire-dependent Geranium species in the boreal forest of southeastern Sweden. Botany-Botanique, 90: 794-805.

Robertson S G, Hickman K R. 2012. Aboveground plant community and seed bank composition along an invasion gradient. Plant Ecology, 213: 1461-1475.

Robin G M, Jodie S H. 2008. Reproductive strategy of an invasive thistle: effects of adults on seedling survival. Biological Invasions, 10: 913-924.

Rodríguez-Ortega C, Franco M, Mandujano M C. 2006. Serotiny and seed germination in three threatened species of *Mammillaria* (Cactaceae). Basic and Applied Ecology, 7(6): 533-544.

Saatkamp A, Affre L, Dutoit T, et al. 2011. Germination traits explain soil seed persistence across species: the case of Mediterranean annual plants in cereal fields. Annals of Botany, 107(3): 415-426.

Sahai K. 1994. Macro and micromorphology of seed surface of exotic pine species adapted in Indian Himalayan climate. Phytomorphology, 44(1-2): 31-35.

Saikia P, Khan M L. 2012. Seedling survival and growth of *Aquilaria malaccensis* in different microclimatic conditions of Northeast India. Journal of Forestry Research, 23: 569-574.

Salisbury E. 1974. Seed size and mass in relation to environment. Proceedings of the Royal Society of London. Series B. Biological Sciences, 186(1083): 83-88.

Schafer M, Kotanen P M. 2003. The influence of soil moisture on losses of buried seeds to fungi. Acta Oecologica, 24(5): 255-263.

Schupp E W, Milleron T, Russo S E, et al. 2002. Dissemination limitation and the origin and maintenance of species-rich tropical forests. *In*: Levey D J, Silva W R, Galetti M. Seed Dispersal and Frugivory. Wallingford: CABI Publishing Press: 19-33.

Seghieri J, Galle S, Rajot J L, et al. 1997. Relationships between soil moisture and growth of herbaceous plants in a natural vegetation mosaic in Niger. Journal of Arid Environments, 36: 87-102.

Seidler T G, Plotkin J B. 2006. Seed dispersal and spatial pattern in tropical trees. PLOS Biology, 4(11): e344.

Shang Z H, Yang S H, Shi J J, et al. 2013. Seed rain and its relationship with above-ground vegetation of degraded Kobresia meadows. Journal of Plant Research, 126: 63-72.

Shannon C E, Weaver W. 1949. The Mathematical Theory of Communication. Urbana: University of Illinois Press.

Shen Z H, Tang Y Y, Lü N, et al. 2007. Community dynamics of seed rain in mixed evergreen broad-leaved and deciduous forests in a subtropical mountain of central China. Journal of Integrative Plant Biology, 49: 1294-1303.

Silvertown J W, Wilkin F R. 1983. An experimental test of the role of micro-spatial heterogeneity in the coexistence of congeneric plants. Biological Journal of the Linnean Society, 19(1): 1-8.

Silvertown J W. 1981. Seed size, life span, and germination data as coadapted features of plant life history. The American Naturalist, 118: 860-864.

Song B, Stöcklin J, Gao Y Q, et al. 2013. Habitat-specific responses of seed germination and seedling establishment to soil water condition in two *Rheum* species in the high Sino-Himalayas. Ecological Research, 28: 643-651.

Stamp N E. 1989. Efficacy of explosive vs. hygroscopic seed dispersal by an annual grassland species. American Journal of Botany, 76(4): 555-561.

Stöcklin J, Fischer M. 1999. Plants with longer-lived seeds have lower local extinction rates in grassland remnants 1950—1985. Oecologia, 120: 539-543.

Swamy V, Terborgh J. 2010. Distance- responsive natural enemies strongly influence seedling establishment patterns of multiple species in an Amazonianrain forest. Journal of Ecology, 98(5): 1096-1107.

Sørenson. 1948. A method of establishing groups of equal amplitude in plant sociology based on similarity of species content and its application to analyses of the vegetation on Danish commons. Biologiske Skrifter, 5(4): 1-34.

Šerá B, Šerý M. 2004. Number and weight of seeds and reproductive strategies of herbaceous plants. Folia Geobotanica, 39(1): 27-40.

Tabarelli M, Peres C A. 2002. Abiotic and vertebrate seed dispersal in the Brazilian Atlantic forest: implications for forest regeneration. Biological Conservation, 106(2): 165-176.

Tapias R, Gil L, Fuentes-Utrilla P, Pardos J A. 2001. Canopy seed banks in Mediterranean pines of south-eastern Spain: a comparison between *Pinus halepensis* Mill., *P. pinaster* Ait., *P. nigra* Arn. and *P. pinea* L. Journal of Ecology, 89(4): 629-638.

Taylor D R, Aarssen L W, Loehle C. 1990. On the relationship between r/K selection and environmental carrying capacity: a new habitat templet for plant life history strategies. Oikos, 58: 239-250.

Thompson K. 1986. Small-scale heterogeneity in the seed bank of an acide grassland. Journal of Ecology, 74: 733-738.

Thompson K. 1987. Seed and seed banks. New Phytologists, 106(S1): 23-34.

Thompson K. 2000. The functional ecology of soil seed banks. *In*: Fenner M. Seeds: the Ecology of Regeneration in Plant Communities. New York: CABI: 215-235.

Thompson K, Grime J. 1979. Seasonal variation in the seed banks of herbaceous species in ten contrasting habitats. Journal of Ecology, 67 (3):893-921.

Thompson K, Bakker J P, Bekker R M, et al. 1998. Ecological correlates of seed persistence in soil in the north-west European flora. Journal of Ecology, 86: 163-169.

Thompson K, Band S R, Hodgson J G. 1993. Seed size and shape predict persistence in soil. Functional Ecology, 7: 236-241.

Thompson K, Jalili A, Hodgson J G, et al. 2001. Seed size, shape and persistence in the soil in an Iranian flora. Seed Science Research, 11: 345-355.

Thompson S, Katul G. 2009. Secondary seed dispersal and its role in landscape organization. Geophysical Reseach Letters, 36(2): L02402.

Tilman D, Kareiva P. 1997. Spatial Ecology: the Role of Space in Population Dynamics and Interspecific Interactions. Princeton: Princeton University Press.

Tilman D, Reich P B, Knops J, et al. 2001. Diversity and productivity in a long-term grassland experiment. Science, 294: 843-845.

Titus J H, Moral R. 1998. Seedling establishment in different microsites on Mount St. Helens, Washington, USA. Plant Ecology, 134: 13-26.

Townsend C. 1977. Germination of polycross seed of cicer milkvetch as affected by year of production. Crop science, 17(6): 909-912.

Traba J, Azcárate F M, Peco B. 2004. From what depth do seeds emerge? A soil seed bank experiment with Mediterranean grassland species. Seed Science Research, 14(3): 297-303.

Tsuyuzaki S, Haruki M. 2008. Effects of microtopography and erosion on seedling colonisation and survival in the volcano Usu, northern Japan, after the 1977—78 eruptions. Land Degradation and Development, 19: 233-241.

Tsuyuzaki S,Titus J H,del Moral R. 1997. Seedling establishment patterns on the Pumice Plain,Mount St. Helens, Washington. Journal of Vegetation Science,8：727-734.

Turnbull L A,Crawley M J,Rees M. 2000. Are plant populations seed-limited? A review of seed sowing experiments. Oikos,88(2)：225-238.

Turnbull L A,Rees M,Crawley M J. 1999. Seed mass and the competition/colonization trade-off：a sowing experiment. Journal of Ecology,87(5)：899-912.

Tíscar E,Heras M M,Nicolau J M. 2011. Performance of vegetation in reclaimed slopes affected by soil erosion. Restoration Ecology,19：35-44.

Van Oudtshoorn K V R,Van Rooyen M W. 1999. Dispersal Biology of Desert Plants. Berlin：Springer.

Veenendaal E M,Ernst W H O,Modise G S. 1996. Effect of seasonal rainfall pattern on seedling emergence and establishment of grasses in a savanna in south-eastern Botswana. Journal of Arid Environment,32：305-317

Venable D L. 1985. The evolutionary ecology of seed heteromorphism. American Naturalist,126(5)：577-595.

Venable D L. 2007. Bet hedging in a guild of desert annuals. Ecology,88(5)：1086-1090.

Wainwright J. 1996. Infiltration,runoff and erosion characteristics of agricultural land in extreme storm event,SE France. Catena,26：27-47.

Wang B C,Smith T B. 2002. Closing the seed dispersal loop. Trends in Ecology and Evolution,17(8)：379-385.

Wang D L,Jiao J Y,Lei D,et al. 2013b. Effects of seed morphology on seed removal and plant distribution in the Chinese hill-gully Loess Plateau region. Catena,104：144-152.

Wang N,Jiao J Y,Du H D,et al. 2013a. The role of local species pool,soil seed bank and seedling pool in natural vegetation restoration on abandoned slope land. Ecological Engineering,52：28-36.

Wang N,Jiao J Y,Jia Y F,et al. 2010. Germinable soil seed banks and the restoration potential of abandoned cropland on the Chinese hilly-gullied Loess Plateau. Environmental Management,46：367-377.

Wang N,Jiao J Y,Jia Y F,et al. 2011a. Seed persistence in the soil on eroded slopes in the hilly-gullied Loess Plateau region,China. Seed Science Research,21：295-304.

Wang N,Jiao J Y,Jia Y F,et al. 2011b. Soil seed bank composition and distribution on eroded slopes in the hill-gully Loess Plateau region (China)：influence on natural vegetation colonization. Earth Surface Processes and Landforms, 36(13)：1825-1835.

Wang N,Jiao J Y,Lei D,et al. 2014. Effect of rainfall erosion：seedling damage and establishment problems. Land Degradation and Development,25：565-572.

Wang Z R,Yang G J,Yi S H,et al. 2012. Effects of environmental factors on the distribution of plant communities in a semi-arid region of the Qinghai-Tibet Plateau. Ecological Research,27：667-675.

Warr S J,Kent M,Thompson K. 1994. Seed bank composition and variability in five woodlands in south-west England. Journal of Biogeography,21：151-68.

Weigend M,Grgerb A,Ackermann M. 2005. The seeds of Loasaceae subfam. Loasoideae (Cornales) II：Seed morphology of "South Andean Loasas" (*Loasa*,*Caiophora*,*Scyphanthus* and *Blumenbachia*). Flora,200(6)：569-591.

West N E. 1990. Structure and function of microphytic soil crusts in wildland ecosystems of arid to semi-arid regions. Advances in Ecological Reseach,20：179-233.

Westoby M,Leishman M,Jurado E. 1996. Comparative ecology of seed size and dispersal. Philosophy Transport of Royal Societyof London Biology,351(1345)：1309-1318.

Whittaker R H. 1960. Vegetation of the Siskiyou mountains,Oregon and California. Ecological monographs,30(3)：279-338.

Whittaker R J,Katherine J W. 2001. Scale and species richness：towards a general,hierarchical theory of species diversity. Journal of Biogeography,28：453-70.

Wiegand T,Martinez I,Huth A. 2009. Recruitment in tropical tree species：revealing complex spatial patterns. The American Naturalist,174(4)：106-140.

Wilbur H M. 1976. Life history evolution in seven milkweeds of the genus *Asclepias*. The Journal of Ecology, 64: 223-240.

Willson M F. 1983. Plant Reproductive Ecology. New York: John Wiley and Sons.

Willson M F, Traveset A. 2000. The Ecology of Seed Dispersal. *In*: Fenner M. Seeds: the Ecology of Regeneration in Plant Communities. New York: CABI: 85-110.

Wolfgang S, Katja T. 2010. Dispersal-dormancy relationships in annual plants: putting model predictions to the test. The American Naturalist, 176: 490-500.

Wolters M, Garbutt A, Bekker R M, et al. 2008. Restoration of salt-marsh vegetation in relation to site suitability, species pool and dispersal traits. Journal of Applied Ecology, 45: 904-912.

Yasaka M, Takiya M, Watanabe I, et al. 2008. Variation in seed production among years and among individuals in 11 broadleaf tree species in northern Japan. Journal of Forest Research, 13(2): 83-88.

Yoshida N, Ohsawa M. 1999. Seedling success of *Tsuga sieboldii* along a microtopographic gradient in a mixed cool-temperate forest in Japan. Plant Ecology, 140: 89-98.

Yu S, Sternberg M, Kutiel P, et al. 2007. Seed mass, shape, and persistence in the soil seed bank of Israeli coastal sand dune flora. Evolutionary Ecology Research, 9: 325-340.

Zeiter M, Preukschas J, Stampfli A. 2013. Seed availability in hay meadows: land-use intensification promotes seed rain but not the persistent seed bank. Agriculture, Ecosystems and Environment, 171: 55-62.

Zeiter M, Stampfli A, Newbery D. 2006. Recruitment limitation constrains local species richness and productivity in dry grassland. Ecology, 87(4): 942-951.

Zhang J T, Dong Y. 2010. Factors affecting species diversity of plant communities and the restoration process in the loess area of China. Ecological Engineering, 36: 345-350.

Zhao L P, Wu G L, Cheng J M. 2011. Seed mass and shape are related to persistence in a sandy soil in northern China. Seed Science Research, 21: 47-53.

Zheng F L, He X B, Gao X T, et al. 2005. Effects of erosion patterns on nutrient loss following deforestation on the Loess Plateau of China. Agriculture, Ecosystems and Environment, 108: 85-97.

Zhu Y J, Yang X J, Carol C B, et al. 2014. Effects of amount and frequency of precipitation and sand burial on seed germination, seedling emergence and survival of the dune grass *Leymus secalinus* in semiarid China. Plant and Soil, 374: 399-409.

Zobel M. 1992. Plant species coexistence—the role of historical, evolutionary and ecological factors. Oikos, 65: 314-320.

Zobel M. 1997. The relative role of species pools in determinning plant species richness: an alternative explanation of species coexistence? Trends in Ecology and Evolution, 12(7): 266-269.

Zobel M, Eddy M, Cecilia D. 1998. Species pool: the concept, its determination and significance for community restoration. Applied Vegetation Science, 1(1): 55-66.

附　录

1. 植物拉丁名及其相关特征(书中涉及研究区的物种)

物种	拉丁名	科	属	生长型	营养繁殖类型	传播方式	植冠种子库	土壤种子库	幼苗库	种子库持久性
阿尔泰狗娃花	*Heteropappus altaicus*	菊科	狗娃花属	P	Vr	An,Zo		√	√	P
白草	*Pennisetum centrasiaticum*	禾本科	狼尾草属	G	Vr	An	√			
白花草木樨*	*Melilotus albus*	豆科	草木樨属	A/B		Au	√	√	√	—
白头翁	*Pulsatilla chinensis*	毛茛科	白头翁属	P		An				
白羊草	*Bothriochloa ischaemum*	禾本科	孔颖草属	G	Vt	An,Zo		√	√	P
百里香	*Thymus mongolicus*	唇形科	百里香属	SS	Vr	An		√	√	—
百蕊草	*Thesium chinense*	檀香科	百蕊草属	P		Au				
斑种草	*Bothriospermum chinense*	紫草科	斑种草属	A		Zo		√	√	P
抱茎苦荬菜	*Ixeris sonchifolia*	菊科	小苦荬属	P		An		√	√	P
北点地梅	*Androsace septentrionalis*	报春花科	点地梅属	A		An		√	√	P
北京隐子草	*Cleistogenes hancei*	禾本科	隐子草属	G	Vt	An		√	√	T
扁核木	*Prinsepia utilis*	蔷薇科	扁核木属	S		Zo		√	√	T
冰草	*Agropyron cristatum*	禾本科	冰草属	G	Vr	An		√		—
并头黄芩	*Scutellaria scordifolia*	唇形科	黄芩属	P	Vr	An		√	√	—
糙叶黄芪	*Astragalus scaberrimus*	豆科	黄芪属	P	Vr	Au		√	√	T
糙隐子草	*Cleistogenes squarrosa*	禾本科	隐子草属	G	Vt	An		√	√	T
草木樨状黄芪	*Astragalus melilotoides*	豆科	黄芪属	P		Au		√	√	T
草瑞香	*Diarthron linifolium*	瑞香科	草瑞香属	A		An				

续表

物种	拉丁名	科	属	生长型	营养繁殖类型	传播方式	植冠种子库	土壤种子库	幼苗库	种子库持久性
侧柏	*Platycladus orientalis*	柏科	侧柏属	T		Zo	√	√	√	—
茶条槭	*Acer ginnala*	槭树科	槭属	S		An				
叉子圆柏	*Sabina vulgaris*	柏科	圆柏属	S		Zo				
长芒草	*Stipa bungeana*	禾本科	针茅属	G	Vt	An,Zo		√	√	P
朝阳隐子草	*Cleistogenes hackeli*	禾本科	隐子草属	G	Vt	An				
臭椿	*Ailanthus altissima*	苦木科	臭椿属	T	Vrs	An	√	√	√	T
臭蒿	*Artemisia hedinii*	菊科	蒿属	A		An	√	√	√	P
刺槐	*Robinia pseudoacacia*	豆科	刺槐属	T	Vrs	Au,Zo	√	√	√	T
葱皮忍冬	*Lonicera ferdinandii*	忍冬科	忍冬属	S		Zo				
丛生隐子草	*Cleistogenes caespitosa*	禾本科	隐子草属	G	Vt	An			√	
翠雀*	*Delphinium grandiflorum*	毛茛科	翠雀属	P		An		√		—
大果榆	*Ulmus macrocarpa*	榆科	榆属	T		An				
达乌里胡枝子	*Lespedeza davurica*	豆科	胡枝子属	SS	Vr	Au	√	√	√	P
打碗花	*Calystegia hederacea*	旋花科	打碗花属	A		Au		√		—
大丁草	*Gerbera anandria*	菊科	大丁草属	P		An				
大蓟	*Cirsium japonicum*	菊科	蓟属	P		An	√	√		—
大针茅	*Stipa grandis*	禾本科	针茅属	G	Vt	An,Zo	√	√	√	T
地肤*	*Kochia scoparia*	藜科	地肤属	A		An		√		—
地黄	*Rehmannia glutinosa*	玄参科	地黄属	P		An		√	√	—
地锦草	*Euphorbia humifusa*	大戟科	大戟属	A		An		√	√	P
地梢瓜	*Cynanchum thesioides*	萝藦科	鹅绒藤属	P	Vr	An,Au		√	√	—
丁香	*Syringa oblata*	木犀科	丁香属	S	V	Au	√	√	√	T
杜梨	*Pyrus betulifolia*	蔷薇科	梨属	T		Zo				
多花胡枝子	*Lespedeza floribunda*	豆科	胡枝子属	SS	Vr	Au		√	√	T

续表

物种	拉丁名	科	属	生长型	营养繁殖类型	传播方式	植冠种子库	土壤种子库	幼苗库	种子库持久性
多裂委陵菜	*Potentilla multifida*	蔷薇科	委陵菜属	P		An,Au			√	
鹅观草	*Roegneria kamoji*	禾本科	鹅观草属	G	Vt	An,Zo	√	√	√	T
鹅绒藤	*Cynanchum chinense*	萝藦科	鹅绒藤属	P		An				
二裂委陵菜	*Potentilla bifurca*	蔷薇科	委陵菜属	P	Vr	Au		√	√	T
二色补血草	*Limonium bicolor*	白花丹科	补血草属	P		Au				
二色棘豆	*Oxytropis bicolor*	豆科	棘豆属	P		Au		√	√	T
翻白草	*Potentilla discolor*	蔷薇科	委陵菜属	P		Au			√	
飞廉	*Carduus nutans*	菊科	飞廉属	B		An	√			
飞蓬*	*Erigeron acer*	菊科	飞蓬属	B		An		√	√	—
飞燕草	*Consolida ajacis*	毛茛科	飞燕草属	P		Au				
费菜	*Sedum aizoon*	景天科	景天属	P		Au		√		—
风轮菜	*Clinopodium chinense*	唇形科	风轮菜属	P		An	√	√		—
风毛菊	*Saussurea japonica*	菊科	风毛菊属	B		An	√	√	√	—
拂子茅	*Calamagrostis epigeios*	禾本科	拂子茅属	G	Vr	An	√	√		—
附地菜*	*Trigonotis peduncularis*	紫草科	附地菜属	A/B		Au		√	√	—
甘草	*Glycyrrhiza uralensis*	豆科	甘草属	P	Vr	Au	√	√		T
甘青针茅	*Stipa przewalskyi*	禾本科	针茅属	G	Vt	Zo				
杠柳	*Periploca sepium*	萝藦科	杠柳属	S	Vrs	An,Au	√	√	√	P
狗尾草	*Setaria viridis*	禾本科	狗尾草属	A		Au	√	√	√	P
枸杞	*Lycium chinense*	茄科	枸杞属	S		Zo		√		—
拐轴鸦葱*	*Scorzonera divaricata*	菊科	鸦葱属	P		An				
灌木铁线莲	*Clematis fruticosa*	毛茛科	铁线莲属	SS		An	√	√	√	P
鬼针草	*Bidens pilosa*	菊科	鬼针草属	A		Zo	√	√	√	—
旱柳	*Salix matsudana*	杨柳科	柳属	T		An				

续表

物种	拉丁名	科	属	生长型	营养繁殖类型	传播方式	植冠种子库	土壤种子库	幼苗库	种子库持久性
河朔荛花	*Wikstroemia chamaedaphne*	瑞香科	荛花属	S		An				
鹤虱	*Lappula myosotis*	紫草科	鹤虱属	A/B		Zo		√		—
虎耳草	*Saxifraga stolonifera*	虎耳草科	虎耳草属	P	Vs	Au				
虎榛子	*Ostryopsis davidiana*	桦木科	虎榛子属	S	Vr	Zo		√		—
互叶醉鱼草	*Buddleja alternifolia*	马钱科	醉鱼草属	S		An	√	√		—
华北鸦葱	*Scorzonera albicaulis*	菊科	鸦葱属	P		An				
画眉草	*Eragrostis pilosa*	禾本科	画眉草属	A		An	√	√	√	P
黄鹌菜	*Youngia japonica*	菊科	黄鹌菜属	A		An		√	√	—
黄刺玫	*Rosa xanthina*	蔷薇科	蔷薇属	S		Zo	√	√	√	—
黄山药	*Dioscorea panthaica*	薯蓣科	薯蓣属	V		Au				
灰绿藜*	*Chenopodium glaucum*	藜科	藜属	A		An	√	√		—
灰栒子	*Cotoneaster acutifolius*	蔷薇科	栒子属	S		Zo	√	√	√	—
灰叶黄芪	*Astragalus discolor*	豆科	黄芪属	P		Au			√	
火炬树*	*Rhus typhina*	漆树科	盐肤木属	T	Vrs	Au	√			
火绒草	*Leontopodium leontopodioides*	菊科	火绒草属	P	Vs	An		√	√	T
芨芨草	*Achnatherum splendens*	禾本科	芨芨草属	G	Vt	An				
鸡峰黄芪	*Astragalus kifonsanicus*	豆科	黄芪属	P		Au				
鸡爪槭	*Acer palmatum*	槭树科	槭属	T		An			√	
戟叶堇菜	*Viola betonicifolia*	堇菜科	堇菜属	P		Au			√	
茭蒿	*Artemisia giraldii*	菊科	蒿属	SS	Vr	An	√	√	√	P
角蒿	*Incarvillea sinensis*	紫葳科	角蒿属	A		An	√	√	√	—
角茴香*	*Hypecoum erectum*	罂粟科	角茴香属	A		Au		√		—
角盘兰*	*Herminium monorchis*	兰科	角盘兰属	P	Vb	An				
节节草	*Equisetum ramosissimum*	木贼科	木贼属	P	Vr	An			√	

续表

物种	拉丁名	科	属	生长型	营养繁殖类型	传播方式	植冠种子库	土壤种子库	幼苗库	种子库持久性
截叶铁扫帚	*Lespedeza cuneata*	豆科	胡枝子属	SS		Au	√	√	√	T
荆条	*Vitex negundo*	马鞭草科	牡荆属	S	Vr	Au				
菊叶委陵菜	*Potentilla tanacetifolia*	蔷薇科	委陵菜属	P		An,Au	√	√	√	P
菊芋	*Helianthus tuberosus*	菊科	向日葵属	P	Vb	Au				
苦苣菜	*Sonchus oleraceus*	菊科	苦苣菜属	A/B		An		√	√	—
苦楝树*	*Picrasma quassioides*	苦木科	苦树属	T		Zo	√			
苦马豆*	*Sphaerophysa salsula*	豆科	苦马豆属	P	Vr	Au				
苦荬菜	*Ixeris polycephala*	菊科	苦荬菜属	A		An		√	√	—
魁蓟*	*Cirsium leo*	菊科	蓟属	P		An			√	
拉拉藤	*Galium aparine*	茜草科	拉拉藤属	P		Au		√	√	—
赖草	*Leymus secalinus*	禾本科	赖草属	G	Vr	Au,Zo	√	√		T
蓝刺头	*Echinops sphaerocephalus*	菊科	蓝刺头属	P		An	√			
狼尾草*	*Pennisetum alopecuroides*	禾本科	狼尾草属	A/B	Vt	An,Zo				
狼尾花	*Lysimachia barystachys*	报春花科	珍珠菜属	P	Vr	Au	√			
狼牙刺	*Sophora davidii*	豆科	槐属	S		Au,Zo	√	√	√	T
老鹳草	*Geranium wilfordii*	牻牛儿苗科	老鹳草属	P		Au		√		—
冷蒿	*Artemisia frigida*	菊科	蒿属	P	Vr	An			√	
连翘*	*Forsythia suspensa*	木犀科	连翘属	S		Au				
莲叶点地梅	*Androsace henryi*	报春花科	点地梅属	P		An		√	√	—
辽东栎	*Quercus wutaishanica*	壳斗科	栎属	T		Zo	√	√	√	—
列当	*Orobanche coerulescens*	列当科	列当属	B		An				
裂叶堇菜	*Viola dissecta*	堇菜科	堇菜属	P		Au		√	√	—
柳叶鼠李	*Rhamnus erythroxylon*	鼠李科	鼠李属	S		Zo				
六道木	*Abelia biflora*	忍冬科	六道木属	S		Zo			√	

续表

物种	拉丁名	科	属	生长型	营养繁殖类型	传播方式	植冠种子库	土壤种子库	幼苗库	种子库持久性
瘤果地构叶	*Speranskia tuberculata*	大戟科	地构叶属	P		Au		√	√	P
龙葵*	*Solanum nigrum*	茄科	茄属	A		Zo		√		—
龙牙草	*Agrimonia pilosa*	蔷薇科	龙牙草属	P	Vr	Au		√	√	—
漏芦	*Rhaponticum uniflorum*	菊科	漏芦属	P		An				
芦苇	*Phragmites australis*	禾本科	芦苇属	G	Vr	An	√	√	√	T
鹿药*	*Smilacina japonica*	百合科	鹿药属	P	Vb	Zo				
栾树	*Koelreuteria paniculata*	无患子科	栾树属	T		Au	√			
绿苋*	*Amaranthus viridis*	苋科	苋属	A		An		√		—
麻花头	*Serratula centauroides*	菊科	麻花头属	P		An	√		√	
麻黄	*Ephedra sinica*	麻黄科	麻黄属	S		Zo				
马唐*	*Digitaria sanguinalis*	禾本科	马唐属	A		An		√		—
毛白杨	*Populus tomentosa*	杨柳科	杨属	T	Vrs	An				
茅莓	*Rubus parvifolius*	蔷薇科	悬钩子属	S		Zo		√	√	—
牻牛儿苗	*Erodium stephanianum*	牻牛儿苗科	牻牛儿苗属	P		Au,Zo		√	√	—
毛连菜	*Picris hieracioides*	菊科	毛连菜属	B		An				
毛樱桃	*Cerasus tomentosa*	蔷薇科	樱属	S		Zo				
蒙古蒿	*Artemisia mongolica*	菊科	蒿属	P	Vr	An	√	√	√	—
糜子*	*Panicum miliaceum*	禾本科	黍属	A		Au,Zo		√		—
南牡蒿	*Artemisia eriopoda*	菊科	蒿属	P	Vr	An		√		—
泥胡菜	*Hemistepta lyrata*	菊科	泥胡菜属	A		An		√		—
柠条	*Caragana korshinskii*	豆科	锦鸡儿属	S	Vr	Au,Zo		√	√	—
牛奶子	*Elaeagnus umbellata*	胡颓子科	胡颓子属	S		Au,Zo				
牛皮消	*Cynanchum auriculatum*	萝藦科	鹅绒藤属	SS	Vb	An				
泡沙参	*Adenophora potaninii*	桔梗科	沙参属	P		An		√	√	—

续表

物种	拉丁名	科	属	生长型	营养繁殖类型	传播方式	植冠种子库	土壤种子库	幼苗库	种子库持久性
披针叶黄华	*Thermopsis lanceolata*	菊科	野决明属	P		Au			√	
披针叶薹草	*Carex lanceolata*	莎草科	薹草属	P	Vr	An		√	√	P
平车前	*Plantago depressa*	车前科	车前属	A/B		Au	√			
苹果*	*Malus pumila*	蔷薇科	苹果属	T		Zo				
蒲公英	*Taraxacum mongolicum*	菊科	蒲公英属	P		An		√	√	T
洽草	*Koeleria cristata*	禾本科	洽草属	G	Vt	An		√		—
茜草	*Rubia cordifolia*	茜草科	茜草属	V	Vr	Au,Zo		√		T
窃衣*	*Torilis scabra*	伞形科	窃衣属	A		Zo		√	√	—
秦晋锦鸡儿	*Caragana purdomii*	豆科	锦鸡儿属	S		Au,Zo				
芹叶铁线莲	*Clematis aethusifolia*	毛茛科	铁线莲属	V		An	√	√	√	—
三角槭	*Acer buergerianum*	槭树科	槭属	T		An				
三裂蛇葡萄	*Ampelopsis delavayana*	葡萄科	蛇葡萄属	V		Zo		√	√	—
桑叶葡萄	*Vitis heyneana*	葡萄科	葡萄属	V	Vs	Zo				
沙打旺	*Astragalus adsurgens*	豆科	黄芪属	P		Au	√	√		—
沙蒿	*Artemisia desertorum*	菊科	蒿属	P	Vr	An	√			
沙棘	*Hippophae rhamnoides*	胡颓子科	沙棘属	S	Vr	Zo	√	√	√	—
砂珍棘豆	*Oxytropis racemosa*	豆科	棘豆属	P		Au				
山丹	*Lilium pumilum*	百合科	百合属	P	Vb	An			√	
山荆子	*Malus baccata*	蔷薇科	苹果属	T		Zo				
山桃	*Amygdalus davidiana*	蔷薇科	桃属	S		Zo				
山杏	*Armeniaca sibirica*	蔷薇科	杏属	S		Zo				
陕西荚蒾	*Viburnum schensianum*	忍冬科	荚蒾属	S		Zo				
陕西山楂	*Crataegus shensiensis*	蔷薇科	山楂属	T		Zo				
蛇莓	*Duchesnea indica*	蔷薇科	蛇莓属	P	Vs	Au,Zo		√	√	—

续表

物种	拉丁名	科	属	生长型	营养繁殖类型	传播方式	植冠种子库	土壤种子库	幼苗库	种子库持久性
绳虫实	*Corispermum declinatum*	藜科	虫实属	A		An	√	√	√	P
栓翅卫矛	*Euonymus phellomanus*	卫矛科	卫矛属	S		Au,Zo				
水栒子	*Cotoneaster multiflorus*	蔷薇科	栒子属	S		Zo	√	√		—
石竹	*Dianthus chinensis*	石竹科	石竹属	P		Au				
酸枣	*Ziziphus jujuba*	鼠李科	枣属	S	Vrs	Zo	√	√		T
碎米荠*	*Cardamine hirsuta*	十字花科	碎米荠属	A		An				
太白龙胆	*Gentiana apiata*	龙胆科	龙胆属	P	Vr	An				
唐松草	*Thalictrum aquilegifolium*	毛茛科	唐松草属	P		An		√	√	—
桃叶鸦葱	*Scorzonera sinensis*	菊科	鸦葱属	P	Vr	An		√		—
天蓝苜蓿	*Medicago lupulina*	豆科	苜蓿属	P		Au		√	√	—
天门冬	*Asparagus cochinchinensis*	百合科	天门冬属	P		Au			√	
田旋花	*Convolvulus arvensis*	旋花科	旋花属	P	Vr	Au		√		T
田紫草*	*Lithospermum arvense*	紫草科	紫草属	A		Zo		√	√	—
铁杆蒿	*Artemisia gmelinii*	菊科	蒿属	SS	Vr	An	√	√	√	P
葶苈	*Draba nemorosa*	十字花科	葶苈属	A/B		Au		√		—
土庄绣线菊	*Spiraea pubescens*	蔷薇科	绣线菊属	S		An,Au	√	√		—
瓦松	*Orostachys fimbriatus*	景天科	瓦松属	B		An			√	
文冠果	*Xanthoceras sorbifolium*	无患子科	文冠果属	S		Au,Zo	√			
无芒雀麦	*Bromus inermis*	禾本科	雀麦属	G	Vr	An				
细弱隐子草	*Cleistogenes gracilis*	禾本科	隐子草属	G	Vt	An				
细叶臭草	*Melica radula*	禾本科	臭草属	G	Vt	An		√	√	—
细叶韭*	*Allium tenuissimum*	百合科	葱属	P	Vb	Au				
细叶鸢尾	*Iris tenuifolia*	鸢尾科	鸢尾属	P	Vr	An			√	
狭叶米口袋	*Gueldenstaedtia stenophylla*	豆科	米口袋属	P		Au		√	√	T

续表

物种	拉丁名	科	属	生长型	营养繁殖类型	传播方式	植冠种子库	土壤种子库	幼苗库	种子库持久性
香青兰	*Dracocephalum moldavica*	唇形科	青兰属	A		Au	√	√		P
小红菊	*Dendranthema chanetii*	菊科	菊属	P	Vr	An				
小蓟	*Cirsium setosum*	菊科	蓟属	P	Vr	An	√	√	√	—
小藜*	*Chenopodium serotinum*	藜科	藜属	A		An		√	√	T
小叶锦鸡儿	*Caragana microphylla*	豆科	锦鸡儿属	S	Vr	Au,Zo				
小叶杨	*Populus simonii*	杨柳科	杨属	T	Vrs	An				
星毛委陵菜*	*Potentilla acaulis*	蔷薇科	委陵菜属	P	Vs	An,Au		√		—
旋覆花	*Inula japonica*	菊科	旋覆花属	P	Vr	An	√		√	
鸦葱	*Scorzonera austriaca*	菊科	鸦葱属	P	Vr	An		√		—
亚麻	*Linum usitatissimum*	亚麻科	亚麻属	A		Au		√	√	—
延安小檗	*Berberis purdomii*	小檗科	小檗属	S		Zo	√	√	√	T
野葱	*Allium chrysanthum*	百合科	葱属	P	Vb	Au		√	√	—
野古草	*Arundinella anomala*	禾本科	野古草属	G	Vr	An		√		T
野胡萝卜	*Daucus carota*	伞形科	胡萝卜属	B		An				
野韭	*Allium ramosum*	百合科	葱属	P	Vb	Au	√		√	
野菊	*Dendranthema indicum*	菊科	菊属	P	Vr	An		√	√	T
野棉花	*Anemone vitifolia*	毛茛科	银莲花属	P		An		√		—
野豌豆	*Vicia sepium*	豆科	野豌豆属	P	Vr	Au		√	√	—
野西瓜苗	*Hibiscus trionum*	锦葵科	木槿属	A		Zo			√	
野燕麦	*Avena fatua*	禾本科	燕麦属	A		Au				
异燕麦	*Helictotrichon schellianum*	禾本科	异燕麦属	G	Vr	An		√	√	P
异叶败酱	*Patrinia heterophylla*	败酱科	败酱属	P	Vr	An		√	√	—
益母草	*Leonurus artemisia*	唇形科	益母草属	A/B		Au	√	√	√	—
阴行草	*Siphonostegia chinensis*	玄参科	阴行草属	A		An	√	√	√	P

续表

物种	拉丁名	科	属	生长型	营养繁殖类型	传播方式	植冠种子库	土壤种子库	幼苗库	种子库持久性
茵陈蒿	*Artemisia capillaris*	菊科	蒿属	P	Vr	An	√	√	√	—
银川柴胡	*Bupleurum yinchowense*	伞形科	柴胡属	P	Vr	An		√	√	—
蚓果芥*	*Torularia humilis*	十字花科	念珠芥属	P		Au		√	√	—
硬质早熟禾	*Poa sphondylodes*	禾本科	早熟禾属	G	Vt	An		√	√	—
油蒿	*Artemisia ordosica*	菊科	蒿属	SS	Vr	An				
油松*	*Pinus tabuliformis*	松科	松属	T		Zo		√	√	—
榆树	*Ulmus pumila*	榆科	榆属	T		An		√	√	—
远志	*Polygala tenuifolia*	远志科	远志属	P	Vr	Au		√	√	P
獐牙菜	*Swertia bimaculata*	龙胆科	獐牙菜属	A		An,Au	√	√	√	—
中华卷柏	*Selaginella sinensis*	卷柏科	卷柏属	P	Vs	An				
中华苦荬菜	*Ixeris chinensis*	菊科	小苦荬属	P		An		√	√	—
中华隐子草	*Cleistogenes chinensis*	禾本科	隐子草属	G	Vt	An,Zo		√	√	—
帚状鸦葱	*Scorzonera pseudodivaricata*	菊科	鸦葱属	P	Vr	An		√		T
猪毛菜	*Salsola collina*	藜科	猪毛菜属	A		An	√	√	√	T
猪毛蒿	*Artemisia scoparia*	菊科	蒿属	A/B		An	√	√	√	P
籽蒿	*Artemisia sphaerocephala*	菊科	蒿属	SS		An	√			
紫花地丁	*Viola philippica*	堇菜科	堇菜属	P		Au		√	√	—
紫苜蓿	*Medicago sativa*	豆科	苜蓿属	P		Au				
紫穗槐	*Amorpha fruticosa*	豆科	紫穗槐属	S		Au,Zo	√			
紫筒草	*Stenosolenium saxatile*	紫草科	紫筒草属	P		Zo		√	√	—
紫菀	*Aster tataricus*	菊科	紫菀属	P	Vr	An		√		—

注：生长型：A. 一年生草本，B. 二年生草本，A/B. 一二年生草本，G. 多年生禾草，P. 多年生草本，SS. 半灌木，S. 灌木，V. 藤本，T. 乔木；营养繁殖类型：Vb. 球茎、鳞茎、块茎型，Vr. 根茎型，Vrs. 根出条型，Vs. 匍匐茎型，Vt. 分蘖型；传播方式：An. 风力扩散，Au. 自助扩散(重力作用或自身弹力作用)，Zo. 动物扩散；种子库持久性：P. 具有持久土壤种子库，T. 具有短暂土壤种子库；土壤种子库和幼苗库标出"√"为本研究和研究区内其他研究中有记载的物种；物种右上角标"*"代表其不属于物种库的物种；种子库持久性标出"—"表示没有确定土壤种子库类型。

2. 彩图

图 1-1　延河流域和典型小流域位置示意图

图 8-1　土槽中种子的布设

图 8-2　种子的布设方式

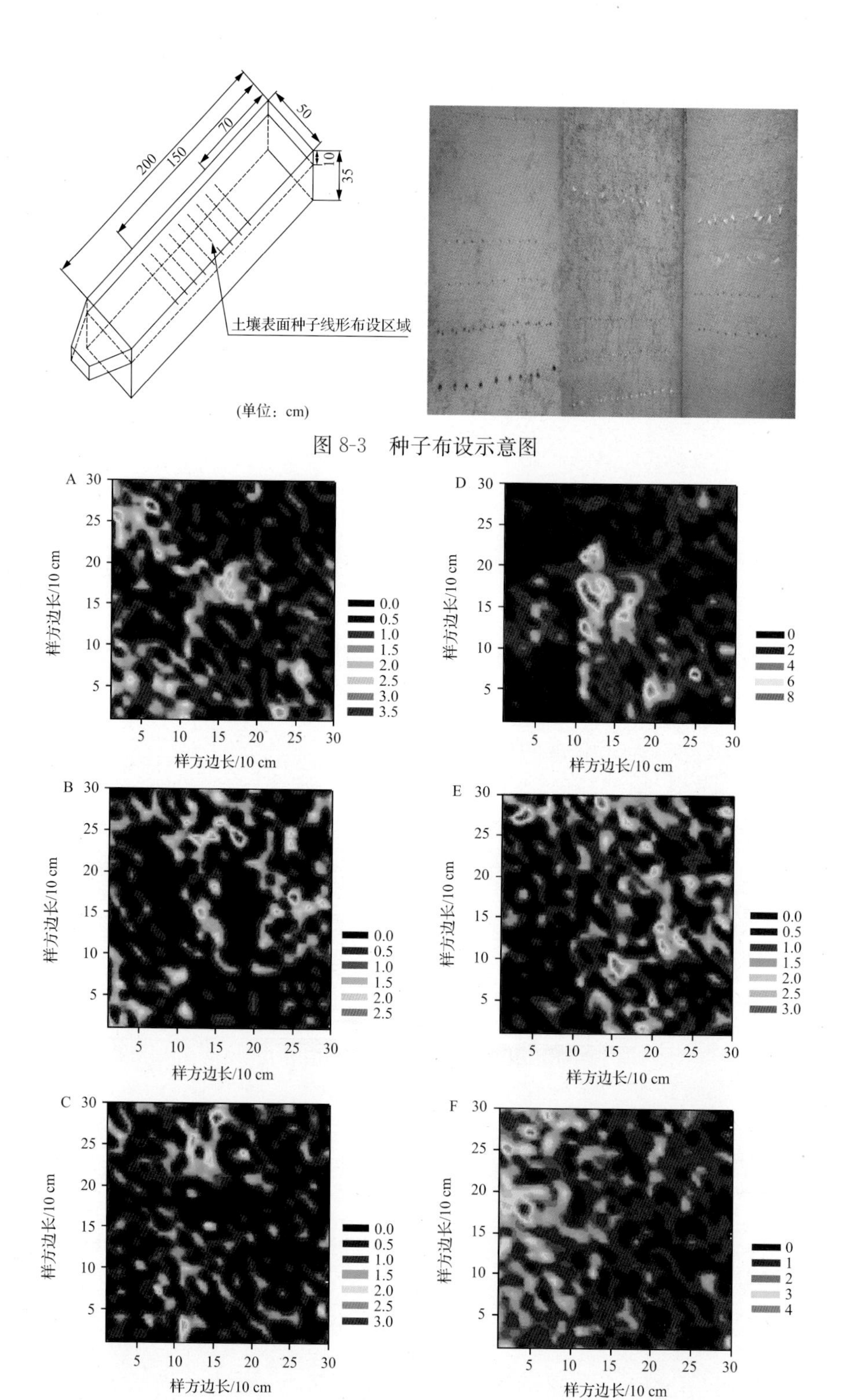

图 8-3　种子布设示意图

图 9-11　自然恢复坡面不同侵蚀部位幼苗密度空间分布示意图

图例不同颜色代表值为 10 cm×10 cm 小样方内幼苗数的平方根；A～C 表示侵蚀单元Ⅰ坡上、坡中、坡下；D～F 表示侵蚀单元Ⅱ坡上、坡中、坡下

3. 植物种子(果实)照片

猪毛蒿
Artemisia scoparia
×24
阿尔泰狗娃花
Heteropappus altaicus
×12
铁杆蒿
Artemisia gmelinii
×24
风毛菊
Saussurea japonica
×15
抱茎苦荬菜
Ixeris sonchifolia
×24
苦苣菜
Sonchus oleraceus
×6
飞廉
Carduus nutans
×12
茭蒿
Artemisia giraldii
×24
旋覆花
Inula japonica
×9.3
大蓟
Circium japonicum
×12
鬼针草
Bidens pilosa
×6
蒙古蒿
Artemisia mongolica
×24
南牡蒿
Artemisia eriopoda
×24
小蓟
Cirsium setosum
×15
蒲公英
Taraxacum mongolicum
×6

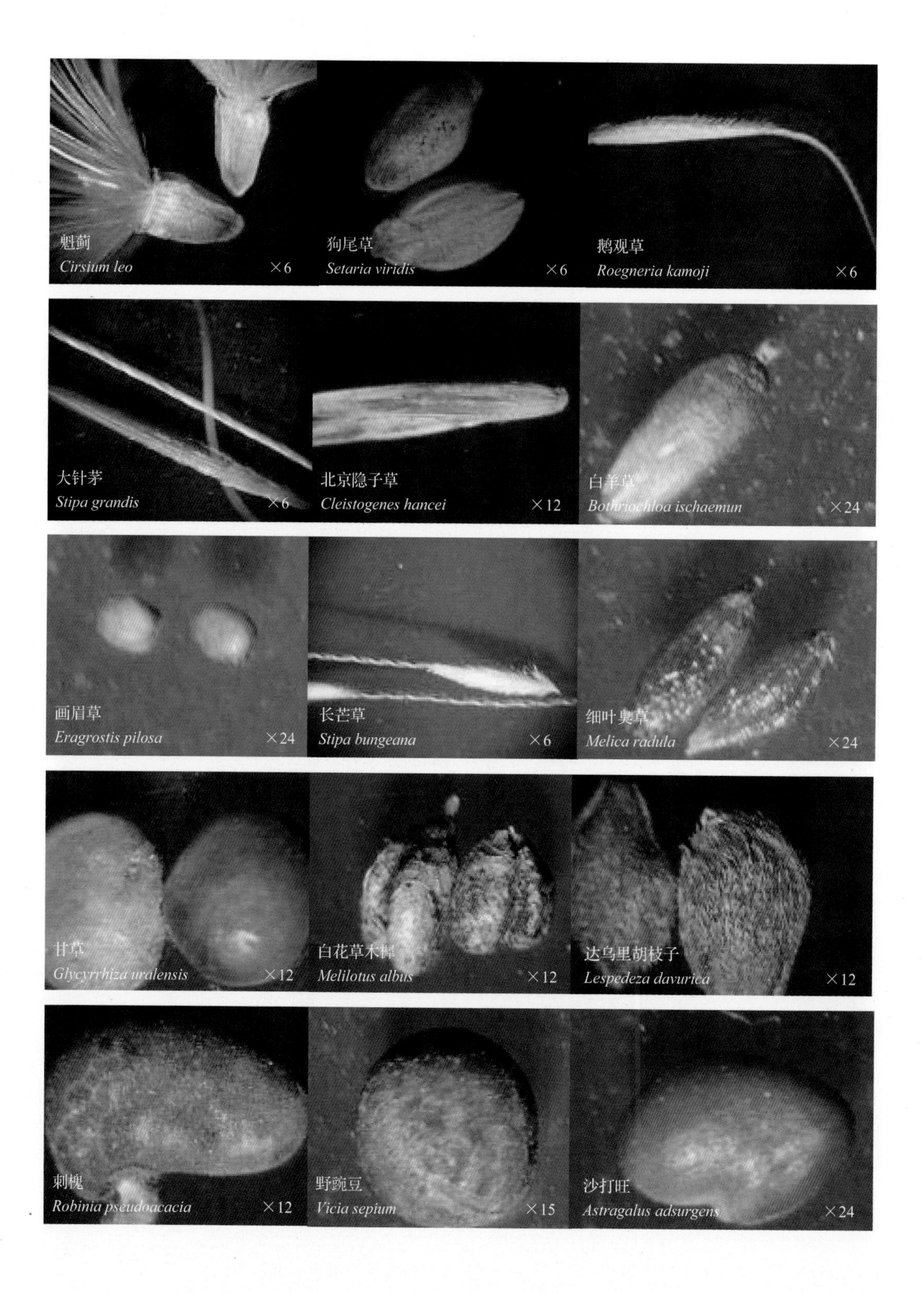

魁蓟 *Cirsium leo* ×6

狗尾草 *Setaria viridis* ×6

鹅观草 *Roegneria kamoji* ×6

大针茅 *Stipa grandis* ×6

北京隐子草 *Cleistogenes hancei* ×12

白羊草 *Bothriochloa ischaemun* ×24

画眉草 *Eragrostis pilosa* ×24

长芒草 *Stipa bungeana* ×6

细叶臭草 *Melica radula* ×24

甘草 *Glycyrrhiza uralensis* ×12

白花草木樨 *Melilotus albus* ×12

达乌里胡枝子 *Lespedeza davurica* ×12

刺槐 *Robinia pseudoacacia* ×12

野豌豆 *Vicia sepium* ×15

沙打旺 *Astragalus adsurgens* ×24

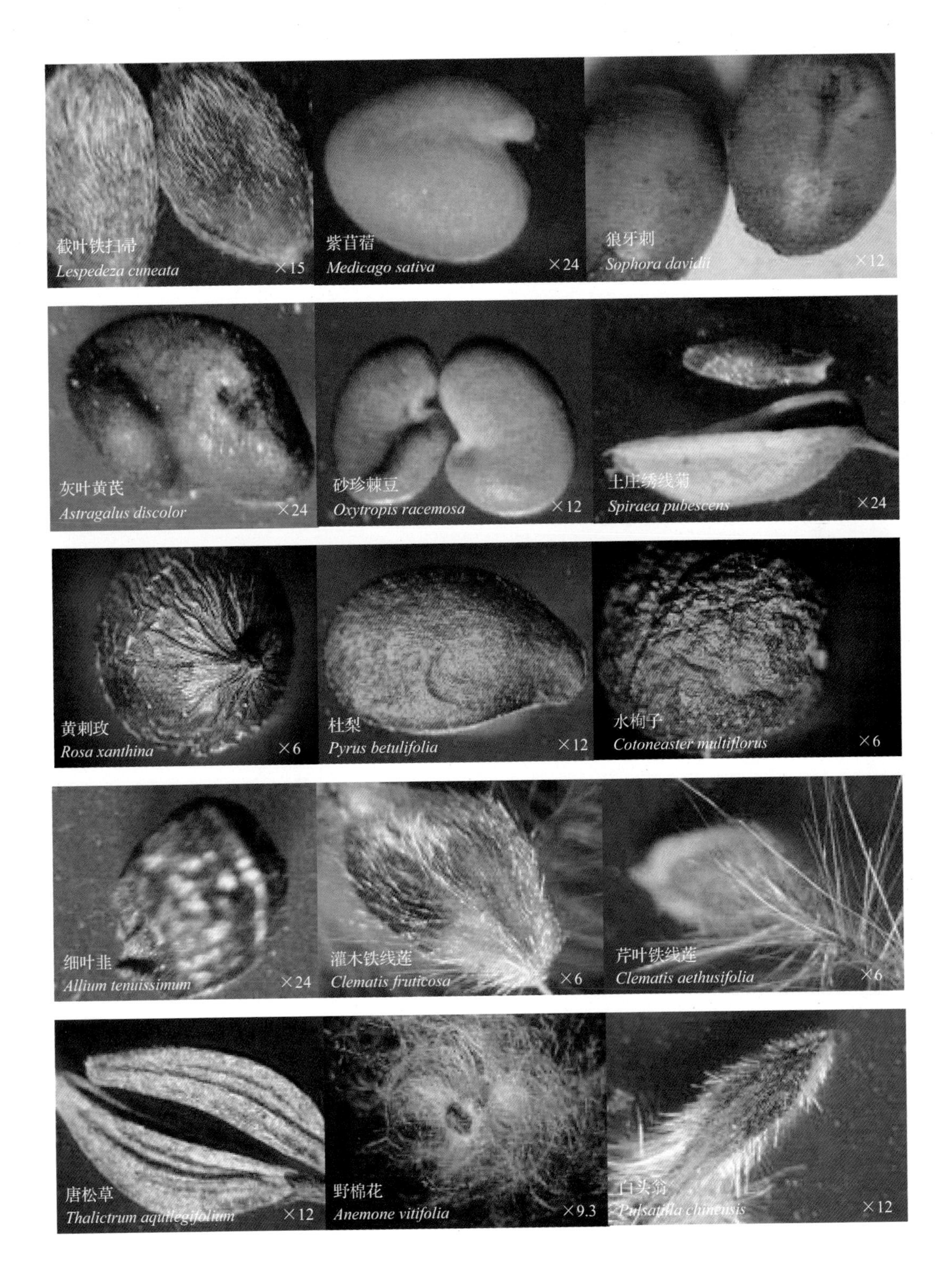

截叶铁扫帚
Lespedeza cuneata
×15
紫苜蓿
Medicago sativa
×24
狼牙刺
Sophora davidii
×12
灰叶黄芪
Astragalus discolor
×24
砂珍棘豆
Oxytropis racemosa
×12
土庄绣线菊
Spiraea pubescens
×24
黄刺玫
Rosa xanthina
×6
杜梨
Pyrus betulifolia
×12
水栒子
Cotoneaster multiflorus
×6
细叶韭
Allium tenuissimum
×24
灌木铁线莲
Clematis fruticosa
×6
芹叶铁线莲
Clematis aethusifolia
×6
唐松草
Thalictrum aquilegifolium
×12
野棉花
Anemone vitifolia
×9.3
白头翁
Pulsatilla chinensis
×12

猪毛菜
Salsola collina ×15
绳虫实
Corispermum declinatum ×15
灰绿藜
Chenopodium glaucum ×15
香青兰
Dracocephalum moldavica ×12
益母草
Leonurus artemisia ×24
杠柳
Periploca sepium ×6
菊叶委陵菜
Potentilla tanacetifolia ×24
野葱
Allium chrysanthum ×24
天门冬
Asparagus cochinchinensis ×15
地梢瓜
Cynanchum thesioides ×6
连翘
Forsythia suspensa ×12
丁香
Syringa oblata ×9.3
银川柴胡
Bupleurum yinchowense ×24
野胡萝卜
Daucus carota ×12
阴行草
Siphonostegia chinense ×24

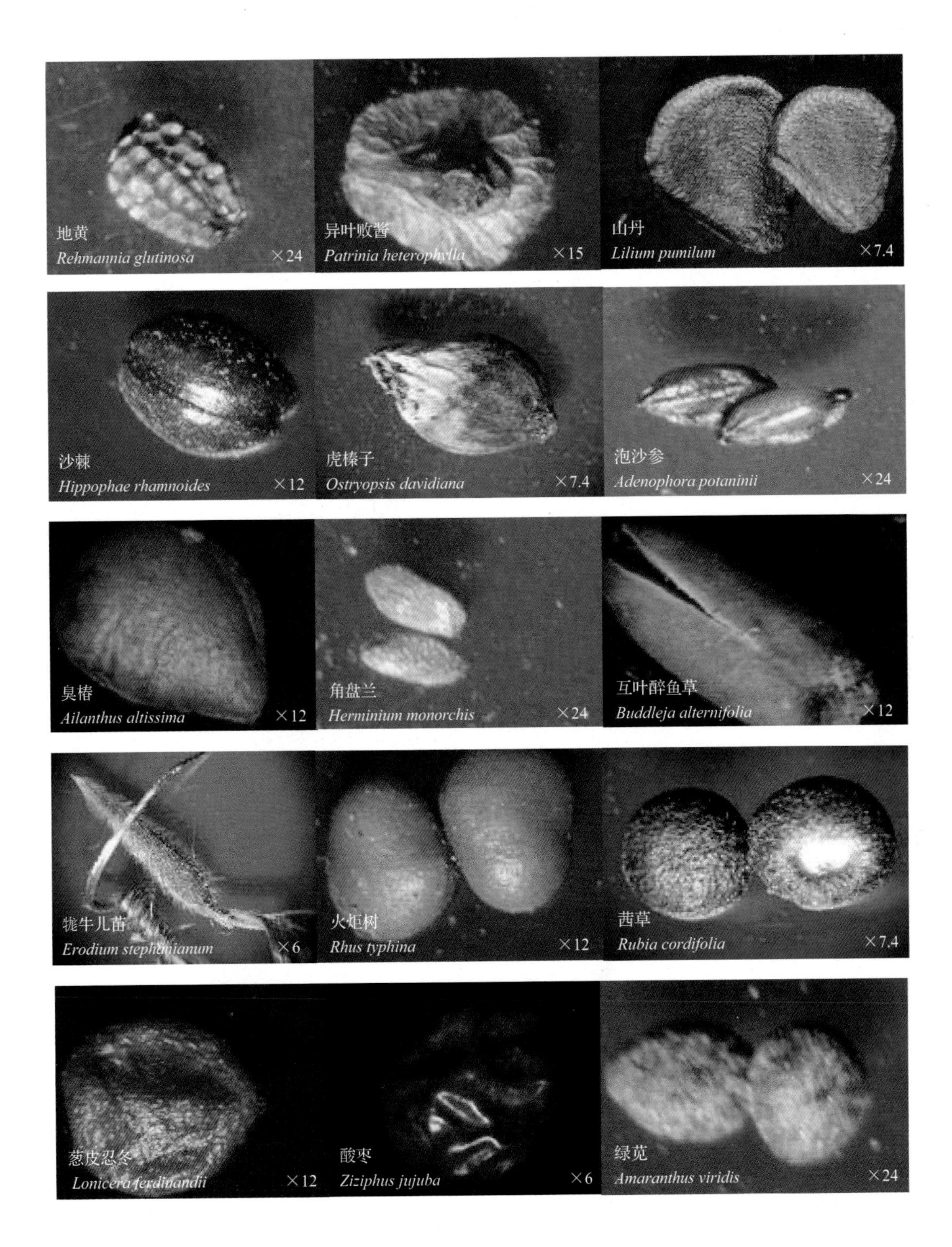

地黄 *Rehmannia glutinosa* ×24

异叶败酱 *Patrinia heterophylla* ×15

山丹 *Lilium pumilum* ×7.4

沙棘 *Hippophae rhamnoides* ×12

虎榛子 *Ostryopsis davidiana* ×7.4

泡沙参 *Adenophora potaninii* ×24

臭椿 *Ailanthus altissima* ×12

角盘兰 *Herminium monorchis* ×24

互叶醉鱼草 *Buddleja alternifolia* ×12

牻牛儿苗 *Erodium stephanianum* ×6

火炬树 *Rhus typhina* ×12

茜草 *Rubia cordifolia* ×7.4

葱皮忍冬 *Lonicera ferdinandii* ×12

酸枣 *Ziziphus jujuba* ×6

绿苋 *Amaranthus viridis* ×24

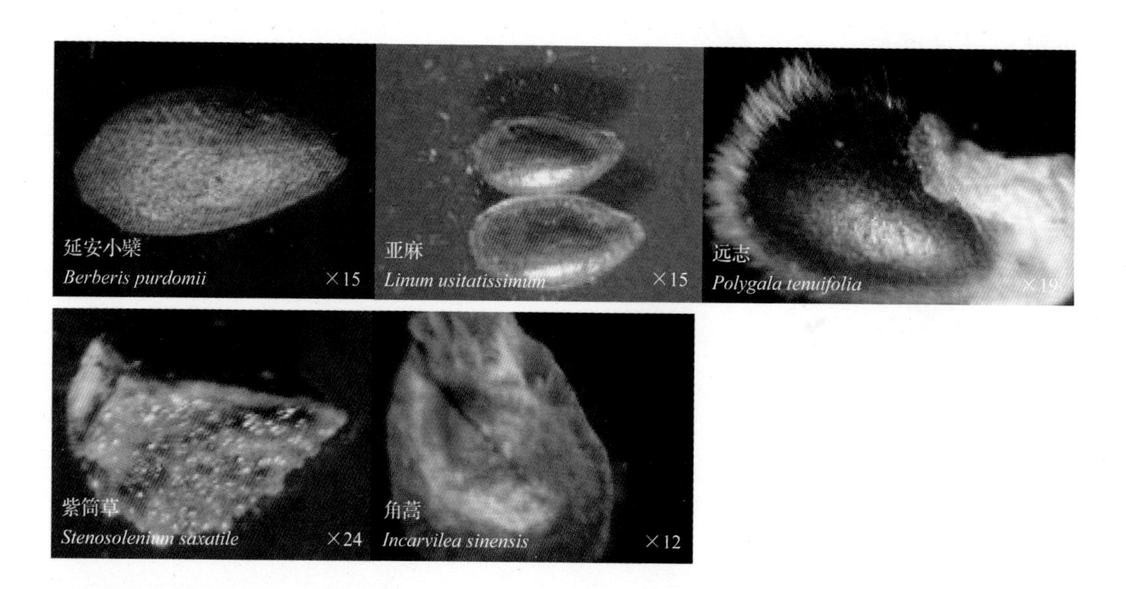

具有黏液的种子(果实)(×12)

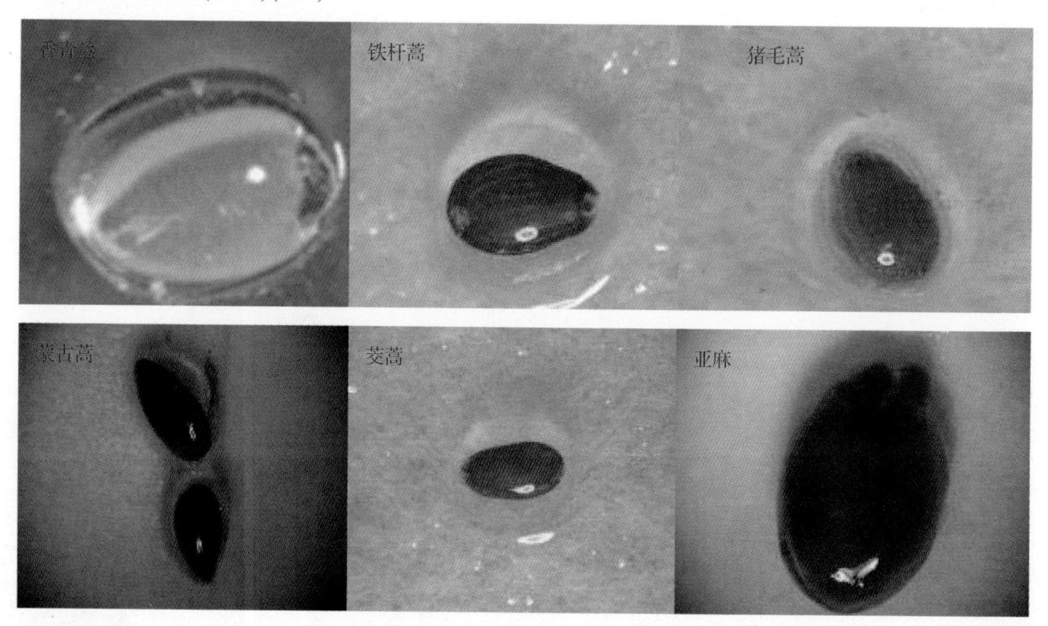